现代化工HSE实用技术训练丛书

高职高专"十三五"规划教材

HSE与清洁生产

HSE YU QINGJIE SHENGCHAN

陈红冲　牛正玺　主　编

吴　健　曾向农　副主编

王德堂　主　审

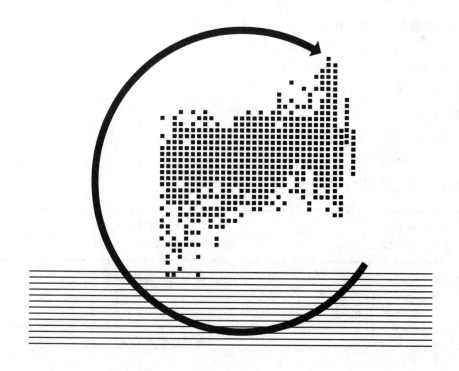

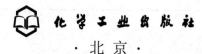化学工业出版社

·北京·

本书以培养学生的职业能力为主线，结合 HSE 管理实践，贯穿 HSE 的理念，以工作任务为导向介绍了 HSE 管理理论和清洁生产，内容包括 HSE 概述，职业卫生防护，安全生产，环境保护，清洁生产和应急救援六大部分。在阐述风险管理、安全生产、环境污染、职业病、职业危害、清洁生产、应急救援等 HSE 的基本概念理论知识的基础上，教会学生利用 HSE 的理论完成相应的实际工作任务，培养学生的 HSE 理念。同时阐述了各个行业的常见 HSE 问题，提升学生在日后的工作中解决 HSE 相关问题的能力。

本书可以作为高等职业院校石油化工类、药品生产类、机械汽车类、建筑工程类等各类专业的 HSE 普及教学用书，企业员工培训用书。

图书在版编目（CIP）数据

HSE 与清洁生产/陈红冲，牛正玺主编. —北京：化学工业出版社，2018.5（2025.1重印）

高职高专"十三五"规划教材

ISBN 978-7-122-31820-6

Ⅰ.①H⋯ Ⅱ.①陈⋯ ②牛⋯ Ⅲ.①化学工业-无污染技术-高等职业教育-教材 Ⅳ.①X78

中国版本图书馆 CIP 数据核字（2018）第 058371 号

责任编辑：张双进　　　　　　　　　　　　文字编辑：孙凤英
责任校对：边　涛　　　　　　　　　　　　装帧设计：王晓宇

出版发行：化学工业出版社（北京市东城区青年湖南街 13 号　邮政编码 100011）
印　　装：三河市双峰印刷装订有限公司
787mm×1092mm　1/16　印张 23¾　字数 587 千字　　2025 年 1 月北京第 1 版第 8 次印刷

购书咨询：010-64518888　　　　　　　　售后服务：010-64518899
网　　址：http://www.cip.com.cn
凡购买本书，如有缺损质量问题，本社销售中心负责调换。

定　　价：49.80 元

《HSE 与清洁生产》
编写人员

主　　编	陈红冲	重庆工业职业技术学院
	牛正玺	四川化工职业技术学院
副 主 编	吴　健	杭州职业技术学院
	曾向农	长沙环境保护职业技术学院
参编人员	许曙青	南京工程高等职业学校
	李黔蜀	杨凌职业技术学院
	娄绍霞	天津渤海职业技术学院
	陈洪敏	重庆化工职业学院
	范思思	连云港职业技术学院
	干雅平	杭州职业技术学院
	高　粟	长沙环境保护职业技术学院
	朱景洋	山东技师学院
	曾宇春	金华职业技术学院
	黄均艳	重庆安全职业学院
	吕丰娜	山东技师学院
审　　定	王德堂	徐州工业职业技术学院

序 PREFACE

HSE（health，safety，environment）管理体系体现了健康、安全、环境三位一体的管理思想，必将成为社会发展的主流理念，如何将此理念转化成为人们的工作理念、学习理念、生活理念，需要有识之士为之研究、实践和推广。 在中国化工教育协会的领导下，全国石油和化工职业教育教学指导委员会高职化工安全及环保类专业委员会的同仁研究了 HSE 相关知识、原理、技术和实践经验，组织有关企业、院校共同开发了实践装置和相应的软件，并在全国一百多所高职院校中通过网络答题比赛、HSE 装置操作比赛和案例推演比赛等活动，激发了职业院校广大师生对 HSE 理念的理解和实践的热情，总结三年的 HSE 研究和实践，在相关院校教师和企业工程技术人员努力下，以 HSE 相关知识和技能、化工行业事故案例为基础编写了系列 HSE 实用技术训练丛书。

该丛书搜集了职业健康、安全生产、环境保护等 5000 多道应知应会题目，9 种危险化学品生产工艺装置的安全运行和 54 种安全事故应急处置技术，全国 10 类典型安全事故案例推演。 对职业院校学生学习安全技术管理和安全技能具有针对性很强的指导意义，对其他各类职业人员学习实践 HSE 也具有较高的参考价值。

在该丛书的编写过程中，得到了徐州工业职业技术学院、重庆化工职业学院、金华职业技术学院、兰州石化职业技术学院、杨凌职业技术学院、天津渤海职业技术学院、河北化工医药职业技术学院、贵州工业职业技术学院、河南化工技师学院、江苏省南京工程高等职业学校等近 50 所职业院校和浙江中控科教仪器设备有限公司、北京东方仿真软件技术有限公司相关人员的大力支持与帮助，编写过程中还参阅和引用了相关文献资料和著作，在此一并表示感谢。

现代化工 HSE 实用技术训练丛书编审委员会
2017 年 7 月

随着社会生产和科技水平的提高，人们对健康、安全和环保越来越重视，尤其是在工业生产中，必须将安全、环境与健康等因素同时融入日常生产，才能减少或避免重大事故和重大环境污染事件的发生，实现企业和人类的可持续发展。在此背景下，HSE 管理体系应运而生。HSE 管理体系指的是健康（Health）、安全（Safety）和环境（Environment）三位一体的管理体系。通过实施风险管理，采取有效的预防、控制和应急措施，最终达到减少可能引起的人员伤害、财产损失和环境污染的 HSE 方针和目标。

本书以培养学生的职业能力和 HSE 职业素养为主线，贯穿 HSE 理念，进行教学情境设计；以任务牵动理论知识，进行知识重构，以达到培养 HSE 职业素养的目的。本书以下达任务的形式引入教学内容，对学生应当掌握的知识点进行介绍，便于学生理解记忆，拓展学生的知识面；以任务的分析处理为结束，培养学生的实践处理能力，并增加能力拓展板块，便于师生根据实际情况进行训练，掌握实际处理问题的技能。

全书共分为 HSE 概述、职业卫生防护、安全生产、环境保护、清洁生产和应急救援六篇，概述主要介绍了 HSE 管理体系和风险管理两大方面的内容，帮助学习者全面了解、掌握 HSE 管理体系和风险管理的相关基础知识及其应用方法，提升对 HSE 的认识；清洁生产主要介绍 HSE 和清洁生产以及清洁生产的审核；职业卫生防护、安全生产、环境保护、清洁生产和应急救援则分别在阐述各自领域基本理论的基础上，从辨识、控制、管理危险源的角度分各行业对各自领域的危险源和控制措施进行了分析。

登录网址 www. cipedu. com. cn，输入本书名，可选择与本书配套的电子资料包，自行下载使用。

本书由石油与化工行业指导委员会安全专职委牵头提出，由具有企业安全管理经验的注册安全工程师陈红冲以及具有丰富教学经验的牛正玺、吴健、许曙青、曾向农、李黔蜀、娄绍霞、高栗、范思思、干雅平等老师集体讨论大纲并分头编写，最后经徐州工业职业技术学院王德堂教授审定，反复修改定稿。本书由重庆工业职业技术学院陈红冲和四川化工职业技术学院牛正玺担任主编，杭州职业技术学院吴健和长沙环境保护职业技术学院曾向农担任副主编。本书第一篇 HSE 概述由陈红冲审定，第二篇职业卫生防护由天津渤海职业技术学院娄绍霞负责审定，第三篇安全生产由吴健负责审定，第四篇环境保护由牛正玺老师负责审定，第五篇清洁生产由曾向农博士负责审定，第六篇应急救援由南京工程高等职业学校许曙青负责审定。其中第一篇由陈红冲编写，第二篇由娄绍霞、金华职业技术学院曾宇春和山东技师学院朱景洋、吕丰娜共同编写完成；第三篇由杭州职业技术学院吴健和杨凌职业技术学院李黔蜀共同完成；第四篇典型废气治理技术由重庆化工职业学院陈洪敏编写，典型废液治理技术由连云港职业技术学院范思思编写，典型固废治理技术由杭州职业技术学院干雅平编写；第五篇由长沙环境保护职业技术学院曾向农博士和高栗负责编写；第六篇由许曙青和重庆安全职业学院黄均艳共同编写完成。

本书在编写过程中还得到了石油与化工行业指导委员会安全专职委领导周立雪主任、金万祥副主任、张荣副主任、王德堂秘书长和浙江中控科教仪器设备有限公司高级工程师郭霞飞的帮助和支持，在此一并表示感谢。

由于编者水平有限，书中难免存在不妥之处，敬请读者批评指正。

编者

2018 年 1 月

目录 CONTENTS

第一篇　HSE概述

　　工业的发展给人类的生活带来了便利，但在发展初期，由于生产技术落后和认识的局限，人类只考虑对自然资源的盲目索取和破坏性开采，而忽略了这种竭泽而渔的生产方式对人类所造成的负面影响，并为此付出了沉重的代价。频发的安全生产事故和环境事故以及由此造成的巨大的人员伤亡、财产损失和环境破坏引起了工业界对生产方式和管理模式的反思。随着社会生产和科技水平的提高，人们对健康，安全和环保越来越重视，尤其是在工业生产中，必须将安全、环境与健康等因素同时融入日常生产，才能减少或避免重大事故和重大环境污染事件的发生，实现企业和人类的可持续发展。

　　在此背景下，HSE 管理体系应运而生。HSE 管理体系指的是健康（Health）、安全（Safety）和环境（Environment）三位一体的管理体系。通过实施风险管理，采取有效的预防、控制和应急措施，最终达到减少可能引起的人员伤害、财产损失和环境污染的 HSE 方针和目标。

　　本篇主要介绍 HSE 管理体系和风险管理两大方面的内容，帮助学习者全面了解、掌握 HSE 管理体系和风险管理的相关基础知识及其应用方法，提升对 HSE 的认识。

第一章　HSE 管理体系

HSE 管理体系即健康、安全与环境管理体系（Health、Safety and Environment Management System），是指实施健康、安全与环境管理的组织机构、策划活动、职责、制度、程序、过程和资源等构成的动态管理系统。主要体现了注重领导承诺、以人为本、预防为主、可持续发展和全员参与的理念，其中领导和承诺是 HSE 管理体系的核心。HSE 管理体系由若干要素构成，要素间相互关联、相互作用，遵循戴明循环管理的运行模式，通过实施风险管理，采取有效的预防、控制和应急措施，以减少可能引起的人员伤害、财产损失和环境污染，最终实现企业的 HSE 方针和目标。是一种具有高度自我约束、自我完善、自我激励的运行机制，是工业企业实现现代化管理、走向国际市场的通行证。

本章将介绍 HSE 的发展历程、特点、运行模式和 HSE 管理体系的组成要素，提升读者对 HSE 管理的理解和认识。

第一节　HSE 管理体系概述

知识目标

（1）掌握 HSE 管理体系的概念、理念和特点；

（2）了解 HSE 管理体系的发展历程；

（3）掌握 HSE 管理体系的组成和运行模式。

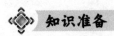
任务简述

甲公司和乙公司竞争投标想要成为某公司的供应商，甲公司自认为在价格和规模上都比乙公司更有竞争力，但最终却因为没有建立 HSE 管理体系而失败，请问什么是 HSE 管理体系？

知识准备

一、HSE 管理体系

HSE 管理体系是随着安全科学、环境科学和系统科学的不断发展，以及 ISO 9000、ISO 14000、OHSAS 18000 等国际标准的推行，不断发展完善的。

HSE 管理体系首先出现在石油天然气行业，20 世纪 80 年代初，石油行业事故频发，促使石油天然气行业的企业需要运用科学的方法来进行健康、安全和环保的管理工作。1986 年，壳牌石油公司在借鉴了杜邦安全管理模式的基础上以文件的形式确定了"强化安全管理"（Enhance Safety Management）的构想，形成了 HSE 管理体系的最初模型。

1988 年，英国北海油田帕玻尔·阿尔法平台发生爆炸事故，167 人死亡的严重后果促使英国能源部要求所有的石油作业公司建立安全管理体系并提交安全状况报告。与此同时，一些发达国家和环境保护组织也提出要将环境和职业健康融入到企业的管理体系当中。由于职业健康、环境和安全三者的管理在原则和效果上相似，在执行的过程中又相互联系，壳牌石油首先提出了将健康、安全与环境作为一个整体来管理，并颁布了《健康、安全与环境管理方针指南》。1991 年，第一届油气勘探、开发的健康、安全、环保国际会议在荷兰海牙召开，HSE 这一概念逐步为大家接受。1992，"环境与发展"大会在巴西里约热内卢召开，183 个国家和 70 多个国际组织出席会议，通过了《21 世纪议程》等文件，确立了把环境管理融于企业全面管理之中的理念。1993 年 6 月，国际标准化组织（ISO）成立了 ISO/TC 3207 环境管理技术委员会，正式开展环境管理系列标准的制定工作，以规划企业和社会团体等所有组织的活动、产品和服务。

1994 年，第二届油气勘探、开发的健康、安全、环保国际会议在印度尼西亚雅加达召开，各大石油公司和服务商均积极参会，HSE 活动在全球范围内迅速展开。1994 年 7 月，壳牌石油 HSE 委员会率先制定并颁布了"健康、安全与环境管理体系"。

1996 年 1 月，ISO/TC 67 的 SC 6 分委会起草了 ISO/CD 14690《石油和天然气工业健康、安全与环境管理体系》，HSE 管理体系在全球石油行业迅速普及。同年，ISO/TC 3207 颁布了 ISO 14001：1996《环境管理体系》，英国颁布了 BS 8800《职业安全卫生管理体系指南》，美国、澳大利亚、日本、挪威的一些组织也制定了相关的指导性文件，环境管理体系和职业健康管理体系开始在全球范围内普及。1999 年英国标准协会、挪威船级社等 13 个组织提出了职业健康安全评价系列（OHSAS）标准，即 OHSAS 18001《职业健康安全管理体系-规范》、OHSAS 18002《职业健康安全管理体系-OHSAS 18001 实施指南》，许多国家和国际组织继续进行相关的研究和实践，职业健康管理体系在全球范围内得到蓬勃发展。

2004 年，第七届 SPE 健康安全环境年会在加拿大卡尔加里召开，对 HSE 的运行和发展等进行了深入的讨论，确定了 HSE 管理体系体现以人为本和可持续发展的思路和 HSE 管理体系运行的关键在领导等 HSE 管理体系理念和运行模式，石油行业的现代 HSE 管理体系进一步得到完善。与此同时，随着环境管理体系和职业健康管理体系在全球范围内的蓬勃发展，其他行业也在结合自身特点的基础上，将健康、安全、环境纳入一个整体进行管理，形成了具有自身特点的 HSE 管理体系。

在国内，中国石油天然气总公司于 1997 年 6 月，率先制定了 SY/T 6276—1997《石油天然气工业健康、安全与环境管理体系》等一系列企业标准。随后，中国石化集团公司、中国海洋石油总公司等企业也建立了 HSE 管理体系，并取得良好成效，其他行业也逐渐开始建立 HSE 管理体系。

HSE 管理体系作为企业管理体系的重要组成部分，企业的情况不同，管理体系涉及的内容、深度也不同。截至目前，除了石化行业有统一的 SY/T 6276—2014《石油天然气工业健康、安全与环境管理体系》外，其他行业的 HSE 管理体系并没有完整的正式的国际通用标准。在 HSE 管理体系运行的过程中，许多公司将不同的管理要素整合在一起，根据自身的实际情况建立相应的 HSE 管理标准和规范，呈多元化多样性趋势发展。主要有以下几种：

1. HSSE

HSSE 是在 HSE 管理体系中加入 Security（治安），提倡保障人权和员工权益等。由著名石油公司——壳牌石油公司提出，在西方的石化行业中较为普及。

2. HSE&F

HSE&F 是指企业将 HSE 管理与设施管理（Facility Management）结合，出现了负责 HSE 和厂务的综合管理部门（HSE&F），HSE&F 方式在制造企业中应用广泛，国际著名的制造企业——霍尼韦尔公司即采用这种方式。

3. QHSE

QHSE 是在 HSE 管理体系中加入质量管理体系，达到 ISO 9000 系列标准、OHSAS 18000 系列标准和 ISO 14000 系列标准协同发展，目前在巴西国家石油公司和中石油股份公司已经开始普及应用，并开始分别在其所属的部门探索实施一体化环境、质量、健康和安全（EQHS）管理体系和《质量健康安全环境管理体系》系列标准。

4. 综合 HSE

随着国家对资源环境的重视，对各生产企业清洁生产审核要求的提高，越来越多的企业开始将清洁生产、文明生产、节能减排等内容整合进入 HSE 管理体系中，形成新的管理体系。

二、HSE 管理体系的组成

1. ISO 14000

ISO 14000 环境管理系列标准是由 ISO/TC 207 的环境管理技术委员会制定，有 14001～14100 共 100 个号，统称为 ISO 14000 系列标准。该系列标准融合了世界上许多发达国家在环境管理方面的经验，是一种完整的、操作性很强的体系标准，包括为制定、实施、实现、评审和保持环境方针所需的组织结构、策划活动、职责、惯例、程序过程和资源。其中 ISO 14001 是环境管理体系标准的主干标准，是企业建立和实施环境管理体系并通过认证的依据。ISO 14000 环境管理体系的国际标准，目的是规范企业和社会团体等所有组织的环境行为，以达到节省资源、减少环境污染、改善环境质量及促进经济持续、健康发展的目的。ISO 14000 系列标准包括领导、策划、支持、运行、绩效评价和改进 6 大部分和 17 个要素（领导与承诺、环境方针、组织职责和权限、风险应对、环境目标及实现、资源、能力、意识、信息交流、文件化信息、运行策划控制、应急准备响应、监测分析和评价、内部审核、管理评审、不符合及纠正措施、持续改进）。

2. OHSAS 18000 或 GB/T 28001

OHSAS 18000 职业健康安全管理体系是由英国标准协会（BSI）、挪威船级社（DNV）等 13 个组织于 1999 年联合推出的国际性标准，主要包括 OHSAS 18001《职业健康安全管理体系-规范》和 OHSAS 18002《职业健康安全管理体系-OHSAS 18001 实施指南》两个标准，目前已经得到了许多国家和国际组织的认可，在 ISO 组织尚未制定相应标准的情况下，起到了准国际标准的作用。是目前国际上企业建立职业健康安全管理体系的基础，也是企业进行内审和认证机构实施认证审核的主要依据。中国已于 2000 年11 月 12 日将其转化为国标，即 GB/T 28001—2001，并开始实施认证制度，随着国际企业健康管理要求的加强，国标体系也在不断地更新，目前 GB/T 28001 最新的版本为2015 修订版。

3. SY/T 6276—2014

SY/T 6276—2014《石油天然气工业健康、安全与环境管理体系》主要包括领导与承诺、方针、策划、组织机构资源与文件、实施运行、检查、管理评审 7 个关键要素和 34 个子要素。

三、HSE 的运行模式

HSE 的运行模式即 HSE 管理体系遵循的一般规律，目前 HSE 的运行模式均以 PDCA 戴明模式为基础。

戴明模式也称为戴明循环，起源于 20 世纪 20 年代，是美国质量管理专家戴明博士首先提出的，它最早应用于企业质量管理领域，是全面质量管理所遵循的科学管理程序。如今，PDCA 循环法早已不限于质量管理，而成为几乎所有管理工作得以有效进展的不二法门。PDCA 即 Plan（计划）、Do（执行）、Check（检查）和 Action（处理）的缩写，PDCA 循环就是按照这样的顺序进行全面管理，并且循环不止地进行下去的科学程序。如图 1-1 所示。

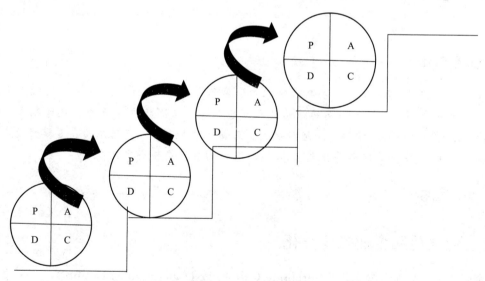

图 1-1　PDCA 戴明循环

① P（plan）计划　包括方针和目标的确定以及活动计划的制订。

② D（do）执行　执行就是具体运作，实现计划中的内容。

③ C（check）检查　就是要总结执行计划的结果，分清哪些对了，哪些错了，明确效果，找出问题。

④ A（action）行动（或改善）　对总结检查的结果进行处理，成功的经验加以肯定，并予以标准化，或制定作业指导书，便于以后工作时遵循使用；对于失败的教训也要总结，以免重现；对于没有解决的问题，应提给下一个 PDCA 循环去解决。

任务分析与处理

HSE 管理体系指的是健康（health）、安全（safety）和环境（environment）三位一体的管理体系。主要体现了注重领导承诺、以人为本、预防为主、可持续发展和全员参与的理念。

HSE 管理体系的主要内容包括 ISO 14000、OHSAS 18000 等。

能力拓展

阅读理解 ISO 9001：2015《质量管理体系-要求》。

第二节　HSE 管理企业文化

知识目标

（1）掌握企业文化和安全文化的概念；

（2）掌握 HSE 管理体系和企业文化的关联；

（3）了解世界上先进的 HSE 管理企业文化。

任务简述

2006 年 1 月 29 日，加拿大萨斯喀彻温省一家钾盐矿 72 名矿工因发生火灾被困井下一天多，30 日全部获救。这个圆满的结局让人深感欣慰。从事故发生后的营救过程看，这起事故能有这样一个值得庆幸的结局绝非偶然。正如该矿井发言人汉密尔顿在宣布营救成功时不无骄傲地说："安全是我们企业文化的核心。"请问什么是安全文化？

知识准备

一、企业文化和企业安全文化

企业文化，又称组织文化（Corporate Culture 或 Organizational Culture），是一个组织由其价值观、信念、仪式、符号、处事方式等组成的其特有的文化形象，简单而言，就是企业在日常运行中所表现出的各方各面。

企业文化是一个企业的所有动力及凝聚力的来源。它包含着非常丰富的内容，包括植根于企业全体员工中的价值观、道德规范、行为规范、企业作风及企业的宗旨等，是一种存在于员工的意识中的"无形准则"，如同社会道德约束着每一位公民一样约束着员工的精神。

随着社会的发展和人类需求的提升，以人为本的企业文化已经成为现代企业文化的主流，安全文化也得到了进一步的重视和发展。

安全文化最先由国际核安全咨询组（INSAG）于 1986 年在切尔诺贝利事故报告中提出，是指企业（或行业）在长期安全生产和经营活动中逐步形成的或有意识塑造的，为全体职工接受、遵循的具有企业特色的安全的价值观、安全的审美观、安全的心理素质和企业的安全风貌等企业安全物质因素和安全精神因素的总和。企业安全文化是企业文化的组成部分，它既包括保护职工在从事生产经营活动中的身心安全与健康，即无损、无害、不伤、不亡的物质条件和作业环境，也包括职工对安全的意识、信念、价值观、经营思想、道德规范、企业安全激励精制安全的精神因素。

二、HSE 管理体系与企业文化

企业文化可以影响员工的价值观和行为模式，同时企业文化也需要通过一定的管理手段来实现。HSE 管理体系是一种先进的管理体系，主要体现了预防为主、持续改进的管理理念，通过系统化和制度化的预防机制，将安全、健康和环保的理念融入各项活动中，从观念和决策层入手，影响员工和企业的行为，是实现以人为本的企业文化的有效管理手段，对企业的安全文化具有较好的促进作用。主要体现在以下几个方面。

（1）端正安全观念文化　HSE 管理体系建设的核心是领导决策和全员参与，HSE 管理体系的建立可以影响决策者、管理者和员工对安全的正确态度和意识，强化企业员工的安全意识，提高企业的安全观念文化建设。

（2）提高企业的安全制度文化　SE 实施是通过一系列的制度来实现的，建立 HSE 管理体系可以使整个企业的制度更加系统，更加科学合理，从而提高企业文化的建设水平。

（3）规范员工的行为文化　HSE 管理体系还具有严格的法规执行能力，能促使员工更好地遵守安全操作规程和安全生产要求，从而进一步规范员工的行为。

三、先进的 HSE 管理体系

1. 杜邦 HSE 文化

杜邦公司成立于 1802 年，其产品涉足于石油、化工、原料、材料、油漆、农业、食物与营养、保健、服装、家居及建筑、电子、交通等工业和生活领域，旗下企业遍布全球 70 个国家，共有员工近 8 万人，是一家以科研为基础的全球性企业。2015 年，陶氏化学和杜邦在美国宣布合并新公司，成为全球仅次于巴斯夫的第二大化工企业。杜邦公司贯彻以安全为核心的企业文化，据 2001 年统计，其属下的 370 个工厂和部门中，80％没有发生过工伤病假及以上的安全事故，至少 50％的工厂没有出现过工业伤害记录，有 20％的工厂超过 10 年以上没有发生过安全伤害记录。2003 年 9 月 9 日杜邦公司被 Occupational Hazards 杂志九月号评为最安全的美国公司之一。杜邦安全文化以"以人为本，安全健康，恪守道德和关爱环境"为核心价值观，以零事故为安全目标。杜邦安全文化的本质就是要让员工在科学文明的安全文化主导下，创造安全的环境，通过安全理念的渗透，来改变员工的行为，使之成为自觉的规范的行动。主要体现在预防为主、管理优先、行为控制、安全价值和文化模型这五个方面。

（1）预防为主——一切事故都是可以预防的　这是杜邦从高层到基层的共同理念。杜邦公司认为工作场所从来都没有绝对的安全，决定伤害事故是否发生的是处于工作场所中员工的行为。所有的事故都是在生产过程中通过人对物的行为所发生的。而人的行为可以通过安全理念加以控制，事故预防就是做好人的管理，主要是培养员工（管理者）的安全意识、通过意识规范员工（管理者）的行为，杜绝各种不安全行为（包括管理者的违章指挥）的发生。

（2）管理优先——各级管理层对各自的安全负责　“员工安全”是杜邦的核心价值观。杜邦公司的高层管理者对其公司的安全管理承诺是：致力于使工人在工作和非工作期间获得最大程度的安全与健康；致力于使客户安全地销售和使用我们的产品。为了取得最佳的安全效果，各级领导一级对一级负责，在遵守安全原则的基础上，尽一切努力达到安全目标。安全管理成为公司事业的一个组成部分，安全管理的触角涉及企业的各个层面，做到层层对各自的安全管理范围负责，每个层面都有人管理，每个员工都要对其自身的安全和周围工友的安全负责，每个决策者、管理者乃至小组长对手下员工的安全都负有直接的责任。

（3）行为控制——不能容忍任何偏离安全制度和规范的行为　杜邦的任何一员都必须坚持杜邦公司的安全规范，遵守安全制度。如若违反，将受到严厉的纪律处罚，甚至解雇。这是对各级管理者和工人的共同要求。杜邦不仅关注员工工作内的安全，也关注工作外安全行为管理和安全细节管理，这是杜邦安全文化的又一特色。杜邦认为工伤与工作之余的伤害，不仅损害员工及其家庭利益，也严重影响公司的正常运行。像“铅笔不得笔尖朝上插放，以防伤人；不要大声喧哗，以防引起别人紧张；过马路必须走斑马线，否则医药费不予报销；骑车时不得听‘随身听’；打开的抽屉必须及时关闭，以防人员碰撞；上下楼梯，请用扶手”，这些规定，看似烦琐，实际上折射出管理层对员工生命权和健康权的关注。

（4）安全价值——安全生产将提高企业的竞争地位　在杜邦公司所坚信的10大信条里，确信“安全运作产生经营效益”，安全会大大提升企业的竞争地位和社会地位。杜邦把资金投入到安全上，从长远考虑成本没有增加，因为预先把事故损失带来的赔偿投入到安全上，既挽救了生命，又给公司带来良好的声誉，消费者对公司更有信心，反而带来效益的大幅增长。

（5）文化模型　杜邦安全文化建设从初级到高级要经历以下四个阶段。

第一阶段，自然本能阶段。企业和员工对安全的重视仅仅是一种自然本能保护的反应，安全承诺仅仅是口头上的，安全完全依靠人的本能。这个阶段事故率很高。

第二阶段，严格监督阶段。企业已经建立必要的安全管理系统和规章制度，各级管理层知道自己的安全责任，并作出安全承诺。但没有重视对员工安全意识的培养，员工处于从属和被动的状态，害怕被纪律处分而遵守规章制度，执行制度没有自觉性，依靠严格的监督管理。此阶段，安全业绩比第一阶段会有提高，但距离企业的安全目标仍然有相当大的差距。

第三阶段，独立自主管理阶段。企业已经具备很好的安全管理系统，员工已经具备良好的安全意识，员工把安全作为自己行为的一个部分，视为自身生存的需要和价值的实现，员工人人都注重自身的安全，基本实现了企业的安全目标。

第四阶段，互助团队管理阶段。员工不但自己注意安全，还帮助别人遵守安全规则，帮助别人提高安全业绩，实现经验分享，进入安全管理的最高境界。

2. 壳牌公司的 HSE 文化

荷兰皇家壳牌集团（Royal Dutch/Shell Group of Companies），又译"蚬壳"，是目前世界第一大石油公司，总部位于荷兰海牙和英国伦敦，由荷兰皇家石油与英国的壳牌两家公司合并组成。它是国际上主要的石油、天然气和石油化工的生产商，同时也是全球最大的汽车燃油和润滑油零售商。它亦为液化天然气行业的先驱，并在融资、管理和经营方面拥有相当丰富的经验。业务遍及全球 140 个国家，雇员近 9 万人，油、气产量分别占世界总产量的 3％和 3.5％。壳牌公司在 HSE 的管理上同样认为事故是可以预防的，并以零事故作为 HSE 的目标，强调 HSE 的全员参与和领导责任，认为 HSE 目标和其他经营目标一样重要，其 HSE 管理最大的特色是 EP-55000 勘探与生产安全手册。

EP-55000 安全手册是为管理其下属子公司所雇请的承包商而制定的，要求下属公司和承包商在编制施工设计和作业过程中的 HSE 管理文件时，要把总部的 EP-55000 手册的内容作为一个指导原则。EP-55000 手册的范围主要包括培训、审查、承包商安全、工作安全及鼓励职工参与 HSE 管理等内容。

3. 通用电气的 HSE 企业文化

通用电气公司，即美国通用电气公司（General Electric Company，GE，创立于 1892 年，又称奇异公司，NYSE：GE），是世界上最大的提供技术和服务业务的多元化跨国公司。从飞机发动机、发电设备到金融服务，从医疗造影、电视节目到塑料，GE 公司致力于通过多项技术和服务创造更美好的生活。公司业务遍及世界上 100 多个国家，拥有员工 31.5 万人。GE 使用六西格玛质量管理体系来指导公司的 HSE 政策。从统计学角度说，六西格玛质量相当于每百万次操作中的出错率低于 3.4 次的水平。GE 的 HSE 管理工作最大的特点是 HSE 工作数字化，GE 公司专门开发了一套软件系统，使用一个三级核查系统来监控 HSE 政策的实施。制造部门和服务部门每年都要进行一次 HSE 自我评估，评估范围涉及空气、水、废弃物、化学品管理、工业卫生、健康与安全、急救准备和物资运输。企业每 24 个月进行一次循环检查，并且记录检查的结果和解决所发现问题所用的时间。

与此同时，为了保证 HSE 政策的全面实施，GE 还将 HSE 政策扩大到供货商、承包商和采购商。根据承包商以往在 HSE 方面的表现，对承包商进行预选和选择；进行项目预审，以确保承包公司的员工都受到 HSE 方面的适当培训；安排正式的座谈活动介绍 GE 的 HSE 程序；对承包公司的工作进行定期检查，以确保公司的 HSE 程序得到遵守；要求强制执行公司有关 HSE 的规定，包括解雇合同雇员、停工乃至解除与承包公司的合同关系。在许多情况下，GE 在下订单之前，都要对供应商进行现场 HSE 审核，以确定其是否具备供应商的资格。

4. 中国石油天然气集团公司的 HSE 企业文化

经过十多年的探索与实践，中国石油天然气集团公司（简称中国石油）在 HSE 管理体系建设中，形成了自己的管理模式，丰富了 HSE 管理体系的内涵。它包括 5 个方面：HSE 管理的文件化、标准化、制度化、系统化、国际化。

（1）文件化　中国石油天然气集团公司按照 HSE 管理体系标准的要求，制定了一套自己的自上而下的成系统的体系文件。在每个企业或组织，其管理文件主要分为管理手册、程序文件和作业文件三大层次，同时为使整个集团公司与所属企业的文件衔接起来，在整个集团公司自上而下要编制不同管理层次的 HSE 管理体系文件，以保持整个集团企业 HSE 管理体系的一致性。

（2）标准化　以 SY/T 6276—1997 为基准，公司不断在 HSE 管理体系标准化建设上进行完善，形成了与 HSE 管理体系相关标准对应的系列标准，同时，中国石油 HSE 管理体系还兼容和吸收了国家职业安全健康管理体系、环境管理体系的要素和要求。作为 HSE 管理体系标准系列，中国石油 HSE 管理体系标准由规范、实施指南和审核指南三个部分组成，作为指导物探、钻井、井下、测井、油建等施工作业现场 HSE 检查的 HSE 标准，中国石油也逐一建立起统一的 HSE 检查标准，满足了静态与动态结合、局部与全面衔接的系统检查要求。

（3）制度化　为了推动 HSE 管理体系在企业内的实施，中国石油从总部层面上辅以制度要求，纵向自上而下分解目标指标，横向落实谁主管，谁负责的部门职能责任。现在，企业在与杜邦公司合作，要进一步规范相关制度。

（4）系统化　在推行 HSE 管理体系的过程中，逐步建立和形成了对 HSE 管理体系三个相互关联的支撑体系。第一个体系是制度和标准体系，公司统一规范操作建立了一套自上而下的体系。第二个是培训和咨询的体系，现在，中国石油共建立了五大培训基地。另外就是考核和认证体系，现在的考核按照 HSE 管理体系的要素要求进行考核，并逐步用 HSE 审核的方式替代传统的、走马观花式不系统的安全检查。

（5）国际化　在推行 HSE 管理体系的过程中，既借鉴了国外的先进做法，符合国际 HSE 管理体系规则中的要素要求，又继承了传统安全管理中积累和形成的好经验和做法，在扬弃中实现了 HSE 管理创新，形成了具有中国石油特色的 HSE 管理体系。

◈ 任务分析与处理

加拿大的钾盐矿被困矿工之所以毫发未损，很大程度上与加拿大政府部门和矿主拥有高度责任感、完备的安全生产法规是密不可分的，也是加拿大矿业长期坚持"安全至上"的理念和把安全视为企业文化核心的结果。多年来，加拿大人力资源部门和职业安全与健康中心等机构一直大力推动各级政府立法，不断完善矿业安全管理制度，加大安全投入，不断改善采矿环境和实行安全生产。同时，这些部门为强化全民安全生产意识，每年都举办职业安全与健康周活动。还在典型事故发生地设立纪念碑或展览馆，怀念遇难工人，并告诫雇主和雇员要重视安全生产。

◈ 能力拓展

BP 公司的安全管理文化。

二维码1-1

BP公司的安全管理
文化

第三节 HSE 管理体系的建立与运行

知识目标
(1) 掌握 HSE 管理体系建立的步骤；
(2) 掌握 HSE 管理体系建立的关键点。

任务简述

甲公司和乙公司竞争投标想要成为杜邦公司的供应商，甲公司自认为在价格和规模上都比乙公司更有竞争力，但最终却因为没有建立 HSE 管理体系而失败，请问该如何建立 HSE 管理体系？

知识准备

一、HSE 管理体系的建立

对于不同的组织，由于其组织特性和原有基础的差异，建立 HSE 管理体系的过程不会完全相同。但组织建立 HSE 管理体系的基本步骤一般是相同的。主要包括准备工作、风险评估、策划设计、文件编写、试运行、评估评审和持续改进七个步骤，其具体流程如图 1-2 所示。

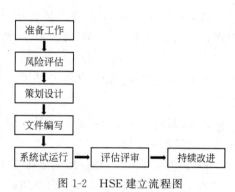

图 1-2 HSE 建立流程图

（一）准备工作

建立 HSE 管理体系的各种前期准备工作，主要包括领导决策、成立体系建立组织机构、宣传和培训。

1. 领导决策

建立 HSE 管理体系需要领导者的决策，特别是最高管理者的决策。只有在最高管理者认识到建立 HSE 管理体系必要性的基础上，组织才有可能在其决策下开展这方面的工作。另外，HSE 管理体系的建立，需要资源的投入，这就需要最高管理者对改善组织的健康、安全与环境行为做出承诺，从而使得 HSE 管理体系的实施与运行得到充足的资源。实践证明，高层管理者的决心与承诺不仅是组织能够启动 HSE 管理体系建设的内部动力，而且也是动员组织不同部门和全体员工积极投入 HSE 管理体系建设的重要保证。

2. 成立体系建立组织机构

当组织的最高管理者决定建立 HSE 管理体系后，首先要从组织上给予落实和保证，通常需要成立一套体系建立组织机构，一般包括：

① 成立领导小组；

② 任命管理者代表；

③ 组建工作小组。

此外，视组织的规模、特点的不同或 HSE 管理体系建立的需求和进展状况，还可以在相应层次上进行有关人员机构的组织安排。

3. 宣传和培训

宣传和培训是 HSE 管理体系建立，转变传统观念，提高健康、安全与环境意识的重要基础。体系建立的组织机构在开展工作之前，首先应接受 HSE 管理体系标准及相关知识的培训。同时，当组织依据标准所建立的 HSE 管理体系文件正式发布后，需要对全员进行文件培训。另外，组织体系运行需要的内审员也要进行相应的培训。宣传培训的内容应主要围绕管理体系的建立来安排。根据组织推行管理体系工作的需要，宣传培训依照管理层次不同，内容要有所侧重。

（二）初始风险评价

风险评价是建立 HSE 管理体系的基础，其主要目的是了解组织健康、安全与环境管理现状，为组织建立 HSE 管理体系搜集信息并提供依据。初始风险评价可包括如下内容。

① 明确适用的法律、法规及其要求，并评价组织的 HSE 行为与各类法律、法规等的符合性。

② 识别和评价组织活动、产品或服务过程中的环境因素、危险因素，特别是重大环境因素、危险因素。

③ 审查所有现行 HSE 相关活动与程序，评价其有效性。

④ 对以往事件、事故调查以及纠正、预防措施进行调查与评价。

⑤ 评价投入到 HSE 管理的现存资源的作用和效率。

⑥ 识别现有管理机制与标准之间的差距。

（三）HSE 管理体系的策划与设计

1. HSE 管理体系的策划

HSE 管理体系策划的主容包括如何建立保障体系（组织领导、办事机构和资源）、依据初始评价制订组织的承诺、确定组织的方针与目标和建立总体设计方案这几方面的内容。其中制订组织承诺主要包括以下内容：

① 对实现安全、健康与环境管理体系的政策、战略目标和计划的承诺；

② 对 HSE 优先位置和有效实施 HSE 管理体系的承诺；

③ 对员工 HSE 表现的期望；

④ 对承包商 HSE 表现的期望；

⑤ 其他承诺。

2. HSE 管理体系的设计准备

HSE 管理体系的设计准备的内容包括：设计调研与确定原则。

3. HSE 管理体系的设计

（1）组织结构和职责设计

① 组织结构设计　HSE 组织机构是把负责 HSE 事物的机构和人员联系在一起，形成一个层次分明的富有战斗力的整体。

② 职责设计应制订负责 HSE 管理体系的主要机构和管理人员的职责。

（2）文件体系设计　文件体系设计包括文件层次设计与文件开发（主要为程序文件和作业文件的开发）。

4. HSE 管理体系的设计评审

组织完成 HSE 体系方案初步设计后，应组织专家评审小组对设计方案进行评审，依据专家评审小组的意见，组织对 HSE 管理体系的设计方案进行修订，形成 HSE 管理体系的详细设计方案。此外，还应组织办公会，由最高管理者审核并批准 HSE 管理体系设计方案，并由 HSE 管理体系的管理部门制订工作进度计划，组织实施。

（四）HSE 管理体系文件的编写

HSE 管理体系文件主要包括管理手册、程序文件和作业文件三大类。其中管理手册是根据 HSE 的标准和方针目标来描述管理体系的一类文件；程序文件是用于描述实施体系要素所涉及的各职能部门的管理文件；作业文件是指详细的工作文件，包括管理制度、岗位作业指导师、项目 HSE 计划书、记录等。在编写 HSE 文件的时候应当遵循系统性、法规性、协调性、见证性、唯一性与适用性的原则。可以采用自上而下依次展开、自下而上、从程序文件开始向两边扩展三种编写方式。

1. HSE 管理手册编写

HSE 管理手册是对组织健康、安全与环境管理体系的全面描述，它是全部体系文件的"索引"，对 HSE 管理体系的建立与运行有特殊意义。

管理手册在深度和广度上可以不同，取决于组织的性质、规模、技术要求及人员素质，以适应组织的实际需要。对于中、小型组织，可以把管理手册和程序文件合成一套文件，但大多数组织为了便于管理仍把管理手册、程序文件分开。

2. HSE 程序文件编写

程序文件的编写要符合要求。程序文件包括以下内容：列出开展此项活动的步骤，保持合理的编写顺序，明确输入、转换和输出的内容；明确各项活动的接口关系、职责、协调措施；明确每个过程中各项因素由谁干、什么时间干、什么场合（地点）干、干什么、怎么干、如何控制及所要达到的要求；需形成记录和报告的内容；出现例外情况的处理措施等，必要时辅以流程图。

3. HSE 管理作业文件编写

首先应对现行文件进行收集和分析。组织现行的各种组织制度、规定办法等文件，很多具有管理作业相同的功能，但也都有其不足之处，应该以 HSE 管理体系有效运行为前提，以管理作业文件的要求为尺度，对这些文件再进行一次清理和分析，摘其有用部分，删除无关部分，按管理作业文件的内容及格式要求进行改写。

其次应编制作业文件明细表。根据 HSE 管理体系总体设计方案，按体系要素逐级展开，制订作业文件明细表，明确部门的职责，对照已有的各种文件，确定需新编、修改和完善的管理作业文件，制订计划在程序文件编制时或编制后逐步完成。由于各组织的规模、机构设置和生产实际不尽相同，则运行控制程序的多少、内容也不相同，即使程序相同，但由于其详略程度不同，其作业文件的多少也不尽相同。

4. 两书一表的编写

二维码1-2

"两书一表" 简介

一般来说，所有从事化工石油工程建设的施工企业基层组织，都应编制两书一表。两书是指《HSE 作业指导书》和《HSE 作业计划书》，一表是指《HSE 现场检查表》。详见二维码 1-2。

5. HSE 记录编写

记录是管理体系文件的一部分，HSE 管理的全过程需要大量的记录作支持。记录不仅是预防和纠正措施的依据，也为审核和评审提供依据。

HSE 记录的设计应与编制程序文件和（或）作业文件同步进行，以使 HSE 记录与程序文件和作业文件协调一致、接口清晰。

6. 体系文件的受控标识与版面要求

（1）体系文件的受控标识

① 体系文件分为受控文件和非受控文件，应分别加盖"受控文件"和"非受控文件"印章，"受控文件"应制订程序对其进行控制。

② HSE 管理体系的管理手册用于对外宣传和交流时，可加盖"非受控文件"印章；不作跟踪管理，组织内部使用时，必须加盖"受控文件"印章，列入受控范围。

③ 程序文件和管理作业文件，必须加盖"受控文件"印章，列入受控范围，不准向外组织提供或以各种方式变相交流。

④ 因情况变化，需增领文件时，应到文件管理部门按手续领取，严禁自行复印。

⑤ 持有者应妥善保管，不得涂改、损坏、丢失。

（2）体系文件的版面要求　组织 HSE 管理体系管理手册、程序文件的编写建议采用标准形式，基本要求应符合有关标准规定，但文件编码、页码等其他要求应满足程序文件特有的规定。管理作业文件不采用标准形式编写。体系文件和记录（专用票据除外）版面推荐均采用 A4 纸，如图、表较大可折叠装订。

（五）HSE 管理体系的试运行

HSE 体系建立后，还需要经过一段时间的试运行，试运行的目的主要有以下几个方面：

① 通过目标、管理方案、运行控制、应急管理等要素的运行，实现对重大风险和环境影响的控制；

② 通过检测与测量、检查监督、不符合纠正与预防等要素的实施，达到体系的初步完善；

③ 检查体系文件的适用性、有效性，对文件进行修订完善；

④ 通过体系各要素的实施，积累体系有效性证据，为审核做准备。

（六）HSE 管理体系审核

HSE 管理体系在运行过程中，由于受到外因、内因的影响，管理目标、管理程序、管理方法与管理效果之间有可能发生一定的偏差。因此，在 HSE 管理体系运行一定时期后，需要对 HSE 管理体系的符合性、有效性、适用性进行审核、评审，以及时调整现实与体系不相符合、体系与现实不相适应的部分，达到持续改进、不断提高的目的。HSE 体系审核分为内部审核和管理审核。这两种审核都是 HSE 管理体系的监督要素，与检查监督构成了体系的三级监控。

内部审核是指检查、确认体系各要素的实施过程是否按计划有效实现，是对体系运行是否达到了规定目标所做的系统的、独立的检查和评价，根本目的在于发现问题并致力于改进。

管理审核是对体系的现状是否有效地适应 HSE 方针的要求以及体系环境变化后确定的新目标是否适宜等所做的综合性评价。

（七）HSE 管理体系的持续改进

HSE 管理体系是一个动态的管理体系，需要根据实际情况不断地进行改进，持续改进可以强化 HSE 管理体系的过程。可以从以下三个方面进行持续改进：

① HSE 绩效方面（安全、健康、环境的某一项或一系列改进）；

② HSE 方针、目标的提升；

③ 体系文件的不断修订完善；员工 HSE 素质的提高。

二、HSE 管理体系实施的六个关键点

1. 领导重视是 HSE 管理体系能否成功实施的关键

HSE 管理体系是企业管理体系的重要组成部分，它贯穿企业管理系统运作的各个方面。人员、设备、方法、信息、资源等无一不跟 HSE 管理体系发生直接关系，因此 HSE 管理体系是一项复杂的系统工程，企业领导者应直接抓 HSE 管理，在其管理方面做出明确的承诺，并将其作为企业文化的一部分确实付诸实施，这是建立和实施 HSE 管理体系的关键。实践证明：高层管理者的决心和承诺，不仅是企业启动 HSE 管理体系的内在动力，而且也是保证动员全体员工积极投入体系建设的关键，领导与承诺对实现 HSE 管理体系目标有着决定性作用，是体系成功实施的关键。

2. 提高全员 HSE 意识是 HSE 管理体系有效实施的基础

HSE 管理体系的成功实施，有赖于企业全体员工的参与，这就对企业员工整体素质提

出了更高要求。首先需要他们具备良好的 HSE 意识，有高度的责任感，并对各自岗位的职责和责任有充分的认识，此外还要具备处理 HSE 事务的必要能力，掌握正确的工作方式等。所以为了使全员能够自觉履行 HSE 职责，就要进行广泛的、多层次的 HSE 培训，使其了解自己所负的责任、所担负的任务、所工作的内容、所操作设备的程序和步骤、工作中可能产生的风险和应急措施等，通过不断培养员工的 HSE 意识和能力，为体系的成功实施创造条件。

3. 实施风险管理是实施 HSE 管理体系的核心

风险管理是对风险识别、分析评价与控制的总称，评价是进行风险管理的基础，风险评价与控制的有效结合是 HSE 管理体系的中心环节。风险评价可以从以下三个层次进行。

（1）整体风险评价　聘请相关行业的专家对企业整体尤其是关键生产装置进行风险评价。采用科学评价方法，通过定量分析确定关键装置的安全系统和状态，有效地提出并实施控制风险的措施，保证关键生产装置的安全平稳运行。

（2）基层风险评价　组织工程技术、装置设备、人事财务、物资供应、生产调度、后勤服务等部门人员，对其基层所有工种和岗位风险进行识别、判读、评价、控制，编制风险评价程序。并且要实现 HSE 管理目标，必须杜绝"三违"现象的发生，其方法是规范员工操作，并对员工进行教育培训。

（3）岗位风险评估　按照"做什么工作？会出现什么问题？后果怎么样？严重性如何？消减措施是什么？"的步骤，认真开展班前讲话和隐患整改活动。班站长在讲述工作的主要内容的时候，要指出施工中可能存在的最主要的风险，强调应采取哪些措施和注意哪些问题，尽量避免其发生；班组岗位人员要进行严密的岗位检查，及时找出不安全因素，进行整改和报告；现场能整改的立即整改，整改不了的进行分析和报告，以确定其对生产施工的影响程度，做好积极有效的措施，确保安全生产。

4. 资源是 HSE 管理体系有效实施的保证

企业高层管理者应为 HSE 管理体系的实施提供资源支持，包括人力、财力、物力和技术等。科学技术是第一生产力，人是生产力中最活跃的因素，人员素质是至关重要的，为此需要不断地对其进行培训以适应健康、安全与环境管理体系对人力资源的需求。财力资源是建立和实施健康、安全与环境管理的重要条件，在建立和实施 HSE 管理体系的过程中，无论是现状评价、设备更新，还是方针目标的确定等，都需要一定的财力作保证。在财力资源问题上，企业应有辩证的观点，既不能因为财力方面有困难，就疏于 HSE 管理的投入，也不能在制订方针目标时，不考虑现有的财力状况，做出不切实际的承诺，制订不现实的目标。正确的做法应该是，在现有财力资源允许的条件下，充分考虑法规要求，企业的义务和长远发展，分阶段地改进 HSE 投入，不断寻求企业效益和成本的最佳结合点。

同时，企业在建立和实施 HSE 管理体系的过程中，还应了解、掌握现有的物力状况，考虑在设施、装备方面的改进和补充。例如，当现有的设备不能满足要求时，应按以下次序进行更新和补充：首先是不符合国家、地方法规要求的设备设施；其次是不能满足企业健康、安全与环境目标的设备设施；最后是企业健康、安全与环境管理水平持续改进所需的设备设施。

5. 应急管理是 HSE 管理体系的补充

HSE 管理体系充分体现了"以人为本"的思想和"预防为主"的方针,以领导承诺为前提,通过开展风险评价,实行全员、全过程、全天候的管理,达到不发生事故、不破坏环境、不损害人体健康的目的。由于管理体系的不完善、员工不了解体系或是员工了解但没有按照体系完成以及其他原因,还是可能造成严重事故。因此在加强管理工作的基础上,还需要重视发生事故时人员和设备的应急能力。要多方面开展 HSE 试点应急演练,通过完善组织、制定程序、配备设施,有效地减少事故的发生,降低事故的影响和损失。

6. 严肃的执行力是成功实施 HSE 管理体系的强力支撑

HSE 管理体系要想得到有效的执行,首先要明确执行的方向。在执行前,要让全体员工弄明白执行什么、为什么执行以及用什么来保障、监督执行等一系列问题。其次要全员参与。HSE 的执行要求整个团队相互配合,不仅要提高企业从上到下的每一个人对 HSE 管理体系的执行力,还需要提高全员的工作责任心,并在执行过程中要主动配合、主动支持、主动承担责任,不互相推诿。此外还需要讲究执行效果。让合适的人去做合适的事,避免组织机构复杂化带来的内耗,注重执行质量和效率,充分发挥沟通作用,使 HSE 管理体系在企业中得到创新执行、有效执行。

◈ 任务分析与处理

甲公司应当在充分调研和调查的基础上,选择合适的监理公司,按照准备工作、风险评估、策划设计、文件编写、试运行、评估评审和持续改进七个步骤建立其 HSE 管理体系。

◉ 能力拓展

阅读理解 CNAS-TRC-009:2013《职业健康安全体系认证机构系统安全工程技术能力管理指南》。

◉ 课后习题

一、单项选择题

1. ISO 14000 系列标准是指(　　)。

    A. 环境管理系列标准　　　　　　　　B. 职业健康管理系列标准

    C. 质量管理系列标准　　　　　　　　D. 安全管理系列标准

2. SY/T 6276—2014 是指(　　)。

    A. 安全管理系列标准

    B. 职业健康管理系列标准

    C. 质量管理系列标准

    D. 石油天然气工业健康、安全与环境管理体系

3. PDCA 循环分别是指(　　)。

    A. 计划、执行、检查、处理　　　　　　B. 计划、处理、检验、改进

    C. 计划、检验、改进、处理　　　　　　D. 检查、处理、改进、计划

4.（　　　）是 HSE 管理体系能否成功实施的关键。

    A. 领导重视   B. 风险管理   C. 资源   D. 应急管理

5. 实施（　　　）是实施 HSE 管理体系的核心。

    A. 领导重视   B. 风险管理   C. 资源   D. 应急管理

二、多项选择题

1. HSE 管理体系是指（　　　）三位一体的管理体系。

    A. 健康   B. 安全   C. 环境   D. 预防

2. "两书一表" 是指（　　　）。

    A.《HSE 作业指导书》   B.《HSE 作业计划书》

    C.《HSE 现场检查表》   D.《安全生产记录表》

3. 建立 HSE 管理体系主要包括（　　　）等七个步骤。

    A. 持续改进   B. 风险评估   C. 评估评审   D. 文件编写

4. HSE 的前期准备工作主要包括（　　　）。

    A. 领导决策   B. 建立组织   C. 宣传   D. 培训

三、简答题

1. 如何建立 HSE 管理体系？

2. 什么是 HSE 管理体系？

3. 建立 HSE 管理体系的关键点有哪些？

第二章 HSE 风险管理

风险管理是 HSE 管理的核心内容，也是 HSE 管理的基础。风险管理主要包括风险识别、风险评价、风险控制、应急与恢复四方面的内容。本章将重点介绍风险管理的三个过程即风险辨识、风险评价和风险控制，通过本章的学习，帮助学生掌握风险管理的一些基本概念和常用的方法。

第一节 辨识风险

（1）掌握风险和风险管理的概念；
（2）掌握危险源的概念和种类；
（3）掌握危险源辨识的常用方法。

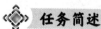 **任务简述**

某机械加工企业，主要生产设备为金属切削机床：车床、铣床、磨床、钻床、冲床、剪床等，同时，车间还安装了 3t 桥式起重机，配备了 2 辆叉车。请简述在该企业中存在的危险危害因素。

 知识准备

一、HSE 风险管理概论

1. 风险和风险管理

风险就是指人类在生产生活中可能面对的危险，是危险、危害事件发生的可能性与危险、危害事件严重程度的综合量度。即：

$$R = PD$$

式中，R 为风险值；P 为事件发生概率；D 为事件发生后可能产生的危害后果。

广义的风险涵盖的内容较为广泛，包括信用风险、品牌风险、质量风险、金融风险、法规政策风险、信息网络风险、市场风险、保密风险、HSE 风险、经营风险等。而狭义的风险是指每个行业或者领域面临的具体危险。如 HSE 风险就是指再生产过程中对职业健康、生产安全和社会环境可能产生的危险及其严重程度。

风险管理是研究风险发生规律和风险控制技术的一门新兴学科。最早出现在西方的保险行业中，20 世纪 50 年代在企业界得到蓬勃的发展，20 世纪七八十年代的美国三里岛核爆炸事件、印度帕博尔惨案和苏联的切尔诺贝利核电站的核泄漏事件推动了风险管理在 HSE 管理领域的应用和发展。由于各国学者对风险管理的出发点、目的、手段和管理范围等关注的重点不同，定义也不同。HSE 风险管理即风险管理在 HSE 管理领域中的应用，是指针对工业生产的全过程中的健康、安全和环境风险，运用安全系统工程的理论分析方法辨识危险源，评价风险，并根据企业实际情况运用一定的技术和方法去控制风险的一种管理活动。最终实现减少事故发生、降低事故损失和保护企业员工安全与健康、保护环境的目的。

2. 风险管理的相关概念

① 风险——某一特定危害事件发生的可能性与后果的组合。

② 危害——可能引起的损害，包括引起疾病和外伤，造成财产、工厂、产品条件或环境破坏，导致生产损失或增加负担。

③ 危险源——可能造成人员伤害、财产损失或环境破坏的根源，可以是一件设备、一处设施或一个系统，也可能是其中存在的某一部分。

④ 事故隐患——隐患是客观存在的对人和物的潜在危害，事故隐患是指作业场所、设备或设施的不安全状态或人的不安全行为和管理缺陷。

⑤ 风险管理——对系统存在的危险性进行定性和定量分析，得出系统发生危险的可能性及其后果严重程度的评价。根据评价结果，对危害尤其是重大危害因素制订风险削减措施，编制应急反应计划，以实现对风险及其影响的管理。风险管理充分体现了对事故危害及影响以预防为主、突出控制和削减风险的管理思想。

二、风险辨识

风险辨识是风险管理的基础，其成功与否，直接关系到风险管理的成败。在 HSE 风险管理中，风险辨识的主要任务就是通过科学的方法辨识出工业生产全过程中可能危害到人类身体健康和生存环境的各种危害因素。

危害因素又称危险源，是指可能导致伤害或疾病、财产损失、工作环境破坏或这些情况组合的根源或状态。在工业生产中，危险源包括两大类：第一类危险源是指意外释放的能量或危险物质，这类危险源是导致事故发生的根源，即根源性危险源；第二类危险源是指导致能量或危险物质约束和限制措施破坏及失效的各种因素，即导致事故发生的状态或因素，主要包括物的不安全状态、人的不安全行为、作业环境和安全管理的缺陷四个方面。

事故的发生往往是第一类危险源和第二类危险源共同作用的结果。第一类危险源是导致事故的能量主体，决定事故后果的严重程度。第二类危险源是促使第一类危险源造成事故的必要条件。因此，确定危险源的存在就是首先确定第一类危险源，在此基础上再辨识第二类危险源。

（一）辨识危险源的依据

1. GB/T 13861—2009《生产过程危险和有害因素分类与代码》

根据 GB/T 13816—2009《生产过程危险和有害因素分类与代码》的规定，按导致事故和职业危害的直接原因进行分类，将生产过程中的危险和危害因素分为人的因素、物的因素、环境因素和管理因素 4 大类。

（1）人的因素　人的因素包括生理心理性危险和有害因素、行为性危险和有害因素两个大类。生理心理性危险和有害因素有：负荷超限、健康状况异常、从事禁忌作业、心理异常、辨识功能缺陷；行为性危险和有害因素有：指挥错误、操作错误、监护失误等。

（2）物的因素　物的因素包括物理性危险和有害因素、化学性危险和有害因素、生物性危险和有害因素三个大类。物理性危险和有害因素有：设备、设施、工具、附件缺陷、防护缺陷、电伤害、噪声、振动危害、电离辐射、非电离辐射、运动物伤害、明火、高温物质、低温物质、信号缺陷、标志缺陷、有害光照和其他物理性危险和有害因素等；化学性危险和有害因素有：爆炸品、压缩性气体和液化气体、易燃液体、易燃固体、自燃物品和遇湿易燃物品、氧化剂和有机过氧化物、有毒品、放射性物品、腐蚀品、粉尘与气溶胶和其他化学性危险和有害因素等；生物性危险和有害因素有：致病微生物、传染病媒介物、致害动物、致害植物和其他生物性危险和有害因素。

（3）环境因素　环境因素包括：室内作业场所环境不良、室外作业场所环境不良、地下（含水下）作业环境不良和其他作业环境不良等。

（4）管理因素　管理因素包括：职业安全卫生组织机构不健全、职业安全卫生责任制未落实、职业安全卫生管理规章制度不完善、职业安全卫生投入不足、职业健康管理不完善和其他管理因素缺陷等。

2. GB 6441—1986《企业职工伤亡事故分类》

GB 6441—1986《企业职工伤亡事故分类》综合考虑起因物、引起事故的先发的诱导性原因、致害物、伤害方式等，将危害因素分为物体打击、车辆伤害、机械伤害、起重伤害、触电、淹溺、灼烫、火灾、高处坠落、坍塌、冒顶片帮、透水、放炮、火药爆炸、瓦斯爆炸、锅炉爆炸、其他爆炸、中毒和窒息、其他伤害共 20 种。

3. GB 18218—2009《危险化学品重大危险源辨识》

重大危险源是指长期地或临时地生产、加工、搬运、使用或储存危险物质，且危险物质的数量等于或超过临界量的单元。

4. 职业危害因素目录

2013 年 12 月 23 日，国家卫生计生委、人力资源社会保障部、安全监管总局、全国总工会 4 部门联合印发《职业病分类和目录》，分 10 类共 132 种。其中：肺尘埃沉着（尘肺）病 13 种和其他呼吸系统疾病 6 种；职业性放射性疾病 11 种；职业性化学中毒 60 种；物理因素所致职业病 7 种；职业性传染病 5 种；职业性皮肤病 9 种；职业性眼病 3 种；职业性耳鼻喉口腔疾病 4 种；职业性肿瘤 11 种；其他职业病 3 种。

（二）危险源辨识的主要内容

风险辨识应当按照物料特性、作业环境、生产工艺或者生产条件等几方面进行识别，并尽可能得齐全，在识别过程中发现新的风险应当及时进行补充和更新。其主要内容包括：

（1）厂址　从厂址的工程地质、地形、自然灾害、周围环境、气候条件、资源交通、抢险救灾支持条件等方面进行分析。

（2）厂区平面布局

① 总图：功能分区（生产、管理、辅助生产、生活区）布置；高温、有害物质、噪声、辐射、易燃、易爆、危险品设施布置；工艺流程布置；建筑物、构筑物布置；风向、安全距离、卫生防护距离等。

② 运输线路及码头：厂区道路、厂区铁路、危险品装卸区、厂区码头。

（3）建（构）筑物 建筑物结构、防火、防爆、朝向、采光、运输、（操作、安全、运输、检修）通道、开门、生产卫生设施。

（4）生产工艺过程 物料（毒性、腐蚀性、燃爆性）温度、压力、速度、作业及控制条件、事故及失控状态。

（5）生产设备、装置

① 化工设备、装置：高温、低温、腐蚀、高压、振动、管件部位的备用设备、控制、操作、检修和故障、失误时的紧急异常情况。

② 机械设备：运动等部件和工件、操作条件、检修作业、误运转和误操作。

③ 电气设备：断电、触电、火、爆炸、误运转和误操作、静电、雷电。

④ 危险性较大设备、高处作业设备。

⑤ 特殊单体设备、装置锅炉房、乙炔站、氧气站、石油库、危险品库等。

（6）粉尘、毒物、噪声、振动、辐射、高温、低温等有害作业部位。

（7）工时制度、女工劳动保护、体力劳动强度。

（8）管理设施、事故应急抢救设施和辅助生产、生活卫生设施等。

（三）危险源的辨识方法

1. 现场观察法

危险源是存在于生产现场的一系列安全隐患，一般的危险源辨识都在生产的基层进行，岗位操作人员和 HSE 管理人员可以在工作现场根据自己的专业知识、工作经验和操作程序来辨识危险源。

2. 文件资料查阅法

相同的行业，相同的生产工艺，其存在的危害因素和风险也相似，因此可以通过查阅相同或者相似行业的历史资料来辨识现有工艺或企业中存在的危险源。

3. 法律、法规和标准比对法

法律法规和标准是政府行业制定的规范性文件，是企业安全生产的行为准则和危险源辨识的依据。因此，可以根据法律法规来比对实际生产中的差别从而辨识危险源。

4. 系统评判法

对于一些较为复杂和风险性较高的工艺，有时需要借助专业的技术和方法来识别危害因素，如关联图分析法、危害与可操作性研究（HAZOP）、事件树（ETA）和故障树（FTA）分析法和安全检查表、环境影响分析、职业危害因素检测等。

本案例中涉及的工序为金属切削，按照 GB 6441—1986《企业职工伤亡事故分类》，在此过程中存在的主要危险、危害因素有：

①机械伤害；②触电；③火灾；④振动；⑤噪声；⑥起重伤害；⑦车辆伤害；⑧高处坠落；⑨物体打击。

◉ **能力拓展** ───────────────────

某液化石油气库建于 1998 年，位于某县，临江而设，交通便利，环境较好。该石油气库共有工作人员 31 人，其中有 2 名兼职安全管理人员。液化石油气库占地 38400m^2，包括球罐区、装车台、残液罐区、压缩机房、地磅房、综合楼、变电所、排水泵房、消防水泵房等。库区西面建有 2000t 级液化石油气码头。球罐区设有 3 个 2000m^3 的液化气球罐，球罐上设置水喷雾灭火装置。生产区与综合生活区用围墙隔开。其主要工作流程为：液化气船将液化气输送到球罐中储存，然后在装车台将液化气装卸到液化气汽车槽车中，再送至客户。请根据《企业职工伤亡事故分类》（GB 6441—1986）的事故分类，指出石油气库各作业场所的危险、危害因素。

第二节 评价风险

⬡ **知识目标** ⌃

(1) 掌握风险评价的概念；

(2) 掌握风险评价的方法及其适用条件；

(3) 了解风险评价的依据。

◈ **任务简述** ───────────────────

某客运公司下属五个客车公司，承担着公路旅客运输、旅游包车运输任务；按国家一级标准建设的客运总站，日可发送旅客 1.5 万人；具有二级资质的机动车修配厂，可以承揽各类车辆的大、中、小修业务；机动车检测公司可承揽各类机动车的检测业务；燃气站和检测台可保证营运车辆燃气的供给及车辆技术状况的检验。

公司现有营运车辆 450 台，总座位数为 11436。其中高级客车 112 台，座位数为 3706；中级客车 271 台，座位数为 6793；养通客车 67 台，座位数为 937。公司内部管理实行事业部制，员工实行竞争上岗制。内设财务部、安全保障馆、技术部、营运部、企管策划部、行政办公室等七个管理部室。客运站近年安全生产情况均符合行业管理部门规定，死亡指标、伤人指标及财产损失规模的交通事故起数均不超过政府及行业管理部门的控制起数。GPS 系统完好率，在线本不低政府及行业管理部门规定值，近年安全事故具体情况如下：2011 年共发生责任事故 13 起，死亡 4 人，伤 24 人；2012 年共发生责任事故 14 起，死亡 3 人，伤

27人；2013年共发生责任事故10起，死亡2人，伤16人。请根据给定条件，选用合适的方法对该客运站进行安全风险评价。

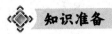 知识准备

一、HSE 风险评价

风险评价是指确定危害事件发生概率和模拟事件的危害程度，计算其风险值的大小，对其可接受性作出评价，提出风险预防和减控措施及应急预案等，为风险管理提供依据和保障。HSE 风险评价主要包括职业健康风险评价、安全风险评价和环境风险评价三方面的内容。

1. 职业健康风险评价

职业健康风险是指在工作环境中因接触有害因素而引起危害生理健康和心理健康的事件。职业健康风险评价是对工作场所内产生或存在的职业性有害因素及其健康损害进行评估和预测。其目的是预防和保护劳动者免受职业性有害因素所致的健康影响和危险，使工作适应劳动者，促进和保障劳动者在职业活动中的身心健康。

2. 安全风险评价

安全风险评价是利用系统工程方法对拟建或已有工程、系统可能存在的危险性机器可能产生的后果进行综合评价和预测，并根据可能导致的事故的风险大小，提出相应的安全对策措施，以达到工程、系统安全的过程。安全风险评价的目的是应用安全系统工程原理和方法，对工程、系统中存在的危险、有害因素进行查找、识别和分析，判断工程、系统发生事故和急性职业危害的可能性及其严重程度，提出合理可行的安全对策措施，为企业达到最低事故率、最小损失和最优的安全投资效益、监控危险源制订工程、系统防范措施和安全管理提供依据。

3. 环境风险评价

环境风险是指自然环境产生的或者通过自然环境传递的，对人类健康和福利产生不利影响同时又具有某些不确定性的危害事件。环境风险评价是指对项目建设和运行期间发生的可预测突发性事件或事故（一般不包括人为破坏及自然灾害）引起的有毒有害、易燃易爆等物质泄漏，或突发事件产生的新的有毒有害物质，所造成的对人身安全与环境的影响和损害进行评估，提出防范、应急与减缓措施的过程。环境风险评价的目的是分析和预测项目潜在的危险和有害因素，预测突发性事件或事故所造成的对人身安全和环境影响的损害程度，并对其后果进行评价；同时提出合理可行的防范、应急与减缓措施，以使项目事故率、事故损失和环境影响达到可接受水平。

二、风险评价的依据

风险的严重程度是一个相对的概念，没有绝对的零风险，因此，在进行风险评价的时候必须根据一定的依据来判断风险是否在我们可接受的范围之内，从而最大限度地保障生产过

程中的人员健康、财产安全和作业环境。HSE 风险评价的主要依据有法律法规、技术标准和风险判别指标。

1. 法律、法规

（1）法律　法律是由国家立法机构以法律形式颁布实施的。如《中华人民共和国劳动法》《中华人民共和国安全生产法》《中华人民共和国矿山安全法》《中华人民共和国环境保护法》《中华人民共和国职业病防治法》等。

（2）行政法规　行政法规是由国务院制定的和 HSE 相关的行政法规，如国务院发布的《危险化学品安全管理条例》《女职工劳动保护规定》等。

（3）部门规章　部门规章是由国务院有关部门制定的专项法规，是 HSE 法规各种形式中数量最多的一类，如国家安全生产监督管理总局发布的《危险化学品建设项目安全生产许可实施办法》等。

（4）地方性法规和地方规章　地方性法规是由各省、自治区、直辖市人民代表大会制定的有关安全生产的规范性文件；地方规章是由各省、自治区、直辖市政府、省会城市和经国务院批准的较大的市政府制定的有关 HSE 的专项文件，如《重庆市安全生产条例》等。

2. 技术标准

按标准来源可分为四类，一是由国家主管标准化的部门颁布的国家标准，如《生产设备安全卫生设计总则》《生产过程安全卫生要求总则》等；二是国务院各部委发布的行业标准，如国家安全生产监督管理总局发布的《危险化学品从业单位安全标准化通用规范》等；三是地方政府发布的地方标准，如《重庆市安全标准化服务机构管理办法》；四是国际标准和外国标准。

另外标准按其法律效力可分为两类，一是强制性标准，如 GB 50116—2013《火灾自动报警系统设计规范》、GB 50260—2013《电力设施抗震设计规范》、GB 50330—2013《建筑边坡工程技术规范》、GB 50016—2014《建筑设计防火规范》、GB 50974—2014《消防给水及消火栓系统技术规范》等；二是推荐性标准，如 GB/T 29639—2013《生产经营单位生产安全事故应急预案编制导则》；GB/T 33000—2016《企业安全生产标准化基本规范》。按标准对象特征可分为管理标准和技术标准。其中技术标准又可分为基础标准、产品标准和方法标准三类。

3. 风险判别指标

风险判别指标（下简称指标）又称判别准则的目标值，是用来衡量系统风险大小以及危险性是否可接受的尺度。无论是定性评价还是定量评价，都需要通过指标来判定风险的大小和可接受程度，常用的 HSE 风险评价指标有安全系数、可接受指标、安全指标（包括事故频率、财产损失率和死亡概率等）、健康指标（8h 平均接触允许浓度、最高允许接触浓度等）、环境指标（水污染指标、大气污染指标等）。指标不是随意规定的，而是根据具体的经济、技术情况，对风险后果、风险发生的可能性（概率、频率）和安全投资水平进行综合分析、归纳和优化，依据统计数据，有时也依据相关标准，制定出的一系列有针对性的风险等级、指数，以此作为要实现的目标值，即可接受的风险。

三、风险评价的方法

风险评价的目的是为了评价事故发生的可能性及其后果的严重程度，以判断是否需要采取措施控制风险。风险评价方法就是指对系统发生事故的可能性和严重程度进行判断评价的工具，风险评价涉及的范围较广，其采用的方法也较多。HSE 风险评价可以根据风险的性质和类型选择合适的评价方法。目前常用的评价方法中，按照评价结果的量化程度分，可分为定性安全评价方法和定量安全评价方法两大类。

1. 定性安全评价方法

定性安全评价方法主要是根据经验和直观判断能力对生产系统的工艺、设备、设施、环境、人员和管理等方面的状况进行定性的分析，评价结果是一些定性的指标，如是否达到了某项安全指标、事故类别和导致事故发生的因素等。属于定性安全评价方法的有安全检查表、专家现场询问观察法、因素图分析法、事故引发和发展分析、作业条件危险性评价法（格雷厄姆-金尼法或 LEC 法）、故障类型和影响分析、危险可操作性研究等。

2. 定量安全评价方法

定量安全评价方法是在大量分析实验结果和事故统计资料基础上获得的指标或规律（数学模型），对生产系统的工艺、设备、设施、环境、人员和管理等方面的状况进行定量的计算，评价结果是一些定量的指标，如事故发生的概率、事故的伤害（或破坏）范围、定量的危险性、事故致因因素的事故关联度或重要度等。

目前常用的评价方法的特点及其适用范围如表 2-1 所示。

表 2-1　风险评价方法及其适用范围

评价方法	评价目标	定性/定量	方法特点	适用范围	应用条件	优缺点
类比法	危害程度分级、危险性分级	定性	利用类比作业场所检测、统计数据分级和事故统计分析资料类推	职业安全卫生评价作业条件、岗位危险性评价	类比作业场所具有可比性	简便易行、专业检测量大、费用高
安全检查表	危险有害因素分析、安全等级	定性、定量	按事先编制的有标准要求的检查表逐项检查，按规定赋分标准赋分评定安全等级	各类系统的设计、验收、运行、管理、事故调查	有事先编制的各类检查表，有赋分、评级标准	简便、易于掌握、编制检查表难度及工作量大
预先危险性分析（PHA）	危险有害因素分析、危险性等级	定性	讨论分析系统存在的危险、有害因素、触发条件、事故类型，评定危险性等级	各类系统设计、施工、生产、维修前的概略分析和评价	分析评价人员熟悉系统，有丰富的知识和实践经验	简便易行，受分析评价人员主观因素影响
故障类型和影响分析（FMEA）	故障（事故）原因、影响程度等级	定性	列表分析系统（单元、元件）故障类型、故障原因、故障影响，评定影响程序等级	机械电气系统、局部工艺过程、事故分析	同上。有根据分析要求编制的表格	较复杂、详尽，受分析评价人员主观因素影响

评价方法	评价目标	定性/定量	方法特点	适用范围	应用条件	优缺点
故障类型和影响危险性分析（FMECA）	故障原因、故障等级、危险指数	定性、定量	同上。在FMEA基础上，由元素故障概率、系统重大故障概率计算系统危险性指数	机械电气系统、局部工艺过程、事故分析	同FMEA。有元素故障概率、系统重大故障（事故）概率数据	较FMEA复杂、精确
事件树（ETA）	事故原因、触发条件、事故概率	定性、定量	归纳法，由初始事件判断系统事故原因，由条件内各事件概率计算系统事故概率	各类局部工艺过程、生产设备、装置事故分析	熟悉系统、元素间的因果关系，有各事件发生概率数据	简便、易行，受分析评价人员主观因素影响
事故树（FTA）	事故原因、事故概率	定性、定量	演绎法，由事故和基本事件逻辑推断事故原因，由基本事件概率计算事故概率	宇航、核电、工艺、设备等复杂系统事故分析	熟练掌握方法和事故、基本事件间的联系，有基本事件概率数据	复杂、工作量大、精确，事故树编制有误易失真
作业条件危险性评价	危险性等级	定性、半定量	按规定对系统的事故发生可能性、人员暴露状况、危险程序赋分，计算后评定危险性等级	各类生产作业条件	赋分人员熟悉系统，对安全生产有丰富知识和实践经验	简便、实用，受分析评价人员主观因素影响
道化学公司法（DOW）	火灾、爆炸危险性等级及事故损失	定量	根据物质、工艺危险性计算火灾爆炸指数，判定采取措施前后的系统整体危险性，由影响范围、单元破坏系数计算系统整体经济、停产损失	生产、储存、处理燃爆、化学活泼性、有毒物质的工艺过程及其他有关工艺系统	熟练掌握方法、熟悉系统，有丰富知识和良好的判断能力，须有各类企业装置经济损失目标值	大量使用图表、简捷明了、参数取位宽、因人而异，只能对系统整体宏观评价
帝国化学公司蒙德法（MOND）	火灾、爆炸、毒性及系统整体危险性等级	定量	由物质、工艺、毒性、布置危险计算采取措施前后的火灾、爆炸、毒性和整体危险性指数，评定各类危险性等级	生产、储存、处理燃爆、化学活泼性、有毒物质的工艺过程及其他有关工艺系统	熟练掌握方法、熟悉系统，有丰富知识和良好的判断能力	大量使用图表、简捷明了、参数取位宽、因人而异，只能对系统整体宏观评价
日本劳动省六阶段法	危险性等级	定性、定量	检查表法定性评价，基准局法定量评价，采取措施，用类比资料复评，1级危险性装置用ETA、FTA等方法再评价	化工厂和有关装置	熟悉系统、掌握有关方法，具有相关知识和经验、有类比资料	综合应用几种办法反复评价，准确性高、工作量大
单元危险性快速排序法	危险性等级	定量	由物质、毒性系数、工艺危险性系数计算火灾爆炸指数和毒性指标，评定单元危险性等级	同DOW法的适用范围	熟悉系统、掌握有关方法，具有相关知识和经验	是DOW法的简化方法，简捷方便，易于推广

评价方法	评价目标	定性/定量	方法特点	适用范围	应用条件	优缺点
危险性与可操作性研究	偏离及其原因、后果、对系统的影响	定性	通过讨论,分析系统可能出现的偏离、偏离原因、偏离后果及对整个系统的影响	化工系统、热力、水力系统的安全分析	分析评价人熟悉系统、有丰富的知识和实践经验	简便、易行,受分析评价人员主观因素影响
模糊综合评价	安全等级	半定量	利用模糊矩阵运算的科学方法,对多个子系统和多因素进行综合评价	各类生产作业条件	赋分人员熟悉系统,对安全生产有丰富知识和实践经验	简便、实用,受分析评价人员主观因素影响

◆ 任务分析与处理

阅读案例:客运站安全评价案例分析。

● 能力拓展

某水泥厂拟新建一条新型干法水泥生产线及其配套设施。生产设施主要包括:厂房建筑、压缩空气站、物料储运系统、供配电系统、新建道路、一座12000kW余热发电机组等。水泥生产过程主要分为三个阶段:生料制备、熟料煅烧和水泥粉磨。生料制备是将生产水泥的各种原料按一定的比例配合,经粉磨制成料粉(干法)的过程;熟料煅烧是将生料粉在水泥窑内熔融得到以硅酸钙为主要成分的硅酸盐水泥熟料的过程;水泥粉磨是将熟料深加工,适量混合材料(矿渣),共同磨细得到最终产品——水泥的过程。其生产工艺流程主要包括如下几个方面。

(1)石灰石储存、输送及预均化 卸车后的石灰石由胶带输送机送到碎石库储存,按一定比例出库送至预均化堆场的输送设备上。预均化堆场采用悬臂式胶带堆料机堆料,采用桥式刮板取料机取料。

(2)原料调配站及原料粉磨 原料调配站将原料按一定比例配和后由胶带传送机送入原料磨。原料粉磨采用辊式磨,利用窑尾预热器排出的废气作为烘干热源。

(3)生料均化、储存与入窑。

(4)原料输送与煤粉配制。

(5)熟料烧成与冷却 熟料烧成采用回转窑,窑尾带五级旋风预热器和分解炉;熟料冷却采用篦式冷却机,熟料出冷却机的温度为环境温度的+65%。为破碎大块熟料,冷却机出口处设有一台锤式破碎机。

(6)废气处理 从窑尾预热器排出的废气,经高温风机一部分送至原料磨作为烘干热源,另一部分送入增湿塔增湿降温后,直接进入电收尘器净化后排入大气。

(7)熟料储存及运输

(8)水泥调配 熟料、石膏、矿渣按比例配合经胶带输送机送至水泥磨。

(9)水泥粉磨 采用球磨机,磨好的水泥料送入高效洗粉机,送出的成品随气流进入袋式收尘器,收不来的成品送入水泥库。

(10)水泥储存及散装

(11)辅助工程 余热发电系统和压缩空气站。

本项目所涉及的主要设备包括：原料立磨、胶带输送机、斗式提升机、螺旋输送机、刮板取料机、堆料机、烘干兼粉碎煤磨、五级旋风预热器、窑外分解回转窑、分解炉、冷却机、燃煤锅炉、余热发电机组、压缩空气罐（压缩空气站）、袋式收尘器、电除尘器等。

请根据给定的条件，选用合适的评价方法对该厂进行风险评价。

第三节　HSE 风险控制

 知识目标

(1) 掌握风险控制措施的类型；

(2) 掌握风险控制的优先顺序。

任务简述

2008 年 6 月 16 日 16 时 30 分左右，淄博某生化有限公司黄原胶技改项目提取岗位一台离心机由生产厂家浙江××机械设备有限公司技术员李××进行检修完毕后，在试车过程中发生闪爆，并引起火灾，造成 7 人受伤，直接经济损失 12 万元。经调查，事故的直接原因为浙江××机械设备有限公司技术员李××违反离心机操作规程，对检修的离心机各进出口没有加装盲板隔开，也没有进行二氧化碳置换，造成离心机内的乙醇可燃气体聚集，且对检修的离心机搅龙与外包筒筒壁间隙没有调整到位，违规开动离心机进行单机试车，致使离心机搅龙与外包筒筒壁摩擦起火，而事故发生单位淄博某生化有限公司未设置安全生产管理机构，未配备专职安全管理人员；未落实设备检修管理规定，未制定检修方案，未执行检修操作规程；未落实对外来人员入厂安全培训教育。请问，如果您是该生化企业的领导，应当如何控制风险，防止同类事故的发生？

知识准备

一、风险控制的原则

风险控制就是通过根据风险评价的结果针对性地采取一定的措施，将事故风险降低到人类可接受的范围之内，避免人员伤害、环境破坏和财产损失。风险控制是风险识别和风险评价的最终目的。风险控制措施可以分为两大类，预防措施和补救措施，补救措施将在应急救援章节中详细阐述，本节只针对风险预防措施进行阐述。预防措施不可能消除实际生产中的所有风险，一般都需要遵循合理合法并尽可能降低的原则，在制订风险措施时，应当考虑以下几个方面的因素：

① 风险控制措施应当符合国家有关法律、法规、技术标准及规范要求。

② 风险控制措施应当具有针对性和可操作性。HSE 涉及的范围和内容较广，不同企业有不同的问题，在制订风险控制措施的时候应当根据实际行业和企业的特点，通过辨识和评价有害因素及其后果，提出相应的风险控制措施。与此同时，还应当考虑 HSE 风险控制措

施在经济上、技术上和时间上的可行性，确保风险控制措施是可以真正落实、便于应用和操作的。

③ 风险控制措施应当具有经济合理性。经济合理性是指风险控制措施应当符合国家实际的技术水平和经济水平，在采用先进技术的基础上，综合考虑发展的需要和企业经济可承受能力，使得 HSE 风险控制措施和现有的经济水平和工艺水平相一致。

二、风险控制措施的分类

根据海因里希的事故致因理论，可将事故的预防措施分为 4 类，即工程技术措施、教育培训措施、安全管理措施和个体防护措施。

1. 工程技术措施

工程管理措施是指从工艺、设备入手，采取各种控制手段，消除或降低生产中的各种不安全因素，从而实现生产过程的本质安全的一种手段。工程技术措施主要包括消除、替代、减弱、隔离、联锁、警告等几种方式。如在现场设置可燃气体监测仪、硫化氢报警器、安全阀；安装流量控制、液位控制、压力控制等控制仪表；设置防雷设施、接地设施；设置红外探测仪、熔断器、漏电保护器等都属于工程技术措施。

"消除"就是从根本上消除有害因素，如采用机器人作业，加强自动控制，淘汰危险落后的设备、工艺等。

"替代"即用安全、环保的材料、设备替代危险的材料、设备，从而降低对人体的伤害。如采用可降解的钻井液代替普通钻井液、冰箱生产中用无氟或低氟的制冷剂代替氟利昂类制冷剂、用无铅汽油代替有铅汽油、用可降解的塑料代替不可降解的塑料、用不燃材料代替可燃材料等。

"减弱"是指在不能消除和替代的情况下，通过一系列的措施降低风险。如加强车间通风以降低有毒有害气体浓度、降低用电电压等级、降低噪声强度等。

"隔离"是指在时间或空间上避免人员与危险物质、危险场所的直接接触。如设置警戒线、设置屏障、设置安全距离、设置安全栅栏等。

"联锁"就是当操作者发生不安全行为或者物的不安全状态达到临界值的时候，自动开启联锁装置终止危险的发生。

"警告"就是指在易发生故障和危险性较大的地方，设置安全色、安全标识及其他警报装置等，提醒操作人员引起重视。

2. 教育培训措施

人的不安全行为是引起事故的重要原因。实践表明大多数的事故都是由于管理人员和操作人员的不当行为引起的。因此，必须通过培训，提高全体员工的风险意识，控制由于人的不安全行为引起的事故。安全教育的主要内容应当包括以下几个方面：

① 国家和行业相关的 HSE 生产的法律法规、政策、规章制度和行业标准。

② 岗位相关的 HSE 技术知识。包括生产技术知识和 HSE 专业知识。生产技术知识包括企业概况、工艺流程、设备性能、操作规程、物料性能。HSE 专业知识包括事故规律，典型事故，物料的危险性及其防护措施和应急处理，生产工艺的危险性与防护应急处理，岗位、车间突发情况的应急处理和方案，发生事故时紧急救护、自救、互救措施等。针对那些

特殊的岗位，还应进行专门的培训教育，如锅炉、压力容器、电气、焊接、危险化学品管理、防尘防毒等安全技术知识。

3. 安全管理措施

管理的缺陷也是引起事故的重要原因，因此，加强安全管理，运用一系列标准化、制度化、规范化的方式去进行企业的 HSE 管理，可以有效地降低事故发生的概率，从而控制风险。安全管理措施主要可以通过建立完善的管理体系，用法规、标准、规程强制管理，并监督检查，以提高过程安全性。如劳保上岗制度、安全检查制度、巡回检查制度、安全监督制度、安全责任制度等制度的落实都是强化安全管理措施。

4. 个体防护措施

个体防护措施是预防措施的最后一个环节，在通过前面三种措施均无法降低风险的情况下，可以通过使用个体防护用具如安全帽、护目镜、防尘口罩、静电鞋等来减少职业伤害，将风险控制在可接受的范围之内。

三、风险控制措施的优先顺序

以上的四种风险控制措施在宏观上为人们选择风险控制措施提供了指导。在长期的 HSE 风险管理实践中，专家们把风险控制措施的这四种大类进行了具体化，分别为消除、替代、降低、隔离、按程序操作、减少操作时间和个体防护装备。其中消除的控制效果最好，个体防护措施的风险控制效果最差。具体的风险控制的优先顺序如图 2-1 所示。

◆ 任务分析与处理

经分析，该事故主要是由人的不安全行为和管理的因素导致的，因此，可从以下几个方面去进行风险控制：

① 进一步完善建设项目安全许可工作，重点抓好试生产环节安全监管。企业严格按照《山东省化工建设项目安全试车工作规范》，规范试生产环节的工作程序，落实试生产前和试生产过程中的各项安全措施，确保试生产环节的安全。

② 促进企业主体责任落实，企业内部严格开展培训教育。企业严格执行化工安全生产41 条禁令；认真组织宣贯学习《化工企业安全生产禁令》和《化工企业安全生产禁令教育读本》，提高员工的安全意识，减少和杜绝"三违"现象，规范生产经营行为，不断提高安全管理水平。

③ 借鉴国外大公司的先进经验，积极探索应用危险与可操作性分析（HAZOP）等技术，提高化工生产装置潜在风险辨识能力。

④ 逐步拓展行业的专业技术培训。建立企业异常活动报告制度，突出异常活动（检维修作业、停复产、开停车、试生产、废弃物料处理和废旧装置拆除）等重点环节监管。

◆ 能力拓展

2005 年 11 月 13 日，吉林石化公司双苯厂一车间由于硝基苯精制岗位外操作人员多次违反操作规程，导致硝基苯精馏塔发生爆炸，并引发其他装置、设施连续爆炸。爆炸发生

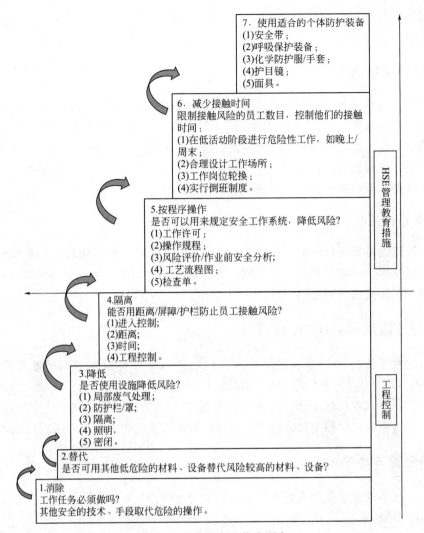

图 2-1 风险控制的优先顺序

后，约 100t 苯类物质（苯、硝基苯等）流入松花江，造成了 5 人死亡、1 人失踪、近 70 人受伤，松花江水严重污染，哈尔滨停水 5 天的严重后果。请根据所学知识，提出控制事故风险的有效措施。

课后习题

一、单项选择题

1. "可能造成人员伤亡或疾病、财产损失、工作环境破坏的根源或状态"是以下哪个名词的解释（   ）。

  A. 风险   B. 危险源   C. 隐患   D. 不安全行为

2. 按照评价结果的量化程度分，HSE 风险评价方法可分为（   ）。

  A. 定性和定量   B. 指数法和非指数法

  C. 系统法和经验法   D. 健康评价、安全评价和环境评价

3. 风险控制措施正确的顺序应该是（   ）。

  A. 消除、替代、降低、隔离、按程序操作、减少操作时间和个体防护装备

B. 消除、替代、降低、按程序操作、隔离、减少操作时间和个体防护装备

C. 替代、消除、降低、隔离、按程序操作、减少操作时间和个体防护装备

D. 消除、替代、降低、隔离、安全教育、安全管理和个体防护装备

4. 下列哪个不属于个体防护措施（   ）。

    A. 护目镜   B. 手套   C. 口罩   D. 隔离罩

5. 根据 2013 版《职业病分类和目录》，我国的法定职业病共有（   ）大类。

    A. 10   B. 11   C. 9   D. 132

二、多项选择题

1. 现场吊运起重作业时，哪些行为会发生起重伤害事故（   ）。

    A. 捆绑不牢   B. 吊挂不牢

    C. 吊运时从人的上空通过   D. 被吊物体上有人或有浮动物

2. 行车特种设备在使用中，易发生的事故类型为（   ）。

    A. 起重伤害   B. 其他伤害   C. 机械伤害   D 触电

3. 下列说法正确的是（   ）。

    A. 风险评价方法不是一个单一的、确定的分析方法

    B. 在选择风险评价方法时，应选择"最佳"的评价方法

    C. 风险评价方法并不是决定风险评价结果的唯一因素

    D. 风险评价方法的选择依赖于评价人员对评价结果的不断了解和实际评价的经验

4. 下面哪些是人员不安全因素（   ）。

    A. 误操作、不规范操作、违章操作   B. 指挥失误、违章指挥

    C. 身体和心理状况不佳   D. 决策失误

三、简答题

1. 简述 HSE 风险控制措施的优先顺序。

2. 简述 HSE 风险评价的依据。

3. 简述危险源的分类。

第二篇　职业卫生防护

　　工业革命带来世界经济的迅猛发展，同时也带来了安全生产和职业健康问题，根据国际劳工组织（ILO）的有关报告，全世界因职业事故或是与职业相关而引发的死亡每天多达5000多人，而全球每年约有1.6亿人因为工作中存在有害因素而患上疾病，其中1/3多的人会患上慢性疾病，1/10左右的人则将会终身残疾，由此造成的经济损失，相当于全世界GDP总和的4%。职业卫生研究的是人类从事各种职业劳动过程中的卫生问题，它的目的是让职工的健康在职业活动过程中免受有害因素侵害，其中包括劳动环境对劳动者健康的影响以及防止职业性危害的对策。

　　职业卫生防护是我国实现安全生产的重要组成部分。本篇主要针对职业过程中的安全生产及职业病的防治等问题，阐述职业卫生及防护的重要任务，即治理、评价及控制不良的劳动条件，保护劳动者的健康。通过本篇的学习，帮助学习者全面学习、了解、掌握职业卫生防护的相关基础知识、法律法规及一线工作中危害身体健康的各种因素，使其在今后的工作中尽量防止事故的发生并减少自身患职业病的概率。

第三章　职业病危害因素的分析和预防

第一节　辨识职业病和职业危害因素

任务简述

阿宝从四川一所职专毕业后到深圳市宝安区的一家电子厂工作，主要任务是用洗板水清洗电路板。一个月后，他的皮肤发痒、疼痛、发红、有灼热感，并且伴有发烧等症状，在同事的陪同下到医院诊治。医生给他详细检查并询问职业接触史后，怀疑他是三氯乙烯中毒。请问阿宝的病是否为职业病，应该如何维护自己的正当权益？

知识准备

一、职业病

职业健康又称为劳动健康，是以职工的健康在职业活动过程中免受有害因素侵害为目的的工作领域及在法律、技术、设备、组织制度和教育等方面所采取的相应措施。职业健康主要研究的是如何防止职工在职业活动职业病（其主要表现为工作中因环境及接触有害因素，健康的心态引起人体生理机能的变化）的发生。职业健康的概念，于 1950 年由国际劳工组织率先提出。职业健康应以促进并维持各行业职工的生理、心理及社交处在最好状态为目的；并防止职工的健康受工作环境影响；保护职工不受健康危害因素伤害；并将职工安排在适合他们生理和心理的工作环境中。

根据《中华人民共和国职业病防治法》的规定：职业病是指企业、事业单位和个体经济组织等用人单位的劳动者在职业活动中，因接触粉尘、放射性物质和其他有毒、有害物质等因素而引起的疾病。各国法律都有对于职业病预防方面的规定，一般来说，凡是符合法律规定的疾病就能称为职业病。

在生产劳动中，接触生产中使用或产生的有毒化学物质、粉尘气雾、异常的气象条件、高低气压、噪声、振动、微波、X 射线、γ 射线、细菌、霉菌，长期强迫体位操作，局部组织器官持续受压等，均可引起职业病，一般将这类职业病称为广义的职业病。对其中某些危害性较大、诊断标准明确、结合国情由政府有关部门审定公布的职业病，称为狭义的职业病，或称法定（规定）职业病。

自 2002 年《中华人民共和国职业病防治法》实施以来，特别是《国家职业病防治规划（2009～2015 年）》（国办发〔2009〕43 号）印发以来，用人单位危害劳动者健康的违法行为有所减少，工作场所职业卫生条件得到改善。职业病危害检测、评价与控制，职业健康检查以及职业病诊断、鉴定、救治水平不断提升，职业病防治机构、化学中毒和核辐射医疗救治基地建设得到加强，重大急性职业病危害事故明显减少。职业病防治宣传更加普及，全社会防治意识不断提高。但是，当前我国职业病防治仍然面临着发病人数多、危害因素多、危害后果严重和新的职业病危害因素不断出现等一系列的问题。

由于职业病危害因素种类很多，导致职业病范围很广，不可能把所有职业病都纳入到法定职业病范围。2013 年 12 月 23 日，国家卫生计生委、人力资源社会保障部、安全监管总局、全国总工会 4 部门联合印发《职业病分类和目录》，分 10 类共 132 种。其中：肺尘埃沉着病 13 种和其他呼吸系统疾病 6 种；职业性放射性疾病 11 种；职业性化学中毒 60 种；物理因素所致职业病 7 种；职业性传染病 5 种；职业性皮肤病 9 种；职业性眼病 3 种；职业性耳鼻喉口腔疾病 4 种；职业性肿瘤 11 种；其他职业病 3 种。具体职业病名称见二维码 3-1。

二维码3-1

法定职业病分类表

二、我国职业病现状

"十二五"期间，我国职业病防治法制、体制和机制不断完善，职业病危害防治工作取得积极进展，企业的职业健康条件进一步改善。但是，我国职业病形势依然严峻，主要存在以下几个特点：

（1）接触职业病危害人数多，病患数量大，肺尘埃沉着病仍然是主要职业病　2014 年，全国 30 个省、区、市（不包括西藏和新疆生产建设兵团）共报告职业病 29972 例，其中职业性肺尘埃沉着病占新增病例的 89％。职业病危害广泛分布于煤矿、非煤矿山、金属冶炼、建材、化工等 30 余个行业领域，"十二五"期间新发职业病特别是新发肺尘埃沉着病报告数仍呈上升趋势。

（2）职业病的隐匿性强，流动性大，职业病危害底数不清　随着各国对职业健康的重视，一些存在职业病危害的生产企业和工艺技术由境外向境内转移，从大中型企业向中小型企业转移。此外，国内企业大量雇用农民工，农民工流动性大，自我保护意识低，接触职业病危害的情况十分复杂，其健康影响难以准确估计。

（3）全社会职业病防治意识不强　一些劳动者尤其是农民工的职业病防治知识匮乏，自我防护能力和依法维权意识差。与此同时，一些地方政府和企业对做好职业病防治工作的重要性和紧迫性认识不到位，职业病防治工作的投入不足。一些企业未依法开展建设项目职业病防护设施"三同时"工作，职业病危害项目申报、工作场所职业病危害因素定期检测、职业健康监护和职业健康培训等措施落实不力。其中私营企业和中小型企业职业病危害严重。

（4）新的职业病不断出现　随着生物、高端装备制造、新能源、新材料等新兴产业的快速发展，新的职业病危害不断涌现，职业病危害辨识和治理工作难度进一步加大。

三、职业病危害因素

职业病危害是指在生产劳动过程及其环境中产生或存在的，对职业人群的健康、安全和作业能力可能造成不良影响的一切要素或条件的总称。

工作场所中存在及在作业过程中产生的各种有害的化学、物理、生物等对人体产生健康损害的因素称为职业病危害因素，按其来源可分为以下三大类。

（一）生产工艺过程中的有害因素

1. 化学因素

① 生产性毒物。如铅、苯、汞、一氧化碳、有机磷农药等。
② 生产性粉尘。如硅尘、煤尘、水泥尘、石棉尘、有机粉尘等。

2. 物理因素

① 异常气象条件。如高温、高湿、低温等。
② 异常气压。如高气压、低气压。
③ 噪声、振动。
④ 非电离辐射。如紫外线、红外线、射频辐射、微波、激光等。
⑤ 电离辐射。如 α、β、γ、X 射线等。

3. 生物因素

如炭疽杆菌、布氏杆菌、森林脑炎病毒等传染性病原体。

（二）劳动过程中的有害因素

① 劳动组织和劳动休息制度不合理。
② 劳动过度，精神（心理）紧张。
③ 劳动强度过大，劳动安排不当，不能合理安排与劳动者的生理状况相适应的作业。
④ 劳动时个别器官或系统过度紧张。如视力紧张等。
⑤ 长时间用不良体位和姿势劳动或使用不合理的工具劳动。

（三）生产环境中的有害因素

① 自然环境因素的作用。如炎热季节的太阳辐射。
② 厂房建筑或布局不合理。如有毒与无毒的工段安排在同一车间。
③ 来自其他生产过程散发的有害因素的生产环境污染。

根据 2015 年国家卫生计生委、人力资源社会保障部、安全监管总局及全国总工会联合发布的《职业病危害因素分类目录》，职业病危害因素可分为以下六大类。

1. 粉尘

共列举了包括硅尘、铝尘、棉尘等 51 种具体的粉尘。根据其理化特性和作用特点不同，可引起不同疾病，其中由粉尘引起的肺尘埃沉着病是目前我国发病数量最多的一种职业病。

2. 化学因素

共列举了铅及其化合物、正己烷、亚硫酸钠等 374 种具体的化学物质。这些化学物质会引起各类中毒，如铅中毒、汞中毒、氯气中毒、二氧化硫中毒、苯酚中毒等。

3. 物理因素

共列举了噪声、高温、工频电磁场等 14 种具体的因素。可引起中暑、减压病、高原病、手臂振动病及听力损伤等职业病。

4. 放射性因素

共列举了密封放射源产生的电离辐射、加速器产生的电离辐射、铀及其化合物等 7 种可导致职业病的放射性因素。

5. 生物因素

共列举了艾滋病病毒、森林脑炎病毒、炭疽芽孢杆菌等 5 种具体的致病因素。可导致炭疽、森林脑炎、布氏杆菌病等。

6. 其他因素

如金属烟、井下不良作业条件等。可导致金属烟热、职业性哮喘、煤矿井下工人滑囊炎等。

四、识别职业病危害因素

职业病危害因素识别是指在职业卫生工作中，根据经验或通过工程分析、类比调查、工作场所监测、职业流行病学调查以及实验研究等方法，把建设项目或工作场所中的职业病危害因素甄别出来的过程。职业病危害因素的识别可以确定危害因素的种类、来源、形式或性质、分布、浓度或强度、作用条件、危害程度，为职业病危害因素的接触分析与有害性分析提供基础依据；同时通过分析影响劳动者健康的方式、途径、程度，确定健康监护指标，为职业病诊断提供证据，确定职业病危害监测指标，明确职业病危害控制的目标，为分析和评价建设项目职业病防护及应急救援设施设置的适宜性、符合性或有效性等提供基础依据。

（一）职业病危害因素识别原理及识别原则

1. 职业病危害因素识别原理

在实际工作中，将职业病危害因素识别的思维方式与依据的理论统称为职业病危害因素识别原理。常用的职业病危害因素识别原理有从因到果原理、类推原理和从量变到质变原理等。职业病危害因素识别原理见二维码 3-2。

二维码3-2

职业病危害因素识别
原理及常用方法

2. 职业病危害因素识别原则

职业病危害因素识别是建设项目职业病危害评价工作的基础。在工作中应遵循全面识别、主次分明、定性与定量相结合的原则。

（1）全面识别原则　一般来讲，某种工作场所所包含的职业病危害因素是比较单纯的。而对于一个建设项目，特别是工艺复杂的建设项目，其整个生产过程中所包含的职业病危害因素是错综复杂的。在识别过程中，首先应遵守全面识别的原则，从建设项目工程内容、工艺流程、流料流程、维修检修等多方面入手，逐一识别，分类列出，然后对因素的危害程度作出进一步的识别。不仅要识别正常生产、操作过程中可能产生的职业病危害因素，还应分析开车、停车、检修及事故等情况下可能产生的偶发性职业病危害因素。

（2）主次分明原则　筛选主要职业病危害因素是为了去粗取精，抓住重点。在工作中，对建设项目可能存在的职业病危害因素种类、危害程度以及可能产生的后果等进行综合分析，也是为了抓住起主导作用的危害因素。此外，每一种危害因素因其自身的理化特性、毒性、生产环境中存在的浓度（强度）及接触机会等的不同，对作业人员的危害程度相差甚远。因此，在识别过程中应做到主次分明，避免面面俱到，分散精力。

（3）定性与定量相结合原则　在对职业病危害因素全面定性识别后，通常还需对主要职业病危害因素进行定量识别。通过现场采样分析，进一步判断其是否超过国家职业卫生标准规定的职业接触限值，以此作为评价工作场所或建设项目职业病危害控制效果的客观指标。

（二）职业病危害因素识别常用方法

职业病危害因素识别的方法很多，常用的有经验法、类比法、检查表法、资料复用法、工程分析法、实测法和理论推算法等。各种识别方法的具体介绍见二维码3-2。

（三）职业病危害因素识别程序

职业病危害因素识别因目的不同而有不同的工作程序。在建设项目职业病危害控制效果评价和职业病危害因素定期监测时，职业病危害因素识别工作的重点是现场调查。而在建设项目职业病危害预评价时，重点则是根据项目的设计资料（可行性研究报告、初步设计等）提供的工程设想，进行资料调研和类比调查工作。

二维码3-3

建设项目职业病危害
控制效果评价中的职
业病危害因素识别
过程

1. 建设项目职业病危害控制效果评价

建设项目职业病危害控制效果评价中的职业病危害因素识别主要包括收集资料、现场调查、工程分析、危害筛选等过程。具体识别过程见二维码3-3。

2. 建设项目职业病危害预评价

建设项目职业病危害预评价中的职业病危害因素识别工作包括资料调研、类比调查、工程分析、主要危害因素预测等过程。具体识别过程见二维码3-4。

二维码3-4

建设项目职业病危害
预评价中的职业病
危害因素识别过程

3. 工作场所职业病危害因素的定期监测与评价

工作场所职业病危害因素的定期监测与评价是工业企业的一项常规职业卫生工作。开展工作的首要问题就是对监测或评价对象的职业病危害因素识别。其工作程序主要包括收集资料、现场调查、工程分析、危害筛选等过程。具体内容可参见建设项目职业病危害控制效果评价工作中的职业病危害因素识别。但对下列问题应给予关注：

① 认真查阅对评价对象以往所做的职业病危害控制效果评价或定期评价资料，从中获得职业病危害因素识别的一手资料；

② 重点关注生产工艺、原辅材料、产品产量、卫生防护设施是否有改变，并分析其改变对评价对象职业病危害因素可能导致的影响；

③ 查阅工作人员健康监护资料，询问劳动者接触职业病危害因素后的自我感觉，从中发现可能遗漏的职业病危害因素新线索。

◈ 任务分析与处理

根据煤制气厂使用的原料、生产工艺过程及所得产品，其可能产生以下职业病危害因素。

① 生产性粉尘：煤尘、干灰。

② 有毒物质：一氧化碳、二氧化碳、氮氧化物、硫化物（燃烧完全为二氧化硫；燃烧不完全为硫化氢）。

③ 物理有害因素：噪声、高温、热辐射。

◉ 能力拓展

家具的制作流程为：购进原木—开料—烘干—下料—拼板—下料—画线—开榫、打眼、开槽—组装—油漆—包装—出厂。请根据制作流程分析家具行业可能产生的职业危害因素。

第二节　评价职业病危害因素

知识目标 △

（1）了解我国职业危害评价的步骤；

（2）掌握化学有害因素职业接触限值的应用。

◈ 任务简述

某市医院引入医用电子直线加速器装置时，主管人员对相关的放射防护法规缺乏了解，在机房施工前未进行职业病危害预评价。直至主体工程建成后，职业卫生技术服务人员前往审查设计图纸和勘察现场时，估测其主防护墙外泄漏辐射剂量水平可能高于 $5\mu Gy/h$，其屏蔽效果欠佳。委托建筑质量检测机构对墙体材料进行复核测量的结果表明，墙体材料密度值（$213kg/cm^3$）远低于设计密度（$312kg/cm^3$）。请根据检测结果对此项目进行评价。

职业病危害评价是依据国家有关法律、法规和职业卫生标准，对生产经营单位生产过程中产生的职业病危害因素进行接触评价，对生产经营单位采取的预防控制措施进行效果评价，同时也为作业场所职业卫生监督管理提供技术数据。根据评价的目的和性质不同，可分为经常性（日常）职业病危害因素评价和建设项目的职业病危害评价。经常性职业病危害因素评价除涉及职业卫生调查、职业病危害因素检测、职业流行病学调查等内容外，着重进行职业病危害因素评价、职业病危害因素分级评价与职业卫生防护措施评价；建设项目的职业病危害评价又可分为新建、改建、扩建和技术改造与技术引进项目的职业病危害预评价、控制效果评价与建设项目运行期间的现状评价。

职业病危害评价是一项跨学科跨专业、技术复杂且法律责任强的工作，其卫生学特点体现在以下几个方面：

（1）符合性评价　考察建设项目职业卫生相关内容与国家现行法律法规的符合性，并根据符合程度作出建设项目在职业卫生方面是否可行的结论。

（2）预测性评价　在可行性研究阶段，应用科学的方法对项目可能产生的职业病危害因素及其危害程度进行预测，从设计的角度研究如何防止职业病危害的发生，从而堵住职业病危害的源头。

（3）检查性评价　控制效果评价时，现场检查贯穿始终，从工程概况、试运行情况、生产工艺、防护设施、职业卫生管理、危害因素分布到预评价建议、卫生审查意见以及"三同时"的落实情况等，现场检查的结果关系到评价结论的正确与否以及对策措施的提出。

（4）有效性评价　职业病危害评价通过作业场所的毒物、粉尘、物理因素、生物因素等职业病危害因素的检测，以及通过采暖、通风、采光照明、微小气候等卫生学指标的检测，以评价各项职业病危害防护设施的有效性。

（5）指导性评价　职业病危害评价的最终目的是发现建设项目存在的职业卫生问题，并就这些存在的问题，提出相应的补偿措施和对策，指导建设单位采取优化的技术和管理措施，以消除这些问题。

一、评价的意义

（1）贯彻落实国家有关职业病卫生的法律、法规、规章和标准；

（2）控制或消除职业病危害，防治职业病，保护劳动者健康；

（3）明确建设项目生产的职业病危害因素，对未达到职业病危害防护要求的系统或单元提出职业病控制措施的建议；

（4）职业病危害评价为卫生行政部门对生产单位的日常监督提供依据；

（5）职业病危害评价为生产单位职业病防治的日常管理提供依据。

二、评价的内容

（1）不同工种（岗位）及其具体作业任务职业病危害因素的接触水平；

（2）不同人群职业病危害因素的接触水平；

（3）不同工作地点职业病危害因素的接触水平；

三、评价的依据

职业病危害评价与安全评价、环境评价一样，实行"以事实为依据，以法律为准绳"的原则。职业病危害评价的法律依据，包括职业卫生法律体系中的国家法律、行政法规、职业病防治配套规章、地方性法规及规章、规范性文件和职业卫生相关标准规范以及企业提供的各种资料。职业病危害评价应在职业卫生学调查和研究结果的基础上，对照相应的国家标准来进行评价。

四、职业接触限值的应用

职业接触限值指劳动者在职业活动过程中长期反复接触，对绝大多数接触者的健康不引起有害作用的容许接触水平，是职业病危害因素的接触限制量值。

职业接触限值是职业有害因素检测与评价的基础，是评价职业病有害因素控制效果的依据，也是进行卫生监督的依据。

（一）化学有害因素的职业接触限值及其应用

1. 化学有害因素的职业接触限值标准

《工作场所有害因素职业接触限值》（GBZ 2.1—2007）中共规定了 339 种化学物、47 种粉尘和 2 种生物因素的职业接触限值。

2. 化学有害因素的职业接触限值应用

（1）8h 时间加权平均容许浓度（PC-TWA）应用　8h 时间加权平均容许浓度是评价工作场所环境卫生状况和劳动者接触水平的主要指标，是工作场所有害因素职业接触限制的主体性限值。PC-TWA 的测定主要有个体检测和定点检测两种方式：个体检测是测定 PC-TWA 比较理想的防范，尤其适用于评价劳动者实际接触情况，定点检测也是测定 PC-TWA 的一种方法，除了反映个体接触水平外，也适用于评价工作场所环境的卫生状况。PC-TWA 的计算方法主要由其采样方法决定。采用连续采样方法时，空气中有害物质 8h 时间加权平均浓度按式（3-1）进行计算。

$$C_{\text{TWA}} = \frac{cv}{F \times 480} \times 1000 \tag{3-1}$$

式中　C_{TWA}——空气中有害物质 8h 时间加权平均浓度，mg/m^3；

　　　　c——测得的样品溶液中有害物质的浓度，$\mu g/mL$；

　　　　v——样品溶液的总体积，mL；

　　　　F——采样流量，mL/min；

　　　　480——时间加权平均允许浓度规定的 8h 计，min。

采用短时间采样方法（当采样器不能满足加权工作日连续一次采样时，可根据采样仪器的操作时间，在工作日内进行 2 次或 2 次以上的采样）时，空气中的 C_{TWA} 根据式（3-2）进行计算。

$$C_{\text{TWA}} = \sum_1^i \frac{C_i T_i}{8} \tag{3-2}$$

式中 C_{TWA}——空气中有害物质 8h 时间加权平均浓度，mg/m^3；

$\quad\quad C_i$——测得空气的有害物质浓度，mg/m^3；

$\quad\quad T_i$——劳动者在相应的有害物质浓度下的工作时间；

$\quad\quad 8$——时间加权平均允许浓度规定的 8h。

（2）短时间接触容许浓度（PC-STEL）应用　短时间接触容许浓度是指 PC-TWA 前提下容许短时间（15min）接触的浓度。PC-STEL 适用于短时间接触较高浓度可导致刺激、窒息、中枢神经抑制等急性作用及其慢性不可逆性损伤的化学物质。一般采用短时间定点采样（15min）的方法进行采样，一次采样时间为 15min 的，按式（3-3）所示进行计算：

$$C_{STEL} = \frac{cv}{Ft} \qquad\qquad (3-3)$$

式中 C_{STEL}——空气中有害物质的短时间接触浓度，mg/m^3；

$\quad\quad c$——测得的样品溶液中有害物质的浓度，$\mu g/mL$；

$\quad\quad v$——样品溶液的总体积，mL；

$\quad\quad F$——采样流量，L/min；

$\quad\quad t$——采样时间，min。

一次采样不足 15min 的，可进行一次以上采样，C_{STEL} 按 15min 时间加权平均浓度计算。

（3）最高容许浓度（MAC）应用　最高容许浓度是指工作地点、在一个工作日内、任何时间有毒化学物质均不应超过的浓度。PC-MAC 适用具有明显刺激、窒息、中枢神经抑制作用，可导致严重急性损害的化学物质。一般采用定点、短时间采样的两种方法进行采样。在了解生产工艺过程的基础上，根据不同工种和操作地点采集能够代表最高瞬间浓度的空气样品进行检测。当只有一种物质时，PC-MAC 按式（3-3）进行计算，当 2 种或 2 种以上有毒物质共同作用于同一器官，系统或具有相似的毒性作用（如刺激作用等），或已知这些物质可产生相加作用时，可用指数 $£$ 比较法进行计算，指数 $£$ 应按式（3-4）计算：

$$£ = C_1/L_1 + C_2/L_2 + \cdots + C_n/L_n \qquad\qquad (3-4)$$

式中 C_1、C_2、$\cdots$、C_n——各化学物质所测得的浓度，mg/m^3；

$\quad\quad L_1$、L_2、$\cdots$、L_n——各化学物质相应最高容许浓度 MAC，mg/m^3。

当指数 $£$ 小于或等于 1，表示未超过最高容许浓度限值，符合工业卫生要求；当指数 $£$ 大于 1 时，表示超过最高容许浓度限值，则不符合工业卫生要求。

【例 1】　某生产车间内有乙醛、硫化氢、己二醇 3 种毒物共存，经分析检测浓度分别为 $4.5mg/m^3$、$8mg/m^3$ 和 $58mg/m^3$，根据 GBZ 2.1—2007 表 1 工作场所空气中化学物质容许浓度，这 3 种物质的 MAC 分别为 $45mg/m^3$、$10mg/m^3$ 和 $100mg/m^3$，请衡量车间空气中有毒物质浓度是否超过最高浓度限值？

解：乙醛、硫化氢、己二醇 3 种毒物共存时，可认为是毒物产生相加作用，可按公式计算：

$$4.5/45 + 8/10 + 58/100 = 1.48 > 1$$

此结果大于 1。表示超过最高容许浓度限值，不符合工业卫生要求，必须整改。例如，若采取措施将硫化氢的实际浓度降到 $3mg/m^3$ 以下，则可使计算结果等于或小于 1，即可达到国家规定的标准。

（4）超限倍数应用　对于未制定 PC-STEL 的化学物质，通常采用超限倍数来控制短时间接触水平的过高限值，在符合 PC-TWA 的前提下，化学物质的超限倍数是 PC-TWA 的 1.5～3 倍（见表 3-1），粉尘的超限倍数是 PC-TWA 的 2 倍；超限倍数所对应的浓度是短时间接触浓度，其采样和检测方法同 C_{STEL}。

表 3-1　化学物质超限倍数与 PC-TWA 的关系

PC-TWA/(mg/m^3)	最大超限倍数
PC-TWA<1	3
1≤PC-TWA<10	2.5
10≤PC-TWA<100	2.0
PC-TWA≥100	1.5

【例 2】　己内酰胺的 PC-TWA 为 5mg/m^3，查表 3-1，其超限倍数为 2.5。测得短时间（15min）接触浓度为 15mg/m^3，是 PC-TWA 的 3 倍，大于 2.5。不符合超限倍数的要求。

（二）物理因素职业接触限值

物理性有害因素多以能量的方式作用于机体，对机体的损伤与接受的总能量有关。职业接触限值除考虑接触量外，还要考虑接触时间。工作场所物理因素职业接触限值见 GBZ 2.2—2007。

（三）应用职业接触限值时的注意事项

职业接触限值不是一成不变的，在制定后随着工业卫生科学资料的积累，结合实施过程中毒物接触者健康状况观察的结果以及国民经济的发展、科学水平的提高，还会不断地修订与完善。在应用职业接触限值时还应注意以下问题。

① 工作场所有害物质的测定方法按《工作场所空气中有害物质监测的规范》(GBZ 159)和《工作场所空气有毒物质测定》(GBZ/T 160) 进行检测，在无上述规定时，也可按国内外公认的测定方法执行。

② 在备注栏内标有（皮）的物质（如有机磷酸酯类化合物、芳香胺、苯的硝基、氯基化合物等），表示可因皮肤、黏膜和眼睛直接接触蒸气、液体和固体，通过完整的皮肤吸收引起全身效应。旨在提示即使空气中化学物质浓度等于或低于 PC-TWA 时，通过皮肤接触也可引起过量接触，需采取措施预防皮肤的大量吸收。

③ 在备注栏内标有（敏）的物质，是指已被人或动物资料证实该物质可能有致敏作用，但并不表示致敏作用是制定 PC-TWA 所依据的关键效应和唯一的依据。应通过工程控制措施和个人防护用品以有效地减少或消除接触。发现特异感者，及时调离接触。

④ 在备注栏内标有 G1、G2A、G2B 的物质，是按国际癌症组织（IARC）分级，作为参考性资料。

G1：确认人类致癌物；G2A：可能人类致癌物；G2B：可疑人类致癌物。对于标有致癌性标识的化学物质，应通过技术措施与个人防护用品减少接触机会，尽可能保持最低接触水平。

⑤ 有害因素职业接触限值是基于科学性和可行性制定的，所规定的限值不能理解为安

全与危险程度的精确界限，也不能简单地用以判断化学物质毒性等级。

职业卫生技术服务人员在对加速器能量、现场布局、屏蔽厚度等进行计算核实结果后，针对院方和施工单位提出的几种补救办法进行了论证，最终建议院方采取在主屏蔽墙外侧加砌墙体的方式，使墙壁外侧的辐射水平降至 $1\mu Gy/h$ 以下（竣工后得到验证，验收监测中实测值最高为 $0.13\mu Gy/h$），弥补了屏蔽的不足。此外，还完善了通风措施，改进了原通风装置效能不能满足室内通风需求的问题。原设计无专用通风设施，仅采用空调，每小时换气不足 1 次。技术人员根据同等能量的加速器采用类比法计算，推算其空气中臭氧浓度最高可达 2×10^{-6}，超过国家有关标准，而改为 $3\sim 4$ 次/h 通风后，有害物质浓度能控制在 0.11×10^{-6} 以下，符合国家标准，并得以顺利通过验收并投入使用。

第三节 控制职业病危害因素

知识目标

(1) 了解职业卫生有害因素的种类和来源；
(2) 掌握职业卫生有害因素的基本控制技术。

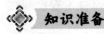 **任务简述**

2002 年 5 月 10 日，某制鞋厂刷胶女工王××的丈夫致信该厂负责人，称其妻 2001 年 1 月进厂工作，接触正己烷等毒物。从 2002 年 1 月开始，自觉手指麻木，双腿无力，怀疑中毒，要求公司赔偿医疗、生活费 2 万元。公司安排时间让王××自行前往当地镇医院就诊，被诊为"风湿病"。公司认为"风湿病"与职业无关，故拒绝了王××的要求。2002 年 6 月 23 日，王××向省妇联致信求助，省妇联即向省职业病防治院做了通报。2002 年 6 月 26 日，市卫生监督所对该厂进行职业卫生监督检查。根据该厂有毒作业的职业病防护措施及个人职业卫生防护设施不足的违法行为，向该厂发出责令改正通知书，令该厂必须设置有效的职业病防护设施，确保其处于正常状态，并为劳动者提供个人防护用品。请问，该企业应该针对有毒作业场所采取什么防护措施？

 知识准备

一、生产工艺过程中的有害因素的控制

（一）化学因素

控制作业环境中尘毒物质危害的防护措施有以下 3 方面。

1. 工艺技术措施

① 采用无毒物质代替有毒物质，或以低毒物质代替高毒物质的工艺技术措施。

② 改变工艺过程，消除或减少有害物质的散发，保护劳动者健康。

2. 设备技术措施

① 采用密闭的生产设备可以防止有毒气体和有害粉尘外逸，使人体免受损害。

② 增设通风设备可消除或减少作业环境中有害物质对人体的危害。在尘毒物质无法完全消除或封闭的情况下，应根据工作场所的条件分别采取自然通风设备或机械通风设备的措施。

3. 个体防护措施

当对有害物质无法从工艺、设备措施上加以控制时，需采取人体防护这一辅助性措施。

（二）物理因素

1. 噪声的控制措施

① 消除或降低噪声、振动源，如铆接改为焊接、锤击成型改为液压成型等。为防止振动使用隔绝物质，如用橡皮、软木或砂石等隔绝噪声。

② 消除或减少噪声、振动的传播，如吸声、隔声、隔振、阻尼。

③ 加强个人防护和健康监护。

2. 振动的控制措施

① 控制振动源。应在设计、制造生产工具和机械时采用减振措施。

② 改革工艺，采用减振和隔振等措施。如采用焊接等新工艺代替铆接工艺；采用水力清砂代替风铲清砂；工具的金属部件采用塑料或橡胶材料，减少撞击振动。

③ 限制作业时间和振动强度。

④ 改善作业环境，加强个体防护及健康监护。

3. 非电离辐射的控制与防护

高频电磁场的主要防护措施有场源屏蔽、距离防护和合理布局等。对微波辐射的防护，是直接减少源的辐射、屏蔽辐射源、采取个人防护及执行安全规则。对红外线辐射的防护，重点是对眼睛的保护，生产操作中应戴有效过滤红外线的防护镜。对紫外线辐射的防护是屏蔽和增大与辐射源的距离，佩戴专用的防护用品。对激光的防护，应包括激光器、工作室及个体防护3方面。激光器要有安全设施，在光束可能泄漏处应设置防光封闭罩；工作室围护结构应使用吸光材料；使用适当个体防护用品并对人员进行安全教育等。我国GBZ 2.2—2007《工作场所有害因素职业接触限值 第2部分：物理因素》有相应规定。

4. 电离辐射的防护

电离辐射的防护，主要是控制辐射源的质和量。电离辐射的防护分为外照射防护和内照射防护。外照射防护的基本方法有时间防护、距离防护和屏蔽防护，通称"外防护三原则"。内照射防护的基本防护方法有围封隔离、除污保洁和个人防护等综合性防护措施。

5. 防暑降温措施

减轻热源的影响；热绝缘；热屏挡；排走热量；局部降温冷却；供给适宜的清凉饮料等。

（三）生物因素

（1）对病人隔离治疗；
（2）切断传播途径；
（3）保护易感者，对高危人群接种菌苗。

二、劳动过程中的有害因素的控制

1. 流行病学及工效学调查分析

一种作业可以引起哪些损伤或疾患，首先要进行流行病学调查，了解损伤的范围、程度以及与作业的关系，同时调查作业环境中可能存在的不良因素，分析人员在作业过程中的负荷、节奏、姿势、持续时间以及人机界面是否合理、正确等。

2. 采取正确的作业姿势

作业中要尽量避免不良的作业姿势，在生产容许的情况下，可以适当变换操作姿势。

3. 改善人机界面

显示器和控制器的设计和使用应符合安全人机工程的有关原理。尽量使用可调节高度的工作台，不同高矮的人可以根据自身情况将其调节到合适位置。

4. 避免和减少负重作业

负重是造成肌肉、骨骼损伤的重要原因之一，因此在有条件的情况下，应尽量减小作业过程中的负荷，如采取机械化、自动化生产。

5. 减少压迫和摩擦

使用合适的工具或控制器，特别是抓握部位的尺寸、外形和材料均要适合于手的特点，避免局部受力过大。

6. 作业人员的选择和培训

根据某些作业的特点和要求，确定录用标准，如人体尺寸、体力、动作协调能力、反应速度、文化程度、心理素质等。现代化生产多采用模拟、强化的训练方法，按照标准、经济的操作方式对作业人员进行培训。

7. 合理进行工间休息

适当安排工间休息，可以有效地减轻疲劳程度。工间休息时间长短和次数，视劳动强度、工作性质和作业环境等方面的情况确定，工间休息方式应根据作业特点确定。

8. 优化劳动组织

组织生产劳动时，对作业人员的劳动定额要适当，劳动过程中需要保持一定的节奏，注意满足作业者心理需求，合理组织和安排轮班时间和顺序。

9. 健康促进

开展健康教育和健康促进活动，增强个体应对劳动过程中不良因素的能力。

三、生产环境中的有害因素的控制

1. 创造良好的生产环境

组织生产劳动时，为员工提供合适的温度、湿度、照度、色彩和通风环境等。

2. 合理布局厂房建筑

合理布局厂房建筑，如有毒有害污染较重的工序布置在生活区的下风向，人流和物流分开，有毒工段与无毒工段分开，避免由于不合理生产过程所致环境污染和健康损害。

四、正确使用个人防护用品

个人防护用品是指在劳动生产过程中为使劳动者免遭或减轻事故和职业病危害因素的伤害而提供的个人保护用品，直接对人体起到保护作用。

个人防护用品应具备相应的生产许可证（编号）、产品合格证和安全鉴定证，符合国家标准、行业标准或地方标准。

二维码3-5

1. 个人防护用品分类

按照防护部位，个人职业病防护用品分为防护头盔、防护服、呼吸器官防护用具、防护眼镜、面部防护用品、听觉器官防护用品、皮肤防护用品七大类。

个人防护用品使用
方法及注意事项

2. 个人防护用品使用方法及注意事项（二维码 3-5）

◆ 任务分析与处理

针对任务简述中的案例，正己烷中毒环境应采取针对化学因素有害因素的防护措施，该制鞋厂可采用以下措施：

① 采用无毒物质代替有毒物质，或以低毒物质代替高毒物质的工艺技术措施。

② 改变工艺过程，消除或减少有害物质的散发，保护劳动者健康。

③ 增设通风设备可以消除或减少作业环境中有害物质对人体的危害。

④ 给员工配备个体防护设备，如防毒面具。

能力拓展

某厂主要从事塑料灯具的真空镀膜，在真空镀膜前后根据客户的要求需要喷涂底漆与面漆。喷漆的工艺流程如下：塑料灯具上喷架后先喷底漆，喷完底漆进电烘房烘干，烘干后进入真空镀膜机进行真空镀膜，镀膜结束后喷涂面漆，然后自然干燥，干燥后包装、出厂。

烘烤：喷完底漆后在烘房内进行，温度约 60℃。

外观检查：按该企业工艺要求进行检测。

包装、发货：按该企业工艺及用户要求操作。

工艺流程详见下图：

你认为该企业可能需要配备哪些职业卫生有害因素控制措施？

第四节　预防、诊断及鉴定职业病

知识目标

（1）了解我国职业病三级预防的基本内容；

（2）掌握职业健康监护的目的及工作程序。

任务简述

2005 年 3 月 7 日，常熟市卫生局对常熟市××电镀氧化有限责任公司进行职业卫生执法检查，发现该公司主要从事镀铬、镀镍等电镀加工，存在铬酸、硫酸、盐酸、硝酸、其他粉尘等职业病危害因素，但该公司未按规定组织从事职业病危害作业的 37 名劳动者进行职业健康检查，并且未为劳动者建立职业健康监护档案。请问该企业应该如何进行整改？

知识准备

一、预防职业病

1. 职业病的三级预防

职业病是一类人为的疾病，针对的是控制整个人群的健康危险因素，因此属于第一级预防的范畴。疾病，应按三级预防措施加以控制，以保护职业人群的健康。

（1）第一级预防（primary prevention）　又称病因预防，是从根本上杜绝危害因素对人的作用，即改进生产工艺和生产设备，合理利用防护设施及个人防护用品，以减少工人接触危害因素的机会和程度。

（2）第二级预防（secondary prevention）　是早期检测人体受到职业病危害因素所致的疾病。第一级预防措施虽然是理想的方法，但实现所需费用较大，有时难以完全达到理想效果，仍然可出现受罹人群，所以第二级预防成为必需的措施。其主要手段是定期进行环境中职业病危害因素的监测和对接触者的定期体格检查，以早期发现病损，及时预防、处理。此外，还有长期病假或外伤后复工前的检查及退休前的检查。

（3）第三级预防（tertiary prevention）　是在得病以后，予以积极治疗和合理地促进康复。三级预防原则包括：

① 对已受损害的接触者应调离原有工作岗位，并予以合理的治疗；

② 根据接触者受到损害的原因，对生产环境和工艺过程进行改进，既治疗病人，又治理环境；

③ 促进患者康复，预防并发症。

除极少数的职业中毒有特殊的解毒治疗外，大多数职业病主要依据受损的靶器官或系统，用临床治疗原则给予对症综合处理。

第一级预防针对整个的或选择的人群，对健康个人更具重要意义。虽然第一级对人群的健康和福利状态能起根本的作用，但第二级和第三级是对病人的弥补措施，也不可缺少，所以三个水平的预防应相辅相成，浑然一体。

2. 职业健康监护

（1）职业健康监护的定义　以预防为目的，根据劳动者的职业接触史，通过定期或不定期的医学健康检查和健康相关资料的收集，连续性地监测劳动者的健康状况，分析劳动者健康变化与所接触的职业病危害因素的关系，并及时地将健康检查和资料分析结果报告给用人单位和劳动者本人，以便及时采取干预措施，保护劳动者健康。

（2）职业健康监护的目的

① 早期发现职业病、职业健康损害和职业禁忌证。

② 跟踪观察职业病及职业健康损害发生、发展规律及分布情况。

③ 评价职业健康损害与作业环境中职业病危害因素的关系及危害程度。

④ 识别新的职业病危害因素和高危人群。

⑤ 进行目标干预，包括改善作业环境条件，改革生产工艺，采用有效的防护设施和个人防护用品，对职业病患者及疑似职业病和有职业禁忌证人员的处理与安置等。

⑥ 评价预防和干预措施的效果。

⑦ 为制定或修订卫生政策和职业病防治对策服务。

（3）职业健康监护的内容　职业健康监护主要包括上岗前职业健康检查、在岗期间职业健康检查、离岗后健康检查、应急健康检查和职业健康监护档案管理等内容。相对应的职业健康检查包括以下几方面：

① 上岗前职业健康检查　上岗前职业健康检查的主要目的是检查有无职业禁忌证，建立接触职业病危害因素人员的基础健康档案。上岗前健康检查均为强制性职业健康检查，应

在开始从事有害作业前完成。

②在岗期间职业健康检查　长期从事规定的需要开展健康监护的职业病危害因素作业的劳动者，应进行在岗期间的定期健康检查。

③离岗时职业健康检查　劳动者在准备调离或脱离所从事的职业病危害作业或岗位前，应进行离岗时健康检查。主要目的是确定其在停止接触职业病危害因素时的健康状况。如最后一次在岗期间的健康检查是在离岗时的90天内，可视为离岗时检查。

④离岗后健康检查　下列情况劳动者需进行离岗后的健康检查：

a.劳动者接触的职业病危害因素具有慢性健康影响，所致职业病或职业肿瘤常有较长的潜伏期，故脱离接触后仍有可能发生职业病；

b.离岗后健康检查时间的长短应根据有害因素致病的流行病学及临床特点、劳动者从事该作业的时间长短、工作场所有害因素的浓度等因素综合考虑确定。

⑤应急健康检查　当发生急性职业病危害事故时，根据事故处理的要求，对遭受或者可能遭受急性职业病危害的劳动者，应及时组织健康检查。依据检查结果和现场劳动卫生学的调查，确定危害因素，为急救和治疗提供依据，控制职业病危害的继续蔓延和发展。应急健康检查应在事故发生后立即开始。

（4）职业健康监护的工作程序

①用人单位制订工作计划，选择并委托有资质的机构进行职业健康检查。

②签订委托协议书，包括危害因素、接触人数、检查项目、检查时间、检查地点、查体费用等。

③单位提供基础资料，包括基本情况、危害因素、接触人数、生产技术、工艺、材料、环评、防护情况等。

④检查机构进行职业健康检查。

⑤检查机构对检查结果汇总，在规定时间内向企业提交职业健康检查报告和职业健康检查档案。

（5）检查项目的确定　《职业健康监护技术规范》（GBZ 188—2014）中规定：确定检查项目的主要依据是接触危害因素对人体危害性质、毒作用部位、其影响的功能及反映毒作用程度的指标、检查种类等，即目标疾病的诊断指标。

在不同岗位、接触不同有害因素的工人，职业健康检查项目是不一样的；对于同一种毒物，不同性质的职业健康检查，检查项目也不同（如岗前、在岗、离岗等）。

二、诊断职业病

职业病是一种人为的疾病。它的发生率与患病率的高低，直接反映疾病预防控制工作的水平。我国政府规定，确诊的法定职业病必须向主管部门和同级卫生行政部门报告。凡属法定职业病的患者，在治疗和休息期间及在确定为伤残或治疗无效死亡时，均应按工伤保险有关规定给予相应待遇。有的国家对职业病患者实行经济补偿，故也称为赔偿性疾病。

1.诊断标准和依据

根据《职业病防治法》和《职业病诊断和鉴定管理办法》，法定职业病必须同时具备以下四个条件：

① 患病主体是企业、事业单位或个体经济组织的劳动者；

② 必须是在从事职业活动的过程中产生的；

③ 必须是因接触粉尘、放射性物质和（或）其他有毒、有害物质等职业病危害因素引起的；

④ 必须是国家公布的职业病分类和目录所列的职业病。

在实际工作中，法定职业病的诊断会根据病人的职业史及职业病危害因素接触史、现场职业病危害因素检测与评价和临床表现及实验室检查结果等进行综合分析后作出诊断结论。为了有效保护劳动者的健康和权益，国家从 2002 年开始陆续制定了相应疾病的诊断标准，并不断修订。2015 年又根据新的《职业病目录》对诊断标准进行了修订。各诊断标准可在国家卫生和计划生育委员会网站（http：//so. nhfpc. gov. cn/）上进行查询。对于尚未有具体明确诊断标准的职业病，可根据《中华人民共和国国家职业卫生标准》（GBZ/T 265—2014）即《职业病诊断通则》实施诊断。承担职业病诊断的医疗卫生机构对职业病诊断的基本因素依法进行综合分析后，没有证据否定职业病危害因素与病人临床表现之间的必然联系的，在排除其他致病因素后，应当诊断为职业病。

2. 诊断机构

《中华人民共和国职业病防治法》规定职业病的诊断应当由省级卫生行政部门批准的医疗卫生机构承担。各地区的职业病健康检查机构和职业病诊断机构可在各省各地区的卫生计划和生育委员会官方网站上进行查找。如查找重庆市的职业卫生检查机构和职业病诊断机构可登陆重庆市卫生计划和生育委员会网站（http：//www. cqwsjsw. gov. cn/Html/1/zwgk/zwxx/2014-12-17/15587. html）的政务公开栏进行查找，查得重庆市共有职业病健康检查机构 49 家，职业病诊断机构 2 家。劳动者可以选择用人单位所在地、本人户籍所在地或者经常居住地的职业病诊断机构进行职业病诊断。承担职业病诊断的医疗卫生机构不得拒绝劳动者进行职业病诊断的要求。

3. 诊断程序

职业病诊断一般要经历申请、资料审查、调查取证、诊断、出具诊断证明和建立档案等几个流程。具体的流程如二维码 3-6 所示。

（1）劳动者或用人单位（简称"当事人"）提出诊断申请　劳动者或者用人单位要求进行职业病诊断的，必须向诊断机构提出申请，并填写《职业病诊断就诊登记表》（二维码 3-6）。职业病诊断机构收到登记表后，出具《职业病诊断资料提交通知书》（二维码 3-6），通知劳动者及其用人单位按照《职业病诊断与鉴定管理办法》第十一条的规定，提交下列资料：

① 劳动者职业史、既往史书面资料；

② 劳动者职业健康监护档案复印件；

③ 劳动者职业健康检查结果；

④ 工作场所历年职业病危害因素检测、评价资料；

⑤ 职业病诊断机构要求提供的其他必需的有关资料。

劳动者及其用人单位应当自收到职业病诊断机构的《职业病诊断资料提交通知书》之日起 10 个工作日内，如实提供职业病诊断所需的资料。

二维码3-6

职业病诊断

在规定时间内用人单位不提供或者不如实提供诊断所需资料的，职业病诊断机构应当根据当事人提供的自述材料、相关人员证明材料、卫生监督机构或取得资质的职业卫生技术服务机构提供的有关材料，按照《职业病防治法》第四十二条的规定作出诊断结论。

（2）资料审查　职业病诊断机构应当自收到职业病诊断资料之日起5个工作日内，完成资料审核，符合受理条件的，发给当事人《职业病诊断受理通知书》（二维码3-6）。

有下列情形之一的，诊断机构不予受理职业病诊断申请，发给《职业病诊断不予受理通知书》，并说明理由：

① 劳动者没有职业病危害接触史或者职业健康检查没有发现异常的；

② 申请疾病种类超出职业病诊断机构被批准的项目或者范围的；

③ 当事人向多个职业病诊断机构提出申请，其中一个诊断机构已经受理的；

④ 当事人提供的资料不一致，直接影响职业病诊断正常进行的。

（3）职业病调查　在职业病诊断过程中，除当事人提供的资料外，必要时，如诊断机构需要了解工作场所职业病危害因素情况时，可以对工作场所进行现场调查，也可以向安全生产监督管理部门提出，安全生产监督管理部门应当在10日内组织现场调查。用人单位应当按照诊断机构的要求为申请职业病诊断的劳动者提供有关资料，不得拒绝、阻挠。

（4）诊断　职业病诊断机构应当自正式受理之日起30日内组织职业病诊断。对于难以确诊或者需要进行住院观察的疑似职业病病人，经职业病诊断机构负责人批准后，可以适当延长诊断时间，向当事人出具《职业病诊断延期通知书》（二维码3-6）。

职业病诊断应当依据职业病诊断标准，结合职业病危害因素接触史、工作场所职业病危害因素检测与评价结果、临床表现和医学检查结果等资料，进行综合分析后作出诊断结论。承担职业病诊断的医疗卫生机构应当组织3名或3名以上取得职业病诊断资格的执业医师进行集体诊断，并推选其中1人为诊断主持人。诊断主持人应当组织诊断医师对双方当事人提供的书面资料进行认真审阅和讨论，并根据半数以上诊断医师的一致意见形成诊断结论。诊断医师应在诊断结论上签名。职业病诊断机构根据诊断结论制作《职业病诊断证明书》，职业病诊断证明书文稿由诊断主持人审定，由参加诊断的医师共同签署，并经职业病诊断机构审核盖章。

职业病诊断证明书是具有法律效力的文书。劳动者依据其诊断证明可依法享受职业病待遇。职业病诊断证明书应当明确劳动者是否患有职业病，对诊断为职业病的，应当载明所患职业病的名称、程度（期别）、处理意见和复查（或复诊）时间等。职业病诊断证明书应当一式三份，劳动者及用人单位各执一份，诊断机构存档一份。职业病诊断证明书的格式由卫生部统一规定。

（5）建立职业病诊断档案　对诊断为职业病的病人，诊断机构应建立职业病诊断档案并永久保存，档案应当包括：

① 职业病诊断证明书；

② 职业病诊断过程记录，包括参加诊断的人员、时间、地点、讨论内容及诊断结论；

③ 用人单位、劳动者和相关部门、机构提交的有关资料；

④ 临床检查与实验室检验等资料；

⑤ 与诊断有关的其他资料。

三、职业病鉴定

当事人对职业病诊断结论有异议的，可以在接到职业病诊断证明书之日起 30 日内，向作出诊断的职业病诊断机构所在地设区的市卫生行政部门申请鉴定，提交《职业病鉴定申请书》（二维码 3-6）。

市卫生行政部门组织的职业病诊断鉴定委员会负责职业病诊断争议的首次鉴定。当事人对设区的市职业病诊断鉴定委员会的鉴定结论不服的，可以在接到职业病诊断鉴定书之日起 15 日内，向省卫生行政部门申请再鉴定，提交《职业病鉴定申请书》。省职业病诊断鉴定委员会的鉴定为最终鉴定。

四、职业病病人待遇

依据《职业病防治法》，职业病病人的诊疗、康复费用，伤残以及丧失劳动能力的职业病病人的社会保障，按照国家有关工伤保险的规定执行。主要包括以下内容。

① 职业病诊断、鉴定费用由用人单位承担。

② 医疗卫生机构发现疑似职业病病人时，应当告知劳动者本人并及时通知用人单位。用人单位应当及时安排对疑似职业病病人进行诊断；在疑似职业病病人诊断或者医学观察期间，不得解除或者终止与其订立的劳动合同。疑似职业病病人在诊断、医学观察期间的费用，由用人单位承担。

③ 用人单位应当按照国家有关规定，安排职业病病人进行治疗、康复和定期检查。

④ 用人单位对不适宜继续从事原工作的职业病病人，应当调离原岗位，并妥善安置。

⑤ 用人单位对从事接触职业病危害因素的作业的劳动者，应当给予适当的岗位津贴。

⑥ 职业病病人除依法享有工伤保险外，依照有关民事法律，尚有获得赔偿的权利的，有权向用人单位提出赔偿要求。

⑦ 劳动者被诊断患有职业病，但用人单位没有依法参加工伤保险的，其医疗和生活保障由该用人单位承担。

⑧ 职业病病人变动工作单位，其依法享有的待遇不变。

⑨ 用人单位在发生分立、合并、解散、破产等情形时，应当对从事接触职业病危害因素的作业的劳动者进行健康检查，并按照国家有关规定妥善安置职业病病人。

⑩ 用人单位已经不存在或者无法确认劳动关系的职业病病人，可以向地方人民政府民政部门申请医疗救助和生活等方面的救助。

◆ **任务分析与处理** ————————————————

针对任务简述中的案例，企业未进行职业卫生监护相关工作，职业卫生监护工作内容包括上岗前职业健康检查、在岗期间职业健康检查、离岗后健康检查、应急健康检查和职业健康监护档案管理。企业应及时安排员工体检，并且建立企业职业健康管理制度，落实监护工作，收集相关职业病危害因素档案，并上报。

1.河南新密市人张海超曾在某耐磨材料有限公司务工，2004年8月被多家医院诊断出患有肺尘埃沉着病，但由于这些医院不是法定职业病诊断机构，所以诊断无用。而由于原单位拒开证明，他无法拿到法定诊断机构的诊断结果，最终只能以"开胸验肺"的方式进行验肺，为自己证明。这个事件被称为"开胸验肺事件"。2007年10月份，X胸片显示张海超双肺有阴影；此后经多家医院检查，诊断其患有肺尘埃沉着病。2009年1月，北京多家医院确诊其为肺尘埃沉着病。2009年6月，张海超主动爬上手术台"开胸验肺"。2009年7月15日，媒体介入报道。2009年7月27日，确诊张海超为三期肺尘埃沉着病。请问张海超在职业病诊断和鉴定的过程中走了哪些弯路？正确的职业病诊断和鉴定流程是怎么样的？

2.苹果iPad、iPhone在中国热卖，但137名苹果中国供应商员工，却因暴露在正己烷环境中，健康遭受不利影响。苹果公司2011年1月15日发布2010年的供应链管理报告，首次公开承认中国供应商员工因工作环境致病。请查询相关报道资料，分析此次事件中涉事企业在职业健康监护工作过程中存在什么缺陷。

课后习题

一、单项选择题

1. 在生产过程、劳动过程、生产环境中存在的危害劳动者健康的因素，称为（　　）。
   A.劳动生理危害因素　　　　　　　　B.职业性有害因素
   C.劳动心理危害因素　　　　　　　　D.劳动环境危害因素

2. 游离二氧化硅粉尘能引起接触粉尘的职工得（　　）病。
   A.食道癌　　　　B.皮肤肿瘤　　　　C.鼻腔癌　　　　D.硅沉着

3. 粉尘引起的职业病危害有全身中毒性、局部刺激性、变态反应性、（　　）、肺尘埃沉着等疾病。
   A.局部阻塞性　　　　B.局部麻痹性　　　　C.致癌性　　　　D.肠胃溃疡性

4. 容易引起职业性白内障的是（　　）。
   A.红外线　　　　B.紫外线　　　　C.激光　　　　D.β粒子

5. 易引起电光性眼炎的职业病的是（　　）。
   A.红外线　　　　B.紫外线　　　　C.激光　　　　D.射频辐射

二、多项选择题

1. 在生产过程中，生产性毒物存在于（　　）。
   A.原料、辅助材料　　　　　　　　B.中间产品、半成品、成品
   C.废气、废液及废渣　　　　　　　D.设备

2. 职业性肿瘤不包括（　　）。
   A.联苯胺所致膀胱癌　　　　　　　B.氯乙烯所致肺癌
   C.丁二烯所致淋巴瘤　　　　　　　D.焦炉工人肺癌

3. 生产性毒物侵入人体的途径有（　　）。
   A.吸入　　　　B.皮肤吸收　　　　C.食入　　　　D.感染

4. 诊断慢性重度铅中毒时，在血铅、尿铅增高的基础上，还需具有（　　）。

    A. 腹绞痛
                    B. 铅麻痹

    C. 轻度中毒性周围神经病
          D. 中毒性脑病

5. 粉尘对呼吸系统的危害有（　　）等。

    A. 粉尘沉着症
      B. 肺尘埃沉着
      C. 呼吸系统肿瘤
      D. 肺部病变

三、简答题

1. 简述职业病的诊断过程。

2. 确诊为职业病后可以享受哪些待遇？

第四章　常见行业的职业卫生防护

第一节　采矿行业的职业卫生防护

任务简述

李某在煤矿井下工作 9 年，因工作现场噪声大，造成他由噪声性耳聋转变为神经性耳聋。

二维码4-1

噪声对听力的影响

原因：地下采煤的工作面上，采煤的工序为破煤、装煤、运煤、支护及控顶等五项，以滚筒式采煤机为主，破煤过程中容易产生多种职业病危害因素。对李某造成职业病危害的主要为破煤噪声，噪声对听力的影响见二维码 4-1。

现场的噪声检测结果如下表。

职业病危害因素检测结果（噪声）

检测地点	接噪时间/h	噪声类别	噪声范围/dB(A)	平均噪声/dB(A)	等效 8h 噪声声级/dB(A)	职业接触限值/dB(A)	结论
岗位	7	非稳态	79.6～99.8	—	87.0	85	不合格

提出任务：工矿企业工作场所存在哪些物理职业病危害因素？

知识准备

一、矿山采选行业的主要职业病危害因素

矿山开采包括煤炭开采、金属矿石开采、非金属矿石开采等。综合各行业的生产工艺和

二维码4-2

其他矿山采选行业
职业危害因素

特点，在矿山采选过程中存在的职业病危害因素主要有：粉尘、有毒气体、噪声、振动、高温等。此外，不良工作体位、不合理的轮班制度等职业病危害因素对矿山作业人员的健康也产生有害作用。现重点介绍煤炭采选及金属矿采选的职业病危害因素。其他矿石开采如化学矿采选、石棉采选等的职业病危害因素可参见二维码 4-2。

（一）煤炭采选的职业病危害因素

煤炭开采依据地形、煤层的几何形状、覆盖岩层的地质形状、煤层距地表的厚度以及环境要求（或限制）的不同，通常采用地下开采和露天开采两种方式。

根据市场及企业的不同要求，对煤块进行破碎、筛选、水洗或浮选、过滤，去掉矸石及泥煤，可提高热值，降低硫分。

煤炭采选的职业病危害因素主要包括煤炭开采、洗选过程中存在的粉尘、噪声、振动、毒物、不良气象条件等。

（1）粉尘　生产性粉尘是煤矿的主要有害因素。许多生产过程和工序，如打眼、放炮、落煤、装岩、装煤、运输等都能产生大量的粉尘。

（2）噪声和振动　矿井中的噪声和振动主要产生于凿岩、采煤和运输过程。

（3）毒物　矿井空气中常存在瓦斯，其主要成分为甲烷。此外尚有一氧化碳、氮氧化物以及硫化氢等有害气体。

（4）不良气象条件　矿井内气象条件的基本特点是气温高、气湿大、温差大、不同地点的气流大小不等。

（5）不良体位　在薄煤层作业时，整个工作日内工人不得不采取蹲位、弯腰或爬行等不良体位。

（二）金属矿采选的职业病危害因素

金属矿采选业根据金属的种类可分为黑色金属矿采选业和有色金属矿采选业。黑色金属矿采选业主要包括铁矿采选业、其他黑色金属矿采选业（锰、铬采选业）；有色金属矿采选业主要包括重有色（铜矿、铅锌矿、镍钴矿、锡矿、锑矿等）、轻有色、贵金属（金、银等）以及稀有稀土金属矿采选业。

金属选矿的生产过程分为：破碎、筛分、碾磨、分选。因选矿方法不同，还可有焙烧、脱水、干燥等过程。

金属矿采选行业的主要职业病危害因素包括：粉尘、噪声、振动、有害气体、电离辐射（放射性矿物）和伤害等。

（1）粉尘　金属矿是多种元素共生，粉尘中含有多种化合物和杂质，除金属外，还有石英、云母、氧化镁、氧化铝、锰铁化合物、硫化汞、氟化锑等。

（2）噪声和振动　凿岩、爆破、原料破碎、研磨、运输等工艺流程往往伴有强度很高的噪声和一定频率的振动。

（3）有害气体　岩石爆破及大型柴油机、内燃机的使用，可产生氮氧化物、一氧化碳、碳氢化合物等有害气体。

（4）电离辐射　当矿石中有铀、镭、钍等天然放射性元素时，在开采和选矿过程中就有放射性危害问题。当使用的选矿方法涉及放射性物质使用时，也存在类似现象。

二、矿山采选行业职业病危害因素的防治

常见的职业病危害因素有矿尘、生产性毒物和噪声等。

（一）矿尘的危害及防治

矿尘是指在矿山生产过程中产生的并能长时间悬浮于空气中的矿石与岩石的细微颗粒，也称粉尘。生产环境中的粉尘危害极大，它的存在不仅会导致生产环境恶化，加剧机械设备磨损，缩短机械设备的使用寿命，更重要的是危害人体的健康，引起各种职业病，尤其是肺尘埃沉着病。因此，矿山作业必须采取防尘措施。

1. 矿山综合防尘措施

多年来，我国矿山因地制宜，坚持技术和管理相结合的综合防尘措施取得了良好的防尘效果。基本内容可概括为八个字：风、水、密、护、革、管、教、查。即通风除尘、湿式作业、密闭尘源与净化、个体防护、改革工艺与设备的产尘量、科学管理、加强宣传教育、定期测定检查。

2. 露天矿山防尘

露天矿山防尘的主要措施是采用湿式作业和洒水降尘。

（1）穿孔、铲装作业防尘　穿孔作业主要采取湿式作业。大型凿岩机还可采用捕尘装置除尘。对铲装矿岩产生的粉尘，可采取洒水降尘的方式除尘。

（2）破碎机除尘　破碎机可采取密闭尘源-通风除尘的方法进行除尘。由于流程简单，机械化程度高，可采用远距离控制，从而进一步减少作业人员接触粉尘的机会。

（3）运输除尘　露天矿山运输过程中车辆扬尘是露天矿场的主要尘源。可采用密封运输的方法减少运输矿尘。

（4）个体防护　井下人员必须佩戴防尘口罩。这是综合防尘措施中不可缺少的措施。

3. 地下矿山防尘

（1）通风除尘　通风除尘的作用是稀释和排出进入矿内空气中的粉尘。

（2）喷雾洒水　湿式作业是矿山普遍采用的一项重要防尘技术措施。其设备简单，使用方便，费用小，效果较好，在有条件的地方应尽量采用。被除去的粉尘按其除尘作用可分为，用水湿润沉积的粉尘和用水捕捉悬浮于空气中的粉尘。

（3）个体防护。

（二）生产性毒物及防护

矿山大量产生的生产性毒物主要有爆破产生的氮氧化物、一氧化碳，硫铁矿氧化自燃产生的二氧化硫，某些硫铁矿会产生硫化氢、甲烷等，人员呼吸和木料腐烂产生的二氧化碳，铅、锰等重金属及其化合物，汞、砷等有毒矿石，柴油设备大量使用产生的废气等。做好生产性毒物的防护工作非常重要，预防措施如下。

① 矿山生产过程中，每天都要接触到上述有毒物质，排除上述有毒物质的最好办法是通风排毒，特别是爆破以后要加强通风，15min以后才能进入爆破现场。进入长期无人进入的井巷时，一定要检查巷道中氧气及有毒气体的浓度，采取安全措施后才能进入。

② 当发现有人员中毒时，一定要先报告矿领导，派救护队员进矿抢救；或者报告领导后，采取通风排毒措施、戴防毒面具以后才能进入抢救。

③ 建立健全合适的卫生设施。

④ 做好健康检查与环境监测。

⑤ 要教育职工严格遵守安全操作规程和卫生制度。

（三）噪声的预防与控制

矿山的空压机、凿岩机、球磨机等是重要的噪声源。噪声的危害包括损伤听力，危害健康；影响生产过程中的语言交流；造成强烈刺激，引发安全事故等。

噪声的控制措施如下。

（1）消除或降低声源噪声　应逐步淘汰噪声、振动超标的工艺设备；严格控制制造和安装质量，防止振动；保持静态和动态平衡；加强润滑，降低摩擦噪声等。

（2）降低传递途径中的噪声　可以采取隔声、吸声、消声等措施，如建隔音操作室将噪声源密闭、采用吸声材料等。

（3）加强个体防护　在噪声超标的作业环境中，应佩戴防声耳塞、耳罩和防声帽盔等防护用品。

任务分析与处理

根据任务简述中的案例，该员工受到的主要是噪声危害，但在工矿行业中常见的职业病危害因素有：

① 物理性有害因素：噪声、振动、辐射、不良作业环境；

② 化学性有害因素：粉尘、易燃易爆物质、自燃物质、腐蚀性物质和有毒物质；

③ 生物性有害因素：致病微生物、传染病媒介物质、有害动植物；

④ 心理因素：工作紧张、情绪异常、辨识能力异常；

⑤ 行为因素：指挥错误、违章操作、监护失误；

⑥ 其他：搬举重物、高空作业、强迫体位作业等。

能力拓展

某采矿企业位于内蒙古鄂尔多斯市某乡镇，始建于1975年，当时是炮采，危险大，产煤量（率）低；2005年经过合并改组后，也进行了技术设备改造，成为现在的现代化开采煤矿，占地面积10km^2，年产煤300万吨，在职职工546人，生产工人469人。主要生产工艺流程为：割煤机割煤—输送带输煤—煤场—销售。主要职业病危害因素为粉尘、噪声等。工人每日工作时间为8h。请问，该企业需配备哪些职业卫生防护措施？

第二节　石油开采行业的职业卫生防护

知识目标

（1）掌握石油开采行业的主要职业病危害因素；

（2）掌握石油开采行业职业病危害的防治方法。

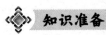
李某在某油田工作9年，由于工作现场在钻井平台上，现场机器多，噪声大，工作一段时间后发现听力有所下降，经职业病鉴定为由噪声性耳聋转变为神经性耳聋。根据案例分析：李某出现耳聋的原因是什么？如何预防？

知识准备

一、石油开采行业的主要职业病危害因素

石油开采简称采油。在采油生产过程中几种主要职业病危害因素如下。

1. 有毒气体

在采油生产过程中，几乎所有作业地带空气中均存在烃类和硫化氢。正常生产时油井附近烃类的浓度一般不超过 $300mg/m^3$；打捞、刮蜡、量油、输油泵房内输油、储油罐内清罐作业时，可达 $600\sim2100mg/m^3$。硫化氢的浓度，在开采低含硫石油（硫含量低于 0.5%）时，均不超过最高容许浓度（$10mg/m^3$）。在石油蒸气和硫化氢的长期联合作用下，采油工人可发生神经衰弱综合征、皮肤划痕症、血压偏低和心动缓慢、感觉型多发性神经炎以及眼和上呼吸道刺激症状和油疹等。油疹的发病率可高达 $25\%\sim30\%$ 或更高，这与经常接触原油、皮肤和工作服受污染有密切关系。采油工人在开采含芳香烃组分的石油时，可发生慢性芳香烃中毒；在开采高含硫石油（硫含量高于 2%）时，可发生硫化氢眼炎，甚至角膜溃疡；在油井自喷事故时，可发生天然气窒息、急性烃类化合物和硫化氢中毒，甚至可引起死亡。在酸化作业时，修井工可发生酸类的刺激症状和化学灼伤。

2. 噪声与振动

在采油生产过程中，由于机器转动、气体排放、工件撞击、机械摩擦等都会产生噪声，而工人长期在噪声很大的环境中工作，听力会快速下降，并会引发多种疾病。

二、石油开采行业职业病危害的防治

1. 工艺革新

防止采油时有害气体的危害，应加强油井口和采油设备的密闭和技术管理，防止油井自喷事故，减少天然气、石油及其蒸气的跑漏；采用自动化量油方法；输油泵房内加强输油泵的密闭通风排毒；改进清罐方法，采用高压水喷射清污等。

2. 个人防护

供给修井工防毒面具、工作服、长筒靴、防酸手套和防护油膏等。转油站增设专门的淋浴室和更衣室；露天作业场所设置冬季取暖室。加强安全生产技术训练，及时检修工具、设备，石油矿场应有充分的照明等措施。

此外，按照规范的要求对施工人员进行在岗期间、离岗时的职业健康检查，发现职业禁

忌证及时调离岗位，做到早发现早治疗。

 任务分析与处理

噪声的危害及预防

1. 噪声的危害

噪声对人的听力影响大致可分为两种情况：一种情况是在噪声环境下出现的听力疲劳，即听觉受强噪声的损害，当离开噪音环境，在安静的地方耳朵里仍嗡嗡作响，即耳鸣。一段时间后，耳鸣消失，听力即能恢复，这就是听力疲劳现象。另一种情况是长时间在强烈的噪声环境下工作，听神经细胞在噪声的刺激下，发生病理性损害及退行性变，就使暂时性听力下降变为永久性听力下降，叫做噪声性耳聋。

听力损伤及噪声聋者，应加强个人听力防护。其他症状者可进行对症治疗。听力损伤者听力下降56dB以上，应佩戴助听器。对观察对象和轻度听力损伤者，应加强防护措施，一般不需要调离噪声作业环境。对中度听力损伤者，可考虑安排对听力要求不高的工作，对重度听力损伤及噪声聋者应调离噪声环境。对噪声敏感者（即在噪声环境下作业一年内，听力损失观察对象达Ⅲ级及Ⅲ级以上者）应该考虑调离噪声作业环境。

2. 噪声的防护

工人生产作业环境应当消除声源或尽可能降低噪声强度。可根据具体情况采取不同的措施，控制和消除噪声源，同时采取吸声、消声、隔声和隔振等措施，控制噪声的传播和反射。对生产场所的噪声还得不到有效的控制或必须在特殊高强度噪声环境下工作时，佩戴符合卫生标准的个人防护用品。主要是佩戴耳塞、耳罩等。

能力拓展

刘某，男，在某油田工作，长期在开采一线，开采石油为高硫组分石油，经常感觉眼睛不适，而且近来症状有所加重，经常出现眼睛红肿现象，角膜甚至出现溃疡症状，随入院检查治疗，经判断，为长期接触硫化氢导致。发现及时，治疗后基本恢复。根据案例分析：刘某出现眼部不适的主要原因是什么？应该如何预防？

第三节 化工行业的职业卫生防护

知识目标

（1）了解化工行业存在的主要职业病危害因素；

（2）掌握石油化工行业的主要职业病危害因素和防治方法；

（3）掌握水泥企业的主要职业病危害因素和防治方法；

（4）掌握制药企业的主要职业病危害因素和防治方法。

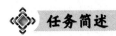

患者男，35 岁，某化工厂工人。2006 年 3 月 22 日至 2006 年 7 月 17 日和 2006 年 11 月 26 日至 2007 年 1 月 26 日分别在该化工厂老的双酚 S 生产车间和新的双酚 S 生产车间（以下分别称老车间、新车间）脱苯酚岗位工作，接触苯酚。工作 5 年后，因白细胞及血小板减少就诊。其工作场所空气中苯浓度波动于 $55 \sim 89 \mathrm{mg/m^3}$ 之间，同工种其他人员有类似血液学改变出现。根据含苯化学物接触史及血象改变，诊断为慢性轻度苯中毒。任务分析：患者出现血液病变的原因是什么？如何预防？

知识准备

化工生产不同于其他的行业，有着很大的危险及危害，多年来化工生产事故不断发生，造成重大伤亡。而化工生产过程具有高温、高压、易燃、易爆、易中毒等特点，长期在这种场所工作，会对化工工人身体健康造成很大的影响。

一、化工行业存在的主要职业病危害因素

化工行业中的几种主要职业病危害因素如下。

1. 有毒气体

酸、碱工业生产过程中会产生大量有毒气体，例如：纯碱工业生产中可产生二氧化硫、三氧化硫、氨等有毒有害气体；化肥生产过程中的主要职业病危害因素有氨、一氧化碳、硫化氢、氮氧化物、氟化氢、磷化氢等；染料、涂料、有机合成溶剂助剂工业生产过程中，可产生有毒有害气体及某些有致癌作用的化合物。

2. 粉尘

在化工生产中，许多作业都会接触到粉尘，例如：树脂和染料的干燥、包装与储运；橡胶加工中炭黑、滑石粉的使用；以及其他操作如粉碎、拌和等生产中，都会有粉尘飞散到空气中。

3. 噪声

在生产过程中，机器转动、气体排放、工件撞击、机械摩擦等会产生工业噪声，如工人长期在噪声很大的环境中工作，听力会快速下降，并会引发多种疾病。

二、典型化工行业的职业卫生防护

（一）石油化工行业的职业病危害因素与防护

1. 石油化工行业存在的职业病危害因素

炼油基本上是在管道各种分馏塔及裂解、重整等装置中进行的复杂的物理、化学过程。

炼油生产中可存在种类繁多的化合物，包括烃类、硫化物、四乙基铅、酮类、酚类、醚类及一氧化碳、氮氧化物、酸、碱、氨等。其所涉及的主要职业病危害因素如下。

（1）有毒气体　几乎所有作业地带空气中均存在油品蒸气，尤以装卸油台、储油罐区、轻质油泵房、常压减压蒸馏塔区等处较为严重。生产工人在其长期作用下，可发生神经衰弱综合征、眼和上呼吸道刺激症状、感觉型多发性神经炎，甚至引起慢性中毒。

（2）粉尘　在催化裂化用的微球硅酸铝催化剂加料、再生过程中，工作地点空气中硅酸铝粉尘浓度可达 $4.5\sim89.2mg/m^3$。白土精制过程中，工作地点空气中白土粉尘浓度可达 $45.6\sim491.2mg/m^3$。生产工人长期吸入粉尘可引起肺尘埃沉着病。

（3）高温和辐射　在炼油生产中，各种加热炉的场所均为高温作业。此外，在常压减压蒸馏、催化裂化、延迟焦化等过程中均存在热源，可使工作地点气温升高，并伴有热辐射。在炎热季节可能引起中暑，在冬季可使上呼吸道感染的患病率增高。

（4）噪声与振动　加热炉、空气压缩机、空冷器、泵、大功率电机以及排气放空的管线和阀门处，均可产生强烈的噪声。

2.石油化工行业中职业病危害因素的预防措施

（1）防毒措施　防止有害气体或蒸气的危害，如油槽采用下方装油和蒸气密封的方式；采用浮顶式或内浮顶式储油罐，以减少油品蒸发；过滤机、泵、压缩机等安装密闭通风排毒设备；加强设备的管理和及时检修，防止跑、冒、滴、漏。清刷油槽车、储油罐的作业工人应供给防毒面具，并有专人管理和维修。使用低毒或无毒物质。

（2）防尘措施　在白土精制、催化裂化加料过程中应采取自动密闭生产并装置通风除尘系统，并给工人提供防尘口罩。

（3）防噪声与振动措施　对产生噪声的设备，如加热炉喷嘴可改用辐射式燃气喷嘴；压缩机、鼓风机等高压气体出口、放气管口设消声器；对产生噪声的泵应装设封闭隔声罩；噪声大的管线用隔声材料覆盖。供给作业工人防声耳塞、耳罩以及防声帽盔。

（4）防高温措施　改革技术，工作场所采用自动控温装置，做好个人防护等。

（二）水泥企业的职业病危害因素与防护

1. 水泥企业存在的职业病危害因素

水泥生产时，首先将原料经过粉碎、干燥，并按比例混合均匀制成生料，然后，加入一定量的煤粉，拌水制成球状，装入窑内经过高温焙烧成熟料，再将冷却后的熟料、矿渣和石膏按一定比例混合，研磨成粉末状，即成水泥。可见，在水泥生产过程中工人会接触到大量的粉尘、有毒有害气体以及一些危险的环境，其所涉及的主要职业病危害因素如下。

（1）粉尘　水泥生产中最大的危害是硅酸盐粉尘（即水泥尘），从原料到成品整个生产过程中各个环节都有不同程度的粉尘产生。

（2）有毒气体　包括一氧化碳、二氧化碳、二氧化硫。水泥原料在炉窑中高温煅烧时可排出一氧化碳、二氧化碳、二氧化硫。

（3）高温与热辐射　水泥生产中原料的烘干及生产主窑煅烧等作业地带，夏季气温可超过当地室外气温 $5\sim8℃$，而且热辐射强度也大。

2. 水泥企业职业病危害因素的预防措施

（1）防尘措施　在加料和出料口应安装局部抽风除尘设施，包装处也要采取密闭抽风除尘装置，以防止水泥尘的危害。在粉尘浓度超标场所作业的工人应佩戴防尘口罩、防尘眼镜和防护手套，并穿领口、袖口紧扣的防尘工作服。

（2）防毒措施　在水泥立窑煅烧时，应注意保持立窑顶部负压状态，以提高其抽风效果，如自然通风达不到排烟要求，则应增设机械排风，以免烟气侧溢。在立窑顶部加料或检查时，应站在上风侧，最好采用机械加料。当烟道发生故障或因气象条件变化，有大量烟气溢出时，操作工人必须佩戴一氧化碳的防毒面具。

（3）防暑降温　立窑外壁应采用热系数小的材料，以提高隔热效果。对高温作业岗位应有局部送风或设置喷雾风扇，夏季供给工人清凉饮料。实行轮班操作及工间休息制度；修建淋浴室和凉爽的工间休息室。

（三）制药企业的职业病危害因素与防护

1. 制药企业存在的职业病危害因素

制药过程可分为原料药生产和制剂生产两大步骤。原料药生产过程中用到的原辅材料众多，原料、中间体、溶剂多是易燃、易爆、有毒有害的物质，是一个高污染过程。制剂生产中的药物活性粉尘污染、噪声污染较严重，其所涉及的主要职业病危害因素如下。

（1）粉尘　制药过程中作业工人接触粉尘的工序包括反应釜装料、中途取样、粉碎、筛分等。

（2）有毒气体　制药过程中作业工人接触毒气（有毒蒸气）的工序包括反应釜装料、取样、从过滤器或离心分离机中卸载物料、往干燥器中装料、分装物料等。在对有限空间如槽罐、反应釜进行清洁时，还有可能面对缺氧环境。药品生产过程中，作业人员接触有毒化学物质的机会主要是设备和管道密闭不严、锈蚀渗漏、上道工序来料、检验分析取样以及出料、废弃物料排出、清理离心甩干机以及设备检修时设备及管道中残存有毒化学物质，尤其是在离心过滤敞口甩干高温物料或边甩干边人工投加液态化学品以及敞口接收时，均有大量的有害气体或蒸气逸出，同时会有液态化学品飞溅的可能。操作工人接触液态、蒸气态有毒物质的时间相对较长，如果通风排风系统不好，就可能造成工作场所空气中有害物质浓度增高甚至超过国家卫生标准，工人长期接触受到职业病危害因素的影响，也加大了职业病危害事故的风险。

（3）病菌　从动物脏器中提取生化药可能会接触到病菌；酶粉尘沾到皮肤上，会造成皮肤损害；接触胰岛素可引起血糖降低等。

（4）噪声与振动　电动机、水泵、离心机、粉碎机、制冷机、通风机、锅炉等制药设备运行时会产生巨大的机器噪声。

2. 制药企业职业病危害因素的预防措施

（1）采用一定的工程控制措施　比如用无毒原料代替有毒原料；用低毒原料代替高毒原料；改善工艺或设备设计以减少有害物散发；采用自动化作业；隔离、密闭操作；加强通风排毒措施；加强吸尘、降温、消声措施；强化生活卫生设施，注意饭前洗手、班后洗澡更衣，防止毒物和药尘经消化道和皮肤侵入机体等。

（2）采用个人防护措施，选择佩戴个人防护用品　个人防护用品选用总原则是，应当根据职业卫生标准，对岗位环境进行评价，弄清环境性质及暴露程度；根据岗位环境、操作状况来选择个人防护用品。

◆ 任务分析与处理

苯的职业危害及防治见二维码4-3。

二维码4-3

苯的职业危害及
防治

● 能力拓展

1989年6月29日下午3时左右，某水泥厂立窑车间下料系统通道被湿料堵塞，乙班操作员张某负责清理通道，当张某打开窑顶盖子时，聚集在窑顶处的大量一氧化碳随烟气冲出，张某当即感到头晕、恶心、站立不稳，靠在炉顶旁栏杆上。同班工人见状，立即将张某背离现场，但未去医院就诊。半小时后，张某出现神志不清、四肢阵发性抽搐等症状，众人才将张某急送医院抢救脱险。根据案例思考：张某是因为接触了什么物质出现的人身伤害？该事故发生的主要原因是什么？应该如何改进？

第四节　建筑行业的职业卫生防护

知识目标

（1）掌握建筑行业的主要职业病危害因素；
（2）掌握建筑行业职业病危害因素的防治方法。

◆ 任务简述

不满14周岁的某甲辍学后到附近的一家建筑工地打工。主要进行水泥的输送和混合。由于粉尘较多，老板发给某甲卫生口罩，嘱咐定期更换，并承诺每月为其发放保健"木耳"。如此工作一年后，某甲经常咳嗽、胸闷，以为是感冒，便自己买些药治疗。又过了一段时间，某甲的咳嗽、胸闷加剧，胸痛、无力，还伴有呼吸困难，再服用感冒药，没什么效果。于是到附近的人民医院就诊，医生看后怀疑患有"肺尘埃沉着病"，便转至职业病院，医生要求其提供职业病诊断资料，用人单位却不给提供，后经几番努力，职业病院终于做出了"肺尘埃沉着病"的诊断。根据案例分析，某甲得肺尘埃沉着病的主要原因是什么？应该如何防护？

一、建筑行业存在的主要职业病危害因素

建筑行业职业病危害因素的特点：一是种类繁多、复杂，几乎涵盖所有类型的职业病危害因素；二是建筑行业职业病危害防护难度大，施工工程和施工地点的多样化，导致职业病危害的多变性，受施工现场和条件的限制，往往难以采取有效的工程控制技术设施。建筑行业的主要职业病危害因素有以下几种：

（1）粉尘　建筑行业在施工过程中产生多种粉尘，主要包括硅尘、水泥尘、电焊尘、石棉尘以及其他粉尘等。

（2）振动和噪声　建筑施工活动过程中存在局部振动和全身振动危害。振动棒、凿岩机、射钉枪类、电钻、电锯、砂轮磨光机等手动工具会产生局部振动；而挖土机、推土机、刮土机、打桩机等施工机械以及运输车辆作业则产生全身振动。建筑行业在施工过程中也会产生大量噪声。

（3）高温　建筑施工活动多为露天作业，夏季受炎热气候影响较大，少数施工活动还存在热源（如沥青设备、焊接、预热等），因此建筑施工活动过程中存在不同程度的高温危害。

（4）化学毒物　许多建筑施工活动可产生多种化学毒物，如爆破作业、油漆作业、防腐作业、涂料作业、建筑物防水工程作业、电焊作业等可产生大量的 NO_x、CO、H_2S、CH_4、三苯、铅、汞等化学毒物。

（5）其他因素　许多建筑施工活动过程中还存在紫外线作业、电离辐射作业、高气压作业、低气压作业、低温作业、高处作业和生物因素的影响等。

二、建筑行业职业病危害因素的防治

（1）防尘措施　加强水泥等易扬尘的材料的存放处、使用处的扬尘防护。落实相关岗位的持证上岗制度，给施工作业人员提供扬尘防护口罩、眼睛防护罩等个人防护用品。

（2）防振动和噪声措施　在作业区设置防职业病警示标志。工人要持证上岗，提供振动机械防护手套、劳动防护耳塞。采取延长换班休息时间的措施，杜绝作业人员的超时工作。

（3）防毒措施　加强作业区的通风排气措施及个人防护措施。

（4）防高温措施　在高温期间，为职工备足饮用水或绿豆水及防中暑药品、器材。减少工人工作时间，尤其是延长中午休息时间。

◆◇ **任务分析与处理** ──────────────────────────

尘肺的主要防护措施见二维码4-4。

二维码4-4

尘肺的主要防护措施

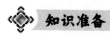

2010 年 8 月 28 日，中国某冶金建设集团公司机电公司检修称量料斗，发生氮气中毒窒息事故，造成 3 人死亡。10 时左右，中国某冶金建设集团公司机电公司检修分公司某钢铁公司一钢轧检修项目部在该公司一钢轧厂 1# 转炉西侧称量料斗内补焊衬板作业时，发生氮气中毒窒息事故，造成 3 人死亡。根据案例分析：进入密闭空间工作应该做好哪些措施？一旦发生事故，应该如何紧急处理？

第五节　机械行业的职业卫生防护

知识目标

（1）掌握机械行业的主要职业病危害因素；

（2）掌握机械行业职业病危害因素的防治方法。

任务简述

某高尔夫球用品制造公司几十名员工，相继出现手指发麻、乏力及手指发白的症状。入院后手部冷水复温试验和肌电图检查结果异常。最后诊断为职业性手臂振动病。根据案例分析：出现振动病的原因是什么？哪些行业容易出现振动危害？振动病的主要症状表现有哪些？如何防治？

知识准备

一、机械制造行业的职业病危害因素

机械制造工业范围很广，包括运输工具、机床、农业机械、纺织机械、动力机械和精密仪器等各种机械的制造，一般有铸造、锻造、热处理、机加工及装配等车间，工种混杂，但职业病危害因素大致相同。

1. 生产性粉尘

铸造车间在制砂、造型、打箱、清砂过程中均有不同程度的粉尘产生。机械加工车间使用砂轮旋磨刀具等也可散逸粉尘。电焊过程中产生的粉尘成分主要是氧化铁。工人长期接触上述某一种粉尘均可能发生肺尘埃沉着病，如铸工肺尘埃沉着病、磨工肺尘埃沉着病、电焊工肺尘埃沉着病等。

2. 高温与辐射

锻造车间的加热炉、干燥炉、熔化的金属及热的铸件，热处理车间的加热炉和盐浴槽等，均为热源，在夏季均为高温作业，锻造过程中也产生大量的热辐射。铸造生产中的熔炼炉也是高温作业。电焊时可产生大量的紫外线和强光，淬火使用的高频炉产生高频电磁场，对人体有一定的影响。

3. 有毒气体

机械制造工业会产生大量的有毒气体，如铸造及锻造过程中均可产生一氧化碳和二氧化硫；在化铜过程中产生氧化锌和氧化铅的烟尘；喷漆过程中作业工人可接触油漆稀料中的苯或甲苯或二甲苯；电镀过程可有铬酸雾产生等。

4. 噪声与振动

许多机械制造业会产生强烈的噪声和振动。

二、机械制造行业职业病危害因素的防护措施

1. 合理布局

在车间内的设备布置上，要考虑减少职业病危害因素交叉污染问题。如铸造工序中的熔炼炉应放在室外或远离人员集中的工作场所；铆工和电焊、（涂）喷漆工序应分开布置。

2. 工艺改革

在建设项目设计工艺选择方面，应优先选用自动化程度高的设备或生产线。

3. 除尘措施

防尘工作应以铸造车间为重点。使用密闭抽风装置、采取湿式作业等。

4. 防毒及应急救援措施

防止电镀时铬中毒，应在电镀槽与酸洗槽上安装槽边抽风装置，或在电镀槽液中使用酸雾抑制剂，也可用泡沫塑料碎片等加以覆盖。电镀工人应戴橡胶手套。

5. 噪声控制措施

对高强度噪声源可集中布置，并设置隔声房加以屏蔽。空气动力噪声源应在进气或排气口进行消声处理。对集控室和岗位操作室应采取隔声和吸声处理。进入噪声强度超过85dB（A）的工作场所应佩戴防噪声耳塞或耳罩。

6. 振动控制措施

对铆接、锻压机、落砂、清砂等振动设备应采取减振措施或实行轮换操作。

7. 射频防护措施

选择合适的屏蔽防护材料，对产生高频、微波等射频辐射的设备进行屏蔽或进行距离隔离防护和时间防护等。

8. 防暑降温措施

做好铸造、锻造、热处理等高温作业人员的夏日高温防暑降温工作。宜采取工程技术、卫生保健和劳动组织管理等多方面的综合措施。

◆◆ 任务分析与处理

电镀业、家具业、塑料业、造纸业、电池业职业危害及防护措施见二维码4-5。

二维码4-5

电镀业、家具业、塑料业、造纸业、
电池业职业危害及防护措施

● 能力拓展

法制晚报讯　2014年5月7日，天津市××工程检测发展有限公司在南京市中石化第五建设有限公司院内进行探伤作业期间，丢失用于探伤的放射源铱192一枚。据央视报道，截至5月10日下午6:05，放射源被找回并安全放入铅罐。根据案例思考：放射性物质有什么危害？如何进行防护？

第六节　纺织行业的职业卫生防护

知识目标
（1）掌握纺织行业的主要职业病危害因素；
（2）掌握纺织行业职业病危害因素的防治方法。

◆◆ 任务简述

江苏常州某印染厂两职工负责清理印染废料工作，工作一段时间后，发现两人均出现了皮肤红肿现象，并伴有轻微发烧症状，就医后确诊为接触性皮炎。根据案例分析：可能引起职工接触性皮炎的毒物有哪些？在印染企业工作还会接触哪些有毒物质？该做好哪些防护措施？

一、纺织行业的职业病危害因素

纺织工业，是指将自然纤维和人造纤维原料加工成各种纱、丝、线、绳、织物及其染整制品的工业部门。纺织工业生产过程主要包括纺织过程和印染过程。具体包含：棉纺织、毛纺织、丝纺织、化纤纺织、针织、印染等工业。

（一）纺织过程中的职业病危害因素

1. 粉尘

棉纺织的整个生产过程中都有产生粉尘的可能，开棉、混棉、清棉过程中产生粉尘最多，长期吸入棉、麻等粉尘可引发气道阻塞性疾病，患者有胸部紧缩感、胸闷、气短，并有急性肺功能障碍。

2. 高温、高湿

纺织车间生产上要求一定的温、湿度。温度要求在 18.3℃ 以上，夏季太阳辐射作用加上机器运转产生的热和人体的散热，可使车间温度升高到 40℃ 以上。在浆纱车间，高温、高湿是主要职业病危害因素，且体力劳动较强（搬运浆粉，将浆粉投入煮槽内，搬运、装置及卸下沉重的织轴）。

3. 噪声与振动

产生噪声最大的车间为织布车间和细纱车间。

4. 照明问题

纺织厂需要视力紧张的工种很多，因此，照明不足或不合理，将成为职业卫生问题。一般对工作面照度的要求：纺纱为 60lx（1975 年建议，单独使用一般照明为不低于 75lx）。

（二）印染过程中的职业病危害因素

印染是用纺织的坯布进行练漂、染色、印花、整理及包装的工作过程。主要的职业病危害因素有以下几种。

1. 高温、高湿

烧毛机周围温度较高，煮练、漂白、干燥、印染等过程，相对湿度大于 80%，夏季室温可高达 40℃ 以上。漂染过程多是连续自动化生产方式。

2. 氯气、强酸、强碱

用次氯酸钠漂白及最后酸洗处理过程中，均有氯气产生。染色过程接触强酸、强碱，可引起皮炎和化学性灼伤。其蒸汽对眼及上呼吸道黏膜有刺激作用。

3. 苯胺、氮氧化物、铬

在调配苯胺染料、使用苯胺染布或印花、干燥或蒸发以及在碱液中洗涤和用铬处理过程中，作业工人均可接触苯胺或其蒸气。使用不溶性偶氮染料时，在重氮化过程中，可吸入氮氧化物。用铬处理过程中，作业工人可接触铬而引起皮炎。

二、纺织行业职业病危害因素的防护措施

1. 防尘措施

对混棉机、清棉机的粉尘采取密闭、通风、除尘的措施，治理效果很好；梳棉、并条设吸尘装置，可使粉尘强度大大降低；此外，工作场所清扫要注意采用湿式清扫的方式。加强个人防护，佩戴防尘口罩。

2. 防暑降温措施

降温最有效的方法是采用空气调节，屋顶喷水可作为辅助降温措施。纺织车间相对湿度要维持在 45％～80％ 之间，车间中的风速不宜太高，一般小于 0.5m/s。在烧毛机周围气温较高，需采用隔热和通风降温措施。在漂染生产中应加强自然通风，同时采用局部抽风或送风装置。

3. 噪声与振动控制措施

对设备进行减振改进，并使用吸声材料等方法，以减少振动和噪声对人体的伤害。

4. 防毒措施

在印染过程中，产生有害气体设备处安装抽风装置。手工调配染料时，可发生接触性皮炎；手接触硫化物或使用铬盐、有机溶液时可也可发生皮炎，所以要注意个人防护。

 **任务分析与处理**

纺织行业常接触的毒物分析

在调配苯胺染料、使用苯胺染布或印花，干燥或蒸发以及在碱液中洗涤和用铬处理过程中，均可接触苯胺或其蒸气。使用不溶性偶氮染料时，在重氮化过程中，可吸入氮氧化物。用铬处理过程中，可接触铬而引起皮炎。

印染过程中，在产生有害气体设备处安装抽风装置。废料处理时应该进行密闭处理，并且要做好个人防护。

能力拓展

女工，30 岁，纱厂纺棉纱 6 年，近三个月，每逢休息日后第一天上班，中午前后出现

胸部紧束感、气急、咳嗽、自觉发热，据了解，该女工所处工作环境中存在大量飘浮棉尘，并且没有特殊的除尘设备，又由于工作环境较热，平时没有佩戴防尘口罩。根据案例分析，其患疾病可能是什么疾病？患病原因是什么？如何预防？

第七节　其他行业的职业卫生防护

知识目标

（1）了解电子行业、制鞋业等行业中的主要职业病危害因素；
（2）了解电子行业、制鞋业等行业中职业病危害的防治方法。

任务简述

某鞋厂员工在工作一段时间后相继出现头晕、头痛、乏力等症状。现场调查发现发病员工工作车间长期使用高浓度的 1,2-二氯乙烷。最后诊断该员工为职业性二氯乙烷中毒。根据案例分析：什么是二氯乙烷？哪些人不能接触二氯乙烷？怎样预防二氯乙烷中毒？

知识准备

在电子行业、制鞋业、家具业、电镀业、塑料业、造纸业、电池业等行业中，或多或少都存在着职业病危害因素，在作业过程中都应该做好防护工作。

一、电子行业职业病危害因素及防护措施

1. 电子行业职业病危害因素

电子工业是研制和生产电子设备及各种电子元件、器件、仪器、仪表的工业。其生产过程中的职业病危害因素有以下几种。

（1）铅　作业工人在焊锡、装配工序中可接触铅。职业性慢性铅中毒早期可出现乏力、肌肉关节酸痛症状，严重者可出现腹痛、神经衰弱综合征。随着病程进展，可累及神经、造血、消化等系统以及肾脏受损。

（2）有机溶剂　生产中使用的松香、元件清洁剂、原料等均含各种有机溶剂，中毒事件时有发生。

（3）物理因素　主要有生产过程中产生的噪声、调频测试等工序产生的高频电磁辐射。

（4）其他有害因素　高温、粉尘、净化车间空气污染、流水线作业的心理紧张、超微行业视觉疲劳以及持续不良操作体位等对工人健康的影响亦不容忽视。

2. 电子行业职业病危害的防护措施

加强作业场所的通风除毒、减噪隔声、屏蔽。使用防毒面罩、手套、眼镜、耳塞等防护用品。定期进行健康体检。

二、制鞋业职业病危害因素及防护措施

制鞋业是劳动力密集的轻工行业，主要产品为运动鞋和皮鞋。经过底加工、面料加工和成型加工三道主要工序制造而成。制鞋工人在生产过程中接触危害因素的机会较多。

1. 制鞋业职业病危害因素

塑料行业主要的职业病危害因素为有毒物质。制鞋工人在使用粘胶进行刷胶操作时，会接触到苯、甲苯、二甲苯、正己烷及环氧树脂等有毒物质，长期接触可对皮肤、呼吸系统、中枢神经系统等产生有害影响。

2. 制鞋业职业病危害的防护措施

制鞋工业主要是预防苯中毒、正己烷中毒。最根本的措施是采用低毒或无毒的胶水取代含苯胶水。其次，在刷胶的生产线上安装抽风排毒系统，有效地将散发在生产岗位的有毒气体排向大气。向工人普及个人防护知识，在生产岗位设置毒物警示标识，工人应进行就业前体检和定期体检，生产线应定期进行有毒气体的检测。

◈ 任务分析与处理

二氯乙烷的相关知识如下。

二氯乙烷为无色透明油状液体，有氯仿样气味。属于高毒类溶剂，主要靶器官为神经系统、肝脏和肾脏。常作为清洗剂和黏合剂应用于塑胶玩具和鞋厂，或作为纺织、石油、电子工业的脱脂剂。常见品名或标号：金虎牌"ABS514""3434""3435"等。

二氯乙烷中毒的临床表现：短期吸入大量的二氯乙烷可先出现兴奋、激动、头痛、头晕、烦躁不安等症状，后以胃肠道症状为主，频繁呕吐、上腹疼痛、血性腹泻。严重可出现抽搐、昏迷甚至死亡。长期吸入低浓度的二氯乙烷可出现乏力、头晕、失眠等症状，也有恶心、腹泻、呼吸道刺激及肝、肾损害等表现。皮肤接触可引起干燥、脱屑和皮炎。

有肝病、神经系统器质性疾病、全身性皮肤病者严禁从事接触二氯乙烷作业。

二氯乙烷中毒的预防：加强管理，岗位悬挂警示牌；使用低毒代用品；工作场所定期检测；隔离通风：作业场所全面通风，局部抽风；个人防护：坚持使用防毒口罩、防毒手套等防护用品；职业健康检查：每年1次；及时治疗：若发现有头痛、恶心、呕吐、抽搐等异常表现，应立即脱离工作岗位，及时到专科医院治疗。

◉ 能力拓展

小辉，是一名来自河南的打工仔，2001年10月，他在广东顺德一家鞋业皮具有限公司从事鞋业工作，工作中要接触"400胶水"、天那水等（含甲苯）。他工作的车间没有排风扇，通风设备不太好，工作中也没有佩戴口罩、手套等个人防护措施，每天上 8～10h 班，没有什么休息日。5 个月后他就出现牙龈出血症状。2002 年 3 月，他被送进广东省职业病防治院。在医院经过近两年半的治疗，小辉于 2004 年 9 月出院。当时他被评定为"七级伤残"。根据案例分析，小辉的病症主要是由于长期接触什么物质造成的？现场的设施有哪些不符合职业防护要求？小辉在工作中是否做好了职业防护？应该怎样进行职业防护？

课后习题

一、单项选择题

1. 对个人使用的职业病防护用品，以下说法正确的是（   ）。

    A. 给工人配发了职业病防护用品，对职业病危害因素的控制可以放松

    B. 职业病防护用品市场上品种繁多，可以随便购买

    C. 所购买的职业病防护用品应符合国家或行业标准

2. 不属于生产过程中职业性有害因素的是（   ）。

    A. 生产性毒物　　　　B. 生产性粉尘　　　　C. 非电离辐射

    D. 细菌　　　　　　　E. 劳动组织不合理

3. 在职业卫生领域，通常所说的"三苯"指（   ）。

    A. 苯、苯酚、甲苯　　　　　　　　　　B. 甲苯、苯酚、苯胺

    C. 苯、甲苯、二甲苯　　　　　　　　　D. 苯酚、苯胺、苯并 [a] 芘

4. 以下说法正确的是（   ）。

    A. 防尘口罩也能防毒　　　　　　　　　B. 防毒口罩也可防尘

    C. 活性炭面具可用于防尘　　　　　　　D. 当颗粒物有挥发性时可选用组合防护

5. 尘肺病是我国人数最多的一种职业病，目前世界各国尚无有效的治疗方法，因此（   ）尤其重要。

    A. 治疗　　　　　　　B. 预防　　　　　　　C. 待遇　　　　　　　D. 工作

6. 职业病危害因素侵入人体的途径有（   ）。

    A. 呼吸道　　　　　　　　　　　　　　B. 皮肤

    C. 消化道　　　　　　　　　　　　　　D. 呼吸道、皮肤、消化道

7. 用人单位应当对（   ）进行经常性的维护、检修，定期检测其性能和效果，确保其处于正常状态，不得擅自拆除或者停止使用。

    A. 职业病防护设备、应急救援设施和个人使用的职业病防护用品

    B. 职业病防护设备

    C. 个人使用的职业病防护用品

    D. 应急救援设施

8. 粉尘作业时必须佩戴（   ）。

    A. 安全帽　　　　　　B. 防护手套　　　　　C. 防尘口罩　　　　　D. 防护服

9. 发现有人晕倒在有限或密闭空间内，最适合的急救方法是（   ）。

    A. 及早下去救上来

    B. 腰间系上绳子下去，把晕倒者拉上来

C. 佩戴空气呼吸器，在有人监护下，将人救上来

D. 点燃蜡烛、佩戴空气呼吸器下去，将人救上来

10. （   ）是电焊工常见的职业性眼外伤，主要由电弧光照射、紫外线辐射引起。

    A. 白内障　　　　　　B. 红眼病　　　　　　C. 电光性眼炎　　　　D. 青光眼

11. 生产性噪声不包括（   ）。

    A. 空气动力噪声　　　B. 机械噪声　　　　　C. 电磁噪声　　　　　D. 空气传播噪声

12. 进入缺氧密闭空间作业必须使用（   ）。

    A. 防尘口罩　　　　　B. 空气呼吸器　　　　C. 防毒面具

13. 长期从事矽尘作业所引起的以肺组织纤维化病变为主的全身性疾病称（   ）。

    A. 尘肺　　　　　　　B. 矽肺　　　　　　　C. 粉尘沉着症

    D. 慢性阻塞性肺病　　E. 石英尘肺

14. 高温作业厂房有组织自然通风的基本原理是（   ）。

    A. 利用风压　　　　　B. 利用负压　　　　　C. 利用热压

    D. 利用风压和热压　　E. 利用热压和负压

15. 下列不属于中暑致病因素的是（   ）。

    A. 高气温　　　　　　B. 强体力劳动　　　　C. 高气湿

    D. 肥胖　　　　　　　E. 强热辐射

16. 消声措施主要用于控制（   ）。

    A. 流体动力性噪声　　B. 机械性噪声　　　　C. 电磁性噪声

    D. 高频噪声　　　　　E. 中、低频噪声

17. 吸声措施的主要作用是（   ）。

    A. 控制噪声源传出声波强度　　　　　　B. 封闭噪声源

    C. 控制空气扰动　　　　　　　　　　　D. 吸收声能，降低噪声强度

    E. 以上都不是

18. 某女性，纺织厂织布车间挡车工，工龄 12 年，电测听检查，见双耳听力曲线上在 4000Hz 处听力下降超过 30dB，此改变属于（   ）。

    A. 听觉适应　　　　　B. 听觉疲劳　　　　　C. 听力损伤

    D. 噪声聋　　　　　　E. 暴震性耳聋

19. 某女性工人，纺织厂织布车间挡车工，工龄 15 年，因近几个月与他人交谈时感觉听力下降而就诊。

（1）应重点检查的项目是（   ）。

    A. 脑电图　　　　　　　　　　　　　　B. 神经肌电图

    C. 电测听　　　　　　　　　　　　　　D. 植物神经功能检查

    E. X 线摄片

（2）从职业性损害角度考虑，最可能诊断的职业病是（   ）。

    A. 听力损伤　　　　　B. 噪声聋　　　　　　C. 神经性耳聋

    D. 听觉疲劳　　　　　E. 局部振动病

（3）控制此种危害的根本措施是（   ）。

A. 控制噪声源　　　　　B. 隔声　　　　　　C. 消声

D. 工作时佩戴耳塞等个人防护用品　　　　E. 定期进行健康检查

20. 下列可接触到苯的作业是（　　）。

A. 吹玻璃　　　　　　B. 下水道疏通　　　C. 粪坑清理

D. 电镀　　　　　　　E. 喷漆

21. 慢性苯中毒主要损害（　　）。

A. 消化系统　　　　　B. 血液系统　　　　C. 造血系统

D. 循环系统　　　　　E. 神经系统

22. 急性苯中毒主要损害（　　）。

A. 中枢神经系统　　　B. 循环系统　　　　C. 血液系统

D. 泌尿系统　　　　　E. 呼吸系统

23. 可接触到铅的作业是（　　）。

A. 吹玻璃　　　　　　B. 蓄电池制造　　　C. 电镀

D. 气压计制造　　　　E. 提炼金、银

二、简答题

1. 石油开采行业存在哪些职业危害？如何预防？

2. 化工行业主要存在哪些职业危害？如何预防？

3. 水泥企业主要存在哪些职业危害？如何预防？

4. 制药企业主要存在哪些职业危害？如何预防？

5. 建筑行业主要存在哪些职业危害？如何预防？

6. 机械行业主要存在哪些职业危害？如何预防？

7. 纺织行业主要存在哪些职业危害？如何预防？

8. 粉尘对人体有哪些危害？如何防护？

9. 有毒气体对人体有哪些危害？如何防护？

10. 噪声对人体有哪些危害？如何防护？

11. 高温对人体有哪些危害？如何防护？

第三篇　安全生产

第五章　公共安全

　　公共安全，是指社会和公民个人从事和进行正常的生活、工作、学习、娱乐和交往所需要的稳定的外部环境和秩序。公共安全教育的主要内容包括预防和应对社会安全、公共卫生、公共安全、自然灾害以及影响学生安全的其他事故或事件等。本篇仅涉及社会安全、公共安全及意外伤害、自然灾害等部分内容。通过本篇的学习，帮助学习者了解生活中的各种可能的突发事件、事故或自然灾害，掌握相关的防范措施，预防事故的发生和减少突发事件的伤害。

第一节　社会安全

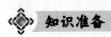

知识目标

　　(1) 了解维护社会安全的必要性；

　　(2) 了解社会安全事件的危机干预步骤；

　　(3) 掌握恐怖袭击事件的嫌疑人、爆炸物的识别方法；

　　(4) 了解化学恐怖袭击、生物恐怖袭击；

　　(5) 了解群体性事件的防范措施。

任务简述

　　2014 年 4 月 30 日新疆发生多起恐怖袭击事件，暴徒在乌鲁木齐火车南站出站口接人处持刀砍杀群众，同时引爆爆炸装置，造成 3 人死亡、79 人受伤；5 月 22 日，暴徒又在乌鲁木齐市沙依巴克区公园北街早市制造爆炸袭击，造成 31 人死亡、94 人受伤。这些恐怖袭击事件中，暴徒经常将爆炸物放置在人群密集的公共场所来进行恐怖袭击，请问：如何识别公共场合的可疑爆炸物？如果发现可疑爆炸物，应该怎么办？

知识准备

一、恐怖袭击事件与防范

　　暴力恐怖袭击具有极大的杀伤性与破坏力，能直接造成巨大的人员伤亡和财产损失；还会造成社会一定程度的动荡不安，人人自危，扰乱正常的工作与生活秩序，给国家经济发展带来极大的负面影响。

1. 识别恐怖嫌疑人

实施恐怖袭击的嫌疑人脸上不会贴有标记，但是会有一些不同寻常的举止行为可以引起我们的警惕。

① 在重要目标及人员密集场所神色慌张、举止可疑、衣着反常，或照相、摄像、绘图、打听安保情况等；

② 试图获取炸药、武器，大量购买易燃易爆物品、危险化学品及管制刀具；

③ 着装、携带物品与其身份明显不符，或与季节不协调；

④ 作息时间反常，住所内有异常声响、刺激性气味，经常出现非生活类垃圾，携带异常物品出入等；

⑤ 在安检过程中不愿接受检查或者试图逃避检查；

⑥ 反复在警戒区附近出现；

⑦ 疑似公安部门通报的嫌疑人员。

当我们发现恐怖嫌疑人时，保持镇静，不要引起对方警觉，然后迅速报警，直接拨打110，反映可疑情况；尽可能记住嫌疑人及交往人员的体貌特征，同时注意做好自身保护，避免被可疑人发觉，影响自身安全。

2. 识别可疑车辆

虽然恐怖袭击的车辆与普通车辆一样，但是恐怖人员为了达到袭击的目的，会对车辆进行改装，或者驾驶车辆时会有一些异常的表现。我们可以通过以下异常来识别恐怖袭击可疑车辆：

（1）状态异常　车辆结合部位及边角外部的车漆颜色与车辆颜色不一致、车辆改色；车的门锁、后备箱锁、车窗玻璃有撬压破损痕迹，如车灯破损或有异物填塞，车体表面有异常导线或细绳等。

（2）车辆停留异常　违反规定停留在水、电、气等重要设施附近或人员密集场所。

（3）车内人员异常　如在检查过程中，神色惊慌、催促检查或态度蛮横、不愿接受检查；发现警察后启动车辆躲避的。

3. 识别化学恐怖袭击

（1）异常的气味　如大蒜味、辛辣味、苦杏仁味等。

（2）异常的现象　如大量昆虫死亡、异常的烟雾、植物的异常变化等。

（3）异常的感觉　一般情况下当人受到化学毒剂或化学毒物的侵害后，会出现不同程度的不适感觉，如恶心、胸闷、惊厥、皮疹等。

（4）现场出现异常物品　如遗弃的防毒面具、桶、罐、装有液体的塑料袋等。

4. 识别生物恐怖袭击

① 事件区发现不明粉末或液体、遗弃的容器和面具、大量昆虫；

② 微生物恐怖袭击后 48～72h 或毒素恐怖袭击几分钟至几小时，出现规模性的人员伤亡；

③ 在现场人员中出现大量相同的临床病例，在一个地理区域内出现本来没有或极其罕

二维码5-1

常见恐怖袭击的应对
方法

见异常的疾病；

④ 在非流行区域内发生异常流行病；

⑤ 患者沿着风向分布，同时出现大量动物病例等。

5. 恐怖袭击现场应对

当我们身处恐怖袭击现场时，应保持镇静、判明情况，采取合适的措施来保护自己或逃离现场。常见恐怖袭击应对措施详见二维码 5-1。

二、群体性事件与防范

群体性突发事件是由人民内部矛盾引发的，由一定公众或个别团体、组织参与，为了某种目的而采取集体行动方式对政府管理和社会秩序造成影响，甚至使社会在一定范围内陷入一定强度的对峙状态，引起一定社会负面效应的社会事件。预防群体性事件的主要措施如下：

(1) 及时发现问题，将矛盾消灭在萌芽阶段　群体性事件初期大多为个案，矛盾比较单一，如果没有某种因素催化，一般不会酿成大规模的群体性事件。地方政府具有强大的权力，是主导群体性事件的"关键人"，如果能及时发现问题症结，趁早采取有效措施，尤其是在事件没有发生质变之前，果断介入，合理处置，便大有可能阻止群体性事件发生。例如近几年发生的"贵州瓮安事件""湖北石首事件"等群体性事件，大都是个案引发的矛盾没有及时得到处理，或者处理不当，从而激发甚至积压更多矛盾，使事态严重化，进而演变为损害公共安全的群体性事件。由此可见，及时发现矛盾，并将其消灭于萌芽状态是预防群体性事件的关键。

(2) 建立健全具体有效的信息预警机制　现实中，由于信息预警机制尚未建立或者建立了但却贯彻落实不到位，常导致个体矛盾信息得不到及时上报和反馈，延误了群体性事件的最佳处理时机。应建立健全"灵、通、快、准"的信息预警机制，落实个人责任制，加大对阻碍信息上报行为或人员的打击力度，另外还要加强对情报信息的筛选、甄别工作，深入分析研判，使信息预警机制真正发挥其作用。

(3) 维护民意诉求畅通无阻的表达渠道　民意如水，宜疏不宜堵。群众的诉求，如果没有适当的渠道表达，就可能产生过激情绪，长期积累下来，极易造成大的消极影响。建立健全畅通有序的利益表达渠道，保持政府与人民群众之间的良性联系，努力协调和规范各群体之间的利益关系，从而保护人民群众的知情权、参政权和监督权。

(4) 营造健康舆论环境，提高舆论引导水平　当今，网络等媒介形式成为人们表达诉求、提出建议、发泄紧张或不满情绪的重要载体，它能够把握社会心理走向，对社会发展具有监测和引导作用。所以，政府应当充分借助和利用网络等媒介力量获取和提供有效的信息，并通过媒介积极引导舆论，实行信息公开透明制度，积极引导群众以合理合法的方式表达诉求，解决矛盾。

(5) 消除矛盾因由是根本　群体性事件的源头大多是个案，然而触发群体性事件的矛盾因由则比较复杂。当事态初步平息后，政府及相关部门要从个案反映出的实质问题入手，查找因由，有针对性地进行处理，引导人民群众通过司法程序解决矛盾纠纷，从根本上解决问题，防止反复。其中，具体问题应当具体分析，杜绝主观臆断和强力压制，还要注意工作的方式、方法，避免因为方式方法欠妥而导致矛盾激化。

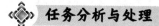

（1）恐怖人员常常对放置在公共场合的爆炸物进行伪装，例如放在行李、包裹、食品袋、手提包中，在不触动可疑物的前提下，我们可以通过"一看二听三嗅"的方式进行识别，如有可能，用手中的手机进行照相或录像，为警方提供有价值的线索。

（2）当我们发现可疑爆炸物时，一定不要触动或翻动，防止爆炸，更不能恐慌大叫，引起大范围恐慌，造成踩踏等伤害事故。应按如下方式应对：立即撤离现场，从最近的通道离开建筑物，当到达建筑物外面后立即报警，并在事后协助警方调查，提供可疑物发现时的情况或手机照片、录像等。

第二节　公共安全及意外伤害

知识目标

（1）了解电磁辐射的危害与防范措施；
（2）掌握火灾的形成条件、常见火灾隐患和火灾的主要预防措施；
（3）掌握恶劣天气下行车安全注意事项；
（4）了解电梯事故的原因和防范措施；
（5）了解会引起食物中毒的食品种类和预防食物中毒的措施。

任务简述

2003年，某大学女生陈某用"热得快"烧水，因晚上突然停电，她拔下"热得快"放到床上，但忘了切断电源。早晨醒来后发现"热得快"已经将床铺引着，惊慌之下，陈某打开了寝室的门逃出，并四处敲门喊醒其他寝室的学生。着火房间通风后火势变得更加猛烈，一些女生拿起了楼道的灭火器灭火，但用完十几只灭火器也没能扑灭大火，她们又用脸盆接水灭火，也没能减小火势。一些学生用湿毛巾捂住口鼻后冲破烟雾逃生成功，还有许多学生打开窗户呼救。起火的宿舍楼共有三个通道，其中一个被胶合板钉死，消防官兵们将其打通，1000余名学生得到了安全转移。请分析：该事故中的人和环境存在哪些火灾隐患？事故中的学生安全意识情况如何？大学生宿舍可以采用哪些防范措施来预防火灾的发生？

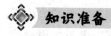 **知识准备**

一、大学生安全意识现状分析

随着我国高校规模的扩大，在校大学生人数大大增加，大学生的安全问题也日益突显，甚至关系到国家和社会的安全与稳定。当代大学生面临的是信息化的时代，各种威胁着大学生安全的隐患也越来越多，所以提高大学生自我安全意识势在必行。

1. 安全防范意识分析

大学生社会经验少，分辨能力差，容易轻信陌生人，甚至有同学轻易泄露个人信息，造成个人财物损失。有的学生在求职过程中好高骛远、急于求成，误入传销组织。另外因乘坐黑车发生的人口失踪案件也时有发生，还有人明知是黑车但因价格便宜而选择乘坐，贪小便宜而失大利。

宿舍是学生日常生活与学习的主要场所，也是火灾和盗窃案件的多发地，大学生的消防安全意识及财物安全意识都比较薄弱，经常存在侥幸心理。多数学生知道"热得快"等大功率电器的使用是宿舍里的火灾隐患，但是却对别人使用持无所谓的态度，还有部分大学生表示只要小心使用，不被学校发现就不会有问题，对安全隐患麻痹大意。对个人财产安全问题也不够重视，如：为了方便将钥匙放在门框上；出门不关窗，以为有防护栏就万事大吉；随意将电脑等贵重物品放置在桌上等。

2. 危险应对意识分析

大学生由于缺乏社会经验、安全知识不足，当他们面临危险时，所采取的策略就会显得不成熟，同时也会增大伤害的程度。有调查发现，只有少部分学生熟悉并能正确使用消防栓或灭火器，大部分学生还是处于略懂阶段，而这样的熟悉程度并不能帮助其及时应对危急情况，宿舍一旦起火，在慌乱中往往会选择最极端的方式。例如 2008 年上海某学院一女生宿舍因使用"热得快"引发火灾，4 名女生跳楼逃生，结果无一幸免。这场悲剧，折射出当代大学生安全意识及逃生技能的缺乏，而正是这种逃生技能的缺乏，夺去了 4 个鲜活的生命。

对于大学生安全知识不足的问题，高校应该多开展一些安全讲座和安全教育课堂以及安全系列活动等来加强学生对于安全知识的摄取，让大学生体会到安全知识的重要性。同时还应加强大学生的实践能力，对于这方面高校应该利用各种应急演练活动来锻炼学生的实践能力，促进大学生安全意识的提高，并使大学生在应急演练活动中深刻体会到安全对自身以及他人、社会的重要性。大学生自我安全意识的培养是一项长期的工作，需要所有人共同协作、密切配合，才能得到良好的效果。

二、主要领域的安全与防范

（一）电磁辐射与防范

电磁辐射就是能量以电磁波形式发射到空间的现象。影响人类生活环境的电磁辐射源一般分为天然的和人为的两大类。天然的电磁辐射是某些自然现象引起的，例如雷电、火山喷发、地震和太阳黑子活动等。人为的电磁辐射源则是各种仪器设备，主要有：电波发射设施（如广播、电视发射塔等），通信设施（如人造卫星地面通信站、雷达站、移动通信塔等），各种高频设备（如高频焊接机、高频烘干机、家用微波炉等），交通设备（如电气化铁道、电车等），电力设备（如高压电线路、变电站等）。伴随着电子产业及通信业的迅猛发展，电磁辐射所造成的环境污染问题越来越突出。电磁辐射污染已成为废气、废水、固体废物、噪声污染后的又一新型污染源，已引起世界各国的广泛关注。

我们身边的电气设备很多，产生的电磁辐射会给人身健康带来威胁，可以采取以下防范措施：

① 多了解有关电磁辐射的常识，学会防范措施。如：对配有应用手册的电器，应严格按指示规范操作，保持安全操作距离等。

② 不要把家用电器摆放得过于集中，或经常一起使用，以免使自己暴露在超剂量辐射的危险之中。

③ 各种家用电器、办公设备、移动电话等都应尽量避免长时间使用。电视、电脑等电器需要较长时间使用时，应注意中间离开休息，以减少所受辐射影响。

④ 当电器暂停使用时，最好关闭电源，因为待机状态可产生较微弱的电磁场，长时间也会产生辐射积累。

⑤ 对各种电器的使用，应保持一定的安全距离。如眼睛离电视荧光屏的距离，一般为荧光屏宽度的 5 倍左右。孕妇和小孩应尽量远离微波炉、电磁炉等。

（二）火灾与防范

在我们的生活及工作中，火灾的发生常常让我们措手不及，还给我们造成难以挽回的损失，特别是住宅火灾，在火灾中占了相当大的比例，很容易造成大量财物的损失，严重的还会造成人员伤亡，后果让人难以承受。对火灾，我们应该持预防为主的态度，做好防备工作，才能有效减少火灾带来的伤害。

1. 常见火灾隐患

火灾隐患就是可能导致火灾发生或者使火灾危害扩大的潜在不安全因素。

（1）引发火灾的隐患

① 用火不慎，例如厨房用火时长时间离开，夏季使用蚊香靠近床铺或窗帘，停电时用蜡烛照明，在厨房以外的地方使用明火等；

② 电器故障及使用不当，例如电器线路老化、电器产品不合格、电器故障短路、私拉乱接电线、插座负荷过大、长时间使用大功率电器并无人照看、电暖器烤衣物、电吹风使用不当等；

③ 室内存放大量易燃易爆物品，例如鞭炮、汽油、柴油等；

④ 床上吸烟、乱扔烟头；

⑤ 打火机、火柴保管不当，小朋友玩火。

（2）使火灾危害扩大的隐患

① 安全疏散通道被占用，例如楼道摆放电动车、家具，楼门口堆放垃圾等；

② 安全出口遭锁闭，例如安全出口大门上锁；

③ 逃生门窗被封堵，例如安装全封闭的防盗窗、逃生通道的出口被封死；

④ 消防器材被损坏、缺失或不能正常使用，例如擅自拆除、停用消防设施，未配备合适的灭火器，消防栓管道无水，灭火器未按时查验和更换等。

2. 火灾的防范

（1）排除火灾隐患　要做好火灾的预防工作，关键是要学会发现身边的各种火灾隐患，然后消除隐患。火灾的发生必须同时具备可燃物、助燃物和火源这三个条件，而空气是无处不在的，所以，我们可以认为，可燃物和火源靠近、接触的地方，或存在将可燃物和火源聚集到一起的行为，就有引发火灾的隐患。消除火灾隐患的办法就是"三缺一"，即物质条件上和人的行为上都不要让可燃物、助燃物和火源同时聚集到一起。对于影响逃生、救援或使火灾危害扩大的这些隐患，需要加强消防宣传、落实消防安全制度及经常开展消防安全检查。

（2）准备消防应急用品　消防应急用品是火灾初期用来扑灭火灾或者提供防护、安全逃生的用品。首先必须准备的就是灭火器，使用最多的是干粉灭火器，广泛用于扑救气体、液体、固体及带电设备的初起火灾。各种建筑物都应根据规定配备足够数量的干粉灭火器，定期检查及更换。对于有特殊需要的场合，则应根据具体情况配备灭火器，例如电脑室、精密仪器室等场所，为保护仪器设备，则可配置 CO_2 灭火器；在有可燃液体存在的场所，则可配置泡沫灭火器。火灾种类及灭火器的选择见二维码 5-2。

二维码5-2

火灾种类及灭火器的选择

另外，火灾中 80% 的死亡原因都是烟气中毒，因此，具有过滤烟气功能的防烟面罩是必须配备的逃生用品。对于缓降器、逃生绳、防滑手套、强光手电等逃生用品，可以根据情况选配。

（3）制定火灾事故应急预案　事先制定一个完善的火灾事故应急预案并演练熟悉，可以让我们在遇到突发的火灾时镇静地应对，快速、安全地撤离火灾现场，并且能够及时组织力量扑救火灾，减少损失。在制订计划时，一定要考虑到各种情况，准确详细；制定好应急预案后，还要根据计划进行演练，全员都要参与、定期进行。

（三）交通事故与防范

随着社会经济的发展，我国道路里程逐年增长，机动车保有量不断增加，道路交通事故也呈逐年增长趋势。交通事故不仅严重干扰了道路交通系统的正常运行，也给交通参与者的生命安全带来巨大威胁，还给社会造成巨大的经济损失。为实现国民经济可持续发展和构建和谐社会，必须采取措施预防和减少交通事故的发生。

（1）严格管理，提高驾驶员安全素质　加强交通安全教育宣传，减少驾驶员的交通违法行为。利用一切新闻媒介和宣传手段对全社会进行交通安全教育和交通法规宣传，加强和提高人们的交通安全意识和交通法制的观念。

（2）加强车辆维护，提高汽车的安全性能　目前，除了要建立完善的汽车安全检测制度外，驾驶员应定期对车辆进行保养，出门前检查胎压、制动和转向系统，及时消除隐患，保证车况良好。

（3）不断改善道路条件，加强道路交通管理，优化道路交通安全环境　交通管理部门应设置合适的交通标志、标线以及各种交通安全设施；改善和提高道路通行环境，夜间易出事的路段应增设"凸起路标"和照明设备，在事故多发路段以及在桥梁、急转弯、立交桥、匝道等路面复杂、积水地点设置警告牌等。

二维码5-3

恶劣天气条件下行车安全注意事项

在雨、雪、雾等恶劣天气条件下，交通管理部门应根据交通管制预案，合理控制交通流量，疏导好车辆通行。驾驶员则应该预先了解天气情况，有意识地控制车速并保持较大行车间距，小心驾驶。恶劣天气条件下行车安全注意事项具体见二维码 5-3。

（四）食物中毒与防范

二维码5-4

食物中毒是指人摄入了含有毒有害物质的食物后所出现的非传染性的急性或亚急性疾病。食物中毒是突发性疾病，中毒者通常具有相似的临床症状：恶心、呕吐、腹痛、腹泻等胃肠道反应。多人同时发病时，发病多是由同一受污染的食品引起。

食物中毒的分类及
应急措施

食物中毒的种类很多（二维码5-4），预防措施各不相同。餐饮单位或个人，应该在食品采购、加工及保存环节采取各种措施，保证食品的安全性。

（1）对于餐饮单位来说，应当做好食品安全管理工作，制定完善的食品卫生管理制度，落实岗位卫生责任制。具体应采取把住餐饮单位食品采购关，禁止采购腐败变质、生虫、污秽不洁、混有异物或者其他感官性状异常的食品以及检验不合格的肉类及其制品，在批量采购食品时必须向供货方索取卫生许可证及采购食品的批次卫生检验合格证；注意食品的储藏卫生，防止尘土、昆虫、鼠类等动物及其他不洁物污染食品；烹调加工所用原料应保证新鲜并采取彻底加热等等措施。

（2）对于个人来说，应当做到保持厨房环境和餐（用）具的清洁卫生；选择新鲜、安全的食品和食品原料；切勿购买和食用腐败变质、过期和来源不明的食品，切勿食用发芽马铃薯、野生蘑菇、河豚等含有或可能含有有毒有害物质的原料加工制作的食品；对不熟悉、不认识的动、植物不随意采捕食用等。

◆ 任务分析与处理

① "热得快"是危险性很高的发热电器，属于火源。陈某在宿舍使用"热得快"且未切断电源就放置在床铺上，这个行为使燃烧三要素同时具备，极易引发火灾。"热得快"、陈某的不安全行为都是会引发火灾的隐患。起火的宿舍楼共有三个通道，其中一个被胶合板钉死，这是堵塞安全逃生通道，属于使火灾危害扩大的隐患。

② 陈某在宿舍使用"热得快"，并将未切断电源的热得快放在床铺上，她没有意识到自己的行为可能引发火灾，或者知道有危险，却对安全隐患麻痹大意，说明她的安全防范意识很差；起火后，有部分学生使用灭火器灭火，还有部分学生用湿毛巾捂住口鼻冲破烟雾逃生成功，说明她们掌握了灭火器的使用、火灾烟雾中逃生的方法，具有较好的危机应对能力。

第三节　自然灾害

知识目标

（1）掌握雷电灾害的个人防范措施；
（2）了解地震相关概念，掌握地震伤害的防范措施；
（3）掌握泥石流灾害的防范措施；
（4）了解洪水带来的危害，掌握洪水灾害的防范措施。

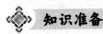

四川盆地阴雨天气较多，降水多，夏季多暴雨，而且地势低平，排水不畅，所以每年都会受到洪灾侵袭。作为洪水多发地区居民，汛期应该怎样防范洪灾？四川西北部山区，除了洪灾多发以外，还要重点防范什么自然灾害？

◆ 知识准备

一、雷电与防范

1. 雷电的危害

雷电对人同样会造成严重的伤害，当人遭受雷电击的一瞬间，电流迅速通过人体，重者可导致心跳、呼吸停止，脑组织缺氧而死亡。另外，雷击时产生的火花，也会造成不同程度的皮肤烧、灼伤。雷电击伤，亦可使人体出现树枝状雷击纹，表皮剥脱，皮内出血，也能造成耳鼓膜或内脏破裂等。

二维码5-5

雷电灾害的
几种形式

雷电的危害形式主要有直击雷、雷电流产生的静电感应和电磁感应、雷电波浸入等，具体见二维码5-5。

2. 雷电灾害的防范

（1）建筑物防雷措施　按照国际电工委员会（IEC）标准规范要求，防御雷电灾害要采取接闪、接地、拦截、屏蔽、等电位、合理布线等多重防护措施。具体见二维码5-6。

二维码5-6

建筑物防雷措施

（2）个人防雷措施　在雷雨时，人不要靠近高压变电室、高压电线和孤立的高楼、烟囱、电杆、大树、旗杆等，更不要站在空旷的高地上或在大树下躲雨；不应使用有金属立柱的雨伞，在郊区或露天操作时，不要使用金属工具，如铁撬棒等；不要穿潮湿的衣服靠近或站在露天金属商品的货垛上；雷雨天气时在空旷处、高山顶上不要开手机，更不要用手机打电话；雷雨天不要触摸和接近避雷装置的接地导线等。

二、地震与防范

地震是地壳快速释放能量过程中造成的振动，期间会产生地震波的一种自然现象。地震常常造成严重人员伤亡，能引起火灾、水灾、有毒气体泄漏、细菌及放射性物质扩散，还可能造成海啸、滑坡、崩塌、地裂缝等次生灾害。

1. 地震的相关概念

（1）震源和震中　地球内部直接产生破裂的地方称为震源，地面上正对着震源的那一点称为震中，它们实际上都是指一个区域。

（2）震中距　从震源到地面上任何一点的距离叫作震中距。

（3）震源深度　从震源到地面的距离叫作震源深度。

（4）极震区　震后破坏程度最严重的地区叫作极震区，极震区往往也就是震中所在的地区。

（5）震级和烈度　震级是表征地震强弱的量度，是划分震源放出的能量大小的等级。烈度表示地震对地表及工程建筑物影响的强弱程度。不同烈度对应的震级见表5-1。

表 5-1　中国地震烈度简表

烈度	地震级称	判　据	相对震级
Ⅰ	微　震	只有仪器能记录	<3
Ⅱ	小　震	室内个别静止中人有感	3.5
Ⅲ	小　震	少数人有感，仪器能记录到	4
Ⅳ	小　震	活动中人亦有感；吊物摇晃，如重型车辆驶过	4.5
Ⅴ	中小地震	睡觉的人会惊醒；架上物品掉落	5
Ⅵ	中　地震	树木摇动；老朽和危、劣房屋轻微损害	5.5
Ⅶ	中　地震	房屋普遍掉土，墙裂；危、房屋倾倒	6
Ⅷ	中　地震	房屋破裂，烟囱倒，一般建筑严重破坏	6.5
Ⅸ	大　地震	地裂，喷水、喷沙；水管撕裂；建筑物多数倒塌，破坏严重	7
Ⅹ	大　地震	地裂成渠，山崩滑坡；桥梁、水坝损坏；铁轨轻弯；属毁坏性灾害	7.5
Ⅺ	特大地震	很少建筑能保存；铁轨扭曲；地下管道破坏；水灾泛滥；属毁坏性灾害	8
Ⅻ	特大地震	全面破坏，地面起伏如波浪，大规模变形，属毁灭性灾害	$\geqslant8.5$

2. 地震伤害的防范

（1）地震中　俗语说"小震不用跑，大震跑不了"，破坏性地震从人感觉振动到建筑物被破坏平均只有12s，在这短短的时间内千万不要惊慌，可做如下防护。

① 如果住的是平房，可以迅速跑到房外。如果住的是楼房，应立即关闭煤气和电闸，躲到结实的床边、桌下，或躲进跨度较小的房间，如卫生间或厨房，要注意保护头部，以防异物砸伤。

② 房屋振荡时极容易被掉落的石块、玻璃等砸伤，不要慌乱走出室外，待在安全处直到确定可安全撤离。

③ 远离书柜、衣橱等容易砸伤你的家具，远离窗户，预防坠落。

④ 不要下楼梯，不要到处跑，不要随人流拥挤，这些地方容易崩塌垮掉、发生挤压踩踏事故。

⑤ 如果在户外，找一个远离建筑物、大树和高压线的空旷场所。

⑥ 如果在车内，慢慢行驶到空旷地直到地震结束。

（2）地震后

① 检查人员受伤情况，如有需要，参加紧急救援工作，帮助周围的人脱离险境。

② 检查房屋受损情况，如损坏严重，应远离房屋直到专业人士检查。

③ 如果闻到煤气味，立即疏散室内人员，绝对不要使用打火机等火源，确定窗户、墙面等安全后，开窗通风。

④ 如果发现断电，拔掉主要电器插头；如看到保险丝烧坏，或闻到烧焦的电源线气味，或看到插座火花，请远离，等专业人士解决后再进入；注意远离室内有水的地方。

三、泥石流与防范

泥石流的发生常有一定的地域性，山洪暴发、地表植被遭破坏以及地震等均可引发，具

二维码5-7

泥石流的形成条件及逃生自救方法

体形成条件见二维码 5-7。在泥石流孕育阶段，或多或少地都有一些前兆显示，如果能及时捕捉到这些前兆，就可为我们防灾、避灾赢得了宝贵时间。

泥石流灾害的主要防范措施如下：

（1）努力改善生态环境　提高小流域植被覆盖率，在村庄附近营造一定规模的防护林，不仅可以抑制泥石流形成、降低泥石流发生频率，而且即使发生泥石流，也多了一道保护生命财产安全的屏障。

（2）房屋不要建在沟口、沟道上　在村庄规划建设过程中，房屋不能占据泄水沟道，也不宜离沟岸过近；已经占据沟道的房屋应迁移到安全地带。在沟道两侧修筑防护堤和营造防护林，可以避免或减轻因泥石流溢出沟槽而对两岸居民造成的伤害。

（3）不能把冲沟当作垃圾排放场　在冲沟中随意弃土、弃渣、堆放垃圾，将给泥石流的发生提供固体资源，促进泥石流的活动；当弃土、弃渣量很大时，可能在沟谷中形成堆积坝，堆积坝溃决时必然发生泥石流。因此，在雨季到来之前，最好能主动清除沟道中的障碍物，保证沟道有良好的泄洪能力。

（4）雨季不要在沟谷中长时间停留　下雨天在沟谷中耕作、放牧时，不要在沟谷中长时间停留，一旦听到上游传来异常声响，应迅速向两岸上坡方向逃离。雨季穿越沟谷时，先要仔细观察，确认安全后再快速通过。山区降雨普遍具有区域性特点，沟谷下游是晴天，沟谷的上游可能就在下雨，因此，即使在雨季的晴天，同样也要提防泥石流灾害。

（5）关注泥石流预警，及时逃离　山区长时间的大量降水极易引发泥石流，当地国土气象部门的预警、预报，可以为防范泥石流灾害提供重要信息，应养成每天收看预警、预报的习惯。同时，也要学习遭遇泥石流时的逃生自救方法，保障自身安全。泥石流灾害逃生自救方法具体见二维码 5-8。

四、洪水与防范

洪水是暴雨、急剧融冰化雪、风暴潮等自然因素引起的江河湖泊水量迅速增加，或者水位迅猛上涨的一种自然灾害现象。中国幅员辽阔，地形复杂，季风气候显著，是世界上水灾频发且影响范围较广泛的国家之一。

洪灾防范的主要措施有以下几点：

① 公众要提高防洪防涝的风险意识，关注天气预报中的山洪预警和泥石流预警等信息，了解水面可能上涨到的高度和可能影响的区域。平时要学会利用身边任何入水可浮的东西自制简易木筏的技能。

② 处于洪涝多发地带的居民，要做必要的物资准备，这样可以大大提高避险的成功率。比如准备一台无线电收音机，随时收听、了解各种相关信息；准备大量的饮用水，多备罐装食品和保质期长的食品，并捆扎密封，以防发霉变质；准备可以用作通信联络的物品，如手电筒、颜色鲜艳的衣物及旗帜、哨子等，以防不测时当作信号；准备好蜡烛、打火机等取火用品，保存好各种尚能使用的通信设施，与外界保持联系。

③ 洪水到来时，要就近迅速向山坡、高地、楼房等地转移，或者立即爬上屋顶、楼房高层、大树、高墙等高的地方暂避。如洪水继续上涨，暂避的地方已难自保，则要充分利用准备好的救生器材逃生，或者迅速找一些门板、桌椅、木床、大块的泡沫塑料等能漂浮的材料扎成筏逃生。

④ 如果已被洪水包围，要设法尽快与当地政府防汛部门取得联系，报告自己的方位和险情，积极寻求救援。注意，千万不要游泳逃生，不可攀爬带电的电线杆、铁塔，也不要爬到泥坯房的屋顶。

⑤ 如已被卷入洪水中，一定要尽可能抓住固定的或能漂浮的东西，寻找机会逃生。

◈ 任务分析与处理

（1）洪水多发地区的居民，在汛期要多关注暴雨、洪水预警信息，以便提前做好防灾自救的准备。同时，还要做好预防洪水伤害的准备，例如做好物资准备，包括水、食品、药品、通信设备等。还有遇到暴雨或持续的大雨天气，要提高警惕，尽量转移到位置更高的地域。

（2）洪水是由于大量降水引发的，在四川西部山区地带，大量降水还容易引发泥石流，例如 2016 年 7 月九寨沟发生泥石流，2017 年 6 月四川茂县发生泥石流，都造成了严重的损失。

◉ 能力拓展

2017 年 2 月 5 日，张某驾驶嘉峪关市第一人民医院救护车，由嘉峪关市往兰州市运送患者，行驶至连霍高速凉州区境内时，因操作不当，车辆失控与中央隔离护栏相撞后发生侧翻，造成 4 人死亡、3 人受伤。事后调查发现：张某驾驶因轮胎磨损存在安全隐患的救护车在行驶途中发生爆胎，导致车辆失控，出现险情后采取刹车、打方向等措施不当，致使车辆与道路中央护栏发生碰撞后侧翻发生事故。请问：作为驾驶员，在行车前和行车过程中应该怎样防范交通事故？

◉ 课后习题

一、单项选择题

1. 常见的判别恐怖嫌疑人的方法是（　　　）。

　　A. 恐怖嫌疑人脸上贴有标志

　　B. 恐怖嫌疑人会以做好事掩饰自己所做的事

　　C. 着装、携带物品与其身份明显不符，或与季节不协调者

　　D. 穿着非主流者

2. 如果遇到恐怖事件，危险现场需要紧急撤离，应注意的事项中错误的是（　　　）。

　　A. 看到出口往外跑

　　B. 善选通道，不要使用电梯

　　C. 紧抓固物，巧避藏知，溜边前行

　　D. 迅速撤离，不要贪恋财物，重返危险境地

3. 据统计，火灾中死亡的人有 80％以上属于（　　　）。

　　A. 被火直接烧死　　　B. 烟气中毒窒息死亡　　　C. 跳楼致死　　　D. 高温烧伤致死

4. 下列（　　　）是扑救精密仪器火灾的最佳选择。

　　A. 二氧化碳灭火器　　B. 干粉灭火器　　　C. 泡沫型灭火器　　　D. 水雾型灭火器

5. 下面（　　　）不属于电磁辐射。

　　A. 通信基站辐射　　　　　　　　　　B. 医学及影像设备辐射

　　C. 电视机辐射　　　　　　　　　　　D. 微波炉辐射

6. 当发生电梯困人时，乘客应当（　　）。

    A. 可以扒开电梯门钻出来

    B. 在电梯内用力拍门或踢门，发出噪声以引起外面人注意

    C. 按轿厢内的警铃呼叫救援或通过手机与外界联系寻求救援，在轿厢内远离门处靠壁等待救援

    D. 通过电梯安全窗爬出去

7. 常见的食物中毒是（　　）。

    A. 毒蕈中毒   B. 化学性食物中毒

    C. 砷污染食品而引起食物中毒   D. 细菌性食物中毒

8. 完整的避雷装置由（　　）组成。

    A. 避雷针、避雷带、避雷网   B. 接闪器、引下线、接地装置

    C. 放电器、金属构件、接地体   D. 避雷针、引下线、接地装置

9. 雷击是有选择性的，（　　）不易遭受雷击。

    A. 高大建筑物   B. 平房

    C. 野外的岗亭   D. 靠近河、湖、池、沼地区的建筑物

二、多项选择题

1. 下面说法正确的是（　　）。

    A. 电离辐射包括核辐射、X射线、中子辐射等，危害较大

    B. 非电离辐射包括紫外线、可见光、手机、电脑、高压线、变电站、手机基站、电视广播等产生的电磁场，危害性较弱

    C. 人们通常所说的"电磁辐射"属于非电离辐射

2. 家用电器失火的主要原因有（　　）。

    A. 电器短路   B. 超负荷   C. 漏电   D. 线路接触不良

3. 能见度不好的雾天行车应采取（　　）等措施保证安全。

    A. 降低车速   B. 开启近光灯   C. 开启远光灯   D. 开启雾灯

4. 以下（　　）不得从事接触直接入口食品的工作。

    A. 患有痢疾的人员   B. 患有病毒性肝炎的人员

    C. 患有活动性肺结核的人员   D. 患有化脓性或渗出性皮肤病的人员

5. 山区发生地震后，需要防范由其引起的次生自然灾害有（　　）。

    A. 山体崩塌   B. 泥石流   C. 水土流失   D. 水库决堤

6. 在野外避震时应（　　）。

    A. 不要在山脚下、陡崖边停留

    B. 遇到山崩、滑坡，要向垂直于滚石前进的方向跑

    C. 躲在结实的障碍物下，或蹲在沟坎下，保护好头部

    D. 避开水边的危险环境

三、简答题

1. 食物中毒的分类有哪些？

2. 在室内如何避震？

3. 发生泥石流的先兆有哪些？

4. 发现恐怖袭击嫌疑人时如何应对？

第六章 化工安全生产

化学工业是国民经济的支柱产业，是人民群众生产、生活不可缺少的重要产业，化工产品广泛用于国防、轻工、纺织、建筑、农业、医药等各个领域。由于自身所具有的特殊性，化工企业的生产具有高温高压、易燃易爆、易中毒、易腐蚀等特点，与其他行业相比，生产过程中潜在的不安全因素更多，危险性和危害性更大，特别是随着化工生产技术的发展和生产规模的扩大，化工生产安全已经成为一个社会问题，一旦发生事故，不仅使企业蒙受经济损失，还会造成大量人员伤亡，甚至可能波及社会，危害公共安全，因此，对安全生产的要求也需要更加严格。

本章主要学习化工生产过程中的各种危险和有害因素的辨识、隐患排查以及生产过程中针对各种危险因素采取的安全管理及技术措施。通过本章的学习，帮助学习者全面学习、了解、掌握化工生产过程中的各种危险因素和安全生产的基础知识、法律法规，使其在工作中能够辨识各种危险因素，排除隐患，进而预防事故的发生。

第一节 辨识化工行业危险因素

知识目标

（1）了解危险因素和有害因素的定义和种类；

（2）掌握化工行业的主要危险和有害因素。

任务简述

小杨毕业后在一家化工企业工作，岗位是聚合车间安全员，最近车间发生一起事故，事故经过如下。周某所在的岗位2号釜物料反应完毕，准备由2号釜转到下一岗位6号釜内，周某全部确认无误后，到楼下打开釜底阀准备转料。按照安全操作规程，转料时需要佩戴防毒全面罩，周某当时一看没有班长与值班人员在场，心想就是打开一个釜底阀开关，很短时间内就能完成，没必要浪费时间再去佩带全面罩，于是未佩戴防毒全面罩来到楼下釜底阀旁边准备转料。不料当周某抬头转动釜底阀门时，阀门发生泄漏，一滴物料正滴入周某右眼中，虽然周某立即使用车间内洗眼器进行冲洗，但最终因物料腐蚀性太大，周某右眼最终永久性失明。车间领导要求小杨分析查找该事故的原因，并在车间全体会议上剖析该事故，让各个岗位人员参照检查自己的岗位是否存在类似隐患，请问小杨应该从哪些方面去分析查找？该事故涉及哪些危险及有害因素？

知识准备

由于化工生产过程工艺复杂，操作要求十分严格，一般都是在高温、高压下进行，并且大多数物料具有易燃、易爆、有毒、有害和腐蚀性强等特点，所以，这极大地增加了事故发生的可能性和事故后果的严重程度。

一般将事故的原因分为直接原因和间接原因。造成事故的直接原因是指人的不安全行为和物的不安全状态以及不安全的环境，事故的间接原因是指管理缺陷、管理责任等。根据《生产过程危险和有害因素分类与代码》（GB/T 13861—2009）的规定，将生产过程中的危险和有害因素分为人的因素、物的因素、环境因素和管理因素四大类。

一、人的因素

在我国化工企业中，除国有大中命脉型和高科技型化工企业外，一般化工企业操作者的专业知识背景不强、专业技能不高、安全意识淡薄、人员整体水平不高，所以因人的不安全行为引发的化工事故屡见不鲜。

1. 行为性危险和有害因素

（1）指挥错误　指生产过程中的各级管理人员的指挥错误，包括指挥失误和违章指挥。指挥失误是指对事情的错误判断造成的错误指挥行为，违章指挥是指安排或指挥职工违反国家有关安全的法律、法规、规章制度、企业安全管理制度或操作规程进行作业的行为。违章指挥，属于"三违"之一，这种行为常常造成人员伤亡的严重事故，如下指挥或管理做法都属于违章指挥：

① 在安全防护设施或设备有缺陷、隐患未解决的条件下，强行安排生产任务或强令工人冒险作业；

② 多工种、多层次同时作业，现场无人指挥和监护，不制定安全措施，或者安全措施制定不准确，缺乏针对性和严密性；

③ 使用未经安全培训的劳动者或无专门资质认证的人员，或指派身体健康状况不适应本工种要求的人员上岗操作；

④ 安排生产任务和技术任务交底时，未进行安全指令和安全措施交底，或交底不认真；

⑤ 申批、签发安全作业票不认真、不把关、走过场；

⑥ 发现职工违章作业时不及时制止、纠正；

⑦ 制订检修计划时，未同时制定安全措施和检修方案；安排检修任务时，安全措施不到位。

（2）操作错误　包括误操作和违章作业等。误操作是作业人员由于疏忽大意或能力不足造成的操作失误，大多与人的生理、心理因素有关；而违章作业则多是主观故意，主要指工人违反劳动生产岗位的安全规章和制度的作业行为。在生产中，误操作和违章作业都是化工事故的隐藏威胁。化工的储存、运输以及生产都有严格的程序，有时候只要有一步没按操作规程来做，就可能导致安全事故的发生，这样的案例不胜枚举。

（3）监护失误　监护失误也是导致事故发生的重要原因。在化工生产中，各环节之间需要工作人员或管理系统相互配合、协调一致来完成，但由于作业人员之间配合不当或者管理系统出现失误，则有可能造成高处坠落、物体打击、触电和有害气体窒息中毒等事故。监护失误一般是由于对人或物或运行体制有监督保护责任的人或单位的疏忽大意、放任不为、业务素养不够等因素造成的。

（4）违反劳动纪律　在化工生产中，由于违反劳动纪律引起的事故层出不穷，酒后上岗、脱岗、串岗、睡岗、在工作时间内从事与本职工作无关的活动等行为都特别容易引发事故，这样的事故也是屡禁不止。

2. 心理、生理性危险和有害因素

人的不安全行为是引发事故的重要原因，可能是有意识的行为，也可能是无意识的行为，表现的形式多种多样。有意识的不安全行为与人的心理因素关系密切，而无意识的不安全行为则与人的心理、生理都有关系。

（1）心理性危险和有害因素　影响化工企业安全的人的心理性不安全因素主要是指人的心理习惯导致的影响安全的因素。良好的心理是有益的、积极的，可以降低人为事故的发生率；负面的心理往往容易诱发化工企业安全事故。根据大量的案例分析研究得出，常见的产生安全事故的心理状态有：麻痹心理、侥幸心理、捷径心理、从众心理、逞能心理、冒险心理、情绪异常等。

麻痹心理是化工企业人为事故最常见的心理原因。一部分人员缺乏认真科学的工作态度并且安全意识淡薄，他们依据自己多年的工作经验行事，因为以前经常这样做而未出事就麻痹大意，对隐藏的企业安全危险视而不见。麻痹心理、习惯态度和经验主义往往相伴相生，使得工作人员在危险作业时不按照相关规章制度作业，特别容易导致意外安全事故的发生。

侥幸心理，急功近利心理，急于完成任务而冒险的心理，过于自负、逞强而认为自己可以依靠较高的个人能力避免风险的逞强心理，都容易使人忽略安全的重要性，目的仅仅是为了达到某种不适当的需求，如图省力、赶时间、走捷径、自我表现等。抱着这些心理的人为了获得小的利益而甘愿冒着受到伤害的风险，是由于对危险发生的可能性估计不当，心存侥幸，在避免风险和获得利益之间做出了错误的选择。

（2）生理性危险和有害因素　化工行业由于连续生产的需要，通常采取员工四班三倒制，要求员工要上夜班。部分企业为了节约成本或完成生产任务，甚至采用三班两倒制，要求员工一次上够12h，这种制度可能导致员工身体负荷超限，在生理或心理上无法满足岗位工作的需要，特别容易造成操作失误而引发事故。

另外，化工生产中的职业病危害因素众多，针对特定的职业病危害因素、特定的工种或特种作业，部分人会存在职业禁忌证。在化工行业中，与毒性物质相关的职业禁忌证最多，例如氨、强酸、苯系物、铅及其化合物、二氧化氮和锰及其化合物等职业病危害因素都有相应的职业禁忌证，常见职业病危害因素相应的职业禁忌证见二维码6-1。为预防从事禁忌作业引发职业病，现行《职业病防治法》第三十二条规定，用人单位不得安排未经上岗前职业健康检查的劳动者从事接触职业病危害的作业；不得安排有职业禁忌证的劳动者从事其所禁忌的作业。

二维码6-1

常见职业病危害因素
相应的职业禁忌证

二维码6-2

二、物的因素

化工行业的生产因其工艺、原料以及设备等方面的特殊性，较其他生产有着更高的危险性。从物的角度来看，主要有物理性和化学性两个方面的危险因素。

1. 物理性危险和有害因素

物理性危险和有害因素种类繁多，具体见二维码6-2。

物理性危险和有害因素

（1）设备、设施及工具、附件缺陷　　设备发生故障并处于不安全状态是导致事故、危害发生的基本物质条件。设备故障的来源可能是设计、制造、安装方面的原因，如设备质量达不到有关技术标准的要求，存在内在缺陷或安全防护装置不齐全或失效；也有可能是设备超负荷运行、疲劳和老化运行以及带故障运行；或者设备的使用操作、维护和保养不当，环境不适等原因。

（2）防护缺陷　　化工行业生产设备的种类和数量都相当多，所具有的危险因素也各不相同，使用安全防护装置能有效预防挤压、剪切、切割、缠绕、卷入、冲击、刺伤、摩擦、高压流体喷射等机械类伤害，对高温、低温、高空作业、电离、辐射等非机械伤害的隔离及警示作用也是非常有必要的。防护缺陷主要包括无防护、防护装置缺陷、防护不当、支撑不当、防护距离不够等。

（3）信号缺陷　　有些设备、设施应设有作业状态信号，但没有设；或者虽设有信号，但信号选用不当、信号位置不当、信号不清、信号显示不准等容易引起操作和指挥失误。

（4）标志缺陷　　化工企业大量使用安全标志来提醒人员注意不安全因素，防止事故发生。安全标志分为禁止标志、警告标志、指令标志和提示标志四大类型。有的场所或设备因无标志、标志不清楚、标志不规范、标志选用不当、标志位置不当等原因易造成操作失误，从而导致生产事故或意外伤亡事故的发生。

（5）其他物理性危险和有害因素　　化工生产过程中还存在大量由于生产设备运行而产生的危险因素，例如电危害、明火危害、高温物质危害、低温物质危害、噪声危害、振动危害、电离及非电离辐射等；在化工检修过程中，则容易出现电危害、物体打击、高空坠落及受限空间作业的缺氧窒息等危险因素。

2. 化学性危险和有害因素

化工生产的原料、中间产品和产品绝大多数都具有易燃易爆、有毒有害、腐蚀等危险性。例如，聚氯乙烯树脂生产使用的原料乙烯、电石、氯气、中间产品二氯乙烷以及氯乙烯都是易燃易爆物质，这些物质只要在空气中达到一定的浓度，遭遇火源就会发生火灾爆炸事故；氯气、二氯乙烷、氯乙烯有较强的毒性，其中氯乙烯还具有致癌作用；氯气和氯化氢遇到水就会产生强烈的腐蚀性。

从化学物质的危险性质分类，化学性危险和有害因素主要包括：爆炸品、压缩气体和液化气体、易燃液体（易燃固体、自燃物品和遇湿易燃物品）、氧化剂和有机过氧化物、有毒物品、放射性物品、腐蚀品、粉尘与气溶胶、其他化学性危险和有害因素等九类。

三、环境因素

环境，是指生产实践活动中占的空间及其范围内的一切物质状态，是生产安全的一个重要物质因素。要创造良好的作业环境，必须掌握作业环境中所存在的不良条件状况及其危害特点。化工企业中的作业环境不良条件主要表现为以下两个方面。

1. 作业环境布设不良

作业环境布设的不良状况主要表现在物、信息、微气候、卫生条件等方面，具体如下。

（1）物的布置不合理　　如设备布局不合理；材料、物品的布置与堆放不符合要求等。

（2）现场物流规划不合理　　如生产场地、通道、物流路线、物品临时停滞区与交验区、废品回收点等的布置不合理。

（3）安全距离不足　厂房间距及设备布局、间距等，都应符合安全规定要求。

（4）作业环境微气候不合适　例如气温、湿度、热辐射、气流速度等不合适，会影响作业人员的生理、心理，使人无法在保持精力旺盛和意识集中的条件下作业，降低工作效率。

（5）作业环境安全标志或安全信息设置不合理　不按安全生产要求设置各类安全警示标志；对物、通道、物流路线、危险与有害作业点不进行标识。

2. 作业环境有害因素

作业环境有害因素是指作业环境中存在的可能使作业人员某些器官或系统发生异常改变，从而形成急性或慢性病变的因素，例如空气中的有毒气体、粉尘等，容易导致职业中毒、肺尘埃沉着病等职业病。这些因素也称为职业性有害因素，在化工生产中广泛存在，主要有高温、低温、噪声、振动、辐射等物理性因素以及毒性、腐蚀性化学物质和粉尘等化学性因素。生产实践中常把这一类因素视作环境有害因素，而在《生产过程危险和有害因素分类与代码》中则将其归类到物的危险因素这一类中。

四、管理因素

安全管理是化工生产的前提，由于化工企业在生产过程中常用到或者产生易燃易爆、有毒、有腐蚀性的物质，生产环节中高温或高压设备多、生产的工艺复杂、操作要求严格，如果生产管理不当或者出现操作失误，就极可能导致发生火灾、爆炸、中毒或者灼伤等事故，影响到正常的生产。管理缺陷是化工企业事故发生的关键因素。

1. 安全管理不完善

安全管理和企业的效益密切相关，是企业管理的重点内容。化工行业安全管理不完善主要表现为存在对复杂的生产管理系统认识不足和管理缺陷所引发的形式主义，即安全管理责任制落实不到位。安全管理上存在薄弱环节，规章制度不完善。化工企业的生产情况、危险因素各不相同，应根据自身特点以及安全生产需求编制相应的管理制度。

2. 操作规程不规范

企业操作规程是指企业相关人员在操作时必须遵循的程序或步骤，每个生产经营单位都会加以制定。但一般而言，在日常安全管理中，企业往往更加重视的是企业员工对操作规程的遵守情况，操作规程本身是否完善以及是否存在缺陷等问题却常被忽视。

3. 事故应急预案及响应缺陷

规范和操作规程规定了设备、装置的管理原则和日常操作程序，但是人们对设备装置的认知和控制还是有限的，隐患随生产过程始终存在。为了使失控状态尽快恢复正常或者减少到比较小的程度，必须制定必要的事故应急预案。在化工生产过程中，正常的操作要遵循稳妥的原则，特别是连续化大生产更应如此，事故处置应遵照从重从快的原则。

4. 教育培训制度不完善

化工行业属于高风险行业，教育培训是一个必需的过程。制定并实施完善的教育培训制度，使员工具有工作技能和知识，从而在根本上减少人的不安全行为，减少或避免人为失误和人为事故的发生。化工企业培训的内容主要有：三级安全教育培训（入厂、车间和岗位），法律法规培训，技能培训，应急措施的培训，特种作业培训，企业文化培训，经常性的安全教育等。

5. 职业健康管理不完善

虽然大多数化工企业建立了健康安全环境管理体系，但体系中的安全和环境的内容较完整，职业健康方面则不完善，重视安全、环保而忽视职业健康的现象在各企业不同程度地存在。一些企业注重经济效益而忽视职业健康保护，重视急性职业中毒而忽视慢性职业病，导致职业健康管理机构人员的配备不足，监督管理的力度不够，职业健康投入不足，一些基本的风险评价方法没有得到应用，一些基本的防护措施不到位。

◈ **任务分析与处理** ────────────────

该事故的直接原因看似是周某未按规定佩戴防毒全面罩，这属于人的不安全行为里的违章操作，但实际上根本原因是企业的设备布局不合理及防护缺陷。反应釜转料操作需要抬头，阀门刚好位于操作人员的正上方（物料从阀门滴入周某眼中），不方便操作，这属于设备布局不合理；并且企业已经预见了操作时阀门泄漏的风险（物料具有很强腐蚀性），所以要求操作时佩戴全面罩防毒面具，但全面罩防毒面具只能防护头面部，无法对员工身体进行防护，企业也没有采取更为安全的技术措施，例如远距离操作、增加防护装置等。间接原因是管理上不够完善。转料操作属于该岗位比较危险的操作，危险源辨识没有做到位。周某的违章是由于存在侥幸心理，安全意识不强，这需要企业经常性地进行教育培训。

第二节　控制化工行业危险因素

┌───┐

🅺🅸🅼🅸 **目标** ◡

（1）了解化工生产过程中的主要安全技术措施；

（2）掌握化工生产过程中隐患排查的方式及主要内容；

（3）掌握化工装置检修的实施过程；

（4）熟悉化工装置检修各个环节的主要安全注意事项。

└───┘

◈ **任务简述** ────────────────

小杨所在化工厂的聚合车间最近又发生一起事故：在一次简单维修时，管道内可燃液体没有吹扫干净，导致动火作业时起火燃烧，造成2名检修人员轻伤。为了预防事故的再次发生，化工厂领导要求聚合车间进行全范围的隐患排查，并对检修事故过程进行分析，重新制定安全检修方案，作为聚合车间的安全员，这些任务都是小杨的本职工作，小杨需要全程参与。请问小杨应该怎样进行隐患的排查？应该从哪些环节去保证检修作业的安全性？

一、隐患排查

化工企业隐患排查主要依据国家安全生产监督管理总局 2012 年 7 月发布的《危险化学品企业事故隐患排查治理实施导则》执行。

1. 隐患排查方式

（1）日常隐患排查　指班组、岗位员工的交接班检查和班中巡回检查，以及基层单位领导和工艺、设备、电气、仪表、安全等专业技术人员的日常性检查。日常隐患排查要加强对关键装置、要害部位、关键环节、重大危险源的检查和巡查。

（2）综合性隐患排查　指以保障安全生产为目的，以安全责任制、各项专业管理制度和安全生产管理制度落实情况为重点，各有关专业和部门共同参与的全面检查。

（3）专业性隐患排查　指对区域位置及总图布置、工艺、设备、电气、仪表、储运、消防和公用工程等系统分别进行的专业检查。

（4）季节性隐患排查　指根据各季节特点开展的专项隐患检查，主要包括：

① 春季以防雷、防静电、防解冻泄漏、防解冻坍塌为重点；

② 夏季以防雷暴、防设备容器高温超压、防台风、防洪、防暑降温为重点；

③ 秋季以防雷暴、防火、防静电、防凝保温为重点；

④ 冬季以防火、防爆、防雪、防冻、防凝、防滑、防静电为重点。

（5）重大活动及节假日前隐患排查　指在重大活动和节假日前，对装置生产是否存在异常状况和隐患、备用设备状态、备品备件、生产及应急物资储备、保运力量安排、企业保卫、应急工作等进行的检查，特别是要对节日期间干部带班值班、机电仪保运及紧急抢修力量安排、备件及各类物资储备和应急工作进行重点检查。

（6）事故类比隐患排查　指对企业内和同类企业发生事故后的举一反三的安全检查。

2. 隐患排查内容

根据化工行业的特点，隐患排查包括但不限于以下内容：安全基础管理、区域位置和总图布置、工艺管理、设备管理、电气及仪表系统、危险化学品管理、储运系统、公用工程系统、消防系统。

（1）安全基础管理　主要包括：安全生产管理机构建立健全情况，安全生产责任制和安全管理制度建立健全及落实情况；安全投入保障情况，参加工伤保险、安全生产责任险的情况；企业主要负责人、安全管理人员、特种作业人员和从业人员的安全培训与教育情况；危险作业和检（维）修的危险有害因素识别与控制、作业许可管理与过程监督及劳动防护用品和器具的配置、佩戴与使用情况；危险化学品事故的应急管理情况等。

（2）区域位置和总图布置　主要包括危险化学品生产装置和重大危险源储存设施与《危险化学品安全管理条例》中规定的重要场所的安全距离；可能造成水域环境污染的危险化学品危险源的防范情况；企业周边或作业过程中存在的易于引发事故灾难的危险点排查、防范和治理情况；企业内部重要设施的平面布置以及安全距离；安全通道、厂区道路、消防道路、安全疏散通道和应急通道等重要道路（通道）及其他总图布置情况等。

（3）工艺管理　主要包括工艺的安全管理，例如管理制度建立和执行、操作规程的编制及使用情况等；工艺技术及工艺装置的安全控制；针对温度、压力、流量、液位等工艺参数设计的安全泄压系统以及安全泄压措施的完好性；危险物料的泄压排放或放空的安全性和现场工艺安全状况（包括工艺卡片的管理及工艺指标的现场控制；联锁管理制度及现场联锁投用、摘除与恢复；工艺操作记录及交接班情况；剧毒品部位的巡检、取样、操作与检维修的现场管理等）。

（4）设备管理　主要包括设备管理制度与管理体系的建立与执行情况；设备现场的安全运行状况（包括大型机组、机泵、锅炉、加热炉等关键设备装置的联锁自保护及安全附件的设置、投用与完好状况）；设备状态监测和故障诊断情况；设备的腐蚀防护状况等；特种设备（包括压力容器及压力管道）的管理制度及台账、注册登记及定期检测检验情况，安全附件的管理维护等设计现场管理的内容。

（5）电气及仪表系统　主要包括电气特种作业人员资格管理及电气安全相关管理制度、规程的制定及执行情况；供配电系统的负荷，关键装置及重要场所事故的应急照明、防火防爆，以及电气安全设施的设置等；电气设施、供配电线路及临时用电的现场安全状况；仪表的管理制度、档案资料管理、运行记录等综合管理；仪表系统配置情况；现场各类仪表完好有效、检验维护及现场标识情况；危险化学品分类、登记与档案的管理；化学品安全信息的编制、宣传、培训和应急管理等内容。

（6）储运系统　主要包括储运系统的安全管理情况，主要有储罐区、可燃液体、液化烃的装卸设施、危险化学品仓库储存管理制度以及操作、使用和维护规程制定及执行情况；储罐的日常和检维修管理；储运系统的安全设计情况，例如罐区现场布置及安全监控装备是否符合规定，带压储罐的安全控制及应急措施是否完善，可燃液体、液化烃和危险化学品的储存和装卸相关设施是否完好等。

（7）消防系统　主要包括建设项目消防设施验收情况；企业消防安全机构、人员设置与制度的制定，消防人员培训、消防应急预案及相关制度的执行情况；消防系统运行检测情况；消防设施与器材的设置情况；固定式与移动式消防设施、器材和消防道路的现场状况。

（8）公用工程系统　主要包括给排水系统、循环水系统、污水处理系统的设置与能力能否满足各种状态下的需求；供热站及供热管道设备设施、安全设施是否存在隐患；空分装置、空压站位置的合理性及设备设施的安全隐患。

二、安全检修

由于化工生产工艺条件的苛刻性，化工生产装置在长周期的连续运转中容易出现性能下降、故障或者事故，威胁着生产安全。所以，为了实现安全生产，提高设备效率，降低能耗，保证产品质量，要对装置、设备定期进行计划检修，及时消除缺陷和隐患。化工生产装置检修的安全管理始终贯穿于检修的全过程，必须严格遵守检修工作的各项规章制度、规定，办理各种安全检修许可的申请和审批手续，检修过程具体包括检修前的准备、装置的停车及吹扫置换、检修、开车前的检查等。

1. 检修前的准备

化工装置停车检修前的准备工作是保证装置停好、修好、开好的主要前提条件。

（1）成立检修指挥部　检修指挥部负责检修计划、调度，安排人力、物力、运输及安全工作。在各级指挥系统中建立由安全、人事、保卫、消防等部门负责人组成的安全保证体系，按照部门职能分配的安全责任对检修过程各负其责。

（2）制定安全检修方案和安全措施　检修前应根据检修项目的要求，制定设备检修方案，包括检修准备、装置停车、检修、开车方案及其安全措施。

（3）做好安全教育　检修方案审批后，检修项目负责人应将每个项目或环节的内容、步骤、方法、标准、人员分工、注意事项、存在的危险因素和安全措施等内容进行公布，让每个参加检修的人员明白自己的责任和安全注意事项。在检修之前，还应进行一次全员的检修安全教育，内容包括：

① 有关检修作业的安全规章制度、化工生产禁令；

② 检修作业现场和检修过程中存在的危险因素和可能出现的问题及相应对策；

③ 检修作业过程中所使用的个体防护器具的使用方法及使用注意事项；

④ 相关事故案例和经验、教训。

（4）全面检查，消除隐患　装置停车检修前，应由检修指挥部统一组织，分组对准备工作进行全面细致的检查。检查的内容主要有检修项目是否全面，检修机具、材料、设备、备品备件是否完好、齐备，检修方案是否完善，安全措施是否到位，人员安全教育是否做好等。

2. 装置停车及安全处理

（1）装置的停车　装置停车时，应严格按照停车方案确定的时间、停车步骤、工艺变化幅度以及确认的停车操作顺序图表，有秩序地进行。停车操作应注意以下问题：

① 停车阶段执行的各种操作应准确无误，关键操作要采取监护制度；

② 系统降压、降温必须按要求的幅度（速率）、先高压后低压的顺序进行，凡需保压、保温的，停车后按时记录压力、温度的变化；

③ 设备压力未泄尽之前不得拆动设备；注意易燃、易爆、易中毒等危险化学品的排放和散发，防止造成事故；

④ 易燃、易爆、有毒、有腐蚀性的物料应向指定的安全地点或储罐中排放，设立警示标志和标识；排出的可燃、有毒气体如无法收集利用应排至火炬烧掉或进行其他无毒无害化处理。

（2）吹扫与置换　为了保证检修动火作业和罐内作业的安全，检修前要对设备内的易燃易爆、有毒物料进行吹扫及置换。

当吹扫仍不能彻底清除物料时，应采用蒸汽、氮气等惰性气体进行置换。置换出的易燃有毒气体，应排至火炬或安全场所；用惰性气体置换过的设备，如果需要入罐作业，还必须用空气将惰性气体置换掉，防止窒息；并且还要对置换后设备内的气体进行分析，检测易燃易爆气体及有毒气体的浓度和含氧量，合格标准为：氧含量≥18%，可燃气体浓度≤0.2%，有毒物质浓度应低于最高容许浓度。

（3）抽堵盲板　抽堵盲板作业既有很大的危险性，又有较复杂的技术性，根据规定需要办理"盲板抽堵安全作业证"审批手续。盲板抽堵作业一般根据化工行业标准《生产区域盲板抽堵作业安全规范》（HG 30012—2013）执行。

3. 检修作业安全要求

① 检修作业具体实施前应根据检修内容办理"设备检修安全作业证"（二维码 6-3），检修涉及动火、进入受限空间、盲板抽堵、高处作业、吊装、临时用电、动土、断路等危险作业时，也应按规定办理安全作业证；从事特种作业（例如电工、起重作业等）的检修人员应持有特种作业操作证。

② 检修作业具体实施前还要开好班前会，向参加检修的人员进行"五交"，即交施工任务、交安全措施、交安全检修方法、交安全注意事项、交遵守有关安全规定，并认真检查施工现场，将现场影响检修安全的物品清理干净，现场应配备必要的消防器材和防毒器材，对有腐蚀性介质的检修场所应备有人员应急用冲洗水源和相应防护用品。

③ 对检修现场存在的可能危及安全的坑、井、沟、孔洞等应采取有效防护措施，设置警告标志，夜间应设警示红灯；检查、清理检修现场的消防通道、行车通道，保证畅通；需夜间检修的作业场所，应设满足要求的照明装置。

④ 检修用备品配件、机具、设备的堆放必须整齐稳固；消防井、消防栓周围 5m 以内禁止堆放废旧设备、管件、材料等；拆除的废旧设备、管件，要及时清除，确保消防、救护车辆的通行。

⑤ 在生产车间临时检修时，遇有易燃易爆物料的设备，要使用防爆器械或采取其他防火防爆措施，严防各种火源的出现。

三、化工行业的安全生产技术措施

化工生产安全技术是为消除化工生产过程中各种危险有害因素，防止伤害和职业性危害，改善劳动条件和保证安全生产而在工艺、设备、控制等方面所采取的一些技术。

1. 工艺参数的安全控制

化工工艺参数主要是指温度，压力，投料的速度、配比、顺序以及物料的纯度等。严格控制工艺参数，使之处于安全限度内，是实现安全生产的基本保证。

（1）温度控制　温度是化工生产的主要控制参数之一，不同的化学反应过程都有其最适宜的反应温度范围，准确控制反应温度，才能获得最大的生产效益，并且安全可靠。为了严格控制温度，一般从以下四个方面采取措施：

① 正确选择换热设备及换热方式　化学反应一般都伴随着热效应，例如多数分解反应、脱氢反应是吸热反应，而氧化还原、硝化、磺化等反应则是放热反应。相比于吸热反应，放热反应由于放出热量而存在温度失控的巨大风险，所以，必须使用冷却系统来转移反应热，保证反应温度在工艺要求范围内。常用的冷却方法有以下几种：夹套冷却、内蛇管冷却或两者兼用；稀释剂回流冷却；惰性气体循环冷却；特殊结构的反应器或工艺措施，如固定床反应器的中间间接换热及原料气冷激两种方式；加入其他介质转移热量，如乙醇氧化制乙醛就是通过水蒸气将多余的热量带走。

② 正确选用传热介质　常用的传热介质有水、水蒸气、导热油、联苯混合物、熔盐、烟道气等，正确选择传热介质对加热过程的安全十分重要。

③ 防止搅拌中断　搅拌是保证系统物料浓度及温度均匀的重要措施。有的反应过程如果搅拌中断，可能会出现局部反应加剧和散热不良的风险。所以，应当采取防止搅拌中断的措施，例如双路供电、联锁等措施；对于设备故障造成的搅拌中断，加料应立即停止，并采取有效的降温措施。

④ 准确控制升温、降温过程　不同的工艺对温度的控制要求不一样，一般都不会允许急速的升温或者降温。应通过安全操作规程对温度的控制操作进行严格的规范，同时辅以技术手段来保证温度控制的平稳，预防超温事故。

（2）压力控制　压力是化工生产的重要控制参数之一，许多生产过程都需要维持一定的压力才能进行，例如真空蒸发、真空过滤、加压精馏等。压力过高容易引起泄漏、爆炸等事故；负压操作时，空气可能从外部渗入，与系统内的易燃、可燃物形成爆炸性混合物而导致燃烧、爆炸。为了确保安全生产，不因压力失控造成事故，通常采取以下几方面的措施：

① 压力系统中的所有设备、管道必须按照设计要求，保证其耐压强度、气密性；

② 必须合理设置泄压设施，如安全阀、爆破片、放空管等；必须安装灵敏、准确、可靠的测量压力的仪表；

③ 在使用过程中，加强管理，操作人员要平稳地对压力容器进行加载或卸载，避免操作失误，导致其超温、超压、超负荷运行；

④ 加强检验工作，及时发现缺陷并采取有效措施。

（3）进料控制

① 进料速度　对于放热反应，进料速度不能超过设备的散热能力，否则物料温度将会急剧升高，引起物料的分解及压力急速升高，可能造成事故。

② 进料配比　对反应物料的配比要严格控制，尤其是对连续化程度较高、危险性较大的生产，在开停车过程中要特别注意物料配比。例如环氧乙烷的生产，原料乙烯和氧反应时的配比接近爆炸极限，为保证安全，应经常分析气体含量，严格控制配比，并尽量减少开停车次数，保证反应配比的稳定性。

③ 进料顺序　有些化学反应过程，进料顺序是不能颠倒的。例如氯化氢的生产，应先输入氢气，然后输入氯气；生产三氯化磷时，应先进黄磷后进氯气，否则会产生大量五氯化磷，进而引发事故。

（4）原料纯度控制　反应原料中危险杂质的存在可能会导致副反应、过反应的发生，产生不稳定化合物或使温度、压力失控。如生产乙炔时要求电石中含磷量不超过 0.08%，因为磷遇水后转化成磷化氢，它遇空气燃烧，可导致乙炔-空气混合物爆炸。

2. 事故预防及安全防护技术措施

（1）减少潜在危险因素　在进行新工艺、新产品的开发时，尽量避免使用具有危险性的物质、工艺和设备，即尽可能用不燃或难燃的物质代替可燃物质，用无毒或低毒物质代替有毒物质。另外，还可通过变更工艺消除或降低化学品危害，如以往用乙炔制乙醛，采用汞作催化剂，现在发展为用乙烯为原料，通过氧化或氯化制乙醛，不需用汞作催化剂。通过变更工艺，彻底消除了汞害。

（2）自动化控制及安全联锁　实施化工生产过程的自动化控制及安全联锁技术改造，是降低安全风险、防止事故发生的重要措施，也是提升企业本质安全水平的有效途径。

（3）隔离与远距离控制　伤亡事故的发生必须是人与施害物相互接触，如果将两者隔离或者采用远距离操作的方式，就可以避免或者减弱对人的危害。在同一车间的各个工段，应视生产性质和危险程度进行隔离，各种原料、成品、半成品的储存，也应按照性质、储量不同而隔离。对于难以接近、开闭费力或要求迅速启闭的阀门、热辐射高的设备以及危险性大的反应装置，则应进行远距离控制。

（4）密闭措施　设备密闭处理是化工生产最基本的安全措施，可有效地预防事故的发生。为了保证设备密闭性，应在保证安装和检修方便的情况下，尽量少用法兰连接；输送危险物料的管道应采用无缝管；盛装腐蚀性液体的容器底部尽可能不装阀门及排出管，应从顶部抽吸排出；负压下操作，特别注意设备清理，防止吸入杂质。

（5）警告牌示和信号装置　警告可以提醒人们及时发现危险因素或危险部位，以便及时采取措施，防止事故的发生。警告牌是利用人们的视觉引起注意，例如作业场所安全周知卡，对化学品的生产、操作处置、运输、储存等场所的化学危害进行分级，提出防护和应急处理信息。

（6）个体防护措施　当作业场所中有害化学物质的浓度超标时，工人就必须使用合适的个体防护用品。个体防护用品既不能降低作业场所中有害化学物质的浓度，也不能消除作业场所的有害化学物质，而只是一道阻止有害物进入人体的屏障。防护用品主要有头部防护器具、呼吸防护器具、眼防护器具、身体防护用品、手足防护用品等。

◈ 任务分析与处理

（1）辨识化工生产过程中的危险和有害因素，是隐患排查的基础工作。隐患排查工作可以根据辨识出的危险和有害因素来逐一排查可能的事故隐患，或者根据可能发生的事故逆向分析其原因，并与企业的日常管理、专项检查和监督检查等工作相结合。所以小杨可以根据车间辨识出的危险和有害因素，以及曾经发生过的事故，结合平时的安全生产检查工作进行隐患排查，具体则可从安全基础管理、区域位置和总图布置、工艺、设备、电气及仪表系统、危险化学品管理、储运系统、公用工程、消防系统等九个方面进行逐项排查，同时还可参考化工行业的各种法律、法规。

（2）检修前的准备工作和检修作业实施时的组织管理是保证检修作业的安全性的两个重要环节。检修准备工作为检修的实施提供完善的执行方案和安全措施、合格的人员及处理安全的设备；检修作业时的组织管理则提供整洁、安全的现场环境，保证检修过程安全规范的实施。

第三节　管理化工行业危险因素

知识目标 ∧

（1）了解化工生产过程中的环境因素对安全生产的影响；

（2）了解化工企业的安全管理内容及相关法律法规；

（3）了解化工企业保障安全生产的主要安全制度；

（4）掌握如何改善作业环境及消除作业现场的不良因素。

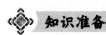

任务简述

休完假刚上班的小杨听到同事抱怨说，车间刚来了一些实习生，感觉车间有点混乱，他在巡查时踩到东西摔了一跤，胳膊都蹭破了；还有这两天车间里有不明的臭味让人恶心，时有时无，也找不到源头。作为车间安全员，小杨敏锐地意识到，同事说的都是涉及安全的问题。请问，小杨同事的话里涉及哪些安全问题？可以通过什么途径去解决？

知识准备

一、化工生产中环境因素对安全生产的影响

安全事故的发生，既有客观原因又有主观原因，其中，环境因素是不容忽视的。好的工作环境，使人心情舒畅；而不良的工作环境，引起人们的不适、降低效率，甚至会导致意外事故的发生。

1. 现场布局

设备、管道等布局的不合理，会导致作业环境狭窄、空间不够等，不利于方便地进行操作，容易发生意外事故；而生产场地、通道、路线规划设置不恰当时，则会导致安全距离不够，通道及出口缺陷，无法保证职工通行和安全运送材料、工件，还影响安全逃生。

2. 作业现场混乱

生产现场的原材料随意摆放，检修现场设备、工具乱放，走道不通畅等均属于常见的作业现场混乱现象。作业现场混乱、无条理，会直接通过视觉神经刺激神经中枢，使人的思维受到干扰，操作中会常常出现意外，增加了事故发生的可能性；另外，在事故发生时，不利于人员的逃离和事故救援，还可能会造成事故危害扩大。

3. 噪声及振动

在化工生产操作过程中，噪声与振动两种因素的存在对生产过程的安全稳定和职工的身心健康会造成直接或者间接的伤害。

（1）噪声的影响 化工企业的噪声来源广泛，并且只要生产设备不停止运转，这些噪声就不会停止，人们之间的谈话、传递口令都会受到严重干扰，甚至会影响人的思维，从而增加了事故隐患。在噪声环境下工作，持久的噪声会引起情绪异常和分散注意力等，造成工人效率降低，失误增多。过强的噪声会引起听觉病变，造成暂时性或永久性损伤，如噪声聋。长期的噪声环境也会对神经、消化、心血管系统造成影响，例如出现头痛、头晕、记忆力减退、睡眠障碍等神经衰弱综合征，食欲不振、腹胀等胃肠功能紊乱，心率加快或减慢、血压升高或降低等健康状况异常。

（2）振动的影响 振动是产生噪声的源头之一。化工生产操作过程中的转动设备、阀门及管路、传热设备等都会产生振动。持续的振动会引起设备或管道连接处松动或断裂，焊接应力集中（或因存在缺陷）而破坏，造成"跑、冒、滴、漏"。操作振动设备则会使人疲劳、烦躁甚至引起头晕、呕吐，影响视力等，使操作者不能得心应手地操作，而出现差错造成

事故。

4. 采光照明

化工厂大部分为易燃易爆场所，且为腐蚀性环境，较常规工厂有其特殊性。化工厂的照明设计好坏直接影响到生产安全、劳动生产率、产品质量和劳动卫生等诸多问题。照明光线过强，会强烈刺激人的视觉神经，使人头晕目眩，精神烦乱。而光线太弱，会影响视觉，使人的视觉神经疲劳，导致头脑反应迟钝。

5. 空气污染

空气污染在化工生产中是常见的，如生产性粉尘、有毒气体等。粉尘的存在会影响设备的运行，主要表现在对产品质量、设备磨损、场所能见度及环境卫生的不利影响上；同时严重影响职工身体健康，能造成呼吸道疾病，例如肺尘埃沉着病。有毒气体会使人头晕、恶心甚至失去知觉，威胁人们的生命安全，增加了事故隐患，必须加以预防。

6. 微气候

微气候指作业环境中的气象条件，包括作业环境的气温、湿度、热辐射、气流速度、人体热平衡以及高温或低温对人体的影响等。在作业中，不适的气候会直接影响人的工作情绪、疲劳程度和健康，从而使工作效率降低，造成工作失误和事故。例如当室外工作地点的温度在 42℃ 以上时，即可使作业人员出现热疲劳、意识丧失。

二、消除化工生产现场作业环境的不良因素

生产现场是化工企业生产组织结构的基础层次，现场管理水平的高低，将直接影响化工企业的产品质量、消耗及效益。要创造一个有利于安全生产的良好环境，消除作业现场的不良因素是做好安全生产工作的基础，是减少和杜绝事故发生的重要措施。

1. 作业环境不良条件的改善

(1) 合理规划厂区　在新建、扩建、改建时，要在厂区规划、厂房建筑配置及生活卫生设施的设计方面加以周密的考虑，应遵照《工业企业设计卫生标准》(GBZ 1—2010)、《建筑设计防火规范》(GB 50016—2014) 中有关规定执行。

(2) 合理布置作业场所　应按照人机工程学的原理及安全需要布置作业场所，使作业场所布置实现整齐、清洁、有序，保证方便、准确地操作。

(3) 按要求设置安全警示标志　根据作业场所的情况，按照《安全色》(GB 2893—2008) 和《安全标志及其使用导则》(GB 2894—2008) 中有关规定，在有较大危险因素的部位或设备设施上，设置安全色及各类安全标志，进行危险提示、警示，告知危险的种类、后果及应急措施等。

(4) 改善作业条件　重视人的生理需求，把微气候、照明、噪声条件及作业和休息时间控制在适宜的水平并发放劳动保护用品，使作业者能在精力旺盛和意识集中的条件下作业，预防发生人为失误。

(5) 整理、整顿现场材料　化工企业的物料大多数都是危险性很高的，所以作业场所周围原材料、半成品、产品摆放要有固定的地点和区域，摆放地点要科学合理，以便于寻找；

工具、备品备件放置合理有序，现场无杂物，行道通畅。通过整理、整顿现场材料，减少磕碰的机会，消除因现场混乱可能造成的差错，保障安全，提高质量。

（6）清洁作业现场　包括保持作业场所、设备的清洁和作业人员的个人卫生两个方面。经常清洗作业场所、设备，对废物、溢出物加以适当处置，保持作业场所清洁，也能有效地预防和控制化学品危害。作业人员应养成良好的卫生习惯，防止有害物附着在皮肤上，通过皮肤渗入体内。

2. 有害因素的控制与预防

（1）作业环境中有害物质监测　作业环境中，常常会由于泄漏、挥发等原因产生可燃气体、有毒气体、粉尘等有害物质。对空气中有害物质的监测，是预防火灾、爆炸、中毒事故的重要措施。

① 可燃气体监测。凡有可燃气体泄漏可能的生产装置及仓储、室内通风不流畅部位，空气中可燃气体会累积，可能达到其爆炸下限，这些场所都应该设置可燃气体检测报警装置。例如对于无人值班的小型泵房而且不是连续运转的泵房，发生可燃气体泄漏的可能性很高，必须设置报警装置。

② 有毒气体监测。对车间空气中的毒物浓度应进行监测，以保证符合国家的最大容许浓度等有关规定，预防职业中毒。进入设备检修间或进入隔离生产间、地下室、化学品储藏室等容易产生有毒气体的地方作业时，对有毒气体的监测是必不可少的安全措施。

③ 氧气含量监测。在一些可能缺氧的场所，特别是人员进行受限空间作业时，必须进行氧气含量监测，氧含量低于18％时，严禁进入受限空间，以免造成窒息事故；对一些爆炸上限较高的气体（蒸气），由于密闭失效或控制失误，可能会使空气进入设备形成爆炸性混合物，所以对可燃气体中氧含量进行监测报警，是重要的安全措施。

④ 粉尘监测。化工生产中使用或产出的粉末状物质，在干燥、混合、筛分、包装、搬运等环节会产生粉尘。粉尘会影响人体健康，严重时引发职业病，并且可燃粉尘达到爆炸下限时还会发生火灾、爆炸事故。所以，定期对作业场所的生产性粉尘进行监测，是确保劳动者健康及预防粉尘造成火灾、爆炸的重要措施。

（2）有害因素的防治　不同的作业环境有害因素各不相同，采取的防治措施也不一样，常用的技术措施有：变更工艺、隔离与远距离控制、密闭、通风、湿式作业、个体防护等，具体见本章第二节内容。

（3）作业环境检查　作业环境安全检查是创造良好安全生产环境、做好安全生产工作的重要手段，也是防止事故发生、减少职业危害的有效方法。作业环境安全检查的内容主要有：生产区域、车间布置和物料堆放情况的检查；尘毒、噪声、辐射、采光、微气候、卫生等作业环境条件的检查；安全防护设施配备及运行情况检查。

三、安全管理与规范解读

1. 安全管理

安全管理是企业管理的重要组成部分，是为了实现安全生产而组织和使用人力、物力和财力等资源，对企业的安全状况实施有效制约的一切活动。化工企业安全管理的主要内容包括管理控制人的不安全行为和物的不安全状态，避免事故发生，保证劳动者生命安全和健康，保证生产顺利进行。

2. 安全生产相关规范

国家的法律、法规、条例和技术标准是安全管理的重要依据。化工企业安全生产涉及的法律、法规和标准等有100多种，从企业的设计、审批、运行管理、设备使用、作业安全、职业卫生、事故处理等方面进行了全方位的规范，保证企业的生产安全。其中，《中华人民共和国安全生产法》《化工（危险化学品）企业保障生产安全十条规定》《危险化学品安全管理条例》等是保障化工生产安全的重要依据。

（1）《中华人民共和国安全生产法》是我国第一部全面规范安全生产的专门法律　该法严格规定了生产经营单位应具备的安全生产条件、主要负责人的安全生产职责、安全生产的监督管理、安全投入、从业人员权利和义务等，把生产经营单位的安全生产列为重中之重，是各类生产经营单位及其从业人员实现安全生产所必须遵循的法律规范；同时，明确了安全生产法律责任，是各级人民政府和各有关部门进行监督管理和行政执法的法律依据。

（2）《化工（危险化学品）企业保障生产安全十条规定》是国家安全生产监督管理总局颁布的部门规章　该规定由5个"必须"和5个"严禁"组成，紧抓化工（危险化学品）企业生产安全的主要矛盾和关键问题，规范了化工（危险化学品）企业安全生产过程中集中多发的问题。同时，明确将法律法规中规定化工企业应该做、怎么做的最基本的要求规范出来，便于企业及相关人员记忆和执行。

（3）《危险化学品安全管理条例》是由国务院颁布的行政法规　该条例在危险化学品的生产、经营、储存、运输、使用及废弃处置的各个环节建立健全并全面落实安全管理制度，消除事故隐患，健全防范措施，有效遏制危险化学品重大、特大事故的发生，保障人民生命、财产安全，保护环境。

四、制度建设

化工企业要做好安全生产工作，就需要根据国家的法律、法规、技术标准，结合企业生产实际，制定全面的、有效的安全生产运行制度，并在生产过程中严格执行。化工企业安全管理主要的制度有安全生产责任制、安全生产教育培训制度、安全生产检查制度、危险化学品安全管理制度、危险作业审批制度等。

1. 安全生产责任制

安全生产责任制是企业管理制度的重要组成部分，是企业中最基本的一项安全制度，也是企业安全生产、劳动保护管理制度的核心。《中华人民共和国安全生产法》对企业的安全生产责任进行了明确规定，企业作为具体的落实者，必须结合生产实际，制定和完善企业内部各级负责人、管理职能部门及其工作人员和各生产岗位员工的安全生产责任制，明确全体员工在安全生产中的责任，在企业内形成安全生产、人人有责的管理制度体系。

2. 安全生产教育培训制度

加强安全生产教育培训，是企业安全生产工作的基础工作，也是提高企业落实安全责任能力的有效手段。化工企业大部分事故的发生均与职工的安全意识不强、违章操作和违规违纪有密切关系，所以，企业必须完善安全教育培训制度，开展多种形式的安全生产教育培训工作，使从业人员具备相应的安全意识、安全知识与技能，保障安全生产顺利进行。

3. 安全生产检查制度

安全检查就是对生产过程中影响正常生产的各种因素，如人的不安全行为或物的不安全状态进行深入细致的调查研究，消除事故隐患。建立和健全安全监督检查制度，是贯彻执行国家劳动保护法令、法规，保护劳动者安全健康的重要手段，它对于推动企业积极改善劳动条件、消除事故隐患、促进安全生产有着十分重要的作用，也是企业安全管理的一项重要内容和基本制度。

4. 危险化学品安全管理制度

化工企业的原料、半成品和成品大多数都是有毒有害的危险化学品，所以企业必须严格执行《危险化学品安全管理条例》及其实施细则等法规、制度和标准，并结合企业自身情况建立危险化学品安全管理制度，对化学品的导入、购买、运输、储存、领用、使用、报废各个流程进行管理控制，保障生产安全。对不属于危险化学品范围但具有一定危险性的物品或其他危险物品，也应遵守国家有关规定进行管理。

5. 危险作业审批制度

化工生产中常常会涉及动火、受限空间、盲板抽堵、登高、动土等危险作业，企业要对这些危险环节制定相应的作业安全管理规定，建立和实施严格的危险作业审批制度。加强对作业人员、作业环境和作业过程的安全监管和风险控制，制定相应的安全防范措施，按规定程序对危险作业履行严格的审批手续。

 任务分析与处理

1. 涉及的安全问题

（1）刚来的实习生，操作技能不高，安全意识不强，容易出现操作错误，引发事故；

（2）刚来的实习生，对劳动纪律、规章制度不熟悉，对生产现场不熟悉，容易出现违规、违纪及意外事故；

（3）踩到东西摔跤，说明生产现场混乱，物品没有得到合理摆放，现场有杂物，通道不畅，容易导致意外事故发生；

（4）车间里有臭味，说明生产设备可能有泄漏，而且臭味让人恶心，说明该气体可能是有毒气体，这些都属于物的不安全状态。

2. 解决措施

对于实习生，加强教育培训，使其掌握必要的操作技能、提高安全意识；加强劳动监督及检查，预防违规违纪；落实岗位责任制，安排专人对实习生进行"传、帮、带"；对于现场混乱，也可通过实施"5S"管理即在生产现场中对人员、机器、材料、方法等生产要素进行有效的管理，使员工养成良好习惯，保证现场作业环境的整洁、有序，消除因现场混乱可能造成的差错，保障安全。

2006 年 6 月 16 日，安徽省盾安化工集团有限公司粉状乳化车间发生爆炸，事故造成 14 人死亡，2 人失踪，24 人受伤。事后调查发现：盾安化工是国家定点的民爆器材生产企业，2005 年由国有企业改制为私营企业，同时进行人员精简，很多老员工买断工龄提前退休，有技术的老工人特别是熟练的工人数量在减少，一些技术含量相对较低而劳动强度较大、对体力要求较高的岗位，几乎全部换成了原来没有从事过这一行业的年轻人。而现场受伤和死亡的人员都是盾安化工聘用的临时工和劳务工，都没有经过相关的培训就上岗了。一名幸存者回忆说，事故的起因是违章操作引发的爆炸。而据遇难者家属介绍，工人每天在厂内要工作十多个小时，有时还要加班，晚班是从 14 时一直上到 24 时，经常喊累；还有，盾安化工为完成生产任务决定连续"大干 20 天"，粉状乳化车间的工人们近一个月非常忙碌，非常辛苦，但整个车间 30 多个工人没有敢请假的，"请假就要扣钱，搞不好还要砸饭碗"。另外，据一名工人透露，从去年改制之后，企业对生产机器基本没有进行过必要的保养和维修。

请分析：

① 盾安化工粉状乳化车间存在哪些危险及有害因素？

② 这些危险及有害因素，可以通过哪些管理或技术措施去改善或解决？

课后习题

一、单项选择题

1. 某加工玉米淀粉的生产企业，在对振动筛进行清理过程中，发生了淀粉粉尘爆炸事故，造成大量的人员伤亡，使用工具方面分析，最有可能引起淀粉爆炸的原因是使用了（   ）。

  A. 铁质工具   B. 铜制工具   C. 木质工具   D. 铝质工具

2. 依据《危险化学品安全管理条例》的规定，下列关于危险化学品安全使用许可的说法，正确的是（   ）。

  A. 危险化学品生产企业使用危险化学品不需要取得安全使用许可证

  B. 化工企业危险化学品使用量达到规定的数量均需取得安全使用许可证

  C. 危险化学品安全使用许可证应当向所在地省级安全监管部门申请办理

  D. 安全监管部门自收到申请之日起 60 日内作出是否批准安全使用许可的决定

3. 依据《危险化学品安全管理条例》的规定，下列化学品中，禁止向个人销售的是（   ）。

  A. 易自燃化学品   B. 强腐蚀性化学品

  C. 属于剧毒化学品的农药   D. 易制爆化学品

4. 进入有限空间作业，作业现场应设置警示标志，评估可能存在的职业危害，并提供合格的作业安全防护设施、个体防护用品及检测报警仪器。此外，还必须提供（   ）。

  A. 风向标   B. 作业人员健康证明

  C. 作业人员备案手续   D. 应急救援保障

5. 根据工作压力选用压力表的量程范围，一般应为工作压力的（   ）倍。

  A. 1.0～2.0   B. 1.0～3.0   C. 1.5～2.0   D. 1.5～3.0

二、多项选择题

1. 对于化学毒物的工程控制，应采用的主要工程控制技术措施是（   ）。

    A. 全面通风   B. 局部送风   C. 排出气体净化

2. 依据《危险化学品安全管理条例》的规定，下列单位中，应当设置治安保卫机构、配备专职治安保卫人员的是（   ）。

    A. 危险化学品生产单位   B. 危险化学品储存单位

    C. 剧毒化学品生产单位   D. 易制爆化学品生产单位

    E. 易制爆化学品储存单位

3. 依据《危险化学品安全管理条例》的规定，危险化学品的生产、经营企业销售剧毒化学品、易制爆危险化学品，应当如实记录购买单位的名称、地址、经办人姓名、身份证号码以及所购买剧毒化学品、易制爆化学品的（   ）等相关信息。

    A. 品种   B. 数量   C. 颜色

    D. 形态   E. 用途

4. 爆炸造成的后果大多非常严重。在化工生产作业中，爆炸不仅会使生产设备遭受损失，而且使建筑物破坏，甚至致人死亡。因此，科学防爆是非常重要的一项工作。防止可燃气体爆炸的一般原则有（   ）。

    A. 防止可燃气向空气中泄漏

    B. 控制混合气体中的可燃物含量处在爆炸极限以外

    C. 减弱爆炸压力和冲击波对人员、设备和建筑的损坏

    D. 使用惰性气体取代空气

    E. 用惰性气体冲淡泄漏的可燃气体

5. 根据输送介质特性和生产工艺的不同，有害气体可采用不同的方法净化。有害气体净化的主要方法有（   ）。

    A. 洗涤法   B. 吸附法   C. 离心法

    D. 燃烧法   E. 掩埋法

第七章　煤矿安全生产

我国是个煤炭大国，煤炭储量约为 1100 亿吨，居世界第三位。由于煤矿工作环境差、技术含量不高，难以吸引文化、素质较高的工人，而不得不招大量农轮工、农协工和临时工，给改善安全环境带来更大的困难，从而导致安全工作的恶性循环。同时，缺乏有效的管理和处置能力，使得煤矿事故层出不穷。

本章主要学习煤矿生产过程中的各种危险和有害因素的辨识、隐患排查以及生产过程中针对各种危险因素采取的安全管理及技术措施。通过本章的学习，帮助学习者学习、了解、掌握煤矿生产过程中的各种危险因素和安全生产的基础知识、法律法规，使其在工作中能够辨识各种危险因素，排除隐患，进而预防事故的发生。

第一节　辨识煤矿行业危险因素

知识目标

(1) 了解煤矿行业在人、物、机、环、管理等方面存在的危险因素；

(2) 掌握煤矿行业的主要危险和有害因素及应对措施。

任务简述

小李毕业后在一家煤矿企业工作，岗位是生产安全员，最近矿区发生一起事故，事故经过如下。某矿修护区在四溜煤眼扩修作业，当班出勤 7 人，具体分工为：1 名班长，3 名巷修工，3 名辅助工。值班队长丁某在班前会上强调，扩修期间要注意高空作业的安全，要按规定搭好工作平台，佩戴保险带。接班后，班长朱某安排张某搭设工作平台，并将开裂喷体用风镐去除，随后朱某就去联系矿车。张某仅是简单地利用工具箱配合木板搭设工作平台，在未佩戴保险带的情况下站在平台上开始用风镐打喷体。5 时 20 分，张某用风镐打喷体时不慎从平台上掉下来，摔伤右肋骨。事故地点示意图见图 7-1。

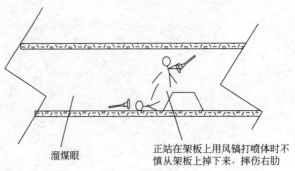

溜煤眼　　　　　　　正站在架板上用风镐打喷体时不
　　　　　　　　　　慎从架板上掉下来，摔伤右肋

图 7-1　事故地点示意图

车间领导要求小李分析查找该事故的原因，并在车间全体会议上剖析该事故，让各个岗位人员参照检查自己岗位是否存在类似隐患。请问，小李应该从哪些方面去分析查找事故的原因？该事故涉及哪些危险及有害因素？

我国煤矿事故之所以频繁发生，究其原因在于人们对煤矿事故发生的原因缺乏清晰和明确的认识，缺乏全面的、系统的、整体宏观的分析，因而不能找出导致煤矿事故的根本原因，从而不能采取行之有效的措施和对策来预防和控制煤矿事故的发生。

下面从人的因素、物的因素、环境因素和管理因素四个方面加以分析。

一、人的因素

在矿难事故中，很多都是由于矿职工的不安全行为引起的。职工的不安全行为指的是那些由煤矿职工发出的、可能引起煤矿事故的、违反安全规程和标准操作规则的行为。简单来说就是我们熟知的"三违"行为，即违规违章指挥、违章违规操作和违反劳动纪律。职工"三违"行为是煤矿生产的安全隐患，通常更是导致煤矿事故发生的主要的直接原因。

【案例】 2007年1月20日，某队开完班前会下井来到2715工作面开始打眼放炮。当第一茬炮爆破后，有些岩石没有落下，王某用长撬杠挑巷道左帮的一块岩石，由于岩石很大，用长撬杠没有挑下来，他们认为不会掉下来，于是就开始打帮锚，当打第二排时由于在打帮锚时钎子的振动使岩石活动，当时并没有人发现，而打顶锚的人员张某正好背对着左帮，这时顶板含泥量较大，使钎子水孔被堵，张某就忙着修理钎子，并没有注意身后的岩石。当第二排帮锚打到一半的时候，由于岩石受振动和渗水影响片落，正好落在修理钎子的组长的左腿上，砸成骨折，导致了事故的发生。

事故原因分析：

（1）张某不能认真执行敲帮问顶制度，遗留隐患不处理，是造成这次事故的直接原因。

（2）王某没有执行互保联保及监护制度，是造成这次事故的间接原因。

（3）队长对职工管理不到位，制度执行力差是造成这次事故的间接原因。

通过本次事故，我们应该认识到在工作中一定要集中注意力，把心思全部放到工作中，不去想与工作无关的事情，在隐患面前要及时处理。

导致煤矿生产者不安全行为频繁发生的原因主要有以下几个方面。

首先是煤矿企业的负责人和管理者的问题。现在的煤矿企业特别是小型的煤矿企业，它们的管理者只重生产，一味地追求利益，轻视或忽视了安全的管理。试想，连管理者都没有真正树立"安全第一、预防为主"的思想，没有安全生产的意识。虽然意识到了将要发生事故的前兆，但在利益和安全发生冲突时，往往只重视前者，而忽视安全管理，特别是赶工赶进度时，在管理者眼中，煤矿工人只是工作的机器，而他们的任务就是要集中精力到生产上，根本没有考虑到他们的人身安全。管理者有意无意地违章指挥，对煤矿职工的安全置之不理。

另外，就是煤矿工人的问题。煤炭行业从业人员的结构复杂，人员综合素质低，安全生产意识淡薄，安全生产知识匮乏，安全生产技能差。从业人员的整体素质低下是我国煤炭行业面临的一个难题。所以，就算管理者有安全意识，但是往往他们没有把这种安全文化意识传播给作业工人，这就是他们的管理缺失，是严重的渎职行为。基于以上的原因，我国才开始强制规定煤矿负责人要和矿工一起下井，只有这样，才能缓解工人对于安全意识的懈怠。

以上我们分析了职工的不安全行为，这有助于我们充分认清人员的不安全行为对煤矿生产安全管理工作的危害性，有助于我们对不安全行为的控制和预防。

二、物的因素

除了人的不安全行为，物的不安全因素也是导致煤矿事故的罪魁祸首。在物的不安全因素上，我国在这个问题上还是挺突出和严重的。物的不安全因素主要包括生产设备和安全设施的不安全状态，生产设备和安全设施的不安全状态指由于企业在生产设备、安全设施配置上的缺陷或由于缺乏对生产设备、安全设施的妥善的维护而可能直接导致煤矿事故的状态。下面我们来看一个案例：

2005 年 2 月，辽宁孙家湾煤矿发生特大瓦斯爆炸事故，造成 214 人遇难，直接经济损失达 4968.9 万元。事故发生地点在孙家湾煤矿 3316 外风道掘进工作面，2 月 14 日白班，孙家湾煤矿正常作业，到 14 时 50 分，3316 外风道掘进工作面突然发生矿震，地面瓦斯通风检测突然没有显示。据当时地面有关人员介绍，14 时 50 分有明显矿震感觉，到 15 时 03 分，井下 242 采面工人宁海涛在井下汇报说，242 面有反风，之后，井下 357 调度汇报，357 大巷全是烟。由于冲击地压造成 3316 风道外段大量瓦斯异常涌出，3316 风道里段掘进工作面局部停风造成瓦斯积聚、瓦斯浓度达到爆炸界限；工人违章带电检修临时配电点的照明信号综合保护装置产生电火花而引起瓦斯爆炸。

经过调查，发生这起瓦斯爆炸事故的一个很重要的原因就是瓦斯监控系统维护、检修制度长期得不到有效的落实。井下瓦斯传感器一直存在故障，形同虚设，地面瓦斯监控系统声音报警功能出现故障也长达 4 个月，煤矿企业就这样一直置若罔闻，没有进行维修，致使事故当天不能发出声音报警。该起事故中产生火源的照明综合保护装置入井前未进行检验，致使假冒 MA 标志的机电设备下井运行，331 采区在无采区设计的情况下进行作业，采区没有专用回风巷，采区下山未贯穿整个采区，边生产边延伸。除此之外，该矿还擅自修改设计，增加在 3315 皮带道与 3316 风道之间的联络巷开口掘进 3316 风道，使 3315 综放工作面与 3316 风道掘进面没有形成独立的通风系统，从而就导致了瓦斯的大量聚集，酿成了悲剧。

从上面的例子看国内现状，很多的煤矿企业在生产设备和安全设施方面投入不足，这样也直接导致了生产设备和安全设施的配置不能满足生产和安全防护的需要，比如上面这个例子中的瓦斯检测仪器的故障没有得到重视和维修，通风不足。还有很多企业没有及时对生产设备和安全设施进行更新，导致一部分设备和设施陈旧、老化，安全性能下降。缺乏对生产设备和安全设施的维护和检修，导致设备和设施不能正常运转，或者根本不能运转，为煤矿事故的发生创造了条件。生产设备和安全设施的不安全状态为煤矿事故提供了必要的物质基础，使煤矿事故的发生成为可能。

三、环境因素

我国绝大部分煤炭是靠井下开采的，所以煤矿生产与其他行业相比其工作场所处于井下深处有限的空间，环境条件恶劣、多变，随着开采过程不断移动，采煤环境不断改变和恶化，在工作过程中顶板、瓦斯、煤炭自燃、粉尘、水害等自然灾害时刻威胁着工人的安全。采煤环境见图 7-2。

图 7-2 采煤环境

在煤矿井下施工现场，井下温度和湿度、井下照明、采煤机械的振动和噪声、井下特有的粉尘和有毒有害物质等不利因素极大地影响人在工作中的情绪；还有一个方面，就是井下恶劣的工作环境还会导致职业性疾病的发生。

煤矿企业应该改善井下环境，这样有助于被感知事物得以清晰化。据研究证明，具有强烈或较为强烈的刺激容易被人体感知，而微弱刺激则容易被忽略。所以，在井下安全管理的具体执行中，除了根据相关规定所设安全标志外，最好还要改善煤矿井下环境，比如说扩大巷道的断面，增强井下的照明，把井下的设备调整到最佳的位置，适当增多井下其他标志等，这些细节性的东西可以增强井下作业人员的感知效果，以此提高井下场所的安全性，控制作业人员的不安全行为。

改善井下的作业环境，可以增强事物对比性。这样也能使井下作业人员在短时间内发现不安全的隐患，提前做出预防准备。同样也是细节问题，比如井下作业人员的服饰颜色要选用色彩鲜艳的、可以容易引起人们注意和警觉的橙色、红色之类的颜色，再如在井下大巷安设自动信号灯，如红色表示存在危险、紧急情况、故障错误和中断等，黄色表示接近危险、临界状态、注意和缓行等，绿色表示良好状态、继续进行，这样在井下就会增强色彩的对比性，在平时发生事故进行抢险救灾时，能起到预防及保护作用。

造成煤矿事故的环境因素中还有重要的外部环境因素：社会因素、政府的监督管理等因素。

（一）社会因素

在我国，国民经济增长幅度越大，对相关能源的需求就越大，导致煤矿企业追求利益最大化而超能力生产，给安全机制本就缺少的中国煤矿产业带来了更多的隐患，导致煤矿安全事故频发。煤矿相关企业腐败现象依然存在，部分煤矿单位的领导，只知道追求经济利益，安全资金投入不足，设备设施达不到安全要求，导致事故发生。这都揭露了经济社会深层次原因的存在对生产安全事故发生的影响。

（二）政府监督管理因素

近年来我国政府出台了一系列的政策措施，加大了对煤矿管理的政治力度。然而从往年的事故案例原因分析可以看出，几乎每一起煤矿事故发生的原因中都有政府监管不力。因为煤矿政府监察部门监管不力，也是影响煤矿发生事故的重要因素。通过文献梳理，政府监管不力主要表现在：没有健全的国家监控体制，缺乏科学有效地监管手段和处罚力度，不能及时有效地处理非法违规行为、制止煤矿非法生产；对于监管所遇到的通风问题、瓦斯超标、煤矿超能力生产等问题，不能及时有效地处理；地方保护主义、组织或参与瞒报事故；官员腐败，官煤勾结，徇私枉法；监管部门对煤矿企业的安全生产条件监管不到位，不能及时检查安全设施设备状况和生产场所职业卫生状况，发现问题不能及时督促整改；不及时督促隐患事故的整改；不能发现煤矿企业弄虚作假、违法恢复生产；国家监察、地方监管、企业负责的煤矿安全工作的基本格局得不到保证，安全监察力量不足；不能有效地监督安全投入基金的使用；惩罚力度不够，违法成本太低。

四、管理因素

环境的不安全条件、物质的不安全状态、管理中的漏洞和人的不安全行为是造成事故发生的四个基本因素。但是，煤矿事故并不一定是四个基本因素全部具备后才会发生，有时具备其中两个或者三个因素就会发生事故。

在分析煤矿事故发生的原因时，不能单独追查分析一个因素，有时是几个因素互为影响，相互因果，如设备带病运转等物质的不安全状态往往是由于查检不到位等人为所致，扒钩头等人的不安全行为与管理不严有关。一般事故的发生多数是与人的不安全行为即通常所说的"三违"有关系。而人的"三违"多半原因又是因为技术素质低和安全意识差所造成的，这与管理不善、缺乏严格的监督检查及职工缺乏应有教育培训分不开，如2010年某煤矿发生的皮带着火造成17人死亡事故，其中有工人脱岗的人为行为，有皮带托辊不转物质上的因素，也有管理上的很大漏洞，致使隐患长期得不到处理。

安全管理的重要前提是安全技术及装备的保障。在此基础上，还与企业自身的管理制度、管理措施和管理观念息息相关。我国的煤矿企业安全生产管理体制不健全，安全检查制度没有真正落实，缺乏预防和控制的安全监察培训，执法力度和考核力度不够。企业基层领导安全管理观念淡薄，对安全投入与生产效益的关系认识欠缺，不能及时发现和彻底消除事故隐患，对工作过程缺乏具体的指导和管理。企业职工普遍安全意识淡薄，缺乏处理突发性事故和自我保护的能力，更有甚者，无视规章制度，"三违"现象时有发生。企业文化建设作为安全管理中的"软管理"，一直被企业领导人所忽视，没有发挥出其应有的作用。

根据《安全生产法》和《煤矿安全规程》的要求，煤矿所有新工人都必须经过严格的培训，并需经过严格考核，才能上岗作业。目前，煤矿井下一线多数招用农民轮换工，流动性大，招工频繁，这样给培训工作带来一定难度，导致有的单位培训工作关口把不严，未经培训合格的工人下井作业。这样的工人安全意识淡薄，不具备矿井安全基本知识，未掌握安全生产的操作技术，违章现象时有发生，其结果是给安全生产工作埋下很大的隐患。

大部分煤矿早班现场安全管理人员多，中、晚班现场安全管理人员少；路线近的作业点安全管理人员较多，边远采区管理人员较少。由于这方面原因，煤矿大多数事故发生在中、晚班及边远地带。也有的煤矿企业在把工程承包给外包队的同时，连同安全工作一同承包给对方，出现以包代管情况，外包队日常安全管理失控。有的单位质量标准化工作求虚不求实。采掘工程队伍平时不按标准进行施工，月底验收时再重新返工整改，返工过程自然会增加一些安全隐患；甚至为了应付检查，采取临时伪装的方法，没有从根本上重视安全问题。这些情况都成了威胁安全生产的隐患。

1. 造成事故的直接原因

是指人的不安全行为和物的不安全状态以及不安全的环境，事故的间接原因是指管理缺陷、管理责任等。所以，小李可以从以下几个方面去分析查找造成该事故的隐患。

① 职工站在工作平台上作业没有佩戴保险带，违章作业，是造成事故发生的直接原因。
② 搭设的工作平台不合格，是造成事故发生的另一个直接原因。
③ 职工安全技术素质和实际操作技术水平差，缺乏安全意识，是造成事故发生的重要原因。

2. 防范措施

① 加强职工安全常识和岗位技能培训，提高职工安全技术素质和实际操作能力，提升安全意识和自主保安意识。
② 坚决杜绝违章作业，高空作业必须佩戴保险带。
③ 严格按照措施要求施工，高空作业必须搭设合格的工作平台。

能力拓展

2012 年 4 月 18 日 14 时 30 分，××矿综采一队职工王××在 12041 综采工作面用单体柱推槽，由于推槽时操作不当单体柱崩落，发生单体柱伤人事故，造成王××右肩肩胛骨粉碎性骨折、右侧肋骨多根骨折。

一、事故地点概况

12041 工作面倾斜长度 177.5m，采用倾斜分层走向长壁后退式采煤法，综合机械化采煤工艺，工作面支架型号 ZF8600/20/38，工作面安装 117 架，刮板输送机型号 SGZ800/800，采高 3.5m，采用全部垮落法处理采空区。2012 年 4 月 2 日工作面初次开压后，因工作面水大、压力大，多次出现工作面部分支架被压死、支架十字头被压断的现象，无法进行正常推溜移架，至 2012 年 4 月 18 日工作面机尾段支架压死，支架高度降低，造成作业空间狭小。

二、事故经过

2012 年 4 月 18 日八点班，跟班队长王××安排职工王××处理机尾死架。职工王××使用单体柱柱根顶住机尾槽节上沿，柱头顶住支架大立柱底座进行辅助推溜。由于注液枪枪头卡未卡紧单体柱三用阀，开始移溜时，顶在支架底座上的单体柱受力、柱头柱牙逐渐变形，导致单体柱受力不均，造成单体柱发生崩落，职工王××闪躲不及，单体柱直接崩到其右肩上，造成右肩肩胛骨粉碎性骨折，右侧第 5、6、7、8 根肋骨骨折。

请分析：
① 职工王××的不安全行为具体表现在哪里？
② 从人、物、管理和环境四个方面分析事故发生的原因。
③ 提出防范措施。

第二节　控制煤矿行业危险因素

◆ 任务简述

小杨所在煤矿一工段最近发生一起事故，事故经过如下。某矿采区带式输送机，由于仓满，带式输送机停机后，输送带下滑。司机赵某用木楔塞入机头滚筒，力图刹住滚筒，结果胳膊被卷进滚筒，被挤压伤，造成截肢。为了杜绝此类事故的再次发生，煤矿领导要求全矿进行隐患排查，并对事故过程进行分析，作为煤矿安全员，小杨需要全程参与。请问小杨应该怎样进行隐患的排查？应该从哪些环节去保证作业的安全性？

◆ 知识准备

目前，矿山管理中由于存在各种不科学性以及意识上的疏忽，再加上井下工作的复杂性，一些不安定、诱发因素（瓦斯、粉尘等）导致了一系列的安全问题。如何更深层次地挖掘、发现煤矿安全中存在的各种隐患，是国家各级管理部门关注的重点，也直接关系到广大煤矿一线工人的生命安全。因此，对煤矿进行隐患排查治理分析，打造安全本质化矿井，保证资源开采的顺利进行，显得尤为迫切。

一、煤矿安全隐患排查

隐患排查的基本内容包括：矿井瓦斯等级、煤层自燃倾向性、开拓方式、开采方式、工作面个数、设计生产能力、核定生产能力、剩余可采储量、安全生产许可证期限、是否建立救护队以及开展自查情况。

1. 停产及停产整顿煤矿

① 停产矿井是否存在违法组织生产的情况；

② 停产整顿矿井是否存在边整顿边生产、只生产不整顿行为；

③ 待关闭矿井停产措施是否到位。

2. 煤矿建设项目

① 建设项目手续是否齐全，是否存在不按设计施工等问题；

② 建设、设计、施工、监理单位资质是否符合要求，安全责任是否落实，是否存在违法违规、转包分包、以包代管等问题；

③ 是否存在边建设边生产、未经验收组织生产、在改扩建区域组织生产等问题。

3. 生产矿井

① 证照是否齐全或失效，重点检查无证或证照到期未及时申请延续等问题；

② 是否存在越层越界开采或巷道式采煤、以掘代采等问题；

③ 检查通风系统；

④ 瓦斯治理是否到位；

⑤ 煤与瓦斯突出矿井是否严格落实 2 个"四位一体"防突措施，重点检查是否存在局部防突措施代替区域防突措施现象，是否按照规定进行效果检验等；

⑥ 检查水害防治情况；

⑦ 有冲击地压倾向的矿井，是否采取有效措施防范；

⑧ 有自然发火倾向的矿井，是否采取有效措施，采空区和封闭火区管理是否规范；

⑨ 煤矿是否按照规定建立安全生产管理部门、应急救援队伍，或与救护队签订救援服务协议、配备应急救援装（设）备，预案管理、演练、应急培训是否符合要求。

4. 出入井管理情况

① 煤矿是否严格执行班前会议制度；

② 是否严格执行入井检身制度；

③ 是否严格执行出入井人员登记制度；

④ 是否严格执行矿灯集中管理制度。

5. 放炮管理情况

① 放炮员是否经过培训合格并持证上岗；

② 人员配备数量是否满足安全要求；

③ 是否严格执行远距离放炮制度；

④ 是否严格执行"三人联锁"放炮制度；

⑤ 是否严格执行"一炮三检"制度。

6. 顶板管理情况

① 煤矿作业规程中是否编有顶板说明书；

② 掘进作业是否采取前探支护；

③ 是否存在空顶作业；

④ 巷道维修作业是否采取临时支护措施；

⑤ 是否严格执行"敲帮问顶"制度；

⑥ 是否存在其他重大安全隐患。

7. 下井人数情况

当班总人数情况、井下人员分布情况、井下人数及分布情况是否符合相关规定；是否存在超员现象等。

8. 领导带班下井情况

是否严格执行矿级领导带班入井制度；是否严格执行每班都有矿级领导带班入井；是否严格执行与工人同时下井同时升井；是否严格执行井下交接班制度。

9. 五职矿长配备情况

是否配有矿长、安全副矿长、生产副矿长、机电副矿长、总工程师（技术副矿长）。

10. 其他情况

运输管理、机电管理、火灾防范等情况。

二、煤矿行业的安全生产技术措施

我国煤炭行业属于高危行业，事故频发，煤矿安全生产形势严峻。其主要原因，既有生产力发展水平不均衡、瓦斯灾害严重等客观因素，也有思想认识不够高、安全措施不够得力等主观因素。煤矿企业安全生产在加强管理的基础上，采取各种有效安全生产技术措施，对煤矿企业预防和提高灾害的控制程度是尤为重要的。煤矿安全生产技术措施重点包括如下几个环节：

1. 矿井安全监控系统

煤矿应采用全矿井综合自动化监控系统，集语言、数据、图像于一体，融监测、控制、通信功能、无线接入技术于一网，兼容各种专用监控系统功能，覆盖全矿井生产和生产辅助环节，实现了对综采工作面和矿井运输、通风、排水、供电等设备工况参数以及矿井瓦斯浓度等环境参数的自动化监测和控制。安全监控系统由单一监控功能向全矿井综合信息监测控制系统发展，实现远程监测、监控、监管、设备故障诊断和灾害预警与决策等功能。

2. 矿井瓦斯防治措施

在做好瓦斯检测的基础上，为保证瓦斯浓度达到安全标准，常采取如下措施：

（1）瓦斯喷出防治措施　若煤矿属于高瓦斯矿井，单纯用通风方法难以把工作面的瓦斯浓度控制在允许范围内。首先探明地质情况，利用打钻等办法，探明矿田的地质构造，查清瓦斯喷出的通道，掌握煤层围岩或邻近层的状况，摸准高瓦斯源存在的情况。据了解的情况，制定防治瓦斯喷出的具体措施，局部性措施采取作用范围比较小的预防措施。主要有：加固煤体，可使用增加煤体抵抗力和控制突出强度的专用支架；排出瓦斯，扩大卸压作用范围，防止突出的超前钻孔和水力冲孔；诱发突出，在有准备的情况下，使突出减弱的振动放炮和松动爆破等。区域性措施采用的方法是开采保护层和预抽煤层瓦斯两种。

（2）防止瓦斯引燃措施　采取严加明火管理、严格放炮制度、消除电器火花、严防摩擦火花发生等行之有效的措施。

（3）防止瓦斯爆炸灾害扩大措施　如果井下局部地区一旦发生了瓦斯爆炸事故，就应该使其波及范围尽可能的小。为此可采取如下技术措施：各生产水平、各生产采区，都有单独的回风道，各采掘工作面采用独立通风。实行分区通风，不用的巷道都要及时封闭，入风流与回风流巷道布置的距离符合标准，主扇的出风井口应安设防爆门，主扇风机安设反风装置，矿井两翼、相邻采区（或煤层）都用岩粉棚或水棚等隔开；在所有运输巷道和回风巷道内进行撒布岩粉。

3. 矿井矿尘防治措施

矿尘危害人体健康，在一定条件下可以引起爆炸；矿尘还能加速机械磨损，缩短精密仪器的使用寿命；降低工作场所能见度。所以矿尘的防治不容忽视。

（1）防尘措施　采取湿式凿岩、加强通风、放炮喷雾、装岩洒水、冲洗岩帮、喷雾洒水降尘、合理的风速等措施。

（2）隔爆措施　限制煤尘爆炸的技术措施主要是使已沉落在巷道周壁和支架上的煤尘失去爆炸性，以及局部地区发生爆炸后，将其隔离在较小的范围内，使其不再扩大。

主要采取矿井的两翼、相邻的采区和相邻的煤层用岩粉棚或水棚隔开。并且定期用机械或人工定期在巷道内撒布岩粉。同时随着机械化程度的提高，应用一套矿尘监控设备，对多点、远距离、大面积实时监测监控。

4. 矿井火灾防治措施

矿井火灾不仅可能烧毁大量机械设备、设施、巷道及工作面，冻结大量的煤炭资源，而且燃烧生成的有毒有害烟气，使处于排烟道上的工作人员的生命受到威胁和伤害，甚至引起瓦斯爆炸事故，给矿井带来更大的灾难。

5. 安全技术措施管理

① 煤矿每班必须设立一名专职瓦检员，对井下瓦斯及有害气体进行检测。

② 瓦检员必须做到"先下后上"，即第一个到工作面进行瓦斯及有害气体检测，检测后瓦斯及有害气体在规定范围内，方可允许工作人员进入工作面进行工作；下班后，工作人员全部撤离工作面后，瓦检员才能离开工作面。

③ 瓦检员必须做到"一炮三检"。

④ 采掘工作面风流中沼气浓度达到1%时，必须停止用煤电钻打眼；放炮地点附近20米以内风流中的沼气达到1%时，禁止放炮。

⑤ 采掘工作面风流中沼气浓度达到1.5%时，必须停止工作，切断电源进行处理；电动机附近20米以内风流中的沼气达到1%时，必须停止运转，切断电源，进行处理。

⑥ 采掘工作面内，局部积聚沼气浓度达到2%时，附近20m内必须停止工作，切断电源，进行处理。

⑦ 往下运送火药时，必须火药和电雷管分装、分运，雷管必须放在木盒内运输。

⑧ 井下放炮员必须由经过专门培训并持有放炮合格证的人来担任。

⑨ 采掘工作面必须用煤矿安全炸药和瞬发电雷管，使用毫秒延期雷管时，最后一段的延期时间不得超过130ms。

⑩ 放炮员必须把炸药、电雷管分别存放在火药箱内并加锁，严禁乱放乱扔。

⑪ 严禁采用糊炮或明火放炮。

⑫ 井下放炮必须采用放炮器启爆。

⑬ 放炮后，加强通风，炮烟吹散后，工作人员方可进入工作面工作。

⑭ 处理瞎炮时，在距瞎炮至少0.3m处另打同瞎炮平行的新炮眼，重新装药放炮（图7-3）。

⑮ 对水患防治必须坚持有疑必探、先探后掘的探放水原则。

图 7-3　关于瞎炮、残炮的处理

6. 井下行走及乘罐安全

（1）井下行走安全措施　井下行走安全矿井的各种信号有着具体的规定和指令。矿井的提升运输信号基本用的是电铃和红绿灯作指示。红灯表示危险；绿灯表示安全，车可以通过，人员可在人行道上行走。电铃的声音或声音次数表示不同的指令信号。井底要求提升人员时，井底信号必须先向井口发出要求信号，得到井口回应后，井底信号工才准许人员进入，必要时也可以用通信工具代替信号联系。当听到或看到甲烷超限时的警报信号和放炮员在放炮前用口哨发出的预告信号后，所有在甲烷超限区域内或在放炮区域内的人，都必须停止工作，自动迅速躲避到指定的安全地点。只有听到危险解除信号后，方可从安全地点走出。每个入井的工作人员都必须熟悉本矿规定的各种信号指示意义。

（2）乘罐安全措施　乘罐安全立井井筒提升系统中，罐笼是运送人员上下井，提升煤炭、矸石，下放材料和设备的专用设备。作业人员下井工作或是下班升井时，都是先要经过井口或井底车场和中间运输巷的安全门，必须等安全门打开时才能乘罐笼（图 7-4）。任何人上下井乘罐时，都要遵守乘罐制度。

图 7-4　煤矿工人准备乘罐下井

在罐笼升降过程中，罐笼内的每个人都要站立稳当，抓牢扶手。不允许把头和手脚或携带的工具伸到外面。更不允许在罐笼内向外抛扔东西。特别是站在罐笼两端口的人，要面部朝外，脚不要踩踏到光滑的铁轨头上，要握紧门口处的扶手，防止升降过程中罐笼的颤动把人甩出去。

7. 矿井安全标志

矿井安全标志按其使用功能可分为五类，即：禁止标志、警告标志、指令标志、提示标志、指导标志。

（1）禁止标志　这是禁止或制止人们某种行为的标志　有"禁带烟火""禁止酒后入井""禁止明火作业"等60种标志（图7-5）。

图7-5　禁止标志

（2）警告标志　这是警告人们可能发生危险的标志　有"注意安全""当心瓦斯""当心冒顶"等16种标志（图7-6）。

图7-6　警告标志

（3）指令标志　这是指示人们必须遵守某种规定的标志。有"必须戴矿工帽""必须携带矿灯""必须携带自救器"等 12 种标志（图 7-7）。

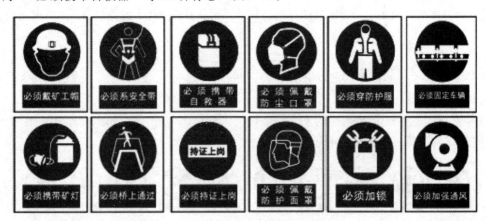

图 7-7　指令标志

（4）提示标志　这是告诉人们目标、方向、地点的标志。有"安全出口""电话""躲避洞"等 12 种标志（图 7-8）。

图 7-8　提示标志

（5）指导标志　这是提高职工思想意识的标志。有"安全生产指导标志""劳动卫生指导标志"两种标志（图 7-9、图 7-10）。

图 7-9　安全生产指导标志

图 7-10　劳动卫生指导标志

任务分析与处理

（1）隐患排查工作可以根据辨识出的危险和有害因素来逐一排查可能的事故隐患，或者根据可能发生的事故逆向分析其原因，并与企业的日常管理、专项检查和监督检查等工作相结合。所以小杨可以根据工作岗位辨识出的危险和有害因素以及曾经发生过的事故，结合平时的安全生产检查工作进行隐患排查。

对于任务案例，该事故发生的原因是：

① 输送带张力不够（隐患1），致使输送带与驱动滚筒之间摩擦系数减小。

② 输送带与驱动滚筒的接触面浸入泥水、煤水时（隐患2），摩擦系数减小。

③ 托辊被煤、矸、淤泥等埋压从而使大量托辊不运转（隐患3），阻力增加。

④ 负载过大（隐患4），阻力加大。

⑤ 输送带跑偏严重（隐患5），增加输送带阻力，甚至将输送带卡挤在机架上不能移动。

（2）预防措施

① 定期张紧，使输送带与驱动滚筒间有足够的摩擦力。

② 装载均匀，防止局部超载和偏载。

③ 定期巡检，保证托辊运转灵活。

④ 加强带式输送机运行管理，教育司机增强责任心，发现打滑及时处理；使用输送带打滑保护装置，当输送带打滑时，通过打滑传感器发出信号，自动停机。

能力拓展

2008年10月28日16时，中煤五公司四处掘砌工张某携带锚杆入井，在井口上罐时，信号把钩工王某未制止，张某入罐时不慎将锚杆从手中滑落坠入井筒，砸在井底罐笼上方，穿透顶棚落在罐笼底部。

请分析：

（1）掘砌工张某违反了什么规定？

（2）矿井基建期企业方哪些地方没有管理到位？

（3）井口信号把钩工王某有没有过错？

第三节　管理煤矿行业危险因素

知识目标

（1）了解煤矿企业的安全管理内容及相关法律法规；

（2）了解煤矿企业保障安全生产的主要安全制度。

任务简述

休完假刚上班的小杨听到同事抱怨说，车间刚来了一些实习生，感觉车间有点混乱，他在巡查时踩到东西摔了一跤，胳膊都蹭破了；还有这两天车间里有不明的臭味，让人恶心，时有时无，也找不到源头。作为车间安全员，小杨敏锐地意识到，同事说的都是涉及安全的问题。请问，小杨同事的话里涉及哪些安全问题？可以通过什么途径去解决？

一、煤矿生产中环境因素对安全生产的影响

在引起事故的条件中，不只有人的因素，环境也是一个潜在而非常重要的影响因素。研究表明，工作环境的改善能激发人的某些积极因素，人的行为也将随着工作环境的改善而变化，并得出结论：人能改造环境，环境也能影响人。生产环境因素的好坏，不但影响着企业生产效益的提高，而且与生产操作人员的身心健康有着很直接的关系。因此，把生产现场的环境治理纳入煤矿安全管理工作的范畴来认识是十分必要的。从客观因素来看，影响煤矿职工安全生产的环境因素主要有温度、湿度、照明、噪声、气味和色彩。

1. 温度对职工生理、心理及行为的影响

矿井内空气的温度是影响井下气候的重要因素。气温过高或过低，对人体均有不良影响。根据煤炭行业有关单位研究得到的结论：最适宜的井下空气温度为 $15 \sim 20℃$（采掘工作面的温度 $\leqslant 26℃$ 是较合适的）；气温达 $28℃$ 时，工人除稍有闷热外，对其健康和劳动能力并无不良影响；当温度超过 $28℃$ 时，人就会汗流浃背，心率速增，并感到闷热难耐，同时产生不适感乃至疲惫和头晕，作业中反应变得迟钝，在此种情况下，其操作能力必然会逐渐降低，因此也就出现差错，甚至造成事故。

生产过程中，人体产生的热大部分散发到周围空气中去，当人体产生与放散的热量能够保持平衡（即体温为 $36.5 \sim 37℃$）时就舒适，如果人体产生的热量散发不出去，人就会感到闷热，严重时还会发生中暑；而当人体散出的热量过多，人就会发冷，甚至感冒。人体散热的程度取决于：人体皮肤温度与周围空气温度之差，空气相对湿度以及空气流动速度。井下空气温度的变化直接影响人的体温，随着生产现场的温度变化，要想保持体温的恒定，人体就要作出相应的反应。人体自行调节身体温度的生理机能很有限，人的心理、生理承受能力也很有限。当超过人体正常调节的限度时，人的生理机能就会遭到破坏，并进而影响到人的心理情绪，使人心情烦躁，行为出现异常反应，导致违章和事故的发生。据国外有关资料报道，如以 $17 \sim 22.5℃$ 时的事故率为 0 来测算，则男性在 $11.4℃$ 时，事故率为 38%；在温度为 $25.3℃$ 时，事故率为 40%。因此，要保证安全生产，应采取改革煤矿开采工艺、合理布置采区设计、制冷降温、加强通风、合理使用个体劳保用品等措施，以创造适宜的环境温度。

2. 湿度对职工生理、心理及行为的影响

空气湿度表示空气中所含的水蒸气量，一般用相对湿度来表示。它能起两个作用：一是空气的热传导随着湿度的增加而增加，如在寒冷的冬天，潮湿的空气会很快将体表温度传导出去，使人觉得冷些；二是潮湿的空气会干扰蒸发过程。人体内的热量通过辐射、对流和汗水蒸发 3 种方式散发出去，而矿井内空气温度、湿度、风速对人体散热的影响则是综合性的。空气温度影响对流和辐射，当空气温度达 $37℃$ 左右时，对流和辐射的散热作用完全停止；湿度影响汗水蒸发；风速影响对流和蒸发。职工主要是通过排汗的方式将热量散发出体外，而潮湿的空气则会阻碍这个过程的顺利进行。职工在温度高、湿度大、风速小的空气

中，体内热量散发不出去，就会觉得闷热、不舒服，所以热天人们会感到潮湿的空气的湿度比实际温度高一些。

在煤矿井下，温度都在10℃以上，有些更高。这样，相对湿度的大小就直接影响着水分蒸发的快慢。当温度高、湿度大时，人们工作时出的汗不易蒸发，而附在体表或浸在工作服上散热效果很差，使人感到难受、心烦，不仅影响工作效率，更不利于健康和安全生产。一般相对湿度在50%～60%时，蒸发量减少，人就会有潮湿感。矿井的湿度一般都在84%以上。因此，为了在井下创造适宜的气候条件，就要结合现场实际生产条件，从温度、湿度、风速这3个方面综合考虑加以解决，单一调节井下空气湿度，费用太大。

3. 照明对职工生理、心理及行为的影响

良好的照明总给人一种愉快的感觉和刺激。眼睛是人在生产劳动中接收信息的主要器官，也是使用频率最高的人体器官。实践证明，在人们通过五感（视、听、味、嗅、触）来认识事物的过程中，视觉占75%～87%。职工置身于令人愉快的照明环境中，可使人提高工作效率，减少失误。如果采光及照明条件不好，则会影响操作人员的视觉能力，使人容易接收错误的信息，并在操作时产生差错而导致事故的发生。

在煤矿井下，人们最偏爱的日光色是看不到的，至少在现在的技术、经济条件下是不可能的。绝大多数工作场所照明条件很差，单凭职工头盔上的矿灯，照度低、照距短，职工观察事物和操作时很吃力，影响其视觉的分辨能力。光线过暗，视线不好，会使人多耗费精力去看清事物。时间一长，易疲劳，因而也必然会影响安全生产，甚至因此而发生事故。同时，井下矿灯是直接光，当直照人眼时，还会产生眩目效应，强光刺激眼睛造成短暂的视力骤降，使视觉的暗适应遭到破坏，产生视觉不舒适感和注意力分散，从而增加了事故发生的概率。

因此，要想保证安全生产，就必须改善照明条件，创造经济合理的照明条件，提高职工工作环境的能见度，满足生产和使用要求，促进生产效率的提高。

4. 噪声对职工生理、心理及行为的影响

研究表明，噪声在80dB（A）以上时，对人体健康就有影响，而在110dB（A）时，则会对人体产生直接危害。《煤矿安全规程》第477条规定："井上和井下作业地点的噪声，不应超过85dB（A）"。噪声对人的生理、心理、行为都会产生不同程度的影响，有时这种影响会导致人的误操作和违章等不安全行为，具体表现在以下方面：

① 噪声影响人的听觉器官、神经系统和心血管系统，使人耳鸣，导致听力和对声音的分辨率下降，尤其不利于井下职工在复杂多变的环境中觉察危险因素的存在和袭击，使人不能在嘈杂的环境中准确无误地接收和区别联络信号，难以清晰发现和辨别危险的声音信号，降低人对环境安全度判断的准确性。

② 长时间在强噪声干扰的环境中工作会使人烦恼，心情紧张，无法安心工作，有时还会产生一种无形的困扰感，导致职工分心，不容易集中精力操作，影响工作能力和反应速度。长期在强噪声环境中工作，不仅会引起听觉疲劳，听力下降，甚至会影响正常视力，发生器质性病变，还可能出现耳聋、胃功能紊乱等情况。

③ 噪声对人的行为也有一定程度的影响。人在嘈杂的环境中工作，由于噪声的掩蔽效应，使人听不到事故的前兆和各种警戒信号，容易发生事故。心理学研究表明，噪声强弱与

人的生产率和行为失误率有很大关系。研究发现，对在井下采掘工作面工作的职工来说，如果噪声降低14.5%，就会使产量提高8.8%，行为失误率降低24%。

5.气味对职工生理、心理及行为的影响

新鲜清洁的空气能给人的大脑充足供氧，从而使其思维敏捷，肢体动作协调一致，有利于提高工作和生活效率；相反，吸入气味不好的空气，则会引起诸如头痛、倦怠或昏昏欲睡的综合征，甚至中毒。煤矿井下的空气混入诸如化合物、烟尘等"杂质"后会导致气味变异，含氧量降低，甚至有毒。有的职工对气味、烟尘特别敏感，吸入少量带有硝烟或粉尘的空气，就会头痛、胸闷、恶心。有的采掘工作面，由于风量小，空气流动速度慢，一些气味、烟尘不能迅速排除，若不采取综合防灭尘措施，就会造成粉尘飞扬，能见度降低，大大影响职工判断危险的能力。调查表明，有79%的职工认为，吸入呛烟后感到胸闷、头昏、头痛，长时间吸入一些含有毒气体的空气，会造成职工思维、动作的钝化，重者中毒或窒息死亡。

对于以上有毒气味气体的防治，要采取加强通风、抽排、喷雾洒水、检测和检查的措施以及加强盲巷和火区密闭的管理，同时强化煤矿职工安全意识的教育，提高其自我保护意识和自救互救的技能。

6.色彩对职工生理、心理及行为的影响

科学研究表明：红色使血压升高，脉搏加速，呼吸加快；蓝色使人神志清醒；淡绿色和淡蓝色可使人平静，易于消除大脑疲劳。色彩在情绪上、心理上引起的反应，是眼睛和躯体接受光刺激的结果。色彩不仅影响着人们的生活，还直接影响着安全工作。

在煤矿井下，只有黑、灰两色，人-机-环境浑然一体，加上空气浑浊，灯光暗淡，难以明辨，长期在这种灰暗的环境中工作，就会使人的视觉迟钝，注意力下降，给安全生产带来不利影响。因而人为地改变井下设施、设备、工作服和安全帽的颜色，将对煤矿生产和职工的安全起保护作用。为了引起职工的注意，井下部分设备、设施的表面应涂上明度较高的浅颜色（白色、浅红色、浅黄色等），使其与灰、黑的四壁背景区别开来，以便于分辨它们的形状和动态，避免发生伤害事故。井下的禁令、指令、警告、提示等标志牌，应采用国家规定的红色、蓝色、黄色、绿色和图案，增加其照明，提高其亮度，以引起职工的注意。

对于井下生产场所的墙壁、设备、管线等的色彩处理，要进行科学、合理的安排，尽可能适合于生产操作人员的生理状态，使丰富多彩的颜色不仅能满足人们的视觉享受，而且在煤矿井下还能起到安全生产的作用。

二、消除煤矿生产现场作业环境的不良因素

1.煤矿井下职业病危害因素对工人的影响

煤矿在生产中存在着各种危险和有害因素，由于客观地质条件、使用设备、生产工艺的差异等，造成煤矿存在具有自身特点的危险和有害因素。下面分析煤矿生产中的五大主要危险因素：

（1）瓦斯　瓦斯是煤矿的重要灾害之一，当瓦斯在井下的浓度增高的时候，氧气的含量就会降低，在达到一定的程度时，使人窒息，甚至出现死亡。瓦斯和空气混合的浓度适当

时，如果遇到明火就会发生燃烧和爆炸，不但造成矿井的毁坏，而且导致人员的伤亡。瓦斯气体以甲烷为主，具有易燃和易爆性。如果管理措施不够到位，预防不科学，将会造成严重事故。瓦斯的危害主要有瓦斯窒息、瓦斯燃烧、瓦斯爆炸、煤与瓦斯突出。如伍家矿为煤与瓦斯突出矿井。总的来说矿井的瓦斯涌出量比较大，但沿走向变化不大。

（2）顶板灾害　在井下采煤生产活动中，顶板事故是最常见的煤矿安全事故之一，由其造成的伤亡事故约占煤矿伤亡的40%，顶板灾害是煤矿生产过程中的一大安全隐患。井下采掘生产破坏了原岩的初始平衡状态，导致岩体内局部应力集中，当重新分布的应力超过岩体或其构造的强度时，将会发生岩体失稳，采场和围岩巷道会在地应力作用下发生变形或破坏。如果预防不当，管理措施不到位，将会造成事故。采空区、采煤工作面和掘进巷道受岩石压力的影响，都可能引发顶板灾害，随着采掘深度的增加越来越明显。

（3）水害　在煤矿建设和生产过程中，由于井筒施工或煤层开采使围岩遭到破坏，覆岩产生垮落带、导水裂缝带、地表下沉开裂。如果防治水措施不到位，地表水和地下水就有可能通过上述采动裂隙涌入矿井，当涌水超过矿井正常排水能力时，就会发生水灾。一旦发生水灾就会影响正常生产，甚至造成重大伤亡事故。矿井水灾还有可能诱发其他中毒事故的发生，老塘积水中的坑木腐烂、硫化铁氧化分解常会产生大量的有毒有害气体，透水事故一旦发生，这些气体就会随着涌出的水到处蔓延，往往造成人员中毒。

（4）火灾　火灾的危害不仅是财产方面的损失，重要的是由于火灾产生的有毒、有害气体随着风流扩散，灾害波及的范围大，往往会引发灾难性的事故，其危害性极大。矿井发生火灾时，火灾产生大量的有毒气体（一氧化碳）以及其他有害气体，如果井下工人吸入一定量的一氧化碳有毒气体，就会中毒死亡，同时火灾产生的二氧化碳和其他有害气体也会引起人员窒息死亡。伍家煤矿煤层自燃发火期为1～3个月，最短为7～15天，自燃发火等级为Ⅱ级。

（5）煤尘　在煤矿井下回采、掘进、运输及提升等各生产过程中，几乎所有的作业操作（如打眼放炮、清理工作面、装载、运输、转载、顶板管理等）过程中均能产生粉尘，煤尘超标，能使井下作业人员身体健康受到损害，甚至患上职业病。普通煤矿井下爆破会产生大量煤尘和岩尘，工作面落煤、运输及转载过程中，会产生煤尘飞扬，因此，煤矿矿尘这一危险和有害因素存在的场所较多。煤矿工人长期在粉尘环境中工作，可引起各种疾病，如肺尘埃沉着病、肺尘埃沉着气肿、尘源性支气管炎、慢性阻塞性肺部疾患等。危害最大的是肺尘埃沉着病（硅沉着病、煤肺等）。肺尘埃沉着病是工人在生产过程中由于长期吸入高浓度的粉尘而导致的以肺组织纤维化为主的一种疾病（图7-11）。

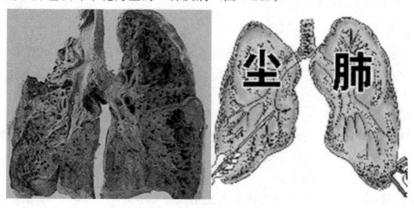

图7-11　肺尘埃沉着病标片

2. 煤矿安全管理的对策及措施

（1）设置安全管理机构　安全管理机构一般有安全生产科、通风科、通风区、机电科、机运区、回采区、掘进区、调度室、瓦斯监控站等职能科室和区队，各个部门或机构岗位职责明确，共同监督和确保生产安全。其中有安全检查员、监督岗员、家属协会等。

（2）制定健全的管理制度　按照相关法律法律，煤矿企业应建立和健全一系列完善的管理制度。包括安全监督检查制度、安全教育培训制度、入井人员管理制度、安全举报制度、事故应急救援制度等。每月召开一次安全办公会议，并制定年度安全目标，不同岗位提取安全风险抵押金并按季度返还，从而确保了安全与经济利益的挂钩。

（3）加强安全技术管理　加强安全生产技术管理工作，严格按要求绘制各种图纸，及时编写采掘工作面作业规程。采掘工作面条件有变化时，应及时编写补充安全技术措施，作业规程和各项安全技术措施要有针对性，内容符合《煤矿安全规程》规定，并认真抓好职工的学习，切实在现场落实措施。

（4）加强各类安全技术措施的编制和审批工作　变更通风系统要有通风设计和安全措施；局部通风要有设计；巷道贯通、巷道维修要有安全措施，并需针对具体工作面编制，做到有针对性；井下爆破作业要有安全措施，并严格执行。灾害预防和处理计划应对井下避灾路线标志作出规定，并在井下现场标明各种灾害避灾路线，做到醒目，便于使用。按规定进行灾害预防计划、应急预案的演练，并做好详尽记录，以备分析。

（5）加强人员素质培训　人员的素质在煤炭生产中十分重要，安全意识培训能够提高员工的危险预防能力，专业技术培训能够提高员工解除危险的能力。因此应当定期对员工进行培训，并制定相关考核制度，定期检查，对无证上岗的给予处罚，以提高员工的安全意识和技术水平。

三、安全管理与规范解读

煤矿安全管理不仅是煤矿企业职工生命、财产安全的重要保证，同时积极推进了煤矿安全、稳定、高效的生产。煤矿企业管理者应将整个煤矿建设和生产过程中可能存在的各种安全隐患，通过科学分析与评估予以排除，创造煤矿生产的良好环境，在保证职工人身安全的前提下，推进整个煤矿安全、稳定地生产运营。

1. 煤矿安全管理的现状问题分析

（1）煤矿安全管理现状　我国是能源大国，煤矿企业在我国发展的进程中逐步积累经验，形成了一定的规模，但就安全管理工作来说，煤矿企业并没有建立一套符合自身发展的安全管理体系，生产中的安全预防工作没有做到位，导致煤矿安全事故频繁发生。同时煤矿企业相关部门没有统一、协调进行安全管理，并且安全管理工作的整体性不高且存在一定的局限性。在煤矿企业实际的生产运营过程中，通常都是生产安全出现问题时才会调查、分析问题发生的原因以及采取措施对问题进行处理，这种情况下的安全治理不能达到治本的目的，不能从根本上解决生产中的安全问题，经常导致安全事故的重复发生。

（2）煤矿安全管理存在的问题

① 安全意识差的问题。有些企业片面地追求经济效益，对安全生产的认识不深，甚至将安全管理放在了经济效益的后面考虑，没有真正把安全放在第一位，设置的安全标准较

低，更有甚者对安全隐患视而不见，违法生产。煤炭开采是一项高危工作，要想安全地完成开采工作就需要专业高素质人才进行操作或者指导，然而很多工作者都是体力劳动者，文化素质较低，安全意识十分淡薄，他们的工作操作随意。煤矿安全管理体制还不够完善，一方面没有建立健全规范的管理体系，有的企业内部管理机构中没有设置煤矿安全管理承担部门，没有明确安全管理人员以及相应的岗位责任；另一方面是煤矿企业内部的奖惩制度不规范，在进行安全管理工作时，有的企业还只是以"罚"来树立相应的威信，约束煤矿生产人员，打击了煤矿生产人员的工作积极性，从而对煤矿的安全生产产生了严重的影响。

② 没有积极开展安全培训工作。从实际的煤矿生产过程来看，煤矿企业在安全管理培训方面的投入力度偏低，过于注重追求企业的经济效益，减少了培训成本与相应的开支，导致煤矿的安全管理在培训方式上没有形成全面综合以及系列化，在培训内容、培训举措等方面缺少针对性、创新性，更没有构建长效管理机制。具体地说主要有：在培训内容上，缺乏对安全意识的构建、安全理念的形成、安全常态机制的构成等方面的综合思考；同时，在培训方式上，没有建立科学、有效以及常态化的培训机制，没有在实践培训、现场培训等方面着手，更没有借助新媒体进行创新性的培训，所以忽视了煤矿企业的综合安全运行，造成系统培训与技术创新之间无法更好地融合。

2. 加强煤矿安全管理的措施

（1）加强安全部门的定期安全监察　煤矿企业的安全管理还需要通过安全监察部门的监管来进一步加强，安全监察部门要对已取得安全许可证和安全评级的煤矿企业加强事前监督和事后干预监察力度。安全监察部门要集中有限的安全监管、监察执法力量，通过定期调查及时发现煤矿企业存在的安全问题，切实解决突出问题。

（2）制定目标责任，落实安全生产　煤矿企业应从自身的实际发展情况出发建立安全目标责任制，合理制定，坚决落实，要做到知行合一。煤矿企业所有成员自上而下要制定明确的安全指标和奋斗目标，必要时可以签订安全目标责任状，同时依据安全目标责任制定期进行安全考核，并且安全目标责任制要与安全评级相联系。

（3）加强煤矿安全管理信息化建设　煤矿安全管理的信息化建设是指在煤矿生产经营的过程中，配置计算机控制系统、网络通信以及智能化终端设备，充分利用这些系统和设备实时监控煤矿井下作业的实况，例如职工工作状态、作业程度以及井下环境中存在的安全隐患和危险因素。若发现井下易燃气体含量超标或某个职工的违规操作以及失误，先进的计算机信息管理系统就会自动发出警报，从而有效提高了煤矿安全管理水平，保障了煤矿生产的安全、稳定。

四、制度建设

随着国家安全监管条例、煤矿安全监察体制的建立健全，煤矿安全生产制度建设不断取得新的进展。国家先后颁布实施了有关煤矿安全生产的法律法规6部、部门规章30部、地方性法规和地方政府规章60余部，陆续制定修订煤矿安全标准和煤炭行业标准400余项，初步建立起了安全生产基本法律、工作运行和监督保证三大类制度。一是基本法律制度。《安全生产法》《煤矿安全监察条例》等法律法规，构建了安全生产政府监督管理制度、安全教育培训制度、建设项目安全设施"三同时"制度、安全设施检验和准入制度、严重危及安全生产的设备工艺淘汰制度、工伤社会保险制度、安全评价制度等。二是工作运行制度。三是监督保证制度。多年来，安全生产监管监察系统、各有关部门、地方各级党委政府和企业共同实践，逐步形成了"国家监察、地方监管、企业负责"的煤矿安全生产制度格局。

下面以煤矿企业生产实际，列举一些安全管理制度。

二维码7-1

安全生产现场管理制度

煤矿企业的主要制度有《安全检查制度》《事故隐患排查制度》《出入井检身制度》《出入井人员清点制度》《处罚》《事故处置与汇报制度》《"一通三防"管理制度》《矿井防灭火防范措施及其管理制度》《职工安全培训教育制度及入矿三级教育制度》《瓦斯检查及管理制度》《煤尘管理制度》以及其他有关制度（二维码7-1）。

任务分析与处理

1. 本次事故的主要问题

（1）职工自主保安能力差，违章作业，脚踩在槽沿、挡煤板上运柱滑翻，是导致事故发生的直接原因。

（2）现场安全管理不到位，安全口地面湿滑，没有及时处理，没有及时制止违章作业，是导致事故发生的重要原因。

（3）区队管理人员安全责任意识不强，安排工作没有强调安全措施，是导致事故发生的间接原因。

2. 防范措施

（1）加强职工安全培训，提高职工自主保安能力，杜绝违章作业。

（2）加强区队现场安全管理，对现场出现的隐患要及时安排处理。

（3）加强区队安全管理责任意识，安排工作要具体强调安全措施。

课后习题

单项选择题

1. 对（　　）的场所应采用密闭、抽风、除尘的方法来消除和降低粉尘危害。

    A. 手工生产　　　　　　　　　　　　B. 流程紊乱

    C. 不能采取干法生产　　　　　　　　D. 不能采取湿式作业

2. （　　）是利用地下矿山主要通风机的风压，借助导风设施把新鲜空气引入掘进工作面。其通风量取决于可利用的风压和风路风阻。

    A. 引射器通风　　　　　　　　　　　B. 混合式通风

    C. 抽出式通风　　　　　　　　　　　D. 地下矿山全风压通风

3. 矿井瓦斯等级，根据矿井相对瓦斯涌出量、矿井绝对瓦斯涌出量和瓦斯涌出形式划分为低瓦斯矿井、高瓦斯矿井、煤（岩）与瓦斯（二氧化碳）突出矿井。对矿井进行瓦斯等级和 CO_2 涌出量的鉴定工作必须（　　）举行一次。

    A. 三个月　　　　B. 每年　　　　C. 每2年　　　　D. 每3年

4. 特殊凿井法是在不稳定或含水量很大的地层中，采用（　　）的特殊技术与工艺的凿井方法。

A. 钻爆法   B. 非钻爆法   C. 放电法   D. 挤压法

5. 矿井机械通风是为了向井下输送足够的新鲜空气，稀释有毒有害气体，排出矿尘，保持良好的工作环境，根据主要的通风机的工作方法，通风方式可分为（   ）。

    A. 中央式、对角式、混合式

    B. 抽出式、压入式、压轴混合式

    C. 主扇通风、辅扇通风、局扇通风

    D. 绕道式、引流式、隔离式

6. 煤矿发生煤（岩）与瓦斯突出事故时，需要及时采取相应的救护措施，下列关于瓦斯突出事故救护措施的说法中，错误的是（   ）。

    A. 应加强电气设备处的通风

    B. 不得停风和反风，防止风流紊乱扩大灾情

    C. 瓦斯突出引起火灾时，要采取综合灭火或惰性气体灭火

    D. 运行的设备要停电，防止产生火花引起爆炸

7. 《煤矿安全规程》规定，井下作业场所的一氧化碳体积浓度应控制在（   ）以下。

    A. 12×10^{-6} B. 24×10^{-6} C. 50×10^{-6} D. 100×10^{-6}

8. 地下矿山发生火灾时，有多种控制措施与救护方法，下列控制措施与救护方法中，不符合地下矿山火灾事故救护的基本技术原则的是（   ）。

    A. 控制烟雾蔓延，不危及井下人员的安全

    B. 防止火灾扩大，避免引起瓦斯和煤尘爆炸

    C. 停止全矿通风，避免火灾蔓延造成灾害

    D. 防止火风压引起风流逆转而造成危害

9. 下列不属于煤矿安全监察机构主要履行职责的是（   ）。

    A. 对地方煤矿监管工作进行检查指导

    B. 对煤矿安全实施重点监察、专项监察和定期监察，对煤矿违法违规行为依法作出现场处理或实施行政处罚

    C. 负责煤矿安全生产许可证的颁发管理工作和矿长安全资格、特种作业人员的培训发证工作

    D. 对本地区煤矿安全进行日常检查，对煤矿违法违规行为依法作出现场处理或者实施行政处罚

10. 隔绝煤尘爆炸传播技术（隔爆技术）不适用于控制（   ）。

    A. 煤尘爆炸   B. 瓦斯爆炸   C. 电气爆炸   D. 瓦斯煤尘爆炸

第八章　机械安全生产

机械制造行业是我国的主要经济支柱行业，也是国民工业中比较基础的行业。机械制造行业的主要特点是机器设备比较多，对机器的依赖性强，很多工序单纯靠手工不能完成，而且该行业存在着粉尘、化学毒物、高温、噪声等众多危险因素，发生职业伤害的频率较高，因此更值得关注。事故类型以机械伤害为主，占 91.2%，其次是物体打击，占 4.7%；受伤类型以擦伤和挫伤为主，分别占 62.0%、32.9%；伤害部位上肢伤害最多，占 89.6%；伤害程度以轻伤为主，占 94.8%。发生职业伤害的主观原因以操作工人不遵守操作规程为主，占 68.3%，其次是未使用个人防护用品用具，占 29.9%；客观原因是设备、设施、工具、附件有缺陷，占 46.8%。

第一节　辨识机械行业危险因素

**知识目标**

（1）了解机械行业的危险因素有哪些；

（2）了解机械行业一些伤害事故的致因。

任务简述

小杨毕业后在一家机械制造企业工作，上岗之前要经过三级安全教育，有一个这样的案例：某企业供销运输处孙某等 3 人吊运钢管时，在将三捆钢管一端吊起 1m，向左移动 1m 后，孙某向吊起的管件下扔吊装钢丝绳准备捆绑时，吊起一端的管件突然脱落，撞到孙某的头部，并将其右腿、右臂压在管件下，经抢救无效死亡。培训方要求小杨找出事故主要原因，并总结一下事故教训。请问，发生事故的原因是什么？给我们带来了哪些教训？

知识准备

职业伤害事故的发生与人的因素、环境内容和制度因素三方面有关。人为因素最多，主要为违反规定操作、操作时注意力不集中、操作不当、安全意识不够和不安全行为等方面。其次是环境内容，主要包括防护设施、设备存在缺陷或者过于陈旧、生产场所环境不良、防护设施有缺陷和个人防护用品缺少等。再次是制度因素，主要包括企业负责人对安全不重视、没有制定相关安全制度、操作员工缺乏必要的安全培训等。

一、人的因素

尽管国家和企业对安全工作非常重视，但每年还是有成百上千的机械事故不断发生。原因虽然是多方面的，但一些操作人员的安全意识薄弱却是事故发生的根本原因。要想降低机械事故的发生率，提高大家的安全意识是非常重要的，下面引用了一些事故案例加以分析说明。

1. 装置失效酿苦果，违章作业是祸根

违章作业是安全生产的大敌，十起事故，九起违章。在实际操作中，有的人为图一时方便，擅自拆除了自以为有碍作业的安全装置；更有一些职工，工作起来，就把"安全"二字忘得干干净净。下面这两个案例就是违章作业造成安全装置失效而引发的事故。

【案例】 2000 年 10 月 13 日，某纺织厂职工朱某与同事一起操作滚筒烘干机进行烘干作业。5 时 40 分朱某在向烘干机放料时，被旋转的联轴节挂住裤脚口摔倒在地。待旁边的同事听到呼救声后，马上关闭电源，使设备停转，才使朱某脱险。但朱某腿部已严重擦伤。引起该事故的主要原因就是烘干机马达和传动装置的防护罩在上一班检修作业后没有及时罩上而引起的。

以上事故是由人的不安全行为违章作业、机械的不安全状态失去了应有的安全防护装置和安全管理不到位等因素共同作用造成的。安全意识低是造成伤害事故的思想根源，我们一定要牢记：所有的安全装置都是为了保护操作者生命安全和健康而设置的。机械装置的危险区就像一只吃人的"老虎"，安全装置就是关老虎的"铁笼"。当你拆除了安全装置后，这只"老虎"就随时会伤害我们的身体。

图 8-1 危险作业

2. 危险作业（图 8-1）不当心，用手操作招厄运

一些机械作业的危险性是很大的，但一些使用这些机械的人员，对此并不重视，尤其是工作时间长了，更不把危险当回事，将操作规程和要求抛在脑后，想怎么干，就怎么干。结果造成了不可挽回的恶果。例如下面的这个案例，就是因为不把危险当回事，用手代替应该用工具完成的工作，而导致的不幸事件。

1999 年 8 月 17 日上午，浙江一注塑厂职工江某正在进行废料粉碎。塑料粉碎机的入料口是非常危险的部位，按规定，在作业中必须使用木棒将原料塞入料口，严禁用手直接填塞原料，但江某在用了一会儿木棒后，嫌麻烦，就用手去塞料。以前他也多次用手操作，但没

出什么事，所以他觉得用不用木棒无所谓。但这次，厄运降临到他的头上，右手突然被卷入粉碎机的入料口，手指就被削掉了。

3. 习惯不能成自然，休息也得想安全

在工作中，可能会经常做一些不安全的行为，有一些行为可能是不经意和习惯做出的，但不知你是否想过，就是这些小小的习惯行为，有时会造成终生的后悔，甚至是付出生命的代价。下面这些行为你有过吗？在有危险的地方休息；忽视安全标志的提示而我行我素；高处作业不系安全带等。如果你有，就需要坚决改正。下面这个案例就是休息时的不安全行为引起的伤害事故。

2001年8月17日下午，河北某机械厂职工李某正在对行车起重机进行检修，因为天气热，李某有点发困，他就靠在栏杆上休息，结果另一名检修人员开动行车，李某没注意，身体失去平衡而掉下，结果造成严重摔伤。

时时注意安全，处处预防事故。麻痹大意只会招来伤害。在生产作业现场，我们都要有"眼观六路，耳听八方"的警惕性，不论是在操作的时候，还是在暂时空闲想休息的时候，都要牢记安全第一，做到不伤害自己，不被别人伤害，千万不能习惯成自然地去做一些不安全的行为。

4. 旋转作业戴手套，违反规定手指掉

不同的工种都有不同的工作服装。在生产工作场所，我们不能像平时休息那样，穿自己喜欢穿的服装。有时我们的操作人员习惯了戴手套作业，即使在操作旋转机械时，也不会想到这样不对，但是操作旋转机械最忌戴手套。因为戴手套而引发的伤害事故是非常多的，下面就是一例。

2002年4月23日，陕西一煤机厂职工小吴正在摇臂钻床上进行钻孔作业。测量零件时，小吴没有关停钻床，只是把摇臂推到一边，就用戴手套的手去搬动工件，这时，飞速旋转的钻头猛地绞住了小吴的手套，强大的力量拽着小吴的手臂往钻头上缠绕。小吴一边喊叫，一边拼命挣扎，等其他工友听到喊声关掉钻床时，小吴的手套、工作服已被撕烂，右手小拇指也被绞断。

从上面的例子应该懂得，劳保用品也不能随便使用，并且在旋转机械附近，我们身上的衣服等物一定要收拾利索。如要扣紧袖口，不要戴围巾等。所以我们在操作旋转机械时一定要做到工作服的"三紧"，即：袖口紧、下摆紧、裤脚紧；不要戴手套、围巾；女工的发辫更要盘在工作帽内，不能露出帽外（图8-2）。

在制造企业中事故发生的原因往往是复杂的，事故造成的损失也是多方面的。在制造过程中，操作者-机器-环境组成了一个封闭的系统，任何一个环节的失误与过错都可能引发事故，同时这三者之间的相互作用和影响也会引发事故。

在整个系统中，操作者的因素是最主要的。无论是废品或设备事故还是人身伤亡事故，其中人的因素占了很大的比例。由于操作者的因素引起事故的原因也是多方面的，具体表现在以下几个方面。

（1）操作者的技能因素　国外学者比较了有3年经验的639名年轻工人和1组552名有相同经验的老工人，在18个月期间，年轻工人组的事故发生率为每1000h4.0次，而老工人组为3.4次。研究认为，1～3年工龄的年轻工人事故最为频繁；在这之后，事故率下降，

图 8-2　女工的发辫要盘在工作帽内

65岁的工人事故率最低。这充分说明了操作者技能越娴熟，引发事故的可能性就越低；反之，操作技能越差，引发事故的可能性越高。

（2）操作者的心理因素　操作者的心理因素包括注意力、观察力和判断力及情绪等。大量的事实表明，在工作过程中，操作者注意力不集中，不能克服一切干扰，造成事故频繁发生。有时操作者必须同时操作两项及以上的活动，如果注意力不能有效分配就会造成动作协调错乱而发生事故。同时操作者的观察力和判断力与事故的发生之间也有很大的关系，一个有敏锐观察力和判断力的操作者，在工作中发生突发事件时，可及时有效地控制及预防事故的发生。操作者的情绪在很大程度上对事故的发生起很大的作用，操作者情绪过度兴奋或低沉都有可能引发事故。

（3）操作的合理性　由于在现代机械制造企业的生产活动中，离不开机械运转、电力传输、化学合成，其中有些可以自动控制，有些是半自动控制，有些则是人工操作。在这种环境下，高速、高温、高压、剧毒等强大的物理、化学能量，随时都可能造成机械伤害、爆炸燃烧、化学中毒、电击电伤等严重事故，甚至造成人员伤亡。操作者如果不按照操作规程进行操作，擅自改变操作顺序或控制参数，进行违规、违章操作，这都有引发事故的可能。

二、物的因素

在机械加工过程中，机器的状态、性能及可操作性等，也有很大的影响。在机械加工过程中，尤其是在交接班的过程中，机器或机床已经过长时间地运转，本身可能存在安全隐患，在一定条件下有可能引发事故；或其参数没有被及时初始化，没有搞明白机器的状态，在操作过程中极其容易引发事故。在机器的设计方面，机器本身存在性能缺陷，尤其是一些企业为了贪图便宜，购置了伪劣设备，而导致事故的发生。由于设计者的原因，在设计机器时，没有正确处理好人机工程学的问题，使得人机关系不融洽，机器的可操作性太差，引起操作者的误操作而导致事故。

机械的不安全状态，如机器的安全防护设施不完善，通风、防毒、防尘、照明、防振、防噪声以及气象条件等安全卫生设施缺乏等均能诱发事故。另外，如果机械设备是非本质安全型设备，此类设备缺少自动探测系统，或设计有缺陷，不能从根本上防止人员的误操作，也易导致事故的发生。

机械所造成的伤害事故的危险源常常存在于下列部位：

① 旋转的机件具有将人体或物体从外部卷入的危险；机床的卡盘、钻头、铣刀等传动部件和旋转轴的突出部分有钩挂衣袖、裤腿、长发等而将人卷入的危险；风翅、叶轮有绞碾的危险；旋转的滚筒有使人被卷入的危险。

② 作直线往复运动的部位存在着撞伤和挤伤的危险。冲压、剪切、锻压等机械的模具、锤头、刀口等部位存在着撞压、剪切的危险。

③ 机械的摇摆部位存在着撞击的危险。

④ 机械的控制点、操纵点、检查点、取样点、送料过程等也都存在着不同的潜在危险因素。

车、铣、刨、钻、炉、塔、罐、釜以及液压、电动、风动、机械等专用工器具，在事故学中被划归为"机"的范畴。因为事故是由"机"的本身发生的，所以一般可归纳为如下 6 种原因：虚、实、泄、塞、串、"咬"。

1. 虚

凡因设备强度不够，部件不齐，重心不稳，仪表不灵，或其本身就是薄壁容器（如大型油罐），或是如玻璃制品、细小的仪表管线，属易碎的制品，带来的灾害都属"虚"。

① 强度不够是因为材料不符合要求；先天缺陷：裂纹、砂眼、夹渣等；紧固件松动，如螺钉没把紧或经过长期运行受振动而松动；焊缝没焊透；设计失误，如安全系数选择过小等。

② 部件不齐是因为裸露的转动部分（如皮带轮、靠背轮、滚筒）没有防护罩；缺保安装置，如高压容器上缺安全阀、爆破板，高转速的透平机上缺超速脱扣装置等；缺紧固件；缺监视仪器和检测仪器。

③ 重心不稳是因为汽车吊不伸支腿或转臂倾角过大；脚手架梯子一类架设不牢，安放不妥；地基下沉，基础倾斜；高速行驶的汽车急拐弯；不能正确使用千斤顶。

④ 仪表不灵是因为线路接点因锈蚀或其他原因接触不好；取压管、风管、液位计的小阀门因积水、积渣、积油堵塞；调节阀的膜片坏或阀头卡涩。

2. 实

超载、残留、腐蚀、相碰为实。

（1）超载　包括超温、超压、超速、超装以及失去控制的化学反应。

（2）残留

① 虽经泄压排空，但生产系统中还有少量残留物存在。近年来发生过的所谓空苯罐爆炸事故和停用了三年的废硫酸罐爆炸事故，就是因为有苯和酸的残留。

② 虽无残留物，但容器内的温度尚高。如某厂干馏炉，置换合格后，工人进去清理，铲下来的油泥在高温下析出大量一氧化碳，清扫的工人中毒致死。

③ 虽无残留物，也无"温度"，但工作过程会产生新的有害物质。这可认为是一种意外的残留。如在容器内进行氩弧焊，会产生紫外线等多种有害射线。

（3）介质腐蚀　介质对设备的腐蚀是引起化工厂换热器管板及列管泄漏的主要原因，腐蚀会使高压容器壁厚减薄，强度降低，导致在正常工作压力下发生爆炸。在交变应力的作用下，腐蚀危害更大，能使机体龟裂损坏。

（4）不该接触的部位相摩擦　缺润滑油，烧坏轴瓦（轴和弹子直接摩擦），一些离心泵叶轮和壳体摩擦（因背帽螺栓松动或间隙太小）不是烧毁电机，就是打坏机壳。

3. 泄

所谓泄，就是指物质的外溢。如垫片毛刺、焊缝漏、阀门填料坏，导致跑、冒、滴、漏；受压容器爆破，物料大量扩散往往造成灾难；在石油化工企业里未加盖板或密封不严的废水沟、管沟、阴井等，往往有易燃易爆物扩散；一些无法进行密闭的或是间歇式的生产过程，如矿山、水泥生产、轻纺等部门，常常伴有粉尘的扩散，因粉尘发生爆炸的例子也时有发生；裸露的导线、绝缘不好的用电工具漏电，如手电钻、电动砂轮、振捣器及家用电器的外壳带电。

泄漏是造成多人中毒、大面积火灾及环境污染的主要原因。

4. 塞

塞就是堵塞。如工艺管线冻堵和结晶；设备内部防腐的漆皮脱落、催化剂结块、作为填料的瓷环破碎、阀芯脱落都能造成工艺管线或设备的出入口堵塞；工艺介质中杂质含量高，在生产系统中积累过多，造成机泵入口过滤器堵塞；气阻，某些离心泵往往会因泵体内有气相存在而打不上量；该开的阀没有打开，设备上的安全阀定压太高，或是锈死，到了规定压力不能起跳；生产过程中，在某些条件下，因发生副反应而生成某种固相，把整个反应釜堵死，如我国几个大化肥厂，生产尿素的过程中使用的由法国引进的二段蒸发分离器及其后面的升压器常因形成的缩二脲的大量积聚而堵塞。

5. 串

所谓串，就是互连互通的意思。

如抚顺某厂保健站一名女工，在厂区厕所内，被通过地下水管串出来的硫化氢活活熏死；还有，太原某化肥厂尿素车间开工时，稀硝酸串到蒸汽系统，所有蒸汽管线腐蚀报废，等。在化工生产系统中，工艺管线错综复杂，甲设备连着乙，乙连着丙，丙又和甲相通，往往存在着许多暗桥，或因阀门漏，或因调阀失灵，或没有采取隔离措施，或因设计不合理，都可能导致互串。

6. "咬"

所谓"咬"，就是机械伤害。大致有如下三种情形。

（1）打　高速旋转的飞轮破裂，受压容器爆破，拉紧的钢绳突然断裂等；

（2）砸　吊车倾翻，抱杆倒塌，物体高空坠落，塌方，使用榔头敲打失误等；

（3）挤　齿轮咬伤，皮带绞伤，电梯挤伤等。

总之，设备控制因素对机械制造中安全事故的影响具有稳定性和复杂性。

三、环境因素

环境影响因素主要由内部环境和外部环境组成。内部环境主要是指机械制造的空间，即车间；而外部环境主要是指工厂环境和自然环境。无论是内部环境还是外部环境，都对机械制造的安全事故有着重要的影响，两者相互作用，相互影响，一旦其中一项出现安全问题，都会引发安全事故。例如，车间比较潮湿，将会影响设备功能及使用年限，进而加大了安全事故的发生概率；工厂环境比较恶劣，污染严重，将会对工作人员的情绪和身体健康产生影响，进而加大了操作失误概率，最终引起安全事故的发生。

环境因素的影响也可分为自然环境和人为环境两个方面。在自然环境这一方面主要指的是环境温度、湿度、粉尘、光线等，由于环境的变化会引起操作者情绪的变化，也会引起机器状态的变化，从而导致事故的发生。人为环境在这里主要指由人的因素所营造的一种氛围，如管理的方法和管理者的态度不当，引起操作者情绪的变化或机器的状态变化，从而引起事故。

1998 年 5 月 19 日，江苏省一个体机械加工厂，车工郑某和钻工张某两人在一个仅 9m^2 的车间内作业，他们的两台机床的间距仅 0.6m，当郑某在加工一件长度为 1.85m 的六角钢棒时，因为该棒伸出车床长度较大，在高速旋转下，该钢棒被甩弯，打在了正在旁边作业的张某的头上，等郑某发现立即停车后，张某的头部已被连击数次，头骨碎裂，当场死亡。

这个例子就是因为作业环境狭小，进行特殊工件加工时，没有专门的安全措施和防护装置而引发的伤害事故。在工作中，我们千万不能为了眼前的利益，而不顾有关的要求，不制定有效的安全措施，导致惨剧的发生。

四、管理因素

这里的管理包括几个方面，首先是上岗安全操作资格审查；第二是进场安全教育；第三是日常管理。上岗安全操作资格审查，针对技能和熟练程度要求较高的工种，必须审查上岗人员资格证明和材料。进场安全教育包括三级安全教育和岗位安全教育。日常管理则是员工的日常行为规范和环境、职业健康安全方面和文明施工等的管理。这种管理要延伸到员工的工作、生活的各个方面，包括作业区和非作业区等地方。特别是对操作层面上的员工要加强监管力度。

要进一步严肃事故报告制度。事故发生后，如何保证报告的准确性、及时性，如何进行应急处置，如何在最短的时间内获得最大的支持与帮助，从而将损失降到最低，所有这些情况，都取决于事故报告制度是否健全有效落实。许多事实证明了这样一个结论：事故上报的及时程度与事故损失密切相关。对于瞒报、漏报、隐匿不报的相关责任人，应给予严厉的处罚。

健全完善的管理制度为机械制造的全面性、落实性和可操作性提供了重要的保障条件。全面性主要是指管理制度的制定需要对机械制造中各个环节的人、事物进行全面的管理；落实性主要是指制定的管理制度必须落实到机械制造过程的每个环节中，不仅要在每个环节中安排责任人，而且一旦出现安全事故后还能够找到责任人；可操作性主要是指保障管理制度的实际性和细节性，使管理制度与企业实际生产情况和机械制造的内容相符合。

从事机械加工的人员必须穿戴好防护用品，上衣要做到"三紧"，女工要戴好工作帽，同时规定不准跨过转动的零部件拿取工具。这是一起严重地违反操作规定和护品穿戴不规范而引发的死亡事故。告诉我们，只有遵章守纪，安全才有保障。

能力拓展

某公司四车间检修工李某到机加车间切割铁管（因无齿锯已经损坏，不能使用，所以用车床切割）。由于铁管较长，切割时，铁管后部甩动，李某就戴着手套扶着转动的铁管，车工黄某在李某用手扶工件时，没有去制止。铁管剩余部分很短时，李某依旧用手扶着，手套被铁管头的毛刺挂住，连同手一起被绞在铁管上，李某在用力挣脱时，将右手大拇指拽掉，造成工伤事故。

请问：（1）检修工李某的不安全行为主要体现在什么地方？

（2）车工黄某和车间主任有无过错？

第二节　控制机械行业危险因素

知识目标

（1）熟悉机械生产过程中隐患排查的方式及主要内容；

（2）了解机械生产过程中的主要安全技术措施。

任务简述

某公司机加车间三级车工张某，在 C620 车床上加工零部件。当时磁铁座千分表放在车床外导轨上，他用 185r/min 的车速校好零件后，没有停车右手就从转动零部件上方跨过去拿千分表。由于人体靠近零部件，衣服下面两个衣扣未扣，衣襟散开，被零部件的突出支臂钩住。一瞬间，张某的衣服和右部同时被绞入零部件与轨道之间，头部受伤严重，抢救无效死亡。

请问：车工张某在加工过程中的主要安全隐患体现在哪里？从这个事故中可以学到什么教训？

知识准备

一、机械加工过程中的安全隐患

机械行业典型的机加工艺过程一般包括：材料下料、铸造、锻造、机械加工、焊接、热处理、涂装、装配等，生产过程中使用到的主要设备设施有车床、铣床、钻床、磨床、刨床、切割机、数控加工中心等机械设备和空压机、变配电、车辆运输等辅助系统。在机械加工生产过程中可能产生的事故种类有以下几种。

1. 机械伤害

在生产过程中使用的大量机械设备在运行中有下列不安全因素容易发生夹、碾、绞、卷入（图8-3）、碰撞等伤害：工件摆放不当，设备与设备间、设备与墙壁间距离不够，导致人体接触危险部位；穿戴不符合安全要求的劳动防护用品，女工不扎长头发，不戴防护帽；机械设备防护装置缺乏或损坏、被拆除；操作人员疏忽大意，身体进入机械危险部位；在检修和正常工作时，机械随意被他人启动；在不安全的机械设备上停留、休息；机械设备故障未及时排除而带病运行；机械设备制造质量不符合设计要求或设计上存在缺陷；设备控制系统失灵导致设备误动作。

2. 触电（图8-4）

可能导致触电的主要原因有：不按用电安全规程而违章操作；机械设备电气部分安全防护装置缺乏或损坏、被拆除；操作人员疏忽大意，身体进入带电危险部位；在检修电器故障时，未按规定切断电源或未在电器开关处装挂明显的作业标志（如严禁合闸等），电器开关被别人误合闸；电气设备未按规定接地或接地不良；登高检修作业时，触及和靠近带电体、接触高压网；搬运物件超高，导电物体接触带电体或高压网；电气设备的非带电外壳由于潮湿导致漏电。

图 8-3　典型的机械伤害——卷入

图 8-4　触电伤害

3. 起重伤害（图8-5）

起重伤害的主要形式是重物撞击人体、起重吊物坠落、吊钩坠落。其伤害程度一般较重，轻则重伤，重则死亡。发生的主要原因是设备缺陷、操作失误、违章作业、无证上岗、未按规定定期检测、无零位保护、无过压或过流保护、违反行车等起重设备"十不吊"等规定。

4. 灼烫（图8-6）

进行车、铣、刨、磨、钻等机械加工时会有温度很高的切屑飞溅，若防护不到位，迸溅

图 8-5 起重伤害

图 8-6 灼烫伤害

到人体暴露部位会导致人员烫伤，如果人员不进行个人防护，接触高温物体表面，会发生灼烫。

5. 物体打击和高处坠落

高处作业时没有按要求使用安全带、设置安全防护网；使用登高梯子不当；没有安全防护设施或安全防护设施损坏，作业平台不牢固；高处作业时安全管理不到位（未执行安全许可或危险作业审批）；生产车间内坑、沟、池等无防护栏或无安全标志或工作环境照明不好容易发生高处坠落事故；货架上的物体摆放不当，钢材摆放不稳，在重力或其他外力的作用下产生运动，打击伤人。以上这些都可能造成物体打击事故。

二、机械制造与加工安全生产技术

（一）加强人为操作控制和设备控制

1. 加强人为操作控制

由于人为因素造成的机械制造安全事故多种多样，因此采取的控制措施必须具有针对性和目的性。首先，需要培养工作人员的安全意识，只有让工作人员充分认识到机械制造安全性的重要意义，才能够提高其在制造过程中对安全生产的重视程度，从而有效保障工作人员的自身安全；其次，企业或工厂应该对工作人员的专业技术，开展定期或不定期的培训，提高工作人员的专业技术，进而最大限度地降低安全事故的发生概率；再次，企业需要关注工作人员的心理素质，为工作人员的工作环境营造出良好和谐的氛围，让工作人员在良好的工作环境中保持愉悦的心理状态；最后，企业应该根据工作人员的操作失误，加强监督，对一些违规操作的工作人员采取严厉的惩罚，从而防止操作失误因素的再次发生。

2. 加强设备控制

首先，企业应该根据自身的条件和要求对机械设备进行控制，不仅要严格按照相关的生产标准对机械设备的规格和参数进行控制，还要重视机械设备的稳定性和安全性。同时，企业还应该要求工作人员的操作技术与设备技术要相符合，从而为机械设备的可操作性提供保障条件。其次，企业还需要加强对机械设备采购行为的监督与控制，安排专门的监督人员对采购人员的采购行为进行监督，保障采购的设备质量符合标准要求。最后，企业还应该注重机械设备的保养与维护，减少设备问题的发生概率，从而将安全隐患控制在可控范围之内。

（二）典型机械设备的危险及防护措施

1. 压力机械（图 8-7）的危险和防护

（1）主要危险
① 误操作；
② 动作失调；

图 8-7　压力机械

③ 多人配合不好；
④ 设备故障。
（2）安全防护措施
① 开始操作前，必须认真检查防护装置是否完好、离合器制动装置是否灵活和安全可靠。应把工作台上的一切不必要的物件清理干净，以防工作时振落到脚踏开关上，造成冲床突然启动而发生事故。
② 冲小工件时，应有专用工具，不能用手固定，最好安装自动送料装置。

③ 操作者对脚踏开关的控制必须小心谨慎，装卸工件时，脚应离开开关，严禁无关人员在脚踏开关的周围停留。

④ 如果工件卡在模子里，应用专用工具取出，不准用手拿，并应将脚从脚踏板上移开。

⑤ 多人操作时，必须相互协调配合好，并确定专人负责指挥。

2. 剪板机危险和防护

（1）主要危险　剪板机是将金属板料按生产需要剪切成不同规格块料的机械（图8-8）。剪板机有上下刀口，一般降下刀口装在工作台上，上刀口作往复运动以剪切。某一特定剪板机所能剪切坯料的最大厚度和宽度以及坯料的强度极限值均有限制，超过限定值使用便可能毁坏机器。剪板机的刀口非常锋利，而工作中操作的手指又非常接近刀口，所以操作不当，就会发生剪切手指等的严重事故。

（2）安全防护措施

① 工作前要认真检查剪板机各部分是否正常、电气设备是否完好、安全防护装置是否可靠、润滑系统是否畅通，然后加润滑油，试车，试切完好，方可使用。两人以上协同操作时，必须确定一个人统一指挥，检查台面及周围无障碍时，方可开动机床切料。

② 剪板机不准同时剪切两种不同规格、不同材质的板料。禁止无料剪切，剪切的板料要求表面平整，不准剪切无法压紧的较窄板料。

③ 操作剪板机时要精神集中，送料时手指应离开刀口200mm外，并且要离开压紧装置。送料、取料要防止钢板划伤，防止剪落钢板伤人。脚踏开关应装坚固的防护盖板，防止重物掉下落在脚踏开关上或误踏。开车时不准加油或调整机床。

④ 剪板机的制动器应经常检查，保证可靠，防止因制动器松动上刀口突然落下伤人。

3. 车削加工（图8-9）危险和防护

（1）车削加工危险

① 车削加工最主要的不安全因素是切屑的飞溅以及车床的附带工件造成的伤害。

② 切削过程中形成的切屑卷曲、边缘锋利，特别是连续而且呈螺旋状的切屑，易缠绕操作者的手或身体造成的伤害。

③ 崩碎屑飞向操作者。

④ 车削加工时暴露在外的旋转部分，钩住操作者的衣服或将手卷入转动部分造成的伤害事故。长棒料、异形工件加工更危险。

图8-8　剪板机设备

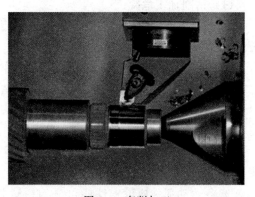

图8-9　车削加工

⑤ 车床运转中用手清除切屑、测量工件或用砂布打磨工件毛刺，易造成手与运动部件相撞。

⑥ 工件及装夹附件没有夹紧，就开机工作，易使工件等飞出伤人。工件、半成品及手用工具、量具、夹具、量具放置不当，造成扳手飞落、工件弹落伤人事故。

（2）安全防护措施

① 采取断屑措施：断屑器、断屑槽等。

② 在车床上安装活动式透明挡板。用气流或乳化液对切屑进行冲洗，改变切屑的射出方向。

③ 使用防护罩式安全装置将其危险部分罩住。如安全鸡心夹、安全拨盘等。

④ 对切削下来的带状切屑，应用钩子进行清除，切勿用手拉。

⑤ 除车床上装有自动测量的量具外，均应停车测量工件，并将刀架到安全位置。

⑥ 用砂布打磨工件表面时，要把刀具移到安全位置，并注意不要让手和衣服接触到工件表面。

4. 铣削加工（图 8-10）危险和防护

（1）铣削加工危险　高速旋转的铣刀及铣削中产生的振动和飞屑是主要的不安全因素。

（2）安全防护措施

① 为防止铣刀伤手事故，可在旋转的铣刀上安装防护罩。

② 在切屑飞出的方向安装合适的防护网或防护板。操作者工作时要戴防护眼镜，铣铸铁零件时要戴口罩。

③ 加工工件要垫平、卡牢，以免工作过程中发生松脱造成事故。

④ 调整速度和方向以及校正工件、工具时均需停车后进行。

⑤ 工作时不应戴手套。

⑥ 随时用毛刷清除床面上的切屑，清除铣刀上的切屑时要停车进行。

⑦ 铣刀用钝后，应停车磨刀或换刀。停车前先退刀，当刀具未全部离开工件时，切勿停车。

5. 钻削加工（图 8-11）危险和防护

（1）钻削加工危险

① 在钻床上加工工件时，主要危险来自旋转的主轴、钻头、钻夹和随钻头一起旋转的长螺旋形切屑。

② 旋转的钻头、钻夹及切屑易卷住操作者的衣服、手套和长发。

③ 件装夹不牢或根本没有夹具而用手握住进行钻削，在切削力的作用下，工件松动。

④ 切削中用手清除切屑，用手制动钻头、主轴而造成伤害事故。

（2）安全防护措施

① 在旋转的主轴、钻头四周设置圆形可伸缩式防护网。采用带把手楔铁，可防止卸钻头时，钻头落地伤人。

② 各运动部件应设置性能可靠的锁紧装置，台钻的中间工作台、立钻的回转工作台、摇臂钻的摇臂及主轴箱等，钻孔前都应锁紧。

图 8-10　铣削加工

图 8-11　钻削加工

③ 需要紧固才能保证加工质量和安全的工件，必须牢固地加紧在工作台上。

④ 工作时不准戴手套。

⑤ 不要把工件、工具及附件放置在工作台或运行部件上，以防落下伤人。

⑥ 使用摇臂钻床时，在横臂回转范围内不准站人，不准堆放障碍物。钻孔前横臂必须紧固。

⑦ 工作结束时，应将横臂降到最低位置，主轴箱靠近立柱可伸缩式防护网。

6. 刨削加工（图 8-12）危险和防护

（1）刨削加工危险　直线往复运动部件发生飞车或将操作者压向固定物，工件"走动"甚至滑出，飞溅的切屑等是主要的不安全因素。

（2）安全防护措施

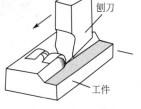

图 8-12　刨削加工

① 对高速切削的刨床，为防止工作台飞出伤人，应设置限位开关、液压缓冲器或刀具切削缓冲器。工件、刀具及夹具装夹要牢固，以防切削中产生工件"走动"现象，甚至滑出以及刀具损坏或折断，从而造成设备和人身伤害事故。

② 工作台、横梁位置要调好，以防开车后工件与滑枕或横梁相撞。

③ 机床运转中，不要装卸工件、调整刀具、测量和检查工件，以防刀具、滑枕撞击。

④ 机床开动后，不能站在工作台上，以防机床失灵造成伤害事故。

图 8-13　磨削加工

7. 磨削加工（图 8-13）危险和防护

（1）磨削加工危险　旋转砂轮的破碎及磁力吸盘事故是主要的不安全因素。

（2）安全防护措施

① 开车前必须检查工件的装置是否正确，紧固是否可靠，磁力吸盘是否正常，否则，不允许开车。

② 开车时应用手调方式使砂轮和工件之间留

有适当的间隙，开始进刀量要小，以防砂轮崩裂。

③ 测量工件或调整机床及清洁工作都应停车后进行。

④ 为防止砂轮破损时碎片伤人，磨床必须装有防护罩，禁止使用没有防护罩的砂轮进行磨削。

8. 电焊加工（图 8-14）危险与防护

（1）电焊加工危险　电击伤、烫伤、电弧"晃眼""电焊工肺尘埃沉着病""锰中毒"和"金属热"等职业疾病。

图 8-14　电焊加工

（2）安全防护措施

① 工作前应检查焊机电源线、引出线及各接线点是否良好，若线路横越车行道时应架空或加保护盖；焊机二次线路及外壳必须良好接地；电焊钳把绝缘必须良好。焊接回路线接头不宜超过三个。

② 电焊车间应通风，固定电焊场所要安装除尘设备，以防"电焊工肺尘埃沉着病""锰中毒"和"金属热"等疾病。

③ 电焊工操作时要穿绝缘鞋，电焊机要接零线保护，以防电击伤。要戴电焊手套，穿长衣裤，用电焊面罩，防止红外线、强可见光、紫外线辐射，防止皮肤灼伤，电弧"晃眼"造成视力下降。

④ 在焊接铜合金、铝合金（有色）金属及喷焊、切割中会产生氮氧化物，必须在排风畅通的环境中进行，必要时要戴防毒面具。

⑤ 焊机启动后，焊工的手和身体不应随便接触二次回路导体，如焊钳或焊枪的带电部位、工作台、所焊工件等。

◈ **任务分析与处理**

从事机械加工的人员必须穿戴好防护用品，上衣要做到"三紧"，女工要戴好工作帽。同时规定不准跨过转动的零部件拿取工具。这是一起严重地违反操作规定和护品穿戴不规范而引发的死亡事故。告诉我们，遵章守纪，安全才有保障。

能力拓展

2005 年 8 月 17 日上午，浙江一注塑厂职工江某正在进行废料粉碎，塑料粉碎机的入料口是非常危险的部位，按规定，在作业中必须使用木棒将原料塞入料口，严禁用手直接填塞原料，但江某在用了一会儿木棒后，嫌麻烦，就用手去塞料。以前他也多次用手操作，也没出什么事，所以他觉得用不用木棒无所谓。但这次，厄运降临到他的头上。右手突然被卷入粉碎机的入料口，手指就给削掉了。

请根据以上案例分析事故发生的原因，并提出预防控制措施。

第三节　管理机械行业危险因素

知识目标

(1) 了解机械生产过程中的环境因素对安全生产的影响；

(2) 了解机械加工企业的安全管理内容及相关法律法规；

(3) 了解机械加工企业保障安全生产的主要安全制度；

(4) 掌握如何改善作业环境及消除作业现场的不良因素。

任务简述

某市装配厂机动科机修站划线钳工吕某某（男，51 岁），在操作台钻（Z512）加工工件的过程中，在未停机的情况下，戴手套清扫工件铁屑，被旋转钻头上所带的铁屑挂住右手食指，缠绕在钻头（Z512）上，造成右手食指两节离断事故。请问，吕某的行为涉及哪些安全问题？吕某所在企业在管理上又有哪些问题？

知识准备

一、机械生产中环境因素对安全生产的影响

机械制造生产场所的安全技术要求有以下几个方面。

1. 机械制造生产场所的采光要求

生产场所是生产必须的条件，如果采光不良，长期作业，容易使操作者眼睛疲劳，视力下降，产生误操作，或者发生意外伤亡事故。同时，合理采光对提高生产效率和保证产品质量有直接的影响。因此生产场所要有足够的照度，以保证安全生产的正常进行。机加工车间见图 8-15。

① 生产场所一般白天依赖自然光，在阴天及夜间则由人工照明采光作补充和代替。

② 生产场所内照明应满足《工业企业照明设计标准》要求。

③ 对厂房一般照明的光窗设置：厂房跨度大于 12m 时，单跨厂房的两边应有采光侧

窗，窗户的宽度应不小于车间长度的1/2；多跨厂房相连，相连各跨应有天窗，跨与跨之间不得有墙封死。车间通道照明灯要覆盖所有通道，覆盖长度应大于90%车间安全通道长度。

2. 机械生产场所的通道要求

通道包括厂区主干道和车间安全通道。厂区主干道是指汽车通行的道路，是保证厂内车辆行驶、人员流动以及消防灭火、救灾的主要通道；车间内安全通道是为了保证职工通行和安全运送材料、工件的通道。

（1）厂区干道的路面（图8-16）要求　车辆双向行驶的干道，宽度不小于5m；有单向行驶标志的主干道，宽度不小于3m。进入厂区门口，危险地段需设置限速牌、指示牌和警示牌。

图8-15　机加工车间

图8-16　厂区干道的路面

（2）车间安全通道（图8-17）要求　通行汽车，宽度＞3m；通行电瓶车、铲车，宽度＞1.8m；通行手推车、三轮车，宽度＞1.5m；一般人行通道，宽度＞1m。

（3）通道的一般要求　通道标记应醒目，画出边沿标记，转弯处不能形成直角。通道路面应平整、无台阶、无坑、无沟。通道土建施工应有警示牌或护栏，夜间要有红灯警示。

3. 机械生产场所的设备布局要求

车间生产设备设施的摆放，相互间的距离，与墙、柱的距离，操作者的空间，高处运输线的防护罩网等，与操作人员的安全都有很大关系。如果设备布局不合理或错误，操作者空间窄小，当工件、材料等飞出时，容易造成人员的伤害，造成意外事故。车间设备布局见图8-18。因此，应做到：

图8-17　车间安全通道

图8-18　车间设备布局

（1）大、中、小设备划分规定

① 按设备管理条例规定：将设备分为大、中、小型 3 类。

② 特异或非标准设备按外形最大尺寸分类：大型，长＞12m；中型，长 6～12m；小型，长＜6m。

（2）大、中、小型设备间距和操作空间的规定

① 设备间距（以活动机件达到的最大范围计算）：大型≥2m，中型≥1m，小型≥0.7m。大、小设备间距按最大尺寸要求计算。如果在设备之间有操作工位，则计算时应将操作空间与设备间距一并计算。若大、小设备同时存在时，大、小设备间距按大的尺寸要求计算。

② 设备与墙、柱距离（以活动机件的最大范围计算）：大型≥0.9m，中型≥0.8m，小型≥0.7m。在墙、柱与设备间有人操作的，应满足设备与墙、柱间和操作空间的最大距离要求。

③ 高于 2m 的运输线应有牢固的防罩（网），网格大小应能防止所输送物件坠落至地面；对低于 2m 的运输线的起落段两侧应加设护栏，栏高 1.05m。

4. 机械生产场所的物料堆放要求

生产场所的工位器具、工件、材料摆放不当，不仅妨碍操作，而且引起设备损坏和工伤事故。为此，应做到以下几点：

① 生产场所要划分毛坯区，成品、半成品区，工位器具区，废物垃圾区。原材料、半成品、成品应按操作顺序摆放整齐且稳固，一般摆放方位与墙或机床轴线平行，尽量堆垛成正方形。

② 生产场所的工位器具、工具、模具、夹具要放在指定的部位，安全稳定，防止坠落和倒塌伤人。

③ 产品坯料等应限量存入，白班存放量为每班加工量的 1.5 倍，夜班存放量为加工量的 2.5 倍，但大件不得超过当班定额。

④ 工件、物料摆放不得超高，在垛底与垛高之比为 1∶2 的前提下，垛高不得超出 2m，砂箱堆垛不得超过 3.5m。堆垛的支撑稳妥，堆垛间距合理，便于吊装。流动物件应设置垫块楔牢。

5. 机械生产场所的地面状态要求

生产场所地面平坦、清洁是确保物料流动、人员通行和操作安全的必备条件。应做到：

① 人行道、车行道和宽度要符合规定的要求；

② 为生产而设置的深度大于 0.2m、宽大于 0.1m 的坑、壕和池应有可靠的防护栏或盖板，夜间应有照明；

③ 生产场所工业垃圾、废油、废水及废物应及时清理干净，以避免人员通行或操作时滑跌造成事故；

④ 生产场所地面应平坦、无绊脚物。

二、消除机械生产现场作业环境的不良因素

（一）防范机械的危险部位

操作人员易于接近的各种可动零部件都是机械的危险部位，机械加工设备的加工区也是

危险部位。常见的危险零部件有：旋转轴；相对传动部件如啮合的明齿轮；不连续的旋转零件，如风机叶片、成对带齿滚筒；皮带与皮带轮，链与链轮；旋转的砂轮；活动板和固定板之间靠近时的压板；往复式冲压工具如冲头和模具；带状切割工具如带锯；蜗轮和蜗杆；高速旋转运动部件的表面如离心机转鼓；联接杆与链环之间的夹子；旋转的刀具、刃具；旋转的曲轴和曲柄；旋转运动部件的凸出物，如键、定位螺钉；旋转的搅拌机、搅拌翅；带尖角、锐边或利棱的零部件；锋利的工具；带有危险表面的旋转圆筒如脱粒机；运动皮带上的金属接头（皮带扣）；飞轮；联轴节上的固定螺钉；过热过冷的表面；电动工具的把柄；设备表面上的毛刺、尖角、利棱、凹凸；机械加工设备的工作区。

（二）防范危险的作业

本身具有较大的危险性的作业称为特种作业，其危险性和事故率比一般作业大。包括：电工作业；压力容器操作；锅炉司炉；高温作业；低温作业；粉尘作业；金属焊接气割作业；起重机械作业；机动车辆驾驶；高处作业等。

特种作业人员必须经过现代安全技术培训，考核合格后才能上岗操作。

（三）防止机械伤害

1. 机械伤害的分类

机械伤害是指机械设备运动或静止部件、工具、加工件直接与人体接触引起的挤压、碰撞、冲击、剪切、卷入、绞绕、甩出、切割、切断、刺扎等伤害。不包括车辆伤害、起重伤害。机械伤害大致可以分为 8 类。

（1）挤压伤害　这种伤害是在两个零部件之间产生的，其中一个或两个是运动零部件，这时人体或人体的某部分被夹进两个部件的接触处。

（2）碰撞和冲击伤害　这种伤害是比较重的往复运动部件撞人，伤害程度与运动部件的质量和运动速度的乘积即部件的动量有关，如果动量比较大，则造成冲击伤害。

（3）剪切伤害　两个具有锐利边刃的部件，在一个或两个部件运动时，能产生剪刀作用。当两者靠近而人的四肢伸入时，刀刃能将四肢切断。

（4）卷入伤害　引起这类伤害的主要危害是相互配合的运动副，两个做相对回转运动的辊子之间的夹口引发的引入或卷入，将人的四肢卷进运转中的咬入点。

（5）卷绕和绞缠的伤害　引起这类伤害的是做回转运动的机械部件。如轴类零部件，回转件上的突出形状，旋转运动的机械部件的开口部分。

（6）甩出物打击的伤害　由于发生断裂、松动、脱落或弹性位能等机械能释放，使失控物件飞甩或反弹对人造成伤害。

（7）切割和刺扎的伤害　切削刀具的锋刃、零件表面的毛刺、工件或废屑的锋利飞边等，无论物体的状态是运动还是静止的，这些由于形状产生的危险都会构成潜在的危险。

（8）切断的伤害　当人体伸入两个接触部件中间时，人的肢体可能被切断。其中一个是运动部件或两个都是运动部件都能造成切断伤害。

2. 机械设备本质安全化措施

（1）本质安全化的内容　设备的本质安全化措施可以通过设备本身和控制器的安全设计

来实现。

（2）本质安全化的措施

① 从根本上消除发生事故的条件。许多机械事故的发生是由于人体接触了危险点，将危险操作采用自动控制、用专用工具代替人手操作、实现机械化等都是保证人身安全的有效措施。

② 设备能自动防止操作失误和设备故障。设备应有自动防范措施，以避免发生事故。这些措施应能达到：即使操作失误，也不会导致设备发生事故；即使出现故障，应能自动排除、切换或安全停机；当设备发生故障时，不论操作人员是否发现，设备应能自动报警，并作出应急反应，更理想的是还能显示设备发生故障的部位。

三、机械行业安全管理与规范解读

1. 机械行业安全生产管理标准化概况

目前，中国作为世界上第二大产品出口国，很多机械行业的产品销往国外，为了生产出更好的产品，中国很多企业都在采用现代化的设备和技术，这在一定程度上提高了生产效率和产品质量，但同时带来另一重要难题——安全生产管理。

为了规范行业安全标准，各国针对自身特点制定出了较符合自己的安全生产管理标准。截至目前，欧盟机械行业安全生产管理标准已经更新了五次，最近一次更新完善后他们将这些标准分为3个层次：A类标准——基础标准；B类标准——通用标准；C类标准——各类专业机械标准。

相比较欧盟的安全生产管理标准，我国也因地制宜地制定出了一套机械行业安全生产标准：首先安全生产标准采用欧盟标准的A、B、C三类划分方法；其次在标准的内容上也采用或参考了相应的欧盟标准；最后制定了带有中国特色的机械行业安全生产管理标准。

2. 机械设备的安全生产管理现状

当前我国机械行业设备的研发测试技术、预防性维修都正在改善机械行业的安全生产管理。机械设备的安全生产管理贯穿于设备使用管理的整个过程中，包括从设备的选型、选购、管理、操作、运行到维护、保养等阶段。

目前在我国机械设备的安全生产管理中主要存在如下问题：

① 设备安全生产管理制度的不完善性。主要表现在制度标准的不全面，局限性较大。

② 生产管理制度实施的不彻底性。很多企业制定设备安全生产管理制度只是为了敷衍上级，没有切实地运用到实际的设备生产过程中。

③ 人员技术的匮乏性。针对一些企业设备安全事故的分析和研究，可以发现安全事故发生的很大一部分原因就是操作人员的专业技术不过关，从而导致一幕幕惨剧发生。

3. 对策措施

机械行业安全生产管理标准体系的制定和完善是机械安全生产的基本保障，是提高产品质量的前提条件，是企业获取竞争优势必不可少的部分。为了提高机械行业的安全生产力，应该按照完整性、可扩展性、层次性、协调性和先进性的原则进行规划和健全。

针对上述提出的问题，为了进一步完善我国机械安全标准体系，需从以下几个方面着手改进。

① 加强对机械行业安全生产管理标准的研究：即对机械安全生产管理标准的基础性、系统性、体系性加强研究，提高机械行业的安全生产管理意识，全面提高我国机械产品的安全性。

② 加强对欧盟新的安全生产管理标准的研究：深入研究欧美发达地区的机械安全技术法规，研究对机械产品安全的市场准入要求、安全性评价程序和认证制度。

③ 加大机械安全生产管理标准的宣传、贯彻和执行力度：一个好的标准不光是体现在标准的制定上，更多的是体现在标准的执行效果上，所以要更深入地执行安全生产管理标准。

④ 积极采用先进标准和用于改进：积极消化和吸收欧盟先进标准，并将适合我国国情的标准及时改进为适合我们自身特点的标准。

四、制度建设

机械制造企业安全管理制度内容包括《安全生产检查制度》《伤亡事故管理制度》《职业安全健康教育制度》《建设项目安全健康管理制度》《特种设备安全管理制度》《特殊工种安全管理制度》《相关方安全管理制度》《防火安全管理制度》《危险作业审批制度》《电气临时线路审批制度》《危险化学品安全管理制度》《厂区交通安全管理制度》《职业病预防管理制度》《安全防护设备管理制度》《防尘、防毒设施管理制度》《劳动防护用品管理制度》《易燃易爆场所管理制度》《安全生产"五同时"管理制度》《劳动合同安全监督制度》《安全生产费用提取和使用管理制度》《安全奖惩制度》《女职工、未成年工管理制度》《危险源识别与评价制度》等。

详见《机械企业安全管理制度及各岗位职责》的具体内容。

◇◆◇ 任务分析与处理

（1）造成这起事故的直接原因是钳工吕某某严重违反操作规程，在未停机的状况下戴手套清扫工件铁屑。

（2）造成事故的间接原因，一是安全管理不严，对安全操作规程和岗位安全教育落实不够；二是对习惯性违章行为纠正不力，处罚不严。

◉ 能力拓展

公司机修车间大修工段镗工张某，在镗床上加工零件，其镗床上的固定刀杆的螺钉原是内六角螺钉，后因丢失，张某用长约40mm的外六角螺钉代用，致使螺钉外露30mm，并随轴转动。张某在加工过程中挂上自动进刀后就背向工件，不慎将身体倾靠在工件上，衣服被旋转的固定刀杆的外露螺钉绞住，将身体绞倒，脊椎骨折，被邻近操作者发现，送医院抢救无效死亡。

请问：（1）该事故的主要原因是人的不安全行为、物的不安全状态，还是管理缺陷？

（2）总结一下该起事故的教训。

单项选择题

1.机床工作结束后，应最先（   ）。

A. 清理机床   B. 关闭机床电器系统和切断电源

C. 润滑机床   D. 清洗机床

2.机床运转过程中，转速、温度、声音等应保持正常。异常声音，特别是撞击声的出现往往表明机床已经处于比较严重的不安全状态。下列情况中，能发出撞击声的是（   ）。

A. 零部件松动脱落   B. 润滑油变质

C. 零部件磨损   D. 负载太大

3.冲压事故可能发生在冲压设备的不同危险部位，且以发生在冲头下行过程中伤害操作工人手部的事故最多。下列危险因素中，与冲压事故无直接关系的是（   ）。

A. 应用刚性离合器   B. 模具设计不合理

C. 机械零件受到强烈振动而损坏   D. 电源开关失灵

4.冲压作业有多种安全技术措施。其中，机械防护装置结构简单、制造方便，但存在某些不足，如对作业影响较大，应用有一定局限性等。下列装置中，不属于机械防护类型的是（   ）。

A. 推手式保护装置   B. 摆杆护手装置

C. 双手按钮式保护装置   D. 拉手安全装置

5.剪板机用于各种板材的裁剪，下列关于剪板机操作与防护的要求中，正确的是（   ）。

A. 剪切厚度小于 10mm 的剪板机多为机械转动

B. 操作者的手指离剪刀口至少保持 150mm 的距离

C. 剪板机可以 1 人操作

D. 不同材质的板料不得叠料剪切，相同材质不同厚度的板料可以叠料剪切

6.不能用于容易发生燃烧或爆炸场所的是（   ）传动机械。

A. 齿轮啮合   B. 皮带   C. 链条   D. 联轴器

7.某公司购置了一台长 8m 的设备，安装时，该设备之间的安全距离至少是（   ）。

A. 0.6m   B. 0.8m   C. 0.9m   D. 1.2m

8.如果受地形限制，不能设置砂轮机房，应在砂轮机正面装设（   ）高度的防护挡板。

A. 不高于 1.5m   B. 不低于 1.5m   C. 不高于 1.8m   D. 不低于 1.8m

9.为了保证厂区内车辆行驶、人员流动、消防灭火和救灾，以及安全运送材料等需要，企业的厂区和车间都必须设置完好的通道。车间内人行通道宽度至少应大于（   ）。

A. 0.5m   B. 0.8m   C. 1.0m   D. 1.2m

10.车间合理的机器布局可以使事故明显减少，下列不属于布局时应考虑的因素的是（   ）。

A. 空间   B. 照明   C. 用途   D. 维护时的出入安全

第九章 金属冶炼安全生产

冶金生产过程中既有冶金工艺所决定的高热能、高势能的危害，又有化工生产具有的有毒有害、易燃易爆和高温高压危险。同时，还有机具、车辆和高处坠落等伤害，特别是冶金生产中易发生的钢水或铁水喷溅爆炸、煤气中毒或燃烧、爆炸等事故，其危害程度极为严重。此外，冶金生产的主体工艺和设备对辅助系统的依赖程度很高，如突然停电等可能造成铁水、钢水在炉内凝固、煤气网管压力骤降等从而引发重大事故。因此，冶金工厂的危险源具有危险因素复杂、相互影响大、波及范围广、伤害严重等特点。

第一节 辨识金属冶炼行业危险因素

> **知识目标**
>
> （1）了解金属冶炼行业的主要事故类型；
> （2）了解金属冶炼行业的危险和有害因素。

◆ 任务简述

2014 年 3 月 24 日 7 时 20 分，唐山某钢铁有限公司炼钢厂天车组组长谷某组织天车组人员召开班前会，强调了安全注意事项，会后天车工到各自岗位开始接班。10 时 50 分，正在炼钢厂连铸车间出坯跨驾驶 15# 天车吊运钢坯的天车工张某发现 15# 天车的小车移动速度慢，立即打电话报告给谷某，谷某说一会儿安排电工检查一下，张某驾驶的 15# 天车继续工作。11 时 15 分，炼钢厂连铸车间出坯跨 16# 天车的天车工张某驾驶天车由北向南行驶时，发现炼钢厂连铸车间出坯跨钢渣热闷岗位的天车工王某站在出坯跨西侧天车蹬车平台入口处招手喊她，与此同时也发现同轨道的 15# 天车正吊运钢坯由北向南行驶，张某为了给 15# 天车让开通道，就将 16# 天车行驶到车间南端，准备等 15# 天车卸完钢坯向北行驶离开后，再驾驶 16# 天车到天车蹬车平台入口处接王某。11 时 20 分，张某将 16# 天车停在车间南端后望向王某，看见王某站在出坯跨西侧天车蹬车平台入口处，身体越线，被由北向南行驶的 15# 天车西侧端梁刮碰，身体被挤压在天车西侧端梁与轨道护栏之间受伤。试分析，该事故发生的原因是什么？

◆ 知识准备

金属冶炼包括黑色金属冶炼（钢铁冶炼）和有色金属冶炼，是把金属从化合态变为游离态的过程。冶金行业是包括由矿山、烧结、焦化、炼铁、炼钢、轧钢以及相应配套专业和辅助工艺等构成的完整工业体系。在生产作业过程中高温、高压、高粉尘作业多，炉窑、塔器、管道与大型机械纵横交错，存在众多危险源。以钢铁工业为例，其主要危险源如表 9-1 所示。

表 9-1　钢铁产品生产过程中的主要危险源

过程	主要危险源												
	粉尘	噪声	热辐射	放射性	振动	爆炸	触电	火灾	雷击	运输事故	机械事故	供电安全	供水安全
原料	√	√			√		√	√	√	√		√	√
烧结	√	√	√		√		√	√	√	√	√	√	√
焦化	√	√	√		√	√	√	√	√	√	√	√	√
炼铁	√	√	√		√		√	√	√	√	√	√	√
炼钢	√	√	√		√		√	√	√	√	√	√	√
连铸	√	√	√		√		√	√	√	√	√	√	√
热轧	√	√	√		√		√	√	√	√	√	√	√
冷轧	√	√	√		√		√	√	√	√	√	√	√
能源介质	√	√	√			√	√	√	√	√	√	√	√
起重运输	√	√					√	√	√	√	√	√	√
辅助设施	√	√			√		√	√	√	√	√	√	√

注:√表示存在。

　　冶金企业的主要危险、危害因素分为两类:一类是自然灾害,有地震、雷击、暴雨等;另一类是生产工艺过程中存在的危险或可能导致的危害,例如,电气室、电气设备故障可能发生的火灾;设备高速运转部位可能引起的人体机械伤害,胶带机跑偏、倾斜胶带机通廊行走不方便可能引起人体伤害,敞开式胶带机通廊、平台、孔、洞等处可能发生人体坠落事故;高炉、转炉煤气存在中毒危险;各除尘风机、水泵、鼓风机、压缩机、机械设备、气体放散设备、空压机等处均会产生噪声危害等。

一、人的因素

　　中国安全生产协会冶金安全专业委员会共有 36 家会员单位报送了企业 2014 年度安全生产统计数据。36 家企业发生死亡和重伤事故起数比较多的类别依次是:其他伤害,41 起;机械伤害,39 起;高处坠落,39 起;物体打击,40 起;灼烫,19 起;起重伤害,15 起;中毒和窒息,13 起;提升、车辆伤害,4 起;触电,1 起。在各类事故中死亡人数最多的是其他伤害,为 41 人;紧随其后的为机械伤害,39 人;高处坠落,39 人。金属冶炼行业事故类型图见图 9-1。

　　事故致因理论认为,人是安全生产"四大要素"即人、机、物、环中的第一要素,一旦不安全因素失控,人往往是事故的肇事者。理论和现实表明,在冶金企业发生的人员伤亡事故中,85%以上为人为责任事故,其中由于"三违"而引发事故占很高的比例。习惯性"三违",是指企业员工在长时期内日积月累逐渐养成的不按章程办事的习惯性的违章指挥、违章作业和违反劳动纪律的行为。

1."三违"的主要成因

　　由于观念、心理、环境、企业管理等原因,会造成操作者在从事生产活动中安全意识不强,处处在被动的"要我安全"的心态支配下进行工作,没有真正确立"我要安全"的主观意识。

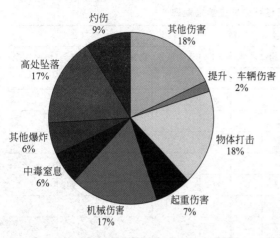

图 9-1　金属冶炼行业事故类型图

（1）习惯性"三违"　习惯性"三违"行为，不是行为者有意识所为，而是行为习惯形成。行为者尽管在作业前采取了周密的安全措施，但由于在长期实践中形成的不良习惯发生了作用，无意识地违反安全防范措施，出现误操作，威胁着安全生产，诱发各种类型和各种性质事故的发生。

（2）无知性"三违"　从业人员因为年龄、工龄、文化水平、技能、经验等方面的因素，对应该知晓的内容不知或一知半解，紧急或复杂情况下，难以控制自己的情绪，难以清晰地去思考问题，而是凭自己的热情去冒险、蛮干。有些管理人员工作方法简单、粗暴、以责代教、以罚代管，导致员工工作热情不高、反感、不服气。

（3）侥幸性"三违"　这种人员多半有违章"前科"，明知那样做会有危险，但因种种原因未发生事故或未受到处罚，因而心存侥幸，对自身行为缺乏约束。

（4）重复性"三违"　除了智力、技能、文化水平等因素外，表现为什么都看不惯，什么都看不起，你不让干什么，我偏要干，出了事故怨张三、怪李四，就是不从主观内部找原因，更不去总结吸取别人的事故教训。特别是在个人敏感问题上不如意时，表现更为偏激，带着情绪工作，有时甚至对抗，严重时更会重复发生事故。

（5）疏忽性"三违"　疏忽大意既有因工作单调而形成的惰性，也有主观因素，如思想意识格调低下、情绪缺乏均衡、意志薄弱等。自以为是老资格、老经验，对情况变化没有重视，没采取相应措施，从而造成"三违"或事故。

（6）冒险性"三违"　个别管理人员、员工常常仗着"艺高人胆大"，按自己认可的方式作业，削弱了安全规定的权威性和严肃性。

（7）继承性"三违"　一些员工的"三违"现象，不是他们自己的"发明"，而是从师傅那里"学"来的，看到老员工、师傅违章操作或作业，既省力，又没出事故，自己也盲目仿效。因此，对待传统经验应一分为二地分析，取其精华，去其糟粕。

2. 防范"三违"的方法

（1）让员工有"我会安全"的技能　《中华人民共和国安全生产法》对从业人员的权利和义务明确了相关的规定，确定了从业人员在安全生产中的责任主体地位，这就意味着从业人员要确保生产安全，就必须主动地接受安全教育和培训，必须主动地强化自己的安全意识，提升安全操作技能，从而自觉地远离"三违"，实现"要我安全"向"我要安全"到"我会安全"的转变。

（2）让员工有"我懂安全"的素质　安全源于素质，素质源于培训。作为安全生产主体的生产经营单位，应坚持"始于教育，终于教育"的原则，不断强化安全教育和培训，努力提高从业人员的安全素质，为安全生产打下坚实的基础。要从源头上把住招聘质量关、新聘和转岗培训教育关、日常安全教育关、安全知识更新换代关、安全生产警示教育关、安全奖惩考核评估关，从而使从业人员在安全生产实践中自觉地抵制"三违"，做到"不伤害自己、不伤害他人和不被他人伤害"。

（3）让员工有"这是安全"的环境　要通过搞好工作现场的文明生产，工程质量标准化工作，保证作业环境的干净、整洁、安全；要加大安全的投入，不断采用新技术、新设备，向科学技术要安全；要抓好作业规程、施工措施的编制，确保其具有针对性、实用性、安全性和可操作性。

（4）让员工有"安全有规"的意识　人的行为的养成，一靠教育，二靠约束，建立健全一套安全管理制度和安全管理机制，是搞好企业安全生产的有效途径。让职工明白什么是对的，什么是错的，应该干什么，不应该干什么，违反规定就会受到处罚，使安全管理有据可查。管理人员要有"多想一点""多看一眼""多走一步""多提醒一句"的责任心，这是解决职工主观行为问题的有效方法，也是保证安全生产的有效环节。

二、物的因素

冶金行业是我国国民经济重要的基础产业之一，自新中国成立以来，历经 60 余年的发展，其生产和管理水平不断提升，安全生产形势总体向好。但近年来生产安全事故却屡有发生。

分析冶金安全生产事故频发的根源，从"物"的角度分析，主要是设施（备）工具缺陷，个体防护用品缺乏或有缺陷，其次是防护保险装置有缺陷和作业环境条件差，还有是设备落后，滋生隐患。近年来我国虽不断引进、消化和吸收国际钢铁前沿技术和设备，并对国内现有设备进行大规模技术改造，但目前我国钢铁企业生产设备仅有 20% 左右能达到世界先进水平、50% 左右能达到国内先进水平，这也为安全事故的发生埋下隐患。

【案例】　2010 年 1 月 4 日，河北省武安市××钢铁公司炼钢分厂的 2# 转炉与 1# 转炉的煤气管道完成了连接后，未采取可靠的煤气切断措施，使转炉气柜煤气泄漏到 2# 转炉系统中，导致正在 2# 转炉进行砌炉作业的人员中毒。事故造成 21 人死亡、9 人受伤。事故图示见图 9-2。

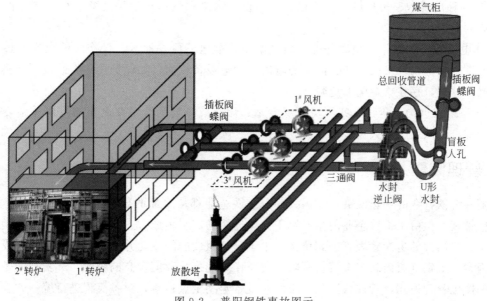

图 9-2　普阳钢铁事故图示

事故原因分析：

① 在 2# 转炉回收系统不具备使用条件的情况下，割除煤气管道中的盲板，煤气柜内（事故时 1# 转炉未回收）煤气通过盲板上新切割 500mm×500mm 的方孔击穿 U 形水封，经仍处于安装调试状态的水封逆止阀、三通阀、电动蝶阀、电动插板阀充满 2# 转炉（正在砌炉作业）煤气回收管道，约 10 时 50 分，煤气从 3# 风机入口人孔、2# 转炉溢流水封和斜烟道口等多个部位逸出；

② U 形水封排水阀门封闭不严，水封失效，导致此次事故的发生（从 1 月 3 日 13 时注水完毕至 1 月 4 日 10 时 20 分左右，经过约 21h 的持续漏水，U 形水封内水位下降），水位差小于 27.5cm（煤气柜柜内压力为 2.75kPa），失去阻断煤气的作用。

三、环境因素

钢铁生产包括烧结、炼铁、炼钢、轧钢、煤气回收与应用、焦化、制氧等多个环节，具有企业规模大、工艺流程长、配套专业多、设备大型化、操作复杂、连续作业等特点。冶金生产既具有生产工艺条件所决定的高动能、高势能、高热能所带来的重大危险因素，又有化工生产常见的有毒有害物质，还有一般机械行业常见的机械伤害事故。其特点是危险源点多、危害大、高温作业和煤气作业多、作业环境差。

主要危险源：烟尘、噪声、高温辐射、铁水和熔渣喷溅与爆炸、高炉煤气中毒、高炉煤气燃烧爆炸、煤粉爆炸、机具及车辆伤害、高处作业危险等。

常见的危险和有害因素（环境方面）如下。

① 原料场和焦化、烧结、高炉、转炉、精炼、连铸、石灰煅烧、轧钢等生产过程中产生的粉尘及有害气体可能对操作人员造成伤害。如煤气泄漏产生的一氧化碳及转炉生产的一氧化碳等有害气体；高炉、焦炉煤气生产可能出现的煤气中毒事故等。

② 焦化、烧结、高炉、转炉、精炼、连铸、石灰煅烧、轧钢等各种加热炉产生的强烈刺眼弧光及热辐射对人的影响。高温作业区域对人体可能产生影响。

③ 各种冶炼炉、机械设备、风机、压缩机、水泵和气体放散等设备运行时产生的噪声对人体的危害。

④ 电器设备的非带电金属外壳，由于漏电、静电感应等原因，操作人员在操作过程中有可能发生触电伤害事故。变、配电的电压及用电设备较高，如保护设施失效或不严格遵守安全操作过程，存在着触电的危险。

⑤ 高架建（构）筑物，如厂房、变电站、烟囱或排气筒等，在夏季的雷雨季节，有可能遭受雷击，从而产生火灾、爆炸和设备损坏、人员伤亡事故。

四、管理因素

随着钢铁行业的快速发展，我国大部分钢铁企业都从之前的分散生产管理转向了集中、半集中管理。但由于钢铁企业的生产属于大量连续的流水生产方式，生产环节较多、生产工艺复杂，其内部的生产管理难以到位，产生了管理粗放的问题，并间接成为制约后期成本的重要因素。宝钢（唐山新宝泰钢铁有限公司）作为现代化程度较高的企业，其实行的是长流程、一体化管理模式，管理权限在上层，对设备定期定点检修，对各流程进行统一的管理和监督。这对产品质量、成本控制以及生产安全都起到了很好的作用。但遗憾的是，目前很多冶金企业实行的还是模块化管理，各流程分别管理，各自为战，不能实现流程间的互相检查和监督。一些企业安全生产主体责任不落实，片面追求利润最大化，安全意识淡薄，作业条件差、安全管理混乱、特种作业人员持证上岗率不高、"三违"现象普遍等问题比较突出。

发生事故时，从管理上分析最主要的原因是不懂或不熟悉操作技术，劳动组织不合理；其次是现场缺乏检查指导，安全规程不健全，以及技术和设计上的缺陷。

【案例】2010年1月18日上午8时30分左右，河北××建设有限公司的6名检修施工人员进入××冶炼公司 2# 高炉（440m^3）炉缸内搭设脚手架，拆除冷却壁时，造成6名施工人员煤气中毒死亡。

事故原因分析（从管理的角度）：

① 检修施工人员在进入炉内作业前，未按规定对炉内是否存在煤气等有害气进行检测；

② 双方未制定检修方案及安全技术措施，均未明确专职安全人员对检修现场进行监护作业。

 任务分析与处理

该起事故的原因：

1. 直接原因

唐山某钢铁有限公司炼钢厂连铸车间出坯跨钢渣热闷岗位天车工王某忽视安全，违反安全管理规定，未经批准擅自登上炼钢厂连铸车间出坯跨西侧天车蹬车平台站在入口处，身体越线，导致被 15# 天车刮碰挤压。

2. 间接原因

① 唐山某钢铁有限公司安全管理不到位，安全管理人员安全意识淡薄，未尽到安全管理职责，安全检查走过场，隐患排查不力，起重机械在吊运物品过程中未安排专人进行现场安全管理，天车蹬车平台入口处未设置相关的警示标志，未能及时发现和有效制止作业人员的违章行为。

② 唐山某钢铁有限公司安全教育培训不到位，未教育和督促作业人员严格按安全管理规定作业，导致职工安全知识缺乏，安全意识淡薄，忽视安全，违反安全管理规定，随意离岗、串岗，擅自进入严禁进入的危险场所。

事故性质：经调查认定，唐山某钢铁有限公司"3·24"机械伤害事故是一起生产安全责任事故。

第二节　控制金属冶炼行业危险因素

知识目标

（1）了解金属冶炼生产过程中的主要安全技术措施；

（2）掌握金属冶炼生产过程中隐患排查的方式及主要内容。

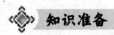 **任务简述**

① 某冶金企业于 2009 年 11 月 22 日 2 号高炉因炉凉造成停车检修；

② 2010 年 1 月 6 日 15 时 56 分，竖炉因生产需要开始恢复生产，该冶炼公司将 2 号高炉净煤气总管出口的电动蝶阀和盲板阀（眼镜阀）打开，由 1 号高炉产生的煤气向竖炉提供燃料供应；

③ 1 月 16 日 17 时 56 分，竖炉停止生产，将 2 号高炉的电动蝶阀关闭，而没有将盲板阀（眼镜阀）关闭；

④ 在 2 号高炉检修期间，干式除尘器箱体的进、出口盲板阀（眼镜阀）处于未关闭状态，箱顶放散管处于关闭状态，2 号高炉重力除尘器放散管处于关闭状态；

⑤ 高炉检修施工人员在进入炉内作业前，也没有按照规定对炉内是否存在煤气等有害气体进行检测，在煤气浓度超标的情况下，盲目进入炉内进行作业；

⑥ 1 月 18 日上午 8 时 30 分左右，公司 6 名检修施工人员进入该冶炼公司 2 号高炉（440m³）炉缸内搭设脚手架，拆除冷却壁时，造成 6 名施工人员中毒死亡。

试问：该起事故发生的原因是什么？从中可以汲取哪些教训？

知识准备

一、冶金工业生产的特点及冶金企业危险概述

冶金工业生产的特点：生产不同产品的企业种类繁多，工艺、设备复杂多样，设备体积大（如各种冶炼设备、各种运输设备体积都十分庞大）；产品质量高，冶炼生产温度高（如炼铁、炼钢的焰点和沸点高达 1000～2000℃ 及以上，电解铝正常生产温度高达 950℃）；粉尘烟害大，有毒有害物质多，劳动条件艰苦，安全卫生问题突出，伤亡事故和职业病多。这些都是劳动保护不可忽视的。

在冶金工业生产中，从矿山开采、选矿、烧结、冶炼、轧钢、轧制有色金属到焦化、耐材处理、炭素制品加工、铁合金冶炼、机械加工和运输等一系列过程中，危害工人安全、健康的因素非常多，需要采取各种措施加以解决。

1. 烧结车间的危险及有害因素分析

烧结的主要工序有配料、一次混合、二次混合、破碎、筛分、冷却筛分、热矿运输等，存在的危险及有害因素有火灾爆炸、机械伤害、物体打击、触电、灼烫伤害、高处坠落、车辆伤害、噪声、高温、中毒、粉尘等。

（1）火灾爆炸 由于烧结机点火器使用煤气作为燃料，可能因点火故障、煤气闸阀泄漏、供气压力不稳定、操作失误、故障熄火等原因发生火灾爆炸，若煤气发生泄漏遇明火则也会有火灾爆炸危险。

（2）机械伤害和物体打击 机械伤害是冶金企业中的主要危险因素之一，发生的可能性大。因烧结车间设备及其他辅助机械设备众多，如旋转或运动部件防护缺损而外露、设备控制故障、安全装置失效以及操作失误等，都可能造成机械伤害，特别是在设备故障检修作业中，因冶金企业中的设备普遍很高大、维修部件多且重、检修部位高等不利因素，造成检修

作业中机械伤害事故高发。

因冶金企业各车间操作平台错落布置，可能因高处平台物料摆放不规范、不齐整，或作业时意外将工具、物料掉落等，均可能砸伤下面作业人员。另外，在检修作业过程中，也可能因工具、部件摆放不稳而意外碰落，从而碰伤下面人员。

（3）触电　由于烧结车间高压机电设备较多，若未标志高压警告，人员容易发生高压电弧触电，加上烧结车间环境恶劣，粉尘较大、温度较高，高温会使设备绝缘老化加速、粉尘会降低电气设备的绝缘程度，人接触后很容易发生触电事故。

（4）灼伤　人员经过烧结机时，热气流也可能导致人员灼伤，烧结机在卸料时，滚烫的物料可能会飞溅伤人。在巡检、检修过程中，人员若接触高温设备、物料也会发生灼伤事故。

（5）高处坠落　烧结车间高达 30～50m，各操作位、操作平台、检修平台或巡检线路高低布置，上下楼梯纵横交错。如果作业平台防护缺陷、楼梯湿滑、行走不慎等，都可能导致作业人员从高空坠落。另外高处作业、高处检修时如果没佩戴全个人防护设施，如安全带、安全帽、耐热或绝缘手套等，也都可能导致高处坠落事故发生。

（6）车辆伤害　在运送物料、烧结矿等过程中也都会发生车辆伤害。

（7）噪声　烧结车间各种设备如风机、破碎机等的运转产生噪声。在这些环境下的作业人员有可能受到噪声的危害。噪声不仅会对人的生理上造成伤害，而且对工作有不良影响。由于噪声对作业人员产生上述影响，从而降低作业效率。由于作业人员易产生单调、烦恼、易疲劳、反应迟钝和注意力不集中现象，所以会导致事故发生。

（8）高温与中暑　烧结机附近的温度比较高，人体受高温的影响，出现一系列生理功能改变，如体温调节功能下降。当生产环境温度超过 34℃时，很容易发生中暑。如果劳动强度过大，持续劳动时间过长，则更容易发生中暑，严重时可导致休克。

（9）中毒　烧结使用煤气作为主要燃料，若煤气管路因受腐蚀、材质不良或安装质量差等原因发生泄漏，在生产中或者在检修过程中，如果通风不畅、检测装置失灵、个人防护不够就会发生煤气中毒。

（10）粉尘　在配料、装料、卸料和成品破碎筛分等过程中都会产生大量粉尘，若人员长期在此环境下工作容易患肺尘埃沉着病。

2. 炼钢连铸车间的危险及有害因素分析

（1）转炉炼钢危险及有害因素分析　炼钢选用转炉——氧气顶吹转炉冶炼工艺。其主要工艺设备有转炉、精炼炉、铁水脱硫设施等。

转炉炼钢的主要工序有检查修补炉衬，向炉内先装废钢后兑铁水；扶正炉体，降枪吹氧，加溶剂，倒渣等。存在的危险有害因素有熔融金属遇水爆炸、火灾爆炸、机械伤害、物体打击、车辆伤害、起重伤害、触电、灼伤、高处坠落、煤气中毒、粉尘、噪声和高温等。

（2）连铸车间危险及有害因素分析　连铸生产线选用的连铸自动化控制采用三级控制，基本上实现了连续、自动化生产。从钢包向中间罐进行保护浇铸开始，铸流经结晶器一次冷却、铸坯段二次冷却、连铸坯矫直、火焰定长切割、去毛刺、喷号下线等，直至下线，基本实现操作室集中控制，无人现场作业。

连铸生产过程中可能存在的主要危险和有害因素有：熔融钢水爆炸或超压爆炸、火灾爆炸、物体打击和机械伤害、起重伤害、灼伤、噪声、粉尘等。

3. 有色金属冶炼生产的主要危险源和主要事故类别及原因

有色金属冶炼生产包括铜、铅、锌、铝和其他稀有金属和贵重金属的冶炼和加工，其生产过程具有设备、工艺复杂，设备设施、工序工种量多面广，交叉作业，频繁作业，危险因素多等特点。

主要危险源有：高温，噪声，烟尘危害，有毒有害、易燃易爆气体和其他物质中毒、燃烧及爆炸危险，各种炉窑的运行和操作危险，高能高压设备的运行和操作危险，高处作业危险，复杂环境作业危险等。

主要事故类别有：机械伤害，车辆伤害，起重伤害，高温及化学品导致的灼烫伤害，有毒有害气体和化学品引起的中毒和窒息，可燃气体导致的火灾和爆炸，高处坠落事故等。

根据对以往事故的统计分析，有色金属冶炼生产中发生安全事故的主要原因是：违章作业和不熟悉、不懂安全操作技术，工艺设备缺陷和技术设计缺陷，防护装置失效或缺陷，现场缺乏检查和指导，安全规章制度不完善或执行不严以及作业环境条件不良等。

二、金属冶炼行业的安全生产技术措施

金属冶炼、铸造、锻造和热处理等生产过程中伴随着高温，并散发着各种有害气体、粉尘和烟雾，同时还产生噪声，从而严重地恶化了作业环境和劳动条件。这些作业工序多，体力劳动繁重，起重运输工作量大，因而容易发生各类伤害事故，需要采取针对性的安全技术措施。

1. 金属冶炼安全

（1）高温与中暑　金属冶炼操作，如炼钢、炼铁是在千摄氏度以上的高温下进行的。高温作业时，人体受高温的影响，其后果前面章节中已提到，这里不再赘述。

（2）爆炸与灼烫　钢铁工厂为了提高效益，降低消耗，常常采用强化冶炼的措施，如喷煤粉和吹氧等，这就使得炼钢、炼铁生产中容易发生钢水、铁水喷溅和爆炸事故。

造成钢水、铁水喷溅、爆炸的原因很多，从原料开始生产出钢、铁的全部生产工艺过程，均隐藏着不安全因素。必须在每一道工艺上加强防范措施。

（3）煤气中毒　煤气中的主要有害成分为一氧化碳。在炼钢、炼铁生产中，特别是炼铁生产中产生的废气，即高炉煤气，含有很高的一氧化碳，因此在炼钢、炼铁生产中，处理不好容易发生煤气中毒事故。有效的预防办法，是注意加强生产现场的通风、监测、检修和个人防护。

2. 金属铸造与浇铸安全

把熔融金属注入造型材料和黏剂制成的模型或金属模型中，从而获得成型铸件的制造方法叫铸造。

铸造工人与冲天炉、电炉打交道，如果在熔化金属中混有异物或遇水，可引发爆炸、烫伤事故。铸造生产除采用铸造机械设备外，还大量使用各种起重运输机械，很容易发生机械伤害事故。铸造作业的有些工序手工作业量较大，容易发生碰伤事故。熔化、浇铸、落砂等过程会散发出大量的热量，影响工人健康。

金属浇铸的主要工具是浇包，浇包内盛有高温金属溶液，操作中有一定的危险性。要十

分注意安全。浇包的转轴要有安全装置，以防意外倾斜。浇铸时，铁水包盛满铁水后，重心要比转轴低 100mm 以上。容量大于 500kg 的浇包，必须装有转动机构并能自锁。浇包转动装置要设防护壳，以防飞溅金属进入而卡住。

3. 锻造安全

鉴于锻压设备存在很多不安全因素，因此锻工应掌握一定的设备保养知识，并遵守安全操作规程。

锻工必须经过培训考核合格，不然就不得单独操作锻压设备和加热设备。锻压设备运转部分，如飞轮、传动皮带、齿轮等部位，均应设置防护罩。水压机应有安全阀、自动停车与启动装置。蓄压器、导管和水压缸应分别装压力表，动力稳压器也必须配备有安全阀。加热设备主要有重油炉、电炉和煤气炉。其中主要危害是煤气中毒、灼伤、烤伤和电炉触电等，工作中应严格执行操作规程。锻造时，金属加热温度达 700～1300℃，强大的辐射热、灼热的料头、飞出的氧化皮等都会对人体造成伤害，因此操作者在开始工作前必须穿戴好个人防护用品。

在进行锻造作业时，操作者要遵守安全操作规程，集中精力，互相配合；要注意选择安全位置，躲开危险方向；切断料时，身体要躲开料头飞出的方向；掌钳工握钳和站立姿势要正确，钳把不准正对或抵住腹部；司锤工要按掌钳的指挥准确司锤，锤击时，每一锤要轻打，等工具和锻件接触稳定后方可重击；锻件过冷、过薄、未放在锤中心、未放稳或有危险时均不得锤击，以免损坏设备、模具和振伤手臂，以及发生锻件飞出造成伤人事故；严禁擅自落锤和打空锤，不准用手或脚去清除砧面上的氧化皮，不准用手去触摸锻件；烧红的坯料和锻好的锻件不准乱扔，以免烫伤别人。

4. 热处理安全

为了使各种机械零件和加工工具获得良好的使用性能，或者为了使各种金属材料便于加工，常常需要改变它们的物理、化学和力学性能，如磁性、抗蚀性、抗高温氧化性、强度、硬度、塑性和韧性等。

这就需要在机械加工中通过一定温度的加热、一定时间的保温和一定速度的冷却，来改变金属及合金的内部结构（组织），以及改变金属及合金的物理、化学和力学性能，这种方法就叫作热处理。进行这项工作时，工人经常与设备和金属件接触，因此必须认真掌握有关安全技术，避免发生事故。

◈ 任务分析与处理

该起事故发生的原因有以下几点：

① 停产检修的 2 号高炉与生产运行的 1 号高炉连通的煤气管道仅有的电动蝶阀关闭，而没有将盲板阀（眼镜阀）关闭，未进行可靠切断；

② 检修期间 2 号高炉煤气净化系统处于连通状态，各装置放散管处于关闭状态；1 号高炉的煤气经 2 号高炉干式除尘器箱体与重力除尘器到达 2 号高炉炉内；

③ 2 号高炉检修前，施工单位与生产单位双方均没有对 2 号高炉净煤气总管的盲板阀（眼镜阀）是否可靠切断进行有效的安全确认；

④ 检修施工人员在进入炉内作业前，没有按照规定对炉内是否有煤气等有害气体进行

检测；

⑤ 双方没有制定检修方案及安全技术措施，均没有明确专职安全人员对检修现场进行监护作业。

警示 1 蝶阀、闸阀等隔断装置不能作为煤气系统的可靠隔断装置，必须使用盲板阀或者蝶阀和眼镜阀配合使用。

警示 2 进入受限空间内作业前，必须首先对氧气及有害气体进行监测；连续作业时进行连续监测或者每间隔 2h 监测一次；必须办理《受限空间安全作业证》，履行审批手续，作业现场必须采取通风、监测、监护等措施。

警示 3 维修、检修期间易发生安全事故，维修、检修应采取有效的安全防护措施。

警示 4 企业对施工方的管理必须加强，对施工和生产的衔接配合必须加强协调。

第三节　管理金属冶炼行业危险因素

知识目标

(1) 了解冶炼生产过程中的环境因素对安全生产的影响；

(2) 了解冶炼企业的安全管理内容及相关法律法规；

(3) 了解冶炼企业保障安全生产的主要安全制度；

(4) 掌握如何改善作业环境及消除作业现场的不良因素。

◆ **任务简述**

2008 年 7 月 25 日 15 时 50 分，某钢轧辊厂加工车间丁班车工尹某在加工厂房东大门轧辊垛配合铣工孙某进行吊运轧辊作业。孙某在辊垛东侧、尹某在辊垛西侧，分别给第一层北数第三根轧辊两端挂好钢绳后，吊车司机赵某开始起吊。吊起后，落放在第一层北数第四、五根轧辊上面时，一根轧辊在自身重力作用下，将一层北数第四、五根轧辊向两侧挤开并滑落到地面，尹某左腿被挤压在第二层落地轧辊辊头与横放在辊垛西侧的轧辊辊身之间，造成左腿股骨下段至小腿上段撕脱粉碎骨折，左大腿下部截肢。

试问：该起事故发生的原因是什么？

◆ **知识准备**

一、冶金生产中环境因素对安全生产的影响

目前有相当一部分冶金企业因技改建设或管理原因等，生产现场作业环境存在管理混乱的现象，如物品随意堆放，工具随意乱放，废弃物不及时清理，场地通道狭窄使操作者行动不便，安全标志不设置或设置不规范，安全防护设施、消防器材的摆放不合理等（图 9-3）。安全管理包括了生产过程中的人、机、料、法、环等多种因素的安全管理。近年来冶金企业因生产现场作业环境不良引发的工伤事故有上升势头。

图 9-3　车间杂乱无序

在事故发生的原因中，不良的生产现场作业环境是发生事故的直接原因。而不良的生产现场作业环境，都与人的不安全行为或人的操作、管理失误有关。

【案例】　2010 年 6 月 21 日下午，某钢厂车辆段特大班对报废的 2140# 自备车侧板进行切割。钳工徐某在吊卸车上已切割的钢板（长约 2m、宽约 0.5m）时，将一块钢板平放在另一块钢板上，在解除钢丝绳时，钢板突然侧滑，砸伤其左脚，导致其左脚第一、二、三、四趾近端指骨骨折的事故。原因是作业现场环境物件堆放杂乱、拥挤，当发生意外时不能及时退让。

以上工伤事故的分析，证明在生产作业现场各种原材料、成品、半成品、工具以及各种废料等，如放置不当、杂乱无章，就成了事故隐患，不同程度地直接地作用和影响着企业的安全生产。

二、降低环境因素影响的主要措施

创造有条不紊、整整齐齐的作业环境，不仅符合现代企业生产现场管理的要求，而且能给操作者心理带来良好的影响，不仅提高了生产率，更能促使职工养成良好的安全卫生习惯。不良的生产现场作业环境状态背后，往往隐藏着人的不安全行为或人为失误。正确判断不良生产现场作业环境的具体状态，控制其发展，对预防、消除事故有直接的现实意义。

1. 建章立制

为了建立长效作业环境管理机制，作为企业应该采取措施，从建立健全作业环境规章制度着手，以规章制度管理和约束规范人的行为，有关作业环境的规章制度有：《生产现场安全管理办法》《安全、环境检查管理办法》《合格安全、作业环境车间评价管理办法》《区域负责制管理办法》等，形成包括员工着装、仪容仪表等礼仪规范和基本行为规范制度体系。同时，强化制度执行的监督考核，从而保证制度执行的准确、及时、高效、到位。

2. 强化教育，提高意识

现场作业环境管理讲究以人为本，以文化为载体，重点强化教育培训，坚持对员工进行宣传教育和培训，通过宣传教育和培训，强化对员工现场作业环境管理重要性的认识。在强化理念的同时，实行层层签订责任状的制度，真正做到现场作业环境管理"纵向到底、横向到边"，从而使作业环境规章制度和行为准则渗透到员工的一切行为之中。

3. 推行"6S"管理

为提高现场作业环境管理水平，推行"6S"管理。即整理（SEIRI）、整顿（SEITON）、清扫（SEISO）、清洁（SEIKETSU）、素养（SHITSUKE）、安全（SAFE-TY）六个项目管理在推进"6S"管理中，建议选择先试点、后全面推行的方法。图9-4为车间"6S"管理。

图9-4 车间"6S"管理

通过试点使现场作业环境的物、区、道，标志明晰，通道明亮、顺畅安全。为员工创造整洁、亮丽、舒适、优美、安全的工作环境。为其他车间提供范本和样板，让非试点区域看到其带来的变化和工作效率的提高，员工精神面貌的改善，从而影响和带动其他区域共同提高。并引导非试点车间不断监督和学习试点车间的改造过程，试点车间之间交叉学习、监督、检查、交流。

通过推行"6S"管理，促使全体员工遵守作业标准，共同创造令人满意、明净的工作环境，使员工工作时心情愉快，而且减少事故的发生，同时塑造了良好的企业形象。

三、安全管理与规范解读

冶金行业的安全生产标准是我国安全生产标准体系的重要组成部分，对于规范冶金行业安全生产，提高全行业的安全生产管理水平，有效扭转目前冶金行业安全生产的被动局面，促进冶金行业乃至全国安全生产形势的好转，都具有非常积极的意义。

冶金工业的技术规程和标准很多，从事安全生产的工程技术人员和管理人员应重点熟悉《炼铁安全规程》《炼钢安全规程》《轧钢安全规程》《工业企业煤气安全规程》《氧气及相关气体安全技术规程》《冶金企业安全卫生设计规定》《有色金属工业安全生产管理办法》的主要内容和规定；重点了解《烧结球团安全规程》《耐火安全规程》《焦化安全规程》的主要内容和规定。

四、制度建设

1. 加强冶金企业安全生产标准化系统建设

（1）注重冶金企业的安全教育　培养冶金企业人员的安全生产标准化意识是开展安全生产标准化建设的前提条件。在安全培训工作中，要定期开展一些相关的教育类课程，比如安全技术教育、安全思想教育、安全法律知识以及一些应急知识等，还可以列举一些同行业的重大安全事故来普及员工的安全防范意识。在平时的生产过程中，要注意培养员工的隐患识别能力，对容易发生安全事故的设备时刻给予员工警示，并在事故的易发时间和温度多变的时间段加大机械设备的检查力度，比如在夏季，不但要注意一些日常设备的检修工作，还要加强员工对于火灾、漏电等各种灾害的防范意识，使安全教育成为安全生产标准化建设的重要组成部分。

（2）明确安全生产标准化系统建设的目标　安全生产标准化系统建设的目标即使企业的人、设备、资源处于安全的生产状态。冶金企业要将这个目标具体化才能有效指导安全生产标准化各项任务的实施。例如，冶金企业可以制定出每年事故伤亡率的具体指标，通过各种监管制度和奖惩制度使实际的事故伤亡率低于这个指标，此外，这个指标要随着设备的改进和企业的发展不断降低。

（3）加强冶金企业的操作标准化　操作标准化要从操作行为与操作技能两个方面来进行规范，并制定明确的操作标准。岗位主管人要向所有作业人员传达正确的作业顺序，并将其制成纸质的参考文件，参考文件中的作业内容要尽量简单、易懂，使每个操作人员都能理解并能够准确地执行。对制定的作业标准应该根据新进设备的要求不断进行完善，并注意发现操作标准中存在的不足，及时进行改进。在制定和完善作业标准时，应注意参考员工的意见和建议，并给予提供合理操作标准建议的员工一定的奖励，引导员工参与到日常的安全生产标准化管理中，提高员工的认同感和责任感。在生产的实施过程中，要严格按照国家的有关规定进行各种生产活动，对各种原材料的数量和质量要定期进行检查，设备的使用要规范合理，及时引进先进的设备，并定期进行设备的检查、维修以及更换。

2. 冶金行业常规的安全管理制度

冶金企业常规的安全管理制度有《安全生产现场管理制度》《检修、维修管理制度》《危险源检查管理制度》《特殊工种作业管理制度》《岗位标准化操作制度》《进入受限空间管理制度》《职业卫生管理制度》《安全生产事故隐患排查治理管理制度》《消防安全管理规定》《外来人员安全管理制度》《事故应急救援管理制度》《关于安全生产设备事故管理规定》《劳保用品管理制度》《三级动火管理制度》《安全投入保障制度》《安全生产隐患逐级排查制度》《安全生产事故报告和调查处理制度》《安全生产责任制度》《安全生产确认制度》《安全生产会议制度》《安全生产挂牌制度》《安全教育培训制度》《安全生产奖惩制度》《设备管理制度》《班前会制度》《交接班制度》《公司施工与检维修安全管理制度》等 27 个。

◆ 任务分析与处理

该起事故发生的原因分析：

① 铣工孙某和伤者车工尹某安全意识淡薄，作业过程中未对轧辊堆放状态进行确认；且违章作业，违反该公司安全技术规程的有关规定，是事故发生的直接原因；

② 轧辊厂生产现场管理有漏洞，没有明确的现场物品摆放管理规定，导致现场轧辊摆放随意和掩垫不牢，是事故发生的主要原因；

③ 轧辊厂特种作业管理有漏洞，违反国家特种作业人员安全管理规定，安排不具备指挂吊特种作业资格的铣工、车工进行指挂吊作业，是造成事故的重要管理原因。

能力拓展

1. 2009 年 3 月 26 日，某铸造公司 3 号高炉机修车间工人赵某等 2 人早上接班，持续工作到次日凌晨（机修车间执行 24h 上班制）。因天气较冷，使用室外放置的取暖煤气炉的炉芯，通过橡胶皮管将煤气接入机修值班室已停止使用的燃煤炉燃烧取暖。因炉芯不符合安全要求，煤气燃烧不充分，发生煤气泄漏，造成 2 人中毒。凌晨 4 时，3 号高炉闰某也来到机修车间取暖休息。结果，3 人因煤气中毒而窒息死亡。

请分析：（1）该铸造公司存在哪些危险及有害因素？

（2）该起事故发生的原因有哪些？

2. 2000 年 5 月 19 日 9 时，某机械厂切割机操作工王某发现切割机刀锯与板摩擦，有冒烟和燃烧现象，当即关停风机和切割机排除故障。当时，皮带机仍然处于运转中，而且王某的袖口未系扣，袖子耷拉着，当他伸手去掏燃着的纤维板屑时，袖口连同右臂被皮带机皮带轮突然绞住。电工停电后摘下电机风扇罩子，拨动扇叶，才把王某的右臂拉出，但已造成伤残。

请分析：（1）该事故的主要原因是人的不安全行为、物的不安全状态，还是管理缺陷？

（2）该机械厂存在哪些危险及有害因素？

课后习题

一、单项选择题

1. 铸造是一种金属热加工工艺，是将熔融的金属注入、压入或吸入铸模的空腔中使之成型的加工方法。铸造作业过程中存在着多种危险有害因素。下列各组危险有害因素中，全部存在于铸造作业中的是（   ）。

    A. 火灾爆炸、灼烫、机械伤害、尘毒危害、噪声振动、高温和热辐射

    B. 火灾爆炸、灼烫、机械伤害、尘毒危害、噪声振动、电离辐射

    C. 火灾爆炸、灼烫、机械伤害、苯中毒、噪声振动、高温和热辐射

    D. 粉尘爆炸、灼烫、机械伤害、尘毒危害、噪声振动、电离辐射

2. 锻造加工过程中，机械设备、工具或工件的错误选择和使用，人的违章操作等，都可能导致伤害。下列伤害类型中，锻造过程不易发生的是（   ）。

    A. 送料过程中造成的砸伤   B. 辅助工具打飞击伤

    C. 造型机轧伤   D. 锤杆断裂击伤

3. 下列关于铸造作业尘毒危害的说法正确的有（   ）。

    A. 电炉产生的烟气中含有大量对人体有害的二氧化碳

    B. 浇铸过程中会产生二氧化碳气体

C. 在烘烤砂型或砂芯时有一氧化碳气体排出

D. 浇包过程中会产生二氧化硫气体

4.异常气象条件作业包括高温作业、高温强热辐射作业、高温高湿作业等。下列生产场所中，有高温强热辐射作业的场所是（　　　）。

A. 化学工业的化学反应釜车间

B. 冶金工业的炼钢、炼铁车间

C. 矿山井下采掘工作面

D. 锅炉房

5.对存在粉尘和毒物的企业，职业危害控制的基本原则是优先采用先进工艺技术和无毒、低毒原材料。对于工艺技术或原材料达不到要求的，应当优先采用的措施是（　　　）。

A. 采用先进的个人防护措施

B. 采用防尘、防毒排风设施或湿式作业

C. 定期轮换接触尘毒危害的员工

D. 设置事故通风装置及泄漏报警装置

二、多项选择题

1.锻造机械结构应保证设备运行中的安全，而且还应保证安装、拆卸和检修等工作的安全。下列关于锻造安全措施的说法中，正确的有（　　　）。

A. 安全阀的重锤必须封在带锁的锤盒内

B. 锻压机械的机架和突出部分不得有棱角和毛刺

C. 启动装置的结构应能防止锻压机械意外地开动或自动开动

D. 锻压机械的启动装置必须能保证对设备进行迅速开关

E. 防护罩应用镀链安装在锻压设备的转动部件上

2.甲公司是一家有色金属冶炼企业，存在严重的职业病危害。依据《职业病防治法》的规定，该公司的下列职业健康管理做法中，正确的是（　　　）。

A. 将工作过程中可能产生的职业病危害及其后果、职业病防护措施和待遇等如实告知了劳动者，未在劳动合同中明确存在的职业病危害

B. 在醒目位置设置了公告栏，公布有关职业病防治的规章制度、操作规程、职业病危害事故应急救援措施和工作场所职业病危害因素检测结果

C. 为劳动者建立了包含相关信息的职业健康监护档案

D. 对职业病防护设备设施等进行经常性的维护、检修，定期检测其性能和效果，确保其处于正常状态

E. 在协商解除劳动合同时，为职工提供盖章的职业健康监护档案复印件并收取管理费

3.生产性粉尘作业危害程度分级方法是根据（　　　）制定的。

A. 生产性粉尘游离二氧化硅含量　　　　B. 工人接尘时间肺总通气量

C. 车间温度　　　　D. 生产性粉尘浓度超标倍数

第十章　建筑施工安全生产

　　根据统计，1994～2010年，我国建筑施工安全事故死亡18510人。年均死亡1089人。近年来我国政府不断加强监管力度，我国建筑施工事故情况总体呈下降态势：事故总量下降；事故造成的死亡人数下降；三级事故起数及其死亡人数下降。尽管整体上安全事故数量连续多年下降，但由于建筑施工多为立体交叉作业，不同程度地存在着各种不安全因素，加之大量的农民工参与，安全形势不容乐观，仍然是高危险、事故多的行业之一。

　　根据统计，房屋建筑施工安全事故的主要类型有：坠落、坍塌、机械损伤、物体打击、触电、中毒等，其中以坠落和坍塌为发生频率相对较高的事故类型。建筑施工图见图10-1。

图10-1　建筑施工图

第一节　辨识建筑行业危险因素

知 识 目 标

　　(1) 了解建筑行业危险和有害因素的种类；

　　(2) 了解建筑行业的主要危险和有害因素应对办法。

◆ **任务简述**

一、事故简介

　　2003年1月7日下午13时10分，广东省惠州市某花园工地的卸料平台架体因失稳发生坍塌事故，造成3人死亡，7人受伤，初步统计经济损失55万元。

二、事故发生经过

　　2002年9月12日，惠城区建设局发现该项目未领取《施工许可证》擅自施工，当即对惠州市某房地产开发公司发出了停工通知书，要求他们在15天内到惠城区建设局办理有关施工报建手续。发出停工通知书后，惠城区建设局有关领导和工作人员曾多次督促他们办理施工手续，直至2002年12月上旬，建设单位才到惠城区建设局补办施工报建手续。2002年12月9日，惠城区建设局建设工程发包审核领导小组讨论该项目时，认为该项目未领取《施工许可证》擅自施工，应按照有关规定进行经济处罚。2002年12月17日，惠城区建设局根据有关规定对该项目进行经济处罚后，当即发出了该项目的施工安全监督通知书，要求建设单位和施工单位到惠城区建筑工程施工安全监督站办理建筑施工安全监督手续。2003年1月3日，惠城区建筑工程施工安全监督站在工地进行检查时，发现该工地存在严重施工安全隐患，当场发出整改通知，要求他们在7天内整改完毕，但施工单位没有严格按照规定进行整改，致使在整改期内发生事故。

12月底，为了赶工期，工地施工员根据公司安排，通知搭棚队负责人黄某在工程未完工的情况下，先行拆除B、C栋与平台架体相连的外脚手架。1月3日拆完外脚手架后，只剩下独立的平台架体。事故前几天，工程队带班黄某在施工作业过程中，发现卸料平台架体不稳固，向工地施工员报告了此事，但施工员和搭棚队负责人及有关管理人员均未对平台架体进行认真安全检查和采取加固措施。

1月7日下午13时，工程队带班黄某安排工人在B、C栋建筑进行施工作业。13时10分，平台架体失稳发生坍塌，造成平台作业人员2人当场死亡，4人重伤，4人轻伤。其中1名重伤人员因伤势严重，于1月14日抢救无效死亡。

根据事故描述，从技术和管理层面加以分析该起事故发生的原因。

 知识准备

一、人的因素

近年来，我国建筑安全事故依旧高发频发，而人是影响建筑安全生产的第一因素，人为因素导致的事故高达90%。无论是现场施工人员还是施工管理指挥人员，人的因素始终是影响施工安全的主要因素。施工人员的不安全行为和思想以及管理人员的指挥管理疏忽，都是事故发生的直接诱因。施工人员是事故的直接受害者，也往往是事故发生的制造者。例如，外架坠落引起的事故中，施工人员因操作失误、违章操作（包括未戴安全帽、不拴安全带、违章拆除脚手架、脚手架违规搭设等）而伤亡的事故都是人的因素直接造成外架坠落使人员伤亡的安全事故。另外管理监管人员不按既定规章指挥作业，冒险违规指挥造成安全事故，比如某工程施工中在拆除墙体时管理人员违规指挥，在未设置临时支撑的情况下，安排施工人员通过挖墙脚的方法导致墙体直接倒塌从而伤人的事故。

很多房屋建筑施工事故从另一个侧面来讲大都是可以避免的，因为其正是由直接或者间接参与人员违规操作，违章指挥，安全意识薄弱，技术培训或者技术交底不到位，监管不力等人为原因而造成的。天灾难防，但是人的因素大多都可以通过预防来避免。因此通过建立一套施工安全预防长效机制，并加强监管，把事后处理工作变为事前预防，降低人为可控因素造成的安全风险，尤为重要、可行。

1. 建筑业中人的不安全行为的主要表现

不安全行为是指人在生产中可能引发生产事故的行为差错，是指员工在生产过程中采取的可能产生不良后果的违反劳动纪律、操作规程和施工工艺方法等具有危险性的行为。"在人机系统中，人的操作或行为超越或违反系统所允许的范围时就会发生人的行为差错"。人的不安全行为是引起建筑安全生产事故最直接和最主要的原因。此外，虽然有些员工的某种行为不会直接引发事故，但是可能会导致机械设备等不安全状态或致使后果扩大，比如因抢救方式不当、违规指挥救援等造成人员伤亡和财产损失，这些行为也被看作不安全行为。

根据人的动机、个人态度和个体差异等因素，可以将人的不安全行为分为有意识不安全行为和无意识不安全行为两种。有意识不安全行为指的是人有目的、有意图地采取了一些行动，或是明知某种行为是错误的但仍故意实施的行动。无意识的不安全行为指人由于自身条件限制、疏忽大意而没有感知到某种行为是不安全的，因此称其为无意识的不安全行为。

从 2011～2012 年全国 54 例有伤亡的建筑安全事故中分析可知，其中坍塌事故 25 起，占 46.30%；触电事故 1 起，占 1.85%；高处坠落事故 10 起，占 18.52%；物体打击事故 7 起，占 12.98%；机械伤害窒息事故 7 起，占 12.98%；其他事故 4 起，占 7.40%。

通过整理分析发现，在建筑施工生产过程中人的不安全行为主要有以下五种形式：不安全使用设备或使用不安全设备；作业位置或操作姿势不安全；不安全的作业速度；明知有故障仍继续操作或没有做好个人防护措施；在运转中或危险的设备上工作。

2. 建筑业中人的不安全行为的影响因素

事故致因理论认为，人的个体行为和事故的发生存在一定的因果联系。由于受到自身与环境等因素的影响，人们面对同一事件可能产生不同的心理，做出不同的反应，采取不同的行为。依据有关事故致因理论并结合建筑业实际情况，笔者将人的不安全行为影响因素分为教育因素、生理因素、心理因素、个性特征、社会因素、物的因素、环境因素等，如表 10-1 所示。

表 10-1   不安全行为影响因素

教育因素	生理因素	心理因素	个性特征	社会因素	物的因素	环境因素
缺少生产知识和经验； 缺乏对于安全的重要性认识； 缺乏必需的安全技能和安全技术	听力、视力不好； 反应迟钝； 醉酒； 疾病； 疲劳	侥幸心理； 麻痹心理； 捷径心理； 从众心理； 逞能心理； 恐慌心理； 逆反心理	年龄； 文化程度； 个人经验	安全管理状况； 企业安全文化； 人际关系； 家庭关系； 生活事件； 政策法规	设备本身危险； 物料存放不当； 不良的现场环境	作业场所狭窄； 环境温度、湿度不当； 交通线路的配置不安全； 通风不良或无通风； 材料等堆放不安全； 照明不足； 场地杂乱

3. 建筑施工中不安全行为的分类

分法有很多种，根据《企业职工伤亡报告》（GB 6441）将不安全行为分为以下 13 大类。

① 操作失误，忽视安全、忽视警告。

例：未经允许开动、关停、移动设备；忽视警示标志；酒后作业等。

② 造成安全装置失效。

例：拆除了安全装置等。

③ 使用不安全设备。

例：临时使用不牢固的设施；使用无安全装置的设备等。

④ 手代替工具操作。

例：用手代替手动工具。

⑤ 物体存放不当。

⑥ 冒险进入危险场所。

⑦ 攀坐不安全位置。

⑧ 在起吊物下作业、停留。

⑨ 在机器运转时进行检查、维修、保养等工作。

⑩ 有分散注意力行为。

⑪ 没有正确使用个人防护用品、用具。

例：未戴安全帽；未佩戴安全带等。

⑫ 不安全装束。

例：在工地穿肥大服装；穿拖鞋等。

⑬ 其他。

二、物的因素

1. 案例引入

一天上午，某建筑公司 1 名瓦工和其他 3 人站在宿舍楼 6 层两阳台中间搭设的毛竹脚手架上浇筑阳台混凝土，由于没有专门搭设卸料平台，吊运的混凝土只好卸在该脚手架上临时铺设的钢模板上。8 时 49 分左右，当第三斗混凝土卸在钢模上，这名瓦工上前清理料斗时，脚手架右侧内立杆突然断裂，钢模板滑落，瓦工随钢模板坠落到地面，脑部和内脏严重摔伤，经抢救无效死亡。

2. 物的不安全状态原因分析

本事故中的卸料平台本身有重大欠缺，这个卸料平台没有经过设计计算，属于随意搭建，实际是用毛竹装修架代替，这是建筑安全规定所不允许的。由于是随意搭建，所以它有一系列缺欠，典型的如没有载荷量标牌、没有水平防护设施等。日常建筑安全管理中，常说一些设备装置或工作环境不符合"规定"。那么，在理论上怎么来理解"不符合规定"呢？规定可能是法律、法规、标准、部门规章及本企业的规章制度中所列的，这些规定是在广泛吸收专家或业界人士的意见、参考以前的大量案例的基础上制定的，如果得到遵守，基本上不会出事故，否则有很大的可能性会出事故。所以，在理论上，可以说不遵守这些规定，就是存在危险源（通常称为"隐患"）。顾名思义，危险源是事故产生的根源，所以本事故中，卸料台本身存在着多处危险源，也就是前面所说的不安全状态，即事故的直接原因。

此外，从作业环境上来看，这个处于楼房第六层的卸料平台下面，没有脚手板和水平网，也不符合安全规定，这也是引发本事故的危险源。

二维码10-1

建筑施工常见不安全
状态的表现形式

建筑施工物的不安全状态主要包括：防护等装置缺乏或有缺陷；设备、设施、工具、附件有缺陷；个人防护用品缺少或有缺陷；施工生产场地环境不良——现场布置杂乱无序、视线不畅、沟渠纵横、交通阻塞、材料工具乱堆乱放，机械无防护装置，电器无漏电保护，粉尘飞扬，噪声刺耳等。这些使劳动者生理、心理难以承受的环境因素必然诱发安全事故。

建筑施工常见不安全状态的表现形式见二维码10-1。

三、环境因素

因环境影响造成的事故是指建筑实体在施工或使用的过程中，由于使用环境或周边环境原因而导致的安全事故。环境因素主要包括使用环境、周边环境、施工现场环境和自然天气四个方面。

使用环境主要是对建筑实体的使用不当，如荷载超标，使用高污染建筑材料或放射性材料等。高污染或放射性的建筑材料既会给施工人员造成职业病危害，也对使用者的身体带来伤害。周边环境原因主要指自然灾害方面，如山体滑坡等。在一些地质灾害频发的地区，应该加强对环境事故的预判和防治能力，防止环境事故的发生。

施工现场一般是开放的环境，多种工作类型交叉工作，相互干扰，相对较为复杂。一些恶劣的施工环境（如灯光太暗或太强，视力模糊，通风不良，灰尘，超声光栅；作业场所狭窄、杂乱，生产和生活用电私拉乱扯）；不良地质施工现场（如暗河、坟坑、井穴）和施工材料、设备的放置顺序均有可能引发事故，此外高温、寒冷、风、雨等恶劣的自然气候也会引发一系列的安全事故。

四、管理因素

1. 事故发生的管理因素分析

事故的发生不是偶然的，有其必然因素，根据目前建筑施工企业生产现状分析，存在如下问题：

（1）企业安全生产责任制未全面落实　大部分企业都制定了安全生产规章制度和责任制度，但部分企业对机构建设、专业人员配备、安全经费、职工培训等方面的责任未能真正落实到实际工作中；机构与专职安全管理人员形同虚设，施工现场违章作业、违章指挥的"二违"现象时有发生；没有认真执行安全生产规章制度、技术规范和标准，安全检查流于形式，不重视事故隐患排查和整改工作，出现违规行为时执法不严。

（2）企业安全生产管理模式落后，治标不治本　部分企业仍旧比较重视经验管理和事后管理，未真正落实"安全第一，预防为主，综合治理"的安全生产方针，没有从源头和根本上深入研究事故发生的规律性和突发性，从而难以有效预防各类安全事故的发生。

（3）监理单位未有效履行安全监理职责　《建设工程安全生产管理条例》及建设部《关于落实建设工程安全生产监理责任的若干意见》中明确，监理单位负有安全生产监理职责。但目前监理单位大多对安全监理的责任认识不足，工作被动，并且监理人员普遍缺乏安全生产知识。其主要原因包括：监理费中没有包含安全监理费或者取费标准较低，只增加了监理单位的工作量，未增加相应报酬；安全监理责任的规定比较原则性，可操作性较差；对监理单位和监理人员缺乏必要的制约手段。

2. 防止事故的措施

人的不安全行为、物的不安全状态以及恶劣的环境条件，往往只是事故直接和表面的原因，安全管理缺陷是事故发生的根源，是事故发生的深层次的本质原因。因此，要从根本上防止事故，必须从加强安全管理做起，不断改进安全管理技术，提高安全管理水平，如建立健全企业安全规章制度、设立专职安全管理机构和配备专职安全管理人员、严格执行安全教育培训和劳动技能培训制度、落实安全生产责任制、落实安全技术交底制度、进行施工现场安全检查、落实安全生产监理责任、推行职工伤害事故保险制度等。

根据事故原因，预防和遏制安全事故的发生，应采取以下措施。

（1）落实安全生产责任制　按照《安全生产法》和其他法律、法规的规定，施工企业必须建立安全生产责任制，并与承包商、分包商、项目施工管理人员及班组签订安全生产责任书。项目部同时制定安全目标责任考核制度，责任到人，定期考核，奖优罚劣，提高全体从业人员执行安全生产责任制的自觉性，从制度上预防安全事故的发生。

施工现场安全由施工企业负责，实行施工总承包的，由总承包单位负责；分包单位向总承包单位负责，服从管理。分包单位不服从安排，导致事故，由分包单位承担主要责任。

（2）加强职工的安全培训和教育　新员工进行企业、项目部、班组三级安全教育方可上岗，实施新工艺、新技术或使用新设备、新材料时，对有关员工进行安全技术知识、安全操作规程的教育培训，特种作业人员（如起重工、架子工、电焊工、机械司机等）必须经过专门的安全技术培训并考核合格，方可上岗操作。另外，必须开展经常性和多种形式的安全教育，促使员工重视安全生产，提高自我保护意识，真正实现安全生产。

（3）建设方案示范、审批制度　开挖工程、模板工程、吊装工程、脚手架工程、爆破工程施工方案，企业必须通过审批的技术总监和总工程师批准；深基坑开挖、地下工程的专项施工方案、模板工程，施工单位应当组织专家进行可行性研究。一步一步启动安全技术信息披露，实施专职安全管理人员现场监督。

（4）加强工程机械的管理　对塔机等起重机械作为特种设备严把进场准入关，确保特种机械操作人员定人、定岗、定机。施工初期，使用单位针对机械设备的使用状况及施工计划，制订定期保养计划并组织实施，对机械及某些零件进行检查、清洁、润滑、紧固，排除发现的故障，更换工作期满的易损部件。

（5）制定季节性施工安全技术措施　季节施工容易造成事故，应采取相应的安全技术措施。雨季施工制定防触电、防雷击、防塌措施，大的暴风雨天气应停止施工；冬季施工制定防冻、防滑、防火、防煤气中毒措施，特别注意宿舍取暖安全；夏季施工合理调整作息时间，进行防暑降温的知识宣传，使施工人员掌握脑卒中患者的抢救措施。

◆ 任务分析与处理

该起事故原因分析如下。

1. 技术方面

① 缺少脚手架搭设方案是此次事故的技术原因。《建筑施工安全检查标准》规定，脚手架搭设前应当编制施工方案。卸料平台应单独进行设计计算，不允许与脚手架进行连接，必

须把荷载直接传递给建筑结构。该工程脚手架搭设时，只是由现场施工员向搭棚队负责人黄某安排了工作任务，黄某在既无方案又无交底的情况下，完全根据自己的经验和习惯，随意搭设脚手架，造成该工程脚手架缺少技术依据和论证。卸料平台未进行设计，也没有施工图纸，并违反规定与脚手架连接。在搭设过程中，还随意拆改卸料平台的结构架体，造成卸料平台整体受力结构改变，影响了稳定性。

② 工序颠倒。施工单位在工程尚未完成的情况下，先行拆除了与平台架体相连的外脚手架，却没有对平台架体采取相应的加固措施。

③ 平台架体与建筑物的拉接过少，在勘察事故现场时，只发现了 3 根拉接筋。

2. 管理方面

① 安全生产责任制不落实是此次事故的直接管理原因。该工程搭设卸料平台及外脚手架无设计方案，无验收便投入使用。没有对施工现场的工人进行安全技术交底。施工单位的管理人员安全意识差，未能认真履行职责，职责不明，未认真开展安全检查。施工单位明知存在事故隐患也没有及时纠正和采取防范措施，制度不健全，落实不到位。

② 劳动组织不合理，导致人员集中、荷载集中，从而造成超载也是事故的原因。施工单位安排在卸料平台上交叉作业人员过多。未及时清理作业平台残余废料，平台残余废料堆积过多过重，工人违章作业，直接在平台胶板上堆置砂浆进行搅拌作业。取水口设置不合理，造成作业人员集中停留在平台架体过道取水。

从此次事故可以看出，建设行政主管部门、建设单位和施工单位，都必须严格遵守《中华人民共和国建筑法》《中华人民共和国安全生产法》和《建设工程安全管理条例》。违反法规，就要付出血的代价。

能力拓展

某单层工业厂房项目，檐高 20m，建筑面积 5800m²。施工单位在拆除顶层钢模板时，将拆下的 18 根钢管（每根长 4m）和扣件运到井字架的吊盘上，5 名工人随吊盘一起从屋顶高处下落。此时恰好操作该机械的人员去厕所未归，一名刚刚招来两天的合同工开动了卷扬机。在卷扬机下降工程中，钢丝绳突然折断，人随吊盘下落坠地，造成 2 人死亡、3 人重伤的恶性后果。

请根据上述案例分析事故原因。

第二节　控制建筑行业危险因素

知识目标

（1）了解建筑施工过程中的主要安全技术措施；

（2）掌握建筑施工过程隐患排查的方式及主要内容；

（3）了解建筑施工的特点。

2007年5月30日，安徽省合肥市某市政道路排水工程在施工过程中，发生一起边坡坍塌事故，造成4人死亡、2人重伤，直接经济损失约160万元。

该排水工程造价约400万元，沟槽深度约7m，上部宽7m，沟底宽1.45m。事发当日在浇筑沟槽混凝土垫层作业中，东侧边坡发生坍塌，将1名工人掩埋。正在附近作业的其余7名施工人员立即下到沟槽底部，从南、东、北三个方向围成半月形扒土施救，并用挖掘机将塌落的大块土清出，然后用挖掘机斗抵住东侧沟壁，保护沟槽底部的救援人员。经过约半个小时的救援，被埋人员的双腿已露出。此时，挖掘机司机发现沟槽东侧边坡又开始掉土，立即向沟底的人喊叫，沟底的人听到后，立即向南撤离，但仍有6人被塌落的土方掩埋。

试分析，这起事故发生之前的隐患有哪些？应该从哪些环节去保证作业的安全性？

知识准备

一、隐患排查

从建筑活动的特点及事故的原因和性质来看，建筑安全事故可以分为五大类：高处坠落、触电、物体打击、机械伤害、坍塌事故。

（1）高处坠落事故　高处坠落事故是由于高处作业引起的，根据《高处作业分级》（GB/T 3608—2008）的规定，凡在坠落高度基准面2m以上（含2m）有可能坠落的高处进行的作业，均称为高处作业。根据高处作业者工作时所处的部位不同，高处作业坠落事故可分为：临边作业高处坠落事故、洞口作业高处坠落事故、攀登作业高处坠落事故、悬空作业高处坠落事故、操作平台作业高处坠落事故、交叉作业高处坠落事故6大类。在施工现场，造成高处坠落事故的主要原因有：违章指挥和违章操作、高处作业的安全防护设施的材质强度不够、安装不良、磨损老化、安全防护设施不合格、装置失灵和劳动防护用品缺陷等。

（2）触电事故　有外点线路触电事故，主要是指事故中碰触事故现场周边的架空线路而发生的触电事故。还有施工机械漏电造成事故：建筑施工机械要在多个施工现场使用，不停地移动，环境条件较差，带水作业多，如果不保养好，机械往往易漏电；施工现场的临时用电工程没有按照规范要求做到"三级配电，二级保护"；手持电动工具漏电，电线电缆的绝缘皮老化、破损及接线混乱造成漏电以及照明及违章用电。

（3）物体打击事故　主要包括高处落物、飞蹦物击、滚物伤害。例如从物料堆上取物时，物料散落、倒塌造成伤害。

（4）机械伤害事故　施工指挥者指派了未经安全培训合格的人员从事机械操作；为赶进度不执行机械保养制度和定机定人责任制度；使用报废机械；违章作业，即没有使用和不正确使用个人劳动保护用品；没有安全防护和保险装置或不符合要求；机械不安全状态。

（5）坍塌事故　基坑、基槽开挖及人工扩孔桩施工过程中的土方坍塌；楼板、梁等结构和雨棚等坍塌；房屋拆除，模板、脚手架、塔吊倾翻，井字架坍塌。见图10-2。

1. 加强施工人员安全教育工作

房屋建筑施工人员大多数都是农民工，安全意识和思想素质普遍偏低，加强安全教育工

图 10-2　建筑坍塌事故

作十分重要，也很必要。据调查，施工企业招收的大多施工人员上岗前基本上都没有经过系统的安全教育工作，缺乏必要的安全作业知识，安全意识低，紧急情况下自我保护能力差。对施工人员的安全教育，必须有针对性地进行，除了正常的安全知识教育，对不同工种、不同作业环境等要特别对待，确保施工人员上岗前明确自己所处作业环境的安全事项，有足够的自我安全意识。另外一定要强调一切行动听指挥，绝对不能违章作业，违规上岗，不同作业环境必须做好安全防护。

2. 强化施工现场管理人员培训工作，提高监管人员素质

施工现场的管理对施工安全起着至关重要的作用，大多数情况下施工现场管理人员的言行举止直接影响在场施工作业人员的行为。施工企业对施工管理人员不仅要做全面的技术交底培训，必要的安全思想教育培训也十分重要。管理指挥人员不经意间的一句不负责的话语，可能被施工人员误解放大为危险的作业行为，从而造成安全事故。另外管理人员安全意识麻痹，违章指挥，都会造成不可预料的后果。例如在某建筑施工中，管理人员违背施工方案，违章指挥施工人员提前拆除支护措施，造成土方塌方的严重事故。对于施工现场管理人员的安全培训，必须让他们明确自己的责任，落实施工中的各项规章制度，做好施工安全监管工作，对于施工人员的违规举动必须及时予以制止和教育，同时不断强化安全管理意识，做好安全防范工作。

3. 强化经常性的安全检查

事故的发生多数是人为因素造成的，施工管理人员和安全员对施工作业进行经常性的安全检查，可以消除、减少甚至可以完全避免存在的安全隐患，为建筑施工保障一个安全的环境。管理人员和专职安全员要明确安全责任和分工，制定合理的安全检查任务，合理安排，结合对施工人员的宣传教育，努力做到安全责任到人，全员参与。建立施工安全检查小组，指定具体责任人，然后再进一步细化安全分工，通过全方位的安全检查，提前做好对每个施工环节以及施工现场安全隐患的预防工作，并做好安全检查记录，署名检查人员名字和日期，提高检查管理人员安全责任感。

4. 必要的突击安全检查，确保安全任务有效落实

施工企业组织临时安全检查小组对施工现场进行突击安全检查，时刻提醒现场管理人员

安全警钟要长鸣，要不得半点马虎，确保建筑施工的安全责任落实到人，安全措施落实到位，施工作业均在可控安全的环境下进行。

二、建筑行业的安全生产技术措施

（一）建筑施工的"四大伤害"

建筑施工企业是农民工比例最高的行业，也是事故多发的高危行业。建筑施工生产周期长、工人流动性大、露天高处作业多、手工操作多、施工机械品种繁多，而且劳动繁重、现场狭小，具有高度的危险性。建筑施工的安全隐患多存在于高处作业、交叉作业、垂直运输以及使用各种电气设备工具上，伤亡事故多发生于高处坠落、触电、物体打击、机械伤害四个方面。因此，人们把这四个方面的事故称为建筑施工的"四大伤害"。

根据有关资料统计，每年建筑施工单位这四方面的事故占事故总数的75％以上。其中，高处坠落事故占35％左右，触电事故占15％～20％，物体打击占15％左右。

（二）建筑拆除作业注意事项

农民工是从事建筑场地拆除作业的主力军。在拆除作业中极易发生伤亡事故，这也是近年来建筑行业的事故最多发的领域。为了确保从事拆除工作的进城务工人员的安全，必须做到以下几点：

① 在划定的危险区域，设置警戒人员和警示标志，禁止其他人员入内。

② 详细掌握拆除房屋的结构及煤气、水电等管路的分布情况，作业前切除电源。

③ 操作时，应戴好安全帽，高处作业应系好安全带，时刻注意站立面是否安全可靠。

④ 拆除作业一般应自上而下按顺序进行，先拆除非承重结构，后拆除承重结构，栏杆、楼梯和楼板拆除应与整体拆除进度相配合。

⑤ 禁止立体交叉拆除作业。拆除部分构件，应防止相邻部分发生坍塌。拆除危险部分之前，应采取相应的安全措施。

⑥ 作业人员应站在脚手架或其他稳固的结构部位上操作。不准在建筑物的屋面、楼板、平台上聚集人群或集中堆放材料。

⑦ 部分建筑物或构筑物拆除时，对保留部分应先采取相应的加固措施。

⑧ 在高处进行拆除工程，应设置垂直运输设备或流放槽，拆除物禁止向下抛掷，拆卸下的各种材料应及时清理，分别堆放在指定的场所。

⑨ 在进行管道拆除时，应搞清管道中介质的种类、化学性质，采取中和、清洗等相应的措施，确保安全后再进行作业。

⑩ 遇有风力在六级以上、大雾天、雷暴雨、冰雪天等影响作业安全的恶劣天气，禁止进行露天拆除作业。

（三）高空作业注意事项

1. 引发高处坠落事故的主要原因

① 脚手板断裂或没有固定而滑动、脱落、翘头引起坠落。

② 作业场所的预留孔、工作平台等没有遮盖物和围栏。

③ 修理工棚、仓库等简易建筑时，踏碎石棉瓦而坠落。

④ 从建筑物周边、斜道等外侧滚落。

⑤ 用力过猛或站立位置不当，失去重心或被物件碰撞而坠落。

⑥ 攀登工具（如竹梯等）损坏或支脚打滑引起坠落。

2. 预防高处坠落事故的主要措施

① 施工现场孔洞必须加设牢固盖板、围栏或架设安全网。

② 脚手架材料和脚手架的搭设必须符合安全规程要求，使用前必须经过检查和验收。

③ 使用有防滑条的脚手板，且要钩挂牢固，禁止在玻璃棚天窗、凉棚、石棉瓦屋面、屋檐口或其他承受力差的物体上踩踏。

④ 凡施工的建筑物高度超过 10m，必须在工作面外侧搭设 3m 宽的安全网。

⑤ 施工人员在高处作业时，必须戴好安全帽、系好安全带，安全带要钩挂在牢固可靠的位置。特别危险场合还要挂好安全网。

⑥ 使用梯子前应检查强度，特别是要注意有无缺陷、裂纹、腐蚀和防滑垫。

⑦ 梯子支靠的角度为 75°左右，支靠时梯子顶端伸出去的长度应在 60cm 以上。

⑧ 梯子上下部分应用绳索固定，不能固定时，下面须有人保护。

⑨ 操作人员上下梯子时面朝内，不得以不稳定姿势作业。

（四）建筑施工具体技术要求

1. 脚手架的搭设要求

（1）立杆（图 10-3） 除顶层可以搭接外，其余各接头必须采用对接扣件连接，对接扣件应交叉布置，相邻立杆接头不可设在同步同跨内，错开距离不小于 500mm，立杆的搭接长度不小于 1m，不少于两个扣件固定。立杆的横距在 1.05～1.3m 之间为宜，纵距在 1.5～1.8m 之间为宜。

（2）水平杆（大横杆） 如图 10-3 所示，纵向水平杆应设置在立杆内侧，其长度不宜小于 3 跨，可以搭接或对接。搭接时，搭接长度不小于 1m，等间距设置 3 个旋转扣件固定；对接时，接头不可设置在同步同跨内。横向水平杆（小横杆）应设置在纵向水平杆的下侧，主结点处必须设置横向水平杆，用直角扣件扣接，靠墙一侧的外伸长度不大于 500mm，作

图 10-3　建筑支架——立杆和水平杆

业层的小横杆应等距离设置，且不大于纵距的1/2，即900mm左右。

（3）剪刀撑　每道剪刀撑跨立杆的宽度在5～7根为宜，且不小于6m，斜杆与地面的倾角在45°～60°之间，脚手架外侧面必须在两端各设一道剪刀撑，中间各道剪刀撑之间的净距不大于15m，剪刀撑斜杆宜采用搭接，且长度不小于1m，不少于2个旋转扣件固定，剪刀撑必须随立杆和水平杆同步搭接，其下端必须支承在垫板上。见图10-4。

（4）横向斜撑　高度24m以上的脚手架横向斜撑应至少每隔6跨设置一道，两端必须设置一道，在同一节里，由底层到顶层呈"之"字形连续设置。见图10-5。

图10-4　建筑支架——剪刀撑

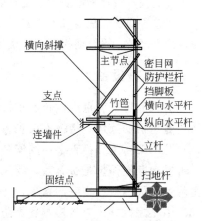

图10-5　建筑支架——横向斜撑

（5）连墙件　脚手架连墙件是防止脚手架失稳的重要保证，它可以采用柔性拉结和刚性拉结。柔性拉结是在建筑结构内预埋钢筋环，用小横杆顶住墙面，并在立杆与小横杆交叉点附近用钢筋绕住立杆与钢筋环绑牢，形成一支撑一拉结，拉筋应采用4mm以上的钢丝拧成一股，不少于2股拉紧，柔性连接一般仅能用在高度25m以下的脚手架上。钢性拉结：一般采用钢管、扣件组成的刚性连接杆，在窗洞口或混凝土柱上，采用钢管与扣件拉结，扣件不宜少于2个，每个连墙件覆盖面积应小于40m²，且竖向间距在3个步距以内，水平步距应在3个纵距以内。见图10-6。

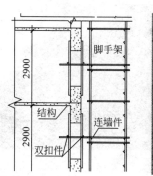

图10-6　建筑支架——连墙件

（6）脚手板铺设的要求　施工作业层应满铺脚手板，可采用木板、竹片板等，脚手板两端与水平横杆固定，接头长度不宜大于150mm。

2. 现场临时用电

触电伤亡是建筑行业四大伤害之一，因此，施工现场的用电安全关系到每个施工企业的生死存亡。

根据部颁标准《施工现场临时用电安全技术规范》（JGJ 46—2005）的规定，施工现场临时用电设备在 5 台及以上或设备总容量在 50kW 及以上者，应编制用电组织设计。施工现场临时用电组织设计应包括下列内容：现场勘测；确定电源进线、变电所或配电室、配电装置、用电设备位置及线路走向；进行负荷计算；选择变压器；设计配电系统（设计配电线路，选择导线或电缆；设计配电装置，选择电器；设计接地装置；绘制临时用电工程图纸，主要包括用电工程总平面图、配电装置布置图、配电系统接线图、接地装置设计图）；施工现场临时用电安全技术规范；设计防雷装置；确定防护措施；制定安全用电措施和电气防火措施。

3. 建筑机械设备

（1）塔式起重机　重点检查起重机的检测报告，现场查看各类限制、限位装置和保险装置，塔式起重机的操作、指挥人员是否持有有效证件上岗作业。

（2）龙门架　重点检查架体的安装是否稳定可靠，限位保险装置是否齐全有效，制动是否灵敏可靠，断绳保护是否有效，缆风绳必须使用 9mm 以上的钢丝绳可靠锚固，吊篮是否有安全门和侧面挡板，楼层卸料平台防护是否严密，避雷针、接地是否可靠。

（3）中小型机具　重点检查各类防护装置是否齐全有效，传动部分运行状况以及有无接地、接零保护等。

4. 安全三件宝和洞口、临边防护

（1）安全三件宝　正确使用安全三件宝：安全帽、安全网、安全带（图 10-7）。

安全网的作用：用来防止人、物坠落，或者用来避免、减轻坠落及物体打击伤害。安全网分为平网、立网和密目式安全网，目前，东台地区普遍使用密目式安全网，密目式安全网的标准：在 $100cm^2$ 面积内有 2000 个以上网目，耐贯穿试验，网与地面呈 30°夹角，5kg ϕ48mm 钢管在 3m 高度处自由落下不能穿透。

图 10-7　安全带、安全帽、安全网

安全带的使用，防止高空作业人员坠落伤亡，其使用时应高挂低用，不准将绳打结使用，也不应将钩直接挂在绳上使用，应挂在连接环上。

（2）洞口、临边防护

① 洞口：洞口、楼梯口、电梯井口、井架通道口等。

② 临边：施工现场边沿无围护设施的工作面称为临边，主要包括楼梯边、楼层边、屋面、阳台边、料台边、挑台、挑檐边等。

洞口、临边处均应设置醒目的防护栏杆，由上、下两道横杆及栏杆柱组成，上杆离地高度 1.0～1.2m，下杆离地高度 0.5～0.6m。见图 10-8。

图 10-8　洞口、临边防护

 任务分析与处理

本次事故原因分析如下。

（1）直接原因　沟槽开挖边未按施工方案确定的比例放坡（方案要求 1∶0.67，实际放坡仅为 1∶0.4），同时在边坡临边堆土加大了边坡荷载，且没有采取任何安全防护措施，导致沟槽边坡土方坍塌。

（2）间接原因

① 施工单位以包代管，未按规定对施工人员进行安全培训教育及安全技术交底，施工人员缺乏土方施工安全生产的基本知识。

② 监理单位不具备承担市政工程监理的资质，违规承揽业务并安排不具备执业资格的监理人员从事监理活动。

③ 施工、监理单位对施工现场存在的违规行为未及时发现并予以制止，对施工中存在的事故隐患未督促整改。

④ 未制定事故应急救援预案，在第一次边坡坍塌将 1 人掩埋后盲目施救，发生二次塌方导致死亡人数的增加。

能力拓展

某六层商住楼，总建筑面积 9800.72m²，建筑高度 22.55m，框架结构，脚手架采用落地式外脚手架外挂密目安全网，地下为条形基础和独立柱基础。1999 年 9 月 8 日，工人甲由办公室去材料库房，经过施工现场时，从六层脚手架上掉下一根长脚手杆，正砸在工人甲的右臂，造成骨折。

根据上述案例：（1）请简要分析造成这起事故的原因。

（2）如何防止此类事故的发生？

第三节　管理建筑行业危险因素

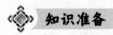
任务简述

2007年9月6日，河南省郑州市富田太阳城商业广场B2区工程施工现场发生一起模板支撑系统坍塌事故，造成7人死亡、17人受伤，直接经济损失约596.2万元。

该工程为框架结构，建筑面积115993.6m^2，合同造价1.18亿元。发生事故的是B2区地上中厅4层天井的顶盖。原设计为观光井，建设单位提出变更后，由设计单位下发变更通知单，将观光井改为现浇混凝土梁板。

该天井模板支撑系统的施工方案于2007年8月10日编制。8月15日劳务单位施工现场负责人在没有见到施工方案的情况下，安排架子工按照常规外脚手架搭设方法搭建支撑系统并于28日基本搭设完毕，经现场监理人员和劳务单位负责人验收并通过。9月5日上午再次进行验收，总监代表等人提出模板支撑系统稳定性不好，需进行加固。施工人员于当日下午和次日对支撑系统进行了加固。6日8时，经项目经理同意，在没有进行安全技术交底的情况下，混凝土施工班组准备进行混凝土浇筑。9时左右，总监代表通过电话了解到模板支撑系统没按要求进行加固，当即电话通知现场监理下发工程暂停令。9时30分左右，模板支撑系统加固完毕。10时左右开始浇筑混凝土，14时左右，项目工长发现钢管和模板支撑系统变形，立即通知劳务单位负责人，该负责人马上要求施工班组对模板支撑系统加固，班组长接到通知后立即跑到楼顶让施工人员停止作业并撤离，但施工人员置之不理，14时左右模板支撑系统发生坍塌。

请问，造成该起事故的直接原因是什么？管理上又有哪些问题？

知识准备

一、建筑施工过程中环境因素对安全生产的影响

近年来，随着人们安全意识的逐渐提高，安全生产工作日益受到广泛的关注，建筑施工企业对工伤事故的预防和管理工作也越来越重视了。但是，由于安全管理这门学科在我国形成较晚，所以人们对其认识还比较肤浅。当安全事故发生时，人们常常从"责任心"和"操作方法"两个方面去考虑，往往认为造成事故的原因不外乎是人的不安全行为和物的不安全状态，而生产环境这一重要因素往往被忽视了。可事实上，无论是在生产中还是生活中，外

界环境都对人有着很大的影响：环境适宜，人就会进入较好的工作状态；反之，就会使人感到某些不适，工作就会受到不良影响，甚至导致意外事故的发生。

常见的不良环境影响有：噪声影响、振动影响、照明影响、空气污染影响、作业环境混乱影响以及环境温度、湿度的影响六种情况。下面我们就具体阐述一下这几种不良环境对安全生产的影响。

1. 噪声影响

生理学家认为，人耳长期受到噪声的刺激会发生听觉病变，造成暂时性或永久性损伤，甚至造成噪声性耳聋。《劳动保护条例》中规定，作业现场噪声不允许超过 85dB。在噪声环境下工作，人们之间的谈话、传递口令都会受到严重干扰，甚至会影响人的思维，从而增加了事故隐患。表 10-2 的一组数据就反映了这一问题。

表 10-2　噪声的影响

噪声级/dB(A)	主观感觉	能进行正常交谈的最大距离/m	通话质量
45	安静	10	很好
55	稍吵	3.5	好
65	吵	1.2	较困难
75	很吵	0.3	困难
85	太吵	0.1	不可能

2. 振动影响

振动会使人疲劳、烦躁甚至引起头晕、呕吐，影响视力等，使操作者不能得心应手，而出现差错酿成祸端。在日常生产中，振动对人体组织的传播以振动波形式对组织交替压缩与拉伸，并向四周传播开去。一定的振幅传递到人体时，各部位所反应的振动频率如表 10-3 所示。

表 10-3　振动的影响

测量部位	振幅/mm	频率/Hz	测量部位	振幅/mm	频率/Hz
振源	1.14	100	振源	1.06	108
手背	0.5	46	手背	0.42	52
肘关节	0.08	25	肘关节	0.09	30
头部	0.29	31	头部	0.26	29

经研究发现，振动频率在 2Hz 时，人最容易发生共振，应停止工作；40Hz 以上的振动易为组织吸收；低频振动传播得较远，可传至脊柱，而衰减很少。例如，在桩基的施工中，如果不能很好地避免振动对人员的影响，很可能人员会在振动的作用下，不能够很好地控制桩基机械的运转，使桩基成形后质量出现缺陷而产生质量问题。

3. 照明影响

在生产环境中，照明光线过强，会强烈刺激人的视觉神经，使人头晕目眩，精神烦乱。而光线太弱，会降低视觉，使人的视觉神经疲劳，导致头脑反应迟钝。因此，不论是生活、学习还是工作都应该在适宜的光度下进行，这样才能使视觉神经处于最佳状态，以降低失误率。

4. 空气污染影响

空气污染在工作中是常见的，如生产性粉尘、有毒气体等。粉尘能造成呼吸道疾病，严重影响职工身体健康。有毒气体会使人头晕、恶心甚至失去知觉，威胁人们的生命安全，增加了事故隐患，必须加以预防。当然，有毒性气体的泄漏，本身就不是安全生产。

5. 作业环境混乱影响

作业现场环境杂乱，无条理，会直接通过视觉神经刺激神经中枢，使人的思维受到干扰，操作中会常常出现意外。例如：在拆除高大模板时如现场环境比较杂乱，操作人员不能按照计划有条理地对模板进行拆除，很容易造成模板伤人事故。

6. 环境温度、湿度影响

人的正常体温在 36～37℃之间，最佳的环境温度应为 20℃左右。如果环境温度接近人的体温，人体的热量就不易散发；如果环境温度高于人的体温，人就会感觉不舒服，甚至会中暑。当空气中的湿度过大时，人就会感到胸闷或有窒息感，易分散注意力，并且过高的湿度会减小人体的电阻率，增大了触电的可能性，对安全生产极为不利。

由以上几点可以看出，生产环境对操作人员的影响很大，在我们的日常安全生产管理中绝不能忽视。作为建筑施工企业的管理者只有为职工创造良好的作业环境，使职工能够处于最佳状态，才能减少差错，降低事故率。

二、消除建筑施工现场作业环境的不良因素的措施

1. 施工现场空气污染的防治措施

① 施工现场垃圾渣土要及时清理出现场。
② 拆除旧建筑物时，应适当洒水，防止扬尘。
③ 施工现场道路应指定专人定期洒水清扫。
④ 对于细颗粒散体材料（如水泥、粉煤灰、白灰等）的运输、储存要注意遮盖、密封，防止和减少飞扬。
⑤ 车辆开出工地要做到不带泥沙，基本做到不撒土、不扬尘，减少对周围环境的污染。
⑥ 除设有符合规定的装置外，禁止在施工现场焚烧油毡、橡胶、塑料、皮革、树叶、枯草、各种包装物等废弃物品以及其他会产生有毒有害烟尘和恶臭气体的物质。
⑦ 机动车都要安装减少尾气排放的装置，确保符合国家标准。
⑧ 工地尽量选用消烟除尘型茶炉和锅炉，大灶应用消烟节能回风炉灶，使烟尘降至允许排放范围为止。

2. 施工现场水污染的防治措施

① 禁止将有毒有害废弃物作土方回填。
② 施工现场使用过的污水必须经沉淀池沉淀合格后再排放，最好将沉淀水用于工地洒水降尘或采取措施回收利用。
③ 现场存放油料，必须对库房地面进行防渗处理。如采用防渗混凝土地面、铺油毡等措施。使用时，要采取防止油料跑、冒、滴、漏的措施，以免污染水体。

④ 施工现场 100 人以上的临时食堂，污水排放时可设置简易有效的隔油池，定期清理，防止污染。

⑤ 工地临时厕所、化粪池应采取防渗漏措施。中心城市施工现场的临时厕所可采用水冲式厕所，并有防蝇、灭蛆措施，防止污染水体和环境。

⑥ 化学用品、外加剂等要妥善保管，库内存放，防止污染环境。

⑦ 施工中，冲洗集料或含有沉淀物的操作用水，应采取过滤、沉淀池处理或其他措施，确保做到达标排放。

⑧ 加强施工机械维护保养，防止因漏油污染水源，严禁将废油料向河渠、农田倾倒，施工废油料必须按国家有关规定进行回收或处理。

3. 施工现场的噪声控制

噪声控制技术可从声源、传播途径、接收者防护等方面考虑。

（1）声源控制　从声源上降低噪声，这是防止噪声污染的最根本的措施。

① 尽量采用低噪声设备和工艺代替高噪声设备与加工工艺，如低噪声振捣器、挖掘机、压路机、推土机等；

② 在声源处安装消声器消声，即在燃气机、内燃机及各类排气放空装置等进出风管的适当位置设置消声器；

③ 利用声源的指向性把噪声源放在落地的下风口。

（2）接收者的防护　让处于噪声环境下的人员使用耳塞、耳罩等防护用品，减少相关人员在噪声环境中的暴露时间，以减轻噪声对人的危害。

（3）控制强噪声作业的时间　凡在人口稠密区进行强噪声作业时，须严格控制作业时间，一般晚上 10 点到次日早 6 点之间停止强噪声作业。确是特殊情况必须昼夜施工时，尽量采取降低噪声措施，并会同建设单位找当地居委会、村委会或当地居民协调，出安民告示，使群众谅解。

（4）施工现场噪声的限值　不同施工作业的噪声限值见表 10-4。

表 10-4　建筑施工场界噪声限值

施工阶段	主要噪声源	噪声限值/dB(A)	
		昼间	夜间
土石方	推土机、挖掘机、装载机等	75	55
打桩	各种打桩机械	85	禁止施工
结构	振捣棒	70	55

三、安全管理与规范解读

近年来，《中华人民共和国建筑法》《中华人民共和国安全生产法》《建设工程安全生产管理条例》等法律、法规及部门规章、施工安全技术标准的相继出台，为保障我国建筑业的安全生产提供了有利的法律武器，在建筑业的安全生产工作方面做到了有法可依。但有法可依仅仅是实现安全生产的前提条件，在实际工作中要加以落实还必须要求生产经营单位及其从业人员严格遵守各项安全生产规章制度，做到有法必依，同时要求各级安全生产监督管理部门执法必严、违法必究。

经营单位的从业人员是各项生产经营活动最直接的劳动者，是各项安全生产法律权利和义务的承担者。生产经营单位是安全生产的主体，它的安全设施、设备、作业场所和环境、安全技术装备等是保证安全生产的"硬件"。

从业人员能否规范、熟练地操作各种生产经营工具或者作业，能否严格遵守安全规程和安全生产规章制度，往往决定了一个生产经营单位的安全水平。从业人员既是各类生产经营活动的直接承担者，又是生产安全事故的受害者或责任者。只有高度重视和充分发挥从业人员在生产经营活动中的主观能动性，最大限度地提高从业人员的安全素质，才能把不安全因素和事故隐患降到最低限度，从而做到预防事故，减少人身伤亡。

对建筑业来说，建筑施工企业主要负责人、项目负责人和专职安全生产管理人员在管理过程中能否按法律规定办事起着至关重要的作用。

四、制度建设

提高我国建筑施工企业安全管理的有效性，可以从以下几个方面着手进行。

1. 建立、完善安全管理规章制度

制度是所有管理活动的基础与根本，对于建筑施工企业的安全管理而言，也要进一步建立、健全安全管理规章制度。在制定具体的管理办法时，要全面解读相关的法律法规、规章条例等，并结合工程的实际情况来进行，以保证制度的可行性与规范性。

政府相关职能部门也要做好自身的监督管理工作，在施工企业、施工现场、工程项目、各个环节全面落实安全生产责任制；要求每个企业均设置专业的安全管理人员，各相关操作人员与管理人员要认真执行；此外，要将企业的法人代表列为安全生产的第一责任人，然后再分层管理，将安全管理的责任分层落实到每个班组、每个岗位，将每个人均纳入到安全生产体系中。

2. 改善施工装备，加强安全设施的投入

施工过程中施工装置、安全设施的投入会对施工安全产生直接的影响，所以要加大购置、维护安全设施、生产设备的投资。现阶段我国很多建筑施工企业由于对安全生产的重视度不足，因此在资金投入方面相对比较欠缺。

随着市场环境的不断变化、企业自身的不断发展，因陋就简的现状无法满足实际需要。因此，施工企业要进一步改善施工装备，在安全设施建设方面加大投入，保证设备处于良好的运行状态，特别是一些特种设备、危险性较大的设备，要制订完善的检修维护计划；采购新设备时如有配置的防护装置要一起采购，以保证设备安全及设备操作人员的人身安全。

建筑企业基本管理制度有《安全生产教育培训管理制度》《安全生产检查制度》《班前安全活动制度》《施工现场急救措施》《防火消防安全制度》《治安保卫制度》《门卫制度》《卫生管理制度》《工地生活区管理制度》《施工现场防扬尘、防噪声污染措施》《不扰民施工措施》《专职安全员安全生产职责》《工（段）长安全生产职责》《项目负责人安全生产职责》《财务部门安全生产职责》《人事劳资部门安全生产职责》《材料设备部门安全生产职责》《技术部门安全生产职责》《生产技术部门安全生产职责》《安全管理部门安全生产职责》《企业技术负责人安全生产职责》《企业负责人安全生产职责》《安全生产责任制度》《生产安全事故报告处理制度》《机械设备安全管理制度》《特种设备管理制度》《安全生产奖惩考核制度》《职业病防治管理制度》《对分包单位的安全生产管理制度》《对供应单位的管理制度》《安全技术交底制度》等31种制度。

任务分析与处理

本起事故原因分析如下：

（1）直接原因　劳务单位在没有施工方案的情况下，安排架子工按常规的外脚手架支搭模板支撑系统，导致 B2 区地上中厅 4 层天井顶盖的模板支撑系统稳定性差，支撑刚度不够，整体承载力不足，混凝土浇筑工艺安排不合理，造成施工荷载相对集中，加剧了模板支撑系统局部失稳，导致坍塌。

（2）间接原因

① 劳务公司现场负责人对施工过程中发现的重大事故险兆没有及时采取果断措施，让施工人员立即撤离的指令没有得到有效执行，现场指挥失误。

② 劳务公司未按规定配备专职安全管理人员，未按规定对工人进行三级安全教育和培训，未向班组施工人员进行安全技术交底。

③ 施工单位对模板支撑系统安全技术交底内容不清，针对性不强，而实际未得到有效执行。

④ 项目部对检查中发现的重大事故隐患未认真组织整改、验收，安全员在发现重大隐患没有得到整改的情况下就在混凝土浇筑令上签字。

⑤ 项目经理、执行经理、技术负责人、工长等相关管理人员未履行安全生产责任制，对高大模板支撑系统搭设完毕后未组织严格的验收，把关不严。

⑥ 监理单位监理员超前越权签发混凝土浇筑令，总监代表没有按规定程序下发暂停令，在下发暂停令仍未停工的情况下，没有及时地追查原因，加以制止。监督不到位。

能力拓展

某工程于 2000 年 10 月开始施工。建筑面积 30000m²，框架结构筏板式基础，地下 3 层，地上 15 层，基础埋深约为 12.8m。2001 年 8 月的某一天，在下午临下班时，油工组长责成 4 名组员将遗留在该工程 14 层内的 4m 长的一块脚手板由阳台抛下，其本人到楼下指挥及警戒。在他挥手示意后，4 人将脚手板由 14 层抛下，由于当时风力较大，脚手板顺风飘移 5.0m 左右，砸在组长的肩部、头部，后被送到医院，经抢救无效死亡。根据上述问题请回答：

（1）简要分析造成这起事故的原因。

（2）施工安全管理责任制中对项目经理的责任是如何规定的？

课后习题

一、单项选择题

1. 在建筑施工中，高处作业主要有临边、洞口、悬空、攀登作业等，进行高处作业必须做好安全防护。临边作业的防护主要是安装防护栏杆，栏杆由上下两道横杆及栏杆柱构成。横杆离地高度，规定上杆为 1.0～1.2m，下杆为 0.5～0.6m，横杆长度大于（　　）m 时，必须加设栏杆柱。

    A. 2　　　　　　　　B. 3　　　　　　　　C. 4　　　　　　　　D. 6

2. 当拆除建筑物的一部分时，与之相关边连的其他部位，应采用（　　）措施，防止坍塌。

A. 加固稳定　　　　　B. 警示牌　　　　　C. 围栏　　　　　D. 专人监护

3. 施工现场临时用电设备在（　　），应编制临时用电施工组织设计。

A. 5 台及以上　　　B. 10 台　　　　C. 12 台　　　　D. 8 台及以上

4. 施工现场临时用电使用的是 TN-S 系统，它的主要特点是在三相四线的基础上增设了一条（　　）。

A. 保护零线　　　　B. 中性线　　　　C. 接零接地线　　　D. 火线

5. 临时用电的配电箱、开关箱中，应设置有（　　）的隔离开关。

A. 明显可见分断点　B. 封闭式　　　　C. 半封闭式　　　D. 密闭式

6. 脚手架的设计内容包括：立杆的间距、纵向水平杆的间距及（　　）等。

A. 连墙件位置　　　B. 扣件的位置　　C. 踏脚板　　　　D. 剪刀撑

二、多项选择题

1. 某日 9 时，某建设工地发生事故，现场安全员立即将事故情况向施工企业负责人报告，企业负责人立即组织人员前往现场营救。事故造成 7 人当场死亡，3 人受伤送医院治疗。次日 7 时施工企业负责人向当地县安全监管局报告事故情况，3 天后 1 人因救治无效死亡。依据《生产安全事故报告和调查处理条例》的规定，下列关于该起事故报告的说法中，正确的有（　　）。

A. 现场安全员只向企业负责人报告，未及时向当地安全监管局报告，属违法行为

B. 企业负责人在事故发生后 22h 向当地安全监管局报告事故情况，属于迟报

C. 企业负责人还应该向建设主管部门报告

D. 因死亡人数增加 1 人，企业应当及时向当地县安全监管局和建设主管部门补报

E. 当地县安全监管局应当向上一级安全生产监管部门报告

2. 施工升降机是提升建筑材料和升降人员的重要设施，如果安全防护装置缺失或失效，容易导致坠落事故。下列关于施工升降机联锁安全装置的说法中，正确的有（　　）。

A. 只有当安全装置关合时，机器才能运转

B. 联锁安全装置出现故障时，应保证人员处于安全状态

C. 只有当机器的危险部件停止运动时，安全装置才能开启

D. 联锁安全装置不能与机器同时开启但能同时闭合

E. 联锁安全装置可采用机械、电气、液压、气动或组合的形式

3. 攀登和悬空高处作业人员以及搭设高处作业安全设施的人员必须经过（　　）合格，持证上岗。

A. 专业考试合格　　B. 体格检查　　　C. 专业技术培训

D. 思想教育　　　　E. 技术教育

4. 施工中对高处作业的安全技术设施发现有缺陷和隐患时，应当（　　）。

A. 发出整改通知单　B. 必须及时解决　　C. 悬挂安全警告标志

D. 危及人身安全时，必须停止作业　　　E. 追究原因

5. 防护棚搭设与拆除应符合（　　）。

A. 严禁上下同时拆除　B. 设防护栏杆　　C. 设警戒区

D. 派专人监护　　　　E. 立告示牌

第四篇　环境保护

第十一章 典型废气治理技术

地球上人口在急剧增加，人类经济在急速增长，地球上的大气污染也日趋严重。目前，全球性大气污染问题主要表现在温室效应、酸雨和臭氧层遭到破坏等三个方面。中国大气污染状况也十分严重，主要呈现为城市大气环境中总悬浮颗粒物浓度普遍超标；二氧化硫污染保持在较高水平；机动车尾气污染物排放总量迅速增加；氮氧化物污染呈加重趋势；全国形成华中、西南、华东、华南多个酸雨区，以华中酸雨区为重。

大气污染防治一直是环保工作的重要领域，近年来，国家发布了《节能减排综合性工作方案》《国家酸雨和二氧化硫污染防治"十一五"规划》，采取了脱硫优惠电价、"上大压小"、限期淘汰、"区域限批"等一系列政策措施，加大环境保护投入，实施工程减排、结构减排、管理减排，取得显著成效。2012年3月2日，我国发布了新的《环境空气质量标准》，$PM_{2.5}$的污染防治将成为今后的工作重点。2012年5月18日，国家环保部审议并原则通过了《重点区域大气污染防治规划（2011～2015年）》。《规划》明确了重点区域大气污染防治的指导思想、基本原则、规划范围、目标指标、工作任务以及重点工程项目和保障措施。《规划》的实施，对做好当前和今后一个时期大气污染防治工作、保护人民群众身体健康、促进经济发展方式转变都具有十分重要的意义。

第一节 辨识大气污染物

知识目标

(1) 掌握大气污染的基本常识；

(2) 知道大气污染物的分类和特点；

(3) 了解常见的大气污染控制技术。

任务简述

近年来，我国城市空气质量总体有所好转，但部分城市污染仍然严重。我国在大气污染防治的实践中，已总结和筛选出一批污染控制最佳实用技术，在实际工作中可优先选择这些实用技术。但随着科学技术的飞速发展，新的高效实用技术也在不断涌现，我们要随时关注大气污染控制技术的发展。那么，大气污染是怎么产生的？大气污染物又有哪些？我们该如何选择适合的污染控制技术去解决这些问题呢？

一、大气污染物的来源、分类及特点

大气是人类赖以生存的基本环境要素，大多数生命过程都离不开大气。大气层通过自身运动进行热量、动量和水资源分布的调节过程，给人类创造了一个适宜的生活环境，而且能阻挡过量的紫外线照射到地球表面，有效保护地球上的生物。但随着人类生产活动和社会活动的增加，大气环境质量日趋恶化。自工业革命以来，由于大量燃料的燃烧、工业废气和汽车尾气的排放等原因，曾发生多起与大气污染有关的公害事件，已经引起了世界各国的重视。如果不对大气污染进行治理与控制，将会给人类带来灾难性的后果。

1. 大气污染源

由于人类活动或自然过程，排放到大气中的有害物质超过环境所能允许的极限（环境容量）时，其浓度及持续时间足以对人们的生活、工作、健康、精神状态、设备财产以及生态环境等产生不利影响，即为大气污染。大气污染主要来源于人类生活及生产活动，大气的人为污染源主要有以下四种。

（1）生活污染源　由于城乡居民及服务行业的烧饭、取暖、沐浴等生活上的需要，如千家万户的小锅炉、炉灶等燃烧化石燃料，而向大气排放的煤烟、一氧化碳、二氧化硫、氮氧化物和有机化合物等，具有量大、分布广、排放高度低等特点，其危害性不容忽视。

（2）工业污染源　包括火力发电厂、钢铁厂、水泥厂、化肥厂和石油化工厂等耗能较多的工矿企业燃料燃烧排放的大量污染物；各生产过程中的排气（如炼焦厂向大气排放 H_2S、酚类、苯、烃类等有毒物质）；各类化工厂向大气排放具有刺激性、腐蚀性、异味性或恶臭的有机和无机气体；化纤厂排放的 H_2S、NH_3、CS_2、甲醇、丙酮等以及生产过程中排放的各种矿物和金属粉尘。

（3）农业污染源　农业生产过程对大气的污染主要来自农药和化肥的使用。有些有机氯农药如 DDT，施用后在水中能在水面悬浮，并同水分子一起蒸发而进入大气；氮肥在施用后，可直接从土壤表面挥发成气体进入大气；而以有机氮或无机氮进入土壤内的氮肥，在土壤微生物作用下可转化为氮氧化物进入大气，从而增加了大气中氮氧化物的含量。此外，稻田释放的甲烷也会对大气造成污染。

（4）交通运输污染源　由飞机、船舶、汽车等交通工具（移动源）排放的尾气。随着近年来经济的迅速发展，私家小车越来越多，汽车尾气排放已构成大气污染的主要污染源。排放到大气中的这些污染物，在阳光照射下，有些还可经光化学反应，生成光化学烟雾，因此它也是二次污染物的主要来源之一。

2. 大气污染物

大气污染物是指由于人类活动或自然过程，排放到大气中并对人或环境产生不利影响的物质。大气污染物的种类很多，按其存在状态可概括为两大类：气溶胶状态污染物，气体状态污染物。

（1）气溶胶状态污染物　在大气污染物中，气溶胶是指沉降速度可以忽略的小固体粒子、液体粒子或它们在气体介质中的悬浮体系。从大气污染控制的角度，按照气溶胶的来源和物理性质，可将其分为如下几种。

① 粉尘。粉尘是指悬浮于气体介质中的小固体颗粒，受重力作用能发生沉降，但在一段时间内能保持悬浮状态。它通常是由于固体物质的破碎、研磨、分级、输送等机械过程，或土壤、岩石的风化等自然过程形成的。颗粒的形状往往是不规则的。颗粒的尺寸范围，一般为 $1 \sim 200 \mu m$。属于粉尘类的大气污染物的种类很多，如黏土粉尘、石英粉尘、煤粉、水泥粉尘、各种金属粉尘等。

② 烟。烟一般是指由冶金过程形成的固体颗粒的气溶胶。它是由熔融物质挥发后生成的气态物质的冷凝物，在生成过程中总是伴有诸如氧化之类的化学反应。烟颗粒的尺寸很小，一般为 $0.01 \sim 1 \mu m$。产生烟是一种较为普遍的现象，如有色金属冶炼过程中产生的氧化铅烟、氧化锌烟，在核燃料后处理厂中的氧化钙烟等。

③ 飞灰。飞灰是指随燃料燃烧产生的烟气排出的分散得较细的灰。

④ 黑烟。黑烟一般是指由燃料燃烧产生的能见气溶胶。在某些情况下，粉尘、烟、飞灰、黑烟等小固体颗粒气溶胶的界限，很难明显区分开，在各种文献特别是工程中，使用得较混乱。根据我国的习惯，一般可将冶金过程和化学过程形成的固体颗粒气溶胶称为烟尘；将燃料燃烧过程产生的飞灰和黑烟，在不需仔细区分时，也称为烟尘。在其他情况下，或泛指小固体颗粒的气溶胶时，则通称粉尘。

⑤ 雾。雾是气体中液滴悬浮体的总称。在气象中指造成能见度小于 $1km$ 的小水滴悬浮体。

(2) 气体状态污染物　气体状态污染物是以分子状态存在的污染物，简称气态污染物。气态污染物的种类很多，总体上可以分为五大类：以二氧化硫为主的含硫化合物，以氧化氮和二氧化氮为主的含氮化合物，碳氧化物，有机化合物及卤素化合物等。对于气态污染物，又可分为一次污染物和二次污染物。一次污染物是指直接从污染源排到大气中的原始污染物质；二次污染物是指由一次污染物与大气中已有组分或几种一次污染物之间经过一系列化学或光化学反应而生成的与一次污染物性质不同的新污染物质。在大气污染控制中，受到普遍重视的一次污染物主要有硫氧化物（SO_x）、氮氧化物（NO_x）、碳氧化物及有机化合物等；二次污染物主要有硫酸烟雾和光化学烟雾。主要气态污染物的特征、来源等如下。

① 硫氧化物。硫氧化物中主要有 SO_2，它是目前大气污染物中数量较大、影响范围广的一种气态污染物。大气中的 SO_2 来源很广，几乎所有工业企业公司都产生。它主要来自化石燃料的燃烧过程以及硫化物矿石的焙烧、冶炼等热过程。

② 氮氧化物。氮和氧的化合物有很多种，总起来可用 NO_x 表示。其中污染大气的主要是 NO、NO_2。NO 毒性不太大，但进入大气后可被缓慢地氧化成 NO_2，当大气中有 O_3 等强氧化剂存在时，或在催化剂作用下，其氧化速度会加快。NO_2 的毒性约为 NO 的 5 倍。人类活动产生的 NO_2，主要来自各种炉窑、机动车和柴油机的排气，其次是硝酸生产、硝化过程、炸药生产及金属表面处理等过程。其中由燃料燃烧产生的 NO，约占 83%。

③ 碳氧化物。CO 和 CO_2 是各种污染物中发生量最大的一类污染物，主要来自于原料燃烧和汽车尾气排放。CO 是一种窒息性气体，进入大气后，由于大气的扩散，一般对人体没有伤害作用。

④ 硫酸烟雾。硫酸烟雾是大气中的 SO_2 等硫氧化物，在有水雾、含有重金属的悬浮颗粒物或氮氧化物存在时，发生一系列化学或光化学反应而生成的硫酸雾或硫酸盐气溶胶。硫

酸烟雾引起的刺激作用和生理反应等危害，要比 SO_2 气体大得多。

⑤ 光化学烟雾。光化学烟雾是在阳光照射下，大气中的氮氧化物、碳氢化合物和氧化剂之间发生一系列光化学反应而生成的蓝色烟雾（有时带些紫色或黄褐色）。其主要成分有臭氧、过氧乙酰硝酸酯、酮类和醛类等。光化学烟雾的刺激性和危害要比一次污染物强烈得多。

二、主要废气污染物及其危害

1. 废气污染物的主要成分

目前，大气中的废气污染物主要来源于生产生活中燃油燃煤过程产生的一氧化碳（CO）、碳氢化合物（HC）、氮氧化合物（NO_x）、硫化物和微粒物（由碳烟、铅氧化物等重金属氧化物和烟灰等组成）。

2. 废气污染物的危害

（1）一氧化碳（CO）　CO 是空气不足或其他原因造成不完全燃烧时，所产生的一种无色、无味的气体。CO 被吸入人体后，非常容易和血液中的血红蛋白结合，它的亲和力是氧的 300 倍。因此，肺里的血红蛋白不与氧结合而与 CO 结合，致使人体缺氧，引起头痛、头晕、呕吐等中毒症状，严重者造成死亡。

CO 的容许限度规定为 8h 内 100×10^{-6}。如 1h 内吸入 500×10^{-6} 的 CO，就会出现中毒症状，并危害中枢神经系统，造成感觉、反应、理解、记忆等机能障碍，严重时引起神经麻痹。如 1h 内吸入 1000×10^{-6} 的 CO，就会发生死亡。

（2）烃类化合物（HC）　HC 是指废气中的未燃部分，还包括供油系中燃料的蒸发和滴漏。单独的 HC 只有在浓度相当高的情况下才会对人体产生影响，一般情况下作用不大，但它却是产生光化学烟雾的重要成分。

（3）氮氧化合物（NO_x）　NO_x 是发动机大负荷工作时大量产生的一种褐色的有臭味的废气。发动机废气刚一排出时，气内存在的 NO 毒性较小，但 NO 很快氧化成毒性较大的 NO_2 等其他氮氧化合物。这些氮氧化合物，统称为 NO_x。NO_x 进入肺泡后能形成亚硝酸和硝酸，对肺组织产生剧烈的刺激作用。亚硝酸盐则能与人体内的血红蛋白结合，形成变性血红蛋白，可在一定程度上导致组织缺氧。3.5×10^{-6} 的 NO_2 作用 1h 即可对人产生有害影响，而 0.5×10^{-6} 的 NO_2 作用 1h 可对自然界中的某些敏感植物产生毒害作用。

NO_x 与 HC 受阳光中紫外线照射后发生化学反应，形成光化学烟雾。当光化学烟雾中的光化学氧化剂超过一定浓度时，具有明显的刺激性。它能刺激眼结膜，引起流泪并导致红眼症，同时对鼻、咽、喉等器官及肺部均有刺激作用，能引起急性喘息症。光化学烟雾还具有损害植物、降低大气能见度、损坏橡胶制品等危害。

（4）铅化合物　铅化合物一般是为了改善汽油的抗爆性而加入的，它们以颗粒状排入大气中，是污染大气的有害物质。当人们吸入含有铅微粒的空气时，铅逐渐在人体内积累。当积累量达到一定程度时，铅将阻碍血液中红细胞的生长，使心、肺等处发生病变；侵入大脑时则引起头痛，出现一种精神病的症状。

（5）碳烟　碳烟是燃料燃烧不完的产物，其内含有大量的黑色炭颗粒。碳烟能影响道路上的能见度，并因含有少量的带有特殊臭味的乙醛，往往引起人们恶心和头晕。为此，包括我国在内的不少国家都规定了最大允许的烟度值，并规定了测量方法。

（6）硫氧化物　硫氧化物的主要成分为二氧化硫（SO_2）。当汽车使用催化净化装置时，就算很少量的 SO_2 也会逐渐在催化剂表面堆积，造成所谓催化剂中毒，不但缩短催化剂的使用寿命，还危害身体健康，而且 SO_2 还是造成酸雨的主要物质。

（7）二氧化碳　世界工业化进程引起的能源大量消耗，导致大气 CO_2 的剧增。其中30％约来自汽车排气。CO_2 为无色无毒气体，对人体无直接危害，但大气中的 CO_2 大幅度增加，因其对红外热辐射的吸收而形成的温室效应，会使全球气温上升、南北极冰层融化、海平面上升、大陆腹地沙漠趋势加剧，使人类和动植物赖以生存的生态环境遭到破坏。

除以上几种物质外，还有臭气。它由多种成分组成，除了有臭味外，主要就是燃料的不完全燃烧产物，如甲醛、丙烯醛等。当汽车停留在街道路口时，产生这些物质较多，它能刺激眼睛的黏膜。除了与燃烧条件有关外，臭气的产生还与燃料的组成有关。随着燃料中芳香烃的增加，排气中的甲醛略有减少，而芳醛少许增加，从而可以适当减少臭气，但却增加了更容易产生光化学烟雾的芳烃。

三、大气污染物的治理技术

由于大气污染物的来源和形态不同，大气污染的常规治理技术主要可以分为以下几种：

1. 控制燃煤污染

控制燃煤污染意在减少燃烧过程中污染物的排放和提高燃料的利用效率，在加工、燃烧、转化和排放污染等方面加以控制。

① 改变燃料构成，开发新能源，要逐步推广使用天然气、煤气和石油液化气，选用低硫燃料，对重油和煤炭进行脱硫处理，开发和利用太阳能、氢燃料、地热等新能源。

② 对一些燃料如燃烧后对大气有污染的燃煤进行限制性使用，通过大幅度的限制性使用使得有害气体的排放量减少。如城市工业和民用煤气、液化石油气的发展，低硫燃料和新能源（太阳能、风能、地热等）的采用。

③ 对居民日常燃煤燃烧要进行限制性管理，减少二氧化碳的排放，抑制温室效应的加剧。

2. 颗粒污染物控制

颗粒污染物控制的方法和设备主要有以下四类。

① 通过质量力的作用达到除尘目的的机械力除尘器，其中包括重力沉降室、惯性除尘器、旋风除尘器、声波除尘器。

② 用多孔过滤介质来分离捕集气体中的尘粒的过滤式除尘器，其中包括袋式过滤器和颗粒层过滤器。

③ 利用高压电场产生的静电力（库仑力）的作用分离含尘气体中的固体粒子或液体粒子。静电除尘器包括干式静电除尘器和湿式静电除尘器。

④ 利用液体所形成的液膜、液滴或气泡来洗涤含尘气体，使尘粒随液体排出，气体得到净化的湿式除尘器。

3. 气态污染物控制

气态污染物控制的方法和设备主要有以下两大类。

（1）分离法　利用污染物与废气中其他组分的物理性质的差异使污染物从废气中分离出来，如利用气体混合物中不同组分在吸收剂中的溶解度不同，或者与吸收剂发生选择性化学反应，从而将有害组分从气流中分离出来的吸收净化；使气体混合物与适当的多孔性固体接触，利用固体表面存在的未平衡的分子引力或化学键力，把混合物中某一组分或某些组分吸留在固体表面上，达到气体混合物分离目的的吸附净化；利用气态污染物在不同温度及压力下具有不同的饱和蒸气压，在降低温度和加大压力的条件下，某些污染物凝结出来，以达到净化或回收目的的冷凝净化；使气体混合物在压力梯度作用下，透过特定薄膜，因不同气体具有不同的透过速度，从而使气体混合物中不同组分达到分离效果的膜分离法。

（2）转化法　是使废气中污染物发生某些化学反应，把污染物转化成无害物质或易于分离的物质。如利用气态污染物在不同温度及压力下具有不同的饱和蒸汽压的特性，在降低温度和加大压力的条件下，某些污染物凝结出来，以达到净化或回收目的的催化转化；利用氧化燃烧或高温分解的原理把有害气体转化为无害物质，该方法是可回收燃烧后产物或燃烧过程中热量的燃烧法；利用微生物以废气中有机组分作为其生命活动的能源或养分的特性，经代谢降解，转化为简单的无机物（H_2O 和 CO_2）或细胞组成物质的生物处理法。

4. 污染物的稀释法控制

所谓稀释法，主要是指烟气的高烟囱排放。通过高烟囱把含有污染物的烟气直接排入大气，使污染物向更大更远的区域扩散和稀释。这种方法本身并不减少排入大气污染物的量，但它能使污染物从局部地区转移到大得多的范围，利用大气的自净能力使地面污染物浓度控制在人们可以接受的范围内。

几种污染物治理技术的应用范围如表 11-1 所示。

表 11-1　大气污染物治理技术

控制手段及运用技术		主要净化污染物
控制燃煤污染	洁净燃烧技术	粉尘、SO_2、NO_x
颗粒污染物控制	除尘技术	工业粉尘、烟尘
气态污染物控制	分离法	SO_2、NO_x（物理分离）
	转化法	HC 化合物（化学转化）
污染物的稀释法控制	烟气的排放	对各种污染物进行稀释排放

◆◇ **任务分析与处理** ─────────────────────────

大气污染，是指由于人类活动或自然过程，排放到大气中的有害物质超过环境所能允许的极限（环境容量）时，其浓度及持续时间足以对人们的生活、工作、健康、精神状态、设备财产以及生态环境等产生不利影响。

大气污染物是指由于人类活动或自然过程，排放到大气中并对人或环境产生不利影响的物质。大气污染物的种类很多，按其存在状态可概括为两大类：气溶胶状态污染物，气体状态污染物。具体分类方法和粒径指标如表 11-2 所示。

表 11-2　大气污染物的存在状态及粒径指标

气溶胶状态污染物		气体状态污染物	
污染物种类	污染物粒径/μm	污染物种类	示例
粉尘	1~200	硫氧化物	SO_2
烟	0.01~1	氮氧化物	NO、NO_2
飞灰		碳氧化物	CO、CO_2
黑烟		硫酸烟雾	SO_2、NO_x
雾		光化学烟雾	NO_x、HC

由于行业不同，生产企业在生产过程中产生的大气污染物种类自然也有所不同。所以，在选择治理技术时，若大气污染物为颗粒物则选择以除尘技术为主的治理方法；若大气污染物为气态污染物则选择以分离和转化为主的物理和化学方法。

能力拓展

利用互联网或多媒体查阅当地大气污染的相关状况，撰写一篇有关近几年来当地大气污染状况的调查报告，指出主要的污染物类型及其产生原因，并试着提出几种治理措施。

课后习题

一、填空题

1. 大气污染的人为污染源主要有生活污染源_____、_____和_____四类。

2. 大气是人类赖以生存的最基本的环境要素，当排放到大气中的物质超过_____时，就会造成大气污染。

3. _____是指由于人类活动或自然过程，排放到大气中并对人或环境产生不利影响的物质。大气污染物的种类很多，按其存在状态可概括为_____和_____两大类。

二、简答题

1. 什么是大气污染？

2. 简述大气污染物及其分类。

3. 大气污染物的常用治理技术主要有哪些？

第二节　治理气溶胶状态污染物

知识目标

(1) 知道气溶胶状态污染物的含义；

(2) 掌握典型除尘装置的工作原理及简单计算；

(3) 了解各种除尘器的结构特点和工艺流程。

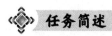 **任务简述**

2000 年建成的自然通风燃煤锅炉（＜0.7MW）有两级除尘系统，除尘效率分别为 60% 和 85%，用以处理含尘浓度为 $3g/m^3$ 的锅炉烟尘。请问该系统的总除尘效率和排放浓度分别是多少？净化后的粉尘浓度是否达到国家规定的三类区排放标准？

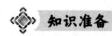 **知识准备**

一、气溶胶状态污染物概述

气溶胶是由固体或液体小质点分散并悬浮在气体介质中形成的胶体分散体系，又称气体分散体系。其分散相为固体或液体小质点，其大小为 $10^{-7} \sim 10^{-3} cm$，分散介质为气体。云、雾、尘埃、未燃尽的燃料产生的烟、气体中的固体粉尘等都是气溶胶。

大气中悬浮且均匀分布的相当数量的固体微粒和液体微粒，如海盐粉粒、灰尘（特别是硅酸盐）、烟尘和有机物等多种物质，所构成的稳定混合物，统称为气溶胶粒子。

1. 分类

气溶胶按其来源可分为一次气溶胶（以微粒形式直接从发生源进入大气）和二次气溶胶（在大气中由一次污染物转化而生成）两种。它们可以来自被风扬起的细灰和微尘、海水溅沫蒸发而成的盐粒、火山爆发的散落物以及森林燃烧的烟尘等天然源，也可以来自化石和非化石燃料的燃烧、交通运输以及各种工业排放的烟尘等人为源。

（1）按粒径的大小分类

① 总悬浮颗粒物（TSP）：用标准大容量颗粒采样器在滤膜上所收集到的颗粒物的总质量，通常称为总悬浮颗粒物。D_p（粒径）在 $100\mu m$ 以下，其中多数在 $10\mu m$ 以下，是分散在大气中的各种粒子的总称。

② 飘尘：$D_p < 10\mu m$，能在大气中长期飘浮的悬浮物质，如煤烟、烟气、雾等。

③ 降尘：能用采样罐采集到的大气颗粒物。在 TSP 中直径大于 $30\mu m$ 的粒子由于自身的重力作用会很快沉降下来，这部分颗粒物称为降尘。

④ 可吸入粒子：易于通过呼吸过程而进入呼吸道的粒子。目前国际标准化组织（ISO）建议将其定为 $D_p \leqslant 10\mu m$。

⑤ 细粒子：其粒径小于 $2.5\mu m$，记为 $PM_{2.5}$。

（2）按颗粒物成因分类

① 分散性气溶胶：指固态或液态物质经粉碎、喷射形成微小粒子分散在大气中形成的气溶胶，如海浪飞溅、农药喷洒等。

② 凝聚性气溶胶：由气体或蒸气冷凝聚成液态或固态微粒而形成的气溶胶。

（3）按颗粒物的物理（凝聚）状态分类

① 固态：烟、尘。

② 液态：雾。

③ 固液混合：霾、烟雾。

2. 化学组成

气溶胶的化学组成十分复杂，它含有各种微量金属、无机氧化物、硫酸盐、硝酸盐和含氧有机化合物等。由于来源不同，形成过程也不同，故其成分不一，特别是城市大气受污染源的影响，气溶胶的成分变动较大。但是非城市大气气溶胶的成分比较稳定，大体上与地区的土壤成分有关。

大气中二氧化硫转化形成的硫酸盐，是气溶胶的主要成分之一。其转化过程尚未完全明确，已知二氧化硫可在均相条件下（在气相中），或在水滴、炭颗粒和有机物颗粒表面等多相条件下（在液相或固相表面上）转化成三氧化硫，再与水反应生成硫酸，并和金属氧化物的微尘反应而生成硫酸盐。硫是气溶胶内最重要的元素，其含量能反映污染物的全球性迁移、传输和分布的状况。

气溶胶粒子中的有机物粒径一般较小，多数分布在 $0.1\sim5\mu m$ 的范围内，其中 $55\%\sim70\%$ 的粒子集中在 $<2\mu m$ 的范围，属于细粒子范畴。从化学组成上看，有许多对人体有致癌危害的物质，如多环芳烃和亚硝胺类化合物，$70\%\sim90\%$ 在 $\leqslant3.5\mu m$ 范围；脂肪烃和羟酸 $80\%\sim90\%$ 在 $\leqslant3\mu m$ 范围。有机物占颗粒物总质量的 $10\%\sim50\%$。

3. 危害

气溶胶粒子浓度大时可以导致大气能见度的降低，到达地面的太阳光减少，降低地表温度，影响植物的生长。同时气溶胶能为酸雨的形成提供良好的反应条件，这就促进了酸雨的形成。

气溶胶不仅对能见度和气候有巨大的作用，而且对人体健康和生活质量也有巨大的影响，人们在呼吸时吸入的不是纯净的空气而是气溶胶，所以，显而易见，在空气质量不好的地方，如工业、矿山、被污染的地方的空气对人体都是有害的。一般而言粒径大于 $10\mu m$ 的不能通过呼吸道进入人体，小于 $0.1\mu m$ 的可以在呼吸道自由地进出，在 $0.1\sim10\mu m$ 的可以通过呼吸进入呼吸道。在 $0.1\sim4\mu m$ 的在肺部沉积，在 $0.1\sim2.5\mu m$ 的沉积最多。

二、除尘装置

1. 除尘技术基础

悬浮于空气中的固体微粒谓之尘，其大小通常在 $100\mu m$ 以下。全世界每年排入大气中的烟尘达 7 亿吨左右，而且每年以 4% 的速度递增。我国仅工业和生活窑炉一项，每年排入大气的烟尘就达到 1400 万吨，二氧化硫 1500 万吨。粉尘是大气的主要污染源之一。

（1）粉尘的来源　工业生产、交通运输和农业活动产生大量粉尘。据统计，农业粉尘占粉尘总量的 10% 左右，大量的粉尘来源于工业生产和交通运输，尤其建材工业、冶金工业、化学工业、工业与民用锅炉产生的粉尘最为严重。具体地讲，下列活动和过程产生大量粉尘：

① 物料的破碎、研磨；

② 粉状物料的混合、筛分、运输和包装；

③ 物料的燃烧；

④ 汽车废气中的溴化铅和有机物组成的颗粒；

⑤ 金属粒子的凝结、氧化。

此外，风和人类的地面活动产生土壤尘。土壤尘一般大于 $1\mu m$，容易沉降，但又不断随风飘起。

（2）粉尘的分类　依照粉尘的不同特征，有不同的分类方法：

① 按粉尘的形状分类

a.粉尘——固体物质的微小粒子，其大小在 $100\mu m$ 以下。

b.烟——由于燃烧和凝结生成的细小粒子，粒径范围为 $0.01\sim1\mu m$。

c.烟雾——在高温下由金属氧化的蒸气凝结而成的微粒，它是烟的一种类型，粒径为 $0.1\sim1\mu m$。

② 按粉尘的理化性质分类　无机粉尘，包括矿物性粉尘（如石英、石棉、滑石粉等）、金属粉尘（如铁、锡、铝、锰、铍及其氧化物等）和人工无机粉尘（如金刚砂、水泥、耐火材料等）；有机粉尘，包括植物性粉尘（如棉、麻、谷物、烟草等）、动物性粉尘（如毛发、角质、骨质等）和人工有机粉尘（如有机染料、炸药等）；混合性粉尘，为各种粉尘的混合物。大气中的粉尘一般是混合性粉尘。

③ 按粉尘颗粒大小分类

a.可见粉尘，用眼睛可以分辨的粉尘，粒径大于 $10\mu m$；

b.显微粉尘，在普通显微镜下可以分辨的粉尘，粒径为 $0.25\sim10\mu m$；

c.超显微粉尘，在超倍显微镜或电子显微镜下才可分辨的粉尘，粒径在 $0.25\mu m$ 以下。

此外，按粉尘在大气中滞留时间的长短，还有飘尘和降尘之分。小于 $10\mu m$ 的粉尘称为飘尘，它可以几小时、几天，甚至几年游浮于空气中；大于 $10\mu m$ 的粉尘，有明显的沉降趋势，称为降尘。

（3）除尘装置的分类　由燃料或其他物质燃烧或以电能加热等过程产生的烟尘，以及对固体物料破碎、筛分和输送等机械过程产生的粉尘，都是以固态或液态的粒子存在于气体中。从气体中除去或收集这些固态或液态粒子的设备称为除尘装置，也叫除尘器。

除尘器是除尘系统中的主要组成部分，其性能优劣对整个系统的运行效果有很大影响。按照各种除尘器分离捕集粒子的主要机制不同，可将除尘器分为以下几类：

① 机械式除尘器　利用质量力（重力、惯性力和离心力等）的作用使粉尘与气流分离沉降下来，包括重力沉降室、惯性除尘器和旋风除尘器等。

② 过滤式除尘器　使含尘气体通过织物或多孔的填料层进行过滤分离，包括袋式除尘器、颗粒层除尘器等。

③ 电除尘器　利用高压电场使粉尘粒子荷电，在库仑力的作用下使粉尘与气流分离沉降。

④ 湿式除尘器　利用液滴或液膜洗涤含尘气流，使粉尘与气流分离沉降。湿式除尘器可用于气体除尘方面，也可用于气体吸收方面。

以上是按除尘器的主要除尘机理所进行的分类。但在实际应用一种除尘器时，常常同时利用了几种除尘机制。此外，还可按除尘过程中是否用水而把除尘器分为干式除尘器和湿式除尘器两大类；根据除尘效率的高低把除尘器分为低效、中效和高效除尘器。电除尘器、袋式除尘器和高能文丘里湿式除尘器，是目前国内外应用较广的三种高效除尘器；重力沉降室和惯性除尘器属于低效除尘器，一般只作为多级除尘系统的初级除尘；旋风除尘器和其他湿式除尘器一般属于中效除尘器。

（4）除尘装置的性能指标　除尘装置的性能指标包括技术指标和经济指标两大类。技术指标主要包括处理气体流量、除尘效率、压力损失（或称阻力）、漏风率等；经济指标包括设备费、运行费、维修费、占地面积、占用空间体积、使用寿命等。同时，还要考虑除尘装置的安装、操作、检修的难易等因素。但是，低阻（阻力低）、高效（除尘效率高）仍是目前评价除尘装置的主要指标。

① 处理气体的流量　处理气体流量是表示除尘装置在单位时间内所能处理的含尘气体的流量，一般用体积流量 Q（单位：m^3/s）表示。实际运行的防尘装置由于不严密而漏风，使得进出口的气体流量往往并不一致。通常用两者的平均值作为该除尘装置的处理气体流量。

$$Q = \frac{Q_1 + Q_2}{2} \tag{11-1}$$

式中　Q_1——除尘装置进口气体流量，m^3/s；

　　　　Q_2——除尘装置出口气体流量，m^3/s。

除尘装置的漏风率 δ 可以用式（11-2）来表示：

$$\delta = \frac{Q_1 - Q_2}{Q_1} \times 100\% \tag{11-2}$$

② 压力损失（或称阻力）　净化装置的压力损失是表示能耗大小的技术指标，可通过测定净化装置进口与出口气流的全压差而得到。压力损失的大小与净化装置的种类和结构类型有关，还与处理气体通过时的流速有关。两者之间的关系是

$$\Delta p = \varepsilon \frac{\rho u^2}{2} \tag{11-3}$$

式中　Δp——含尘气体通过净化装置的压力损失，Pa；

　　　　ε——净化装置的压力损失系数；

　　　　ρ——含尘气体的密度，kg/m^3；

　　　　u——装置进口的平均气流速度，m/s。

净化装置的压力损失，实质上是气流通过装置时所消耗的机械能，它与通风机所耗功率成正比，所以净化装置的压力损失越小越好。通常，除尘装置的压力损失在 2000Pa 以下。

③ 除尘效率　除尘效率是表示除尘装置净化含尘气体效果的重要技术指标。

a. 总除尘效率　总除尘效率是指在同一时间内防尘装置捕集的粉尘质量占进入除尘装置的粉尘质量的百分数。通常以 η 表示。

若除尘器进口的气体流量为 Q_1，粉尘的质量流量为 S_1，粉尘的浓度为 C_1；除尘器出口的相应量为 Q_2、S_2、C_2；装置捕集粉尘的质量为 S_3。由于 $S_1 = S_2 + S_3$，$S_1 = Q_1 C_1$，$S_2 = Q_2 C_2$，根据除尘效率的定义，除尘器的总效率为

$$\eta = \frac{S_3}{S_1} \times 100\% = \left(1 - \frac{S_2}{S_1}\right) \times 100\% \tag{11-4}$$

或　　　　　　　　　$$\eta = \left(1 - \frac{Q_2 C_2}{Q_1 C_1}\right) \times 100\% \tag{11-5}$$

若除尘器不漏风　　　$$\eta = \left(1 - \frac{C_2}{C_1}\right) \times 100\% \tag{11-6}$$

利用式（11-4）通过称重可求得总除尘效率，这种方法称为质量法。用这种方法测出的

结果比较准确，主要用于实验室。在现场测定除尘器的总除尘效率时，通常先同时测出除尘器前后的空气含尘浓度，再利用式（11-6）求得总除尘效率，这种方法比较简便，称为浓度法。

有时由于除尘器进口含尘浓度很高，或者使用单位对除尘系统的除尘效率要求很高，用一种除尘装置往往不能满足除尘效率的要求，可将两种或多种不同类型的除尘器串联起来，形成两级或多级除尘器。其除尘系统的总效率为：

$$\eta_{1-2} = \eta_1 + \eta_2(1-\eta_1) = 1 - (1-\eta_1)(1-\eta_2) \tag{11-7}$$

当 n 台除尘器串联时其总效率为：

$$\eta_0 = 1 - (1-\eta_1)(1-\eta_2)\cdots(1-\eta_n) \tag{11-8}$$

在实际应用中，多级除尘系统通常最多三级。

b.除尘分级效率　除尘装置的除尘效率因处理粉尘的粒径不同而有很大的差别。除尘分级效率，就是除尘装置对某一粒径或某一粒径范围的粉尘的除尘效率。分级效率能够反映出除尘装置对不同粒径粉尘，特别是对大气环境和人体健康危害较大的细微粉尘的捕集能力。用质量法可以表示为

$$\eta_i = \frac{S_{3i}}{S_{1i}} \times 100\% \tag{11-9}$$

$$\eta_i = \frac{S_3 g_{3i}}{S_1 g_{1i}} = \eta \frac{g_{3i}}{g_{1i}} \times 100\% \tag{11-10}$$

式中　S_{1i}、S_{3i}——除尘器进口和除尘器灰斗中某一粒径或粒径范围的粉尘质量流量；

　　　　S_1、S_3——除尘器进口和除尘器灰斗中的粉尘质量流量；

　　　　g_{1i}、g_{3i}——除尘器进口和除尘器灰斗中同一粒径或粒径范围的粉尘的质量分数。

二维码11-1

典型除尘装置

2. 典型除尘装置

部分典型除尘装置的工作原理、性能和结构详见二维码 11-1。

任务分析与处理

因为该锅炉为两级除尘系统，由式（11-7）可得，其总效率为

$$\begin{aligned}
\eta_{1-2} &= \eta_1 + \eta_2(1-\eta_1) = 1 - (1-\eta_1)(1-\eta_2) \\
&= 1 - (1-0.6) \times (1-0.85) \\
&= 0.94
\end{aligned}$$

经两级除尘后，从第二级除尘器排入大气的气体含尘浓度为

$$\begin{aligned}
C_2 &= C_1(1-\eta_{1-2}) \\
&= 3000 \times (1-0.94) \\
&= 180 \ (\text{mg/m}^3)
\end{aligned}$$

查《锅炉大气污染物排放标准》(GB 13217—2001)，可见其净化后的粉尘浓度达不到国家规定的三类排放标准。

因此，可进一步根据各类除尘器的原理和优缺点调整除尘方案，使净化后的气体浓度达到国家规定标准。

1. 用旋风除尘器处理烟气,根据现场实测得到如下数据:除尘器进口烟气温度 388K,体积流量为 9500m³/h,含尘浓度 7.4g/m³,静压强为 350Pa(真空度);除尘器出口气体流量为 9850m³/h,含尘浓度为 420mg/m³。已知该除尘器的入口面积为 0.18m²,阻力系数为 8.0。试计算 (1)该除尘器的漏风率是多少?(2)该除尘器的除尘效率怎样?(3)该设备运行时的压力损失是多少?

2. 有一两级除尘系统用来处理含石棉粉尘的气体。已知含尘气体流量为 2.5m/s,工艺设备的产尘量为 22.5g/s,各级除尘效率分别为 83% 和 95%。求 (1)该除尘系统总除尘效率和粉尘排放量。(2)若仅使用第一级除尘,粉尘排放浓度是多少?

课后习题

一、填空题

1. 除尘器按照其分离捕集粒子的主要机制不同,可以分为_____、_____、_____和_____四类。

2. 机械式除尘器主要包括_____、_____、_____三类。

3. 重力沉降室是利用_____使尘粒从气流中实现分离的。

4. 湿式除尘器的除尘机制主要是_____。

5. 当粉尘的粒径大于滤袋纤维形成的网孔直径而无法通过时,这种除尘机理称为_____。

6. _____和_____是目前评价除尘器最主要的性能指标。

二、简答题

1. 什么是气溶胶态污染物?按其粒径大小是如何分类的?

2. 电除尘器的基本原理是什么?它是由哪些基本过程组成的?

3. 请比较四类除尘器各自的特点及其适用范围。

三、问答题

到火力发电厂、水泥厂、钢铁厂等有除尘设备的工厂参观考察,学习各种除尘设备的运行管理知识和技能,了解除尘设备的投资费用和维护常识等,请绘制其中几种除尘器的结构简图,并说说它的工作原理。

第三节   治理其他气态污染物

知识目标

(1)掌握净化气态污染物的方法原理;

(2)了解典型废气的治理技术及工艺流程;

(3)能针对不同的气态污染物提出适当的净化方法和工艺流程。

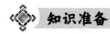
某工厂硝酸尾气的废气排放量为 $3.8 \times 10^4 \, m^3/h$，NO_x 的浓度为 $1800 \sim 2500 mg/m^3$，主要是 NO 和 NO_2。请问，可采用哪种治理技术来处理此废气？其简要工艺流程是什么？

一、常用的治理技术

目前对于 SO_2、NO_x、烃类化合物、氟化物等气态污染物的治理，主要的途径是净化工艺尾气。常用的方法有吸收法、吸附法、催化转化法、燃烧法、冷凝法等。

1. 吸收法

吸收法净化气态污染物是利用气体混合物中各种成分在吸收剂中的溶解度不同，或者与吸收剂中的组分发生选择性化学反应，从而将有害组分从气流中分离出来的操作过程。见二维码 11-2。

吸收分为物理吸收和化学吸收两大类。吸收过程无明显的化学反应时为物理吸收，如用水吸收 HCl。吸收过程中伴有明显化学反应时为化学吸收，如用碱液吸收 SO_2。在处理流量大、成分比较复杂、吸收组分浓度低等特点的废气时，靠物理吸收难以达到排放标准，因此大多数采用化学吸收。

吸收法不但能消除气态污染物对大气的污染，而且还可以使其转化为有用的产品。并且还有捕集效率高、设备简单、一次性投资低等优点。因此，该法是分离、净化气体混合物最重要的方法之一，广泛用于气态污染物的处理。如用于处理含有 SO_2、H_2S、HF 和 NO_x 等污染物的废气。详细介绍见二维码 11-2。

二维码11-2

常用气态污染物治理技术

2. 吸附法

早在 1771 年谢列（Sheele）就发现了木炭能够吸附气体。从那不久之后，木炭在溶液脱色、净化水、除去酒精中的杂质、制糖等方面得到了实际应用。1990 年奥斯特来科（Ostrejko）获得制取活性炭的专利，使得商品活性炭得到了发展。第一次世界大战期间，毒气战促进了活性炭防毒面具的研究工作，从而又加速了吸附理论和技术的发展。

吸附净化的优点是效率高，能回收有用组分，设备简单，操作方便，易于实现自动控制。但吸附容量一般不高（40%），有待于在技术上进一步提高。详细介绍见二维码 11-2。

3. 催化转化法

催化转化法净化气态污染物是使气态污染物通过催化剂床层，利用催化剂的催化作用，将废气中的有害物质转化为无害物质或易于回收处理的物质的方法。该法与其他净化法的区别在于：无需使污染物与主气流分离，避免了其他方法可能产生的二次污染，又使操作过程得到简化。其另一特点是对不同浓度的污染物均具有很高的转化率，特别适用于汽车排放废气中 CO、HC 及 NO_x 的净化。详细介绍见二维码 11-2。

4. 燃烧法

燃烧法是对含有可燃性有害组分的混合气体进行氧化燃烧或高温分解，使有害组分转化为无害物的方法。燃烧法的工艺简单，操作方便，现已广泛应用于石油工业、化工、食品、喷漆、绝缘材料等主要含有碳氢化合物废气的净化。

燃烧法分为直接燃烧、热力燃烧和催化燃烧。详细介绍见二维码11-2。

5. 冷凝法

冷凝法是利用物质在不同温度下具有不同的饱和蒸气压的性质，采用降低系统的温度或提高系统的压力的方法，使处于蒸气状态的污染物冷凝并从废气中分离出来的过程。

在气液两相共存体系中，蒸气态物质由于凝结变为液态物质，液态物质由于蒸发变为气态物质。当凝结与蒸发的量相等时即达到了平衡状态。相平衡时液面上的蒸气压力即为该温度下该组分相对应的饱和蒸气压。若气相中组分的蒸气压小于其饱和蒸气压，液相组分继续蒸发；若气相中组分的蒸气压大于其饱和蒸气压，蒸气就将凝结为液体。冷凝法就是将气体中的有害组分冷凝为液体，从而达到了分离净化的目的。

冷凝法适用于净化浓度大的有机溶剂蒸气。还可以作为吸附、燃烧等净化高浓度废气时的预处理，以便减轻这些方法的负荷。

二、典型废气治理技术

1. SO₂ 净化技术

目前烟气脱硫技术种类达几十种，按脱硫过程是否加水和脱硫产物的干湿形态，烟气脱硫分为：湿法、半干法、干法三大类脱硫工艺。湿法脱硫技术较为成熟，效率高，操作简单；但脱硫产物的处理较难，烟气温度较低，不利于扩散，设备及管道腐蚀问题较为突出。半干法、干法脱硫技术的脱硫产物为干粉状，容易处理，工艺较简单；但脱硫效率较低，脱硫剂利用率低。详细的 SO_2 净化技术见二维码11-3。

二维码11-3

典型气态污染物治理技术

2. 氮氧化物净化技术

人类活动排放的 NO_2，90%来自燃料的燃烧过程，如各种锅炉、燃烧炉的燃烧过程；机动车和柴油车排气；硝酸生产和各种硝化过程；冶金工业中的炼焦、冶炼等高温过程和金属表面的硝酸处理等。目前，NO_x 的控制主要有燃烧前处理、燃烧方式的改进及燃烧后处理等3种途径，但燃烧后烟气脱氮技术是控制 NO_x 排放的重要方法，大部分烟气中的 NO_x 都是通过该法进行处理。详细介绍见二维码11-3。

3. 含氟气体净化技术

含氟废气通常是指含有气态氟化氢、四氟化硅的工业废气。主要来自于化工、冶金、建材、热电等行业对含氟矿石在高温下的煅烧、熔融或化学反应过程，譬如用硫酸分解磷矿粉会释放出 HF 气体，HF 又与磷矿石中的二氧化硅反应释放出 SiF_4 气体。含氟废气的净化方法主要有湿法吸收和干法吸附。详细介绍见二维码11-3。

硝酸废气中的 NO 和 NO_2 主要是气态污染物，可用氨选择性催化还原法处理硝酸废气，在铜-铬催化剂作用下，使 NH_3 与尾气中 NO_x 进行选择性还原反应，将 NO_x 还原为 N_2。

其简要工艺流程为：硝酸尾气首先进入热交换器与反应后的热净化气体进行热交换，升温后再与燃烧炉产生的高温烟气混合升温至 249℃ 左右，进入反应器；在反应器中，含有 NO_x 的尾气通过催化剂层时，与喷入的 NH_3 发生反应，处理后的废气经交换器回收能量后，由 80m 高的烟囱排入大气。

能力拓展 ─────────────────

1. 到安装有气态污染物净化设备的工厂参观学习，要求：

① 了解气态污染物的来源和性质；

② 掌握该工厂采用的净化方法、净化设备和工艺流程；

③ 了解净化效率，分析影响净化效率的因素；

④ 了解设备成本、运行费用及综合利用情况。并结合实际情况写 1～2 个净化气态污染物的应用实例。

2. 到安装烟气脱硫系统的工厂参观学习，要求：

① 了解该工厂采用的烟气脱硫方法、设备和工艺流程；

② 了解脱硫效率，分析影响脱硫效率的因素；

③ 了解设备成本、运行成本及综合利用情况，并结合实际情况写 1～2 个脱硫系统的应用实例。

3. 催化净化器的性能实验：选择一辆汽车或其他机动车，在不安装净化器的情况下，对排气进行取样，分别测定不同运行状况下排气中 CO 和碳氢化合物的浓度；或者用 CO 和碳氢化合物监测仪直接读取 CO 和碳氢化合物的浓度。安装好净化器后，用同样方法测定排气中 CO 和碳氢化合物的浓度，并计算转化率。

课后习题 ─────────────────

一、填空题

1. 吸收法净化气态污染物是利用气体混合物中各种成分在吸收剂中的_____不同，或者与吸收剂中的组分发生_____，从而将有害组分从气流中分离出来的操作过程。

2. 目前，工业上常用的吸收设备可分为_____、_____和_____三类。

3. 燃烧法分为_____、_____和_____三种。

4. 在污染物控制技术中常用于含氟废气净化的吸附剂是_____。

5. 目前烟气脱硫技术种类达几十种，按脱硫过程是否加水和脱硫产物的干湿形态，烟气脱硫分为_____、_____、_____三大类脱硫工艺。

二、简答题

1. 请简要回答石灰石/石膏湿法烟气脱硫技术的工作原理和工艺流程。

2. 目前常用的烟气脱氮技术主要有哪些？

3. 吸附法对含氟气体的净化过程主要有哪几个步骤？

第十二章 典型废液治理技术

现代工业的特点是量大和多样化。原料消耗量大，产品量大，废弃物也多。产品多样化，原料多样化，生产方法也是多样化。随着工业产品、原料和生产方法的不同所产生的污染物也多种多样。工业废水对环境水体的污染程度大，而且处理难度较高，是废水处理公认的难题，因此怎样高效、经济地处理工业高浓度有机废水已成为水处理领域的难点和热点话题。高浓度难降解有机废水的有机物浓度（以 COD 计）较高，一般均在 2000mg/L 以上，有的甚至高达每升几万至十几万毫克，而且这类废水的可生化性较低（BOD_5/COD 值一般均在 0.3 以下甚至更低），难以生物降解。石油废水、印染废水、焦化废水、纺织废水、造纸废水、糖蜜酒精废水等都是典型的高浓度有机废水。

第一节 辨识水体污染

知识目标

(1) 学习水与水体污染的基本知识；
(2) 了解水体和水体污染的基本概念；熟悉水体污染的分类；
(3) 掌握水体污染的水质指标。

任务简述

2007 年 4 月以来，太湖流域高温少雨，太湖水位比往年偏低，梅梁湖等湖湾出现大规模蓝藻现象，在太湖的水面形成一层蓝绿色而有腥臭味的浮沫。大规模的蓝藻暴发，使得太湖水质严重恶化，水源恶臭，水质发黑，溶解氧下降到 0mg/L，氨氮指标上升到 5mg/L，部分鱼类因缺氧而死亡。特别是无锡市太湖饮用水水源地受到严重威胁，5 月 16 日梅梁湖水质变黑，22 日小湾里水厂停止供水，28 日贡湖水厂水源地水质恶化，居民自来水臭味严重，引起社会普遍关注。请问，太湖蓝藻暴发的成因是什么？

知识准备

一、水体污染的来源

水污染是指水资源在使用过程中由于丧失了使用价值而被废弃排放，并以各种形式使受纳水体受到影响的现象。水体的概念包括两方面的含义，一方面是指海洋、湖泊、河流、沼泽、水库、地下水的总称；另一方面在环境领域中，则把水体中的悬浮物、溶解性物质、水生生物和底泥等作为一个完整的生态系统或完整的自然综合体来看。

把向水体排放或释放污染物的来源和场所称为水体的污染源，根据来源不同分类，可以分为以下三类。

1. 工业污染源

在工业生产中，热交换、产品输送、产品清洗、选矿、除渣、生产反应等过程均会产生大量废水。产生工业废水的主要企业有初级金属加工、食品加工、纺织、造纸、开矿、冶炼、化学工业等。不同工业所产生的工业废水中所含污染物成分有很大差异。

工业废水的成分很复杂，常含有多种有害、有毒甚至剧毒物质，如氰、酚、砷、汞等。虽然有的物质可以降解，但通过食物链在生物体内富集，仍可造成危害，如 DDT、多氯联苯等。工业污染源向水体排放的废水具有量大、面广、成分复杂、毒性大、不易净化、处理难的特点，是需要重点解决的污染源。

2. 生活污染源

主要指城市居民聚集地区所产生的生活污水。这种污染源排放的多为洗涤水、冲刷物所产生的污水。因此，主要由一些无毒有机物如糖类、淀粉、纤维素、油脂、蛋白质、尿素等组成，其中含氮、磷、硫较高。在生活污水中还含有相当数量的微生物，其中一些病原体如病菌、病毒、寄生虫等，对人的健康有较大危害。

3. 农业污染源

包括农业牲畜粪便、污水、污物、农药、化肥、用于灌溉的城市污水、工业污水等。由于农田施用化学农药和化肥，灌溉后经雨水将农药和化肥带入水体造成农药污染或富营养化，使灌溉区、河流、水库、地下水出现污染。此外，由于地质溶解作用以及降水淋洗也会使诸多污染物进入水体。农业污染源的主要特点是面广、分散，难于收集、难于治理，含有机质、植物营养素及病原微生物较高。

二、水体污染的分类及危害

水体中的污染物大致分类如下。

1. 无机无毒污染物

主要指悬浮状污染物，酸、碱、无机盐类污染物，氮、磷等植物营养物。

（1）悬浮状污染物　是指砂粒、土粒及纤维一类的悬浮状污染物质。对水体的直接影响是：大大地降低了光的穿透能力，减少了水中生物的光合作用并妨碍水体的自净作用；水中悬浮物的存在，对鱼类的生存产生危害，可能堵塞鱼鳃，导致鱼的死亡，以制浆造纸废水中的纤维最为明显；水中的悬浮物又可能是各种污染物的载体，它可能吸附一部分水中的污染物并随水流动迁移。

（2）酸、碱、无机盐类污染物　污染水体中的酸主要来自化工厂、矿山、金属酸洗工艺等排出的废水；水体中的碱主要来源于制碱厂、碱法造纸厂、漂染厂、化纤厂、制革及炼油等工业废水。酸性废水与碱性废水相互中和产生各种盐类，它们与地表物质相互反应，也可能产生无机盐类，因此酸和碱的污染必然伴随着无机盐类的污染。

酸、碱进入水体后会使水体的 pH 发生变化，抑制或杀灭细菌和其他微生物的生长，妨碍水体的自净作用。水中无机盐的存在能增加水的渗透压，对淡水生物和植物生长不利。

酸、碱污染物造成水体的硬度增加，易结垢，使能源消耗增大。如水垢传热系数是金属的 1/50，水垢厚度为 1～5mm，锅炉耗煤量将增加 2%～20%。据北京市统计，降低硬度从而软化水每年要耗资两亿多元。

（3）氮、磷等植物营养物 所谓营养物质是指促使水中植物生长并加速水体污染（富营养化）的各种物质，如氮、磷等。天然水体中过量的植物营养物质主要来自农田施肥、植物秸秆、牲畜粪便、城市生活污水（粪便、洗涤剂等）和某些工业废水。氮、磷等植物营养物质大量而连续地进入湖泊、水库及海湾等缓流水体，将促进各种水生生物的活性，刺激它们异常繁殖。特别是藻类，它们在水体中占据的空间越来越大，使鱼类活动的空间越来越少；藻类的呼吸作用和死亡的藻类的分解作用消耗大量的氧，有可能在一定时间内使水体处于严重缺氧状态，严重影响鱼类生存。

2. 有机无毒污染物

主要指糖类化合物、蛋白质、油脂、氨基酸等自然生成的有机物，它们易于生物降解，向稳定的无机物转化。在有氧条件下，在好氧微生物作用下进行转化，这一转化进程快，产物一般为 CO_2、H_2O 等稳定物质。在无氧条件下，则在厌氧微生物的作用下进行转化，继而在甲烷菌的作用下形成 H_2O、CH_4、CO_2 等稳定物质，同时放出硫化氢、硫醇、粪臭素等具有恶臭的气体。在一般情况下，进行的都是好氧微生物起作用的好氧转化，由于好氧微生物的呼吸要消耗水中的溶解氧，因此这类物质可称耗氧物质或需氧污染物。

有机污染物对水体污染的危害主要在于对渔业水产资源的破坏。水中含有充足的溶解氧是保证鱼类生长、繁殖的必要条件之一。一旦水中溶解氧下降，各种鱼类就要产生不同的反应。某些鱼类，如鳟鱼对溶解氧的要求特别严格，必须达 8～12mg/L，鲤鱼为 6～8mg/L。当溶解氧不能满足这些鱼类的要求时，它们将力图游离这个缺氧地区，而当溶解氧降至 1mg/L 时，大部分的鱼类就会窒息而死。当水中溶解氧消失时，水中厌氧菌大量繁殖，在厌氧菌的作用下，有机物可能分解放出甲烷和硫化氢等有毒气体，更不适于鱼类生存。

3. 无机有毒污染物

（1）非重金属的无机毒性物质 主要包括氰化物（CN—）、砷（As）。

① 氰化物（CN—）。水体氰化物（CN—）主要来自于电镀废水，焦炉和高炉的煤气洗涤冷却水，某些化工厂的含氰废水及金、银选矿废水等。氰化物（CN—）排入水体后，可在水体的自净作用下去除，一般通过挥发逸散和氧化分解两个途径，其中通过挥发逸散途径而得到去除的数量可达 90% 以上。

氰化物（CN—）的毒害是极其严重的。作为剧毒物质，它只要介入人体就会引起急性中毒，抑制细胞呼吸，造成人体组织严重缺氧，人只要口服 0.3～0.5mg 就会致死。氰化物（CN—）对许多生物有害，只要 0.1mg/L 就能杀死虫类；0.3mg/L 能杀死水体赖以自净的微生物。

② 砷（As）。砷（As）也是常见的水体污染物质，工业生产排放含砷废水的有化工、有色冶金、炼焦、火电、造纸、皮革等，其中以冶金、化工排放量较高。

砷（As）对人体的毒性作用十分严重，三价砷的毒性大大高于五价砷。对人体来说，亚砷酸盐的毒性作用比砷酸盐大 60 倍，因为亚砷酸盐能够和蛋白质中的巯基反应，而三甲基砷的毒性比亚砷酸盐更大。砷也是累积性中毒的毒物，当饮用水中砷含量大于 $0.05mg/L$ 时，就会导致累积，近年来发现砷还是致癌元素（主要是皮肤癌）。

（2）重金属毒性物质　重金属与一般耗氧有机物不同，在水体中不能为微生物所降解，只能产生各种形态之间的相互转化以及分散和富集，这个过程称为重金属的迁移。重金属在水体中的迁移主要与沉淀、配位、螯合、吸附和氧化还原等作用有关。

4. 有机有毒污染物

有机有毒物质多属于人工合成的有机物质，如农药（DDT、六六六等有机氯农药）、醛、酮、酚以及多氯联苯、芳香族氨基化合物、高分子合成聚合物（塑料、合成橡胶、人造纤维）、染料等。它们主要来源于石油化工的合成生产过程及有关的产品使用过程中排放出的污水，这些污水不经处理排入水体后造成严重污染并引起危害。有机有毒物质种类繁多，其中危害最大的有以下两类。

（1）有机氯化合物　目前人们使用的有机氯化物有几千种，但其中污染广泛、引起普遍注意的是多氯联苯（PCB）和有机氯农药。

（2）多环有机化合物　指含有多个苯环的有机化合物，一般具有很强的毒性。例如，多环芳烃可能有致遗传变异性，其中 3,4-苯并芘和 1,2-苯并蒽等具有强致癌性。多环芳烃存在于石油和煤焦油中，能够通过废油、含油废水、煤气站废水、柏油路面排水以及淋洗了空气中煤的雨水而径流入水体中，造成污染。

三、水体污染的水质指标

水体污染主要表现为水质在物理、化学、生物学等方面的变化特征。所谓水质指标就是指水中杂质具体衡量的尺度。水质指标的类型及含义如下。

（1）色度　水的感官性状指标之一。当水中存在着某种物质时，可使水着色，表现出一定的颜色，即色度。规定 $1mg/L$ 以氯铂酸离子形式存在的铂所产生的颜色，称为 1 度。

（2）浊度　表示水因含悬浮物而呈浑浊状态，即对光线透过时所发生阻碍的程度。水的浊度大小不仅与颗粒的数量和性状有关，而且同光散射性有关，我国采用 1L 蒸馏水中含 1mg 二氧化硅为一个浊度单位，即 1 度。

（3）硬度　水的硬度是由水中的钙盐和镁盐形成的。硬度分为暂时硬度（碳酸盐）和永久硬度（非碳酸盐），两者之和称为总硬度。水中的硬度以"度"表示，1L 水中的钙和镁盐的含量相当于 $1mg/L$ 的 CaO 时，叫做 1 度。

（4）溶解氧（DO）　溶解在水中的分子态氧，叫溶解氧。20℃时，0.1MPa 下，饱和溶解氧含量为 9×10^{-6}。它来自大气和水中化学、生物化学反应生成的分子态氧。

（5）化学需氧量（COD）　表示用强氧化剂把有机物氧化为 H_2O 和 CO_2 所消耗的相当氧量。常用的氧化剂为重铬酸钾或高锰酸钾，分别表示为 COD_{Cr} 或简写（COD）和 COD_{Mn}（也称耗氧量，简称 OC），单位为 mg/L。它是水质污染程度的重要指标，COD 的数值越大表明水体的污染情况越严重。

（6）生化需氧量（BOD）　表示在有饱和氧的条件下，好氧微生物在 20℃时，经一定天数降解每升水中有机物所消耗的游离氧的量，常用单位为 mg/L，常以 5 日为测定 BOD 的标准时间，以 BOD_5 表示。

（7）总需氧量（TOD）　当有机物完全被氧化时，C、H、N、S 分别被氧化为 CO_2、H_2O、NO、SO_2 时所消耗的氧量，单位为 mg/L。

（8）总有机碳（TOC）　表示水中有机污染物的总含碳量，以碳含量表示，单位为 mg/L。

（9）残渣和悬浮物（SS）　在一定温度下，将水样蒸干后所留物质称为残渣。它包括过滤性残渣（水中溶解物）和非过滤性物质（沉降物和悬浮物）两大类。悬浮物就是非过滤性残渣，单位为 mg/L。

（10）pH　表示污水的酸碱性。

（11）有毒物质　表示水中所含对生物有害物质的含量，如氰化物、砷化物、汞、镉、铬、铅等，单位为 mg/L。

（12）电导率　指截面 $1cm^2$、高度 1cm 的水柱所具有的电导。它随水中溶解盐的增加而增大。电导率的单位为 S/cm。

（13）大肠杆菌数　指每升水中所含大肠杆菌的数目，单位为个/L。

◆ 任务分析与处理

我国面积 $1km^2$ 以上的湖泊共 2759 个，总面积达 $91019km^2$，其中只有约 1/3 的湖泊是淡水湖泊，并且绝大部分是富营养化浅水湖泊，主要分布在长江中下游地区和东部沿海地区，太湖就是这众多浅水富营养化湖泊的典型代表。太湖富营养化从 20 世纪 80 年代开始，每隔 10 年湖泊富营养化上升一个等级，而水质则下降一个等级，目前全湖处于富营养到重富营养状态，而湖泊水质则属于劣五类。2007 年 4 月太湖蓝藻暴发是太湖水体富营养化的集中体现。

水体富营养化是指在人类活动的影响下，生物所需的氮、磷等营养物质大量进入湖泊、河口、海湾等缓流水体，引起藻类及其他浮游生物迅速繁殖，水体溶解氧量下降，水质恶化，鱼类及其他生物大量死亡的现象。在自然条件下，湖泊也会从贫营养状态过渡到富营养状态，不过这种自然过程非常缓慢。而人为排放含营养物质的工业废水和生活污水所引起的水体富营养化则可以在短时间内出现。水体出现富营养化现象时，浮游藻类大量繁殖，形成水华。因占优势的浮游藻类的颜色不同，水面往往呈现蓝色、红色、棕色、乳白色等。这种现象在海洋中则叫作赤潮或红潮。

对太湖的水质进行监测，结果显示，目前整个太湖全湖平均氮、磷含量分别高达 4.0mg/L 和 0.13mg/L，已远远超过富营养化湖泊的标准，藻类已经呈全湖性分布。造成太湖水体氮、磷增高，水体富营养化的原因大致有以下几个方面：

（1）太湖流域工业和生活废（污）水排放总量巨大　太湖地区人口密度已达每平方千米 1000 人左右，是世界上人口高密度地区之一。城市化进程加快、工业经济的迅猛发展、外来人口增多使得城市工业和生活污水排入量迅速增大，成为太湖河网地区氮、磷指标的重要来源。

（2）环太湖区域农业面源污染面广、量大　随着农村城市化进程的不断加快，广大农村的生产方式和农民的生活方式发生了很大变化，但由于基础设施建设相对滞后，加上农家肥不再被利用，农民的生活污水直接进入河道，不少农村河道已成为农村居民生活污水的"化粪池"和农村垃圾的倾倒场所。其次，由于农药、化肥的过度使用，60% 以上农药、化肥随农田排水排入河道水体。据统计，太湖流域每年每公顷耕地平均化肥施用量从 1979 年的

24.4kg增加到目前的66.7kg。

（3）气候变化及湖体水循环能力降低　近年来，随着全球气温的变暖，环太湖区域冬、春季温度逐年上升，导致越冬藻类数量的增加和爆发性生长期的提前。同时由于太湖流动缓慢，蒸发量大，降水补充少，水位下降，水循环能力和水体自净能力明显减弱，从而促进了太湖蓝藻的爆发性。2007年1～4月太湖水温高于正常年份，尤其是4月25日以后太湖水温一直维持在20℃以上，为藻类生长提供了良好的温度条件；2007年1～4月太湖水位相对较低，4个月平均水位为2.94m，比常年平均水位低5cm，单位水体光照强度较大，再加上整个太湖水温相对较高，促进了藻类生长；同时，2007年1～4月偏南风风向显著高于往年平均风向，使得其他湖区的藻类易于向梅梁湾聚集，加上3～4月风速明显偏小，有利于微囊藻上浮形成水华。

因此，可以看出人为活动是水体富营养化的主要原因。如大气污染、城市污水排放、农田化肥使用过量、生态环境破坏严重、水体养殖等使水体中氮、磷等营养物质浓度升高，使得藻类大量繁殖，从而给湖泊生态系统带来危害。

能力拓展

见二维码12-1。

二维码12-1

能力拓展（一）

课后习题

一、判断题

1.按物理形态，污水中的污染物可分为有机污染物和无机污染物。　　　（　　）

2.易于生物降解的有机污染物的污染指标通常有BOD，COD，TOD，TOC等，而难于生物降解的有机污染物则不能用上述指标表示其污染程度。　　　（　　）

3.污水中的有机污染物不管其是否易于被微生物所降解，均可采用相同的评价指标来表示其污染程度。　　　（　　）

4.BOD和COD是直接表示污水被有机污染物污染程度的指标。　　　（　　）

5.水体富营养化是由于过多的植物营养物排入湖泊所致。而需氧污染物对水体污染的主要表现是大量消耗溶解氧。　　　（　　）

6.水资源是指现在或未来一切可用于生产和生活的地表水和地下水源。　　　（　　）

7.水体的自净作用应包括物理作用、化学和物理化学作用及生物和生物化学作用三种。　　　（　　）

8.溶解氧量越少，表明水体污染的程度越轻。　　　（　　）

二、简答题

1.水污染的来源有哪些？简单叙述产生的原因？

2.用来描述水体富营养化的水体氧平衡指标有哪些？各指标的含义是什么？

第二节　处理废水

任务简述

某炼油厂废水量 $1200m^3/h$，含油 $300\sim200000mg/L$，含酚 $8\sim30mg/L$，主要污染物浓度如下表所示。为达到地面水标准和实现废水回用，请选择合适的废水处理系统。

取样点	主要污染物浓度/(mg/L)				
	油	酚	硫	COD_{Cr}	BOD_5
废水总入口	$300\sim200000$	$8\sim30$	$5\sim9$	$280\sim912$	$100\sim200$

知识准备

一、废水处理原则与标准

（一）废水处理的目标、原则和级别

1.废水处理的目标

① 确保地面水和地下水饮用水源地的水质（达到规定水质指标），为向居民供应安全可靠的饮用水做保证；

② 恢复各种水体的使用功能；

③ 还清地面水体的水质，恢复其美好的观瞻，增加人类居住区的悦人景色。

思路：一是将污染物从废水中分离出来；二是将污染物转化为无害物质或转化为可分离的物质后再予以分离。

2.废水处理的原则

"防""治""管"三者结合。

①"防"是指对污染源的控制，通过有效控制使污染源排放的污染物量减少到最小值。

②"治"是必须对污（废）水进行妥善的处理，确保在排入水体前达到国家或地方规定

的排放标准。

③"管"是指对污染源、水体及处理设施的管理。

以防为主，以治为辅，防治结合，创造社会效益和经济效益。

工业废水处理之前考虑的主要原则：革新工艺，减少水量；循环利用，防止外排；回收利用，综合治理；净化处理，达标排放。首先从清洁生产的角度出发，改革生产工艺和设备，减少污染物，防止废水外排，进行综合利用和回收。

3. 废水处理的级别

废水中污染物质是多种多样的，所以往往不可能用一种处理单元就把所有污染物质去除干净。必须外排的废水，其处理方法随水质和要求而异。按处理深度又可分为一级处理、二级处理、三级处理。

（1）一级处理　主要分离去除废水中的漂浮物和部分悬浮状态的污染物质，调节废水pH、减轻废水的腐化程度和后续处理工艺负荷的处理方法。可以采用栅网过滤、自然沉淀、上浮、隔油等方法。

污水经一级处理后，一般达不到排放标准。所以一般以一级处理为预处理，以二级处理为主体，必要时再进行三级处理即深度处理，使污水达到排放标准或补充工业用水和城市供水。一级处理的常用方法主要有：筛滤法、沉淀法、上浮法、预曝气法等。

（2）二级处理　污水通过一级处理后，再处理，用以除去污水中大量有机污染物，使污水进一步净化的工艺过程。相当长时间以来，主要把生物化学处理作为污水二级处理的主体工艺。近年来，采用化学或物理化学处理法作为二级处理主体工艺，并随着化学药剂品种的不断增加、处理设备和工艺的不断改进而得到推广。因此，二级处理原作为生化处理的同义词已失去意义。

污水在经过筛滤、沉淀或上浮等一级处理之后，可以有效地去除部分悬浮物，降低生化需氧量（BOD）值（25%～40%），但一般不能去除污水中呈溶解状态的和呈胶体状态的有机物和氧化物、硫化物等有毒物质，不能达到污水排放标准。因此需要进行二级处理，二级处理的主要方法主要有：活性污泥法、生物膜法等。

（3）三级处理　污水三级处理又称污水深度处理或高级处理。为进一步去除二级处理未能去除的污染物质，其中包括微生物未能降解的有机物或磷、氮等可溶性无机物。三级处理是深度处理的同义词，但二者又不完全一致。三级处理是经二级处理后，为了从废水中去除某种特定的污染物质，如磷、氮等，而补充增加的一项或几项处理单元；至于深度处理则往往是以废水回收、复用为目的，在二级处理后所增设的处理单元或系统。三级处理耗资较大，管理也较复杂，但能充分利用水资源。

（二）废水处理标准

废水处理的目标有两类：一是在厂内重复利用；二是向厂外排放。对前一类的要求，原则上只要满足厂内应用标准即可。对后一类的要求，最低也要符合我国环境保护的相关标准，包括废水接受方和排放方两方面的标准。目前我国已经颁布的主要水质标准如下。

（1）水环境质量标准　《地表水环境质量标准》（GB 3838—2002）；《海水水质标准》（GB 3097—1997）；《生活饮用水卫生标准》（GB 5749—2006）；《渔业水质标准》（GB 11607—1989）；《农田灌溉水质标准》（GB 5084—2005）等。

（2）排放标准 　《污水综合排放标准》（GB 8978—1996）；《医疗机构水污染物排放标准》（GB 18466—2005）和一批工业水污染物排放标准，例如《制浆造纸工业水污染物排放标准》（GB 3544—2008），《石油炼制工业污染物排放标准》（GB 31570—2015）；《纺织染整工业水污染物排放标准》（GB 4287—2012）等。

1.《地表水环境质量标准》（GB 3838—2002）

该标准是国家环保部经多次修订颁布的现行最基本的水质标准。标准适用于全国领域内江河、湖泊、运河、渠道、水库等具有使用功能的地表水域。具有特定功能的水域，执行相应的专业用水水质标准。其目的是保障人体健康、维护生态平衡、保护水资源、控制水污染以及改善地面水质量和促进生产。

该标准依据地表水域环境功能和保护目标，按功能高低依次划分为以下5类：

Ⅰ类：主要适用于源头水、国家自然保护区；

Ⅱ类：主要适用于集中式生活饮用水地表水源地一级保护区、珍稀动物生物栖息地、鱼虾类产卵场、仔稚幼鱼的索饵场等；

Ⅲ类：主要适用于集中式生活饮用水地表水源地二级保护区、鱼虾类越冬场、洄游通道、水产养殖区等渔业水域及游泳区；

Ⅳ类：主要适用于一般工业用水区及人体非直接接触的娱乐用水区；

Ⅴ类：主要适用于农业用水区及一般景观要求水域。

地表水环境质量标准基本项目标准限值见表12-1。

表 12-1　地表水环境质量标准基本项目标准限值　　　　　　单位：mg/L

序号	项目 标准值 分类	Ⅰ	Ⅱ	Ⅲ	Ⅳ	Ⅴ
1	水温/℃	人为造成的环境水温变化应限制在：周平均最大温升≤1；周平均最大温降≤2				
2	pH 值（无量纲）	6～9				
3	溶解氧　≥	饱和率90%（或7.5）	6	5	3	2
4	高锰酸盐指数　≤	2	4	6	10	15
5	化学需氧量（COD）　≤	15	15	20	30	40
6	生化需氧量（BOD_5）　≤	3	3	4	6	10
7	氨氮（NH_3-N）　≤	0.15	0.5	1.0	1.5	2.0
8	总磷（以 P 计）　≤	0.02（湖、库 0.01）	0.1（湖、库 0.025）	0.2（湖、库 0.05）	0.3（湖、库 0.1）	0.4（湖、库 0.2）
9	总氮（湖、库，以 N 计）　≤	0.2	0.5	1.0	1.5	2.0
10	铜　≤	0.01	1.0	1.0	1.0	1.0
11	锌　≤	0.05	1.0	1.0	2.0	2.0
12	氟化物（以 F^- 计）　≤	1.0	1.0	1.0	1.5	1.5

序号	项目 标准值	分类	I	II	III	IV	V
13	硒	≤	0.01	0.01	0.01	0.02	0.02
14	砷	≤	0.05	0.05	0.05	0.1	0.1
15	汞	≤	0.00005	0.00005	0.0001	0.001	0.001
16	镉	≤	0.001	0.005	0.005	0.005	0.01
17	铬(六价)	≤	0.01	0.05	0.05	0.05	0.1
18	铅	≤	0.01	0.01	0.05	0.05	0.1
19	氰化物	≤	0.005	0.05	0.2	0.2	0.2
20	挥发酚	≤	0.002	0.002	0.005	0.01	0.1
21	石油类	≤	0.05	0.05	0.05	0.5	1.0
22	阴离子表面活性剂	≤	0.2	0.2	0.2	0.3	0.3
23	硫化物	≤	0.05	0.1	0.2	0.5	1.0
24	粪大肠菌群/(个/L)	≤	200	2000	10000	20000	40000

表中水温属于感官性状指标；pH 值、生化需氧量、高锰酸盐指数和化学需氧量是保证水体自净的指标；磷和氮是防止封闭水域富营养化的指标；大肠菌群是细菌学指标；其他属于化学、毒理指标（二维码 12-2）。

二维码12-2

化学、毒理指标

2.《生活饮用水卫生标准》(GB 5749—2006)

目前我国有《生活饮用水卫生标准》（GB 5749—2006）和由卫生部颁布的《生活饮用水水质卫生规范》（2001 年），后者对生活饮用水水源水质和监测方法均作了详细规定。《生活饮用水卫生标准》（GB 5749—2006）是对 1985 年版《生活饮用水卫生标准》的修订，水质指标由 35 项增加至 106 项，增加了 71 项，修订了 8 项，这是 21 年来国家首次对原标准进行修订，符合国家新标准的水才是真正安全的饮用水，即生活饮用水中不得含有病原微生物，水中化学物质和放射性物质不得危害人体健康，水的感官性状良好。新国标水质卫生要求符合世界卫生组织《饮用水水质标准》原则，真正意义上与国际卫生标准接轨。

3.《污水综合排放标准》(GB 8978—1996)

该标准是国家环保部修订颁布现行的重要的污水排放标准。该标准按污水的排放去向，分年限规定了 69 种水污染物的最高允许排放浓度及部分行业最高允许排水量。

《污水综合排放标准》（GB 8978—1996）适用于排放污水和废水的一切企、事业单位。按地表水域使用功能要求和污水排放去向，分别执行一、二、三级标准，对于保护区禁止新建排污口，已有的排污口应按水体功能要求，实行污染物总量控制。

标准将排放的污染物按其性质及控制方式分为两类。

（1）第一类污染物，不分行业和污水排放方式，也不分受纳水体的功能类别，一律在车间或车间处理设施排放口采样，其最高允许排放浓度必须符合相应的标准（详见二维码12-3）。第一类污染物是指能在环境或动植物内蓄积，对人体健康产生长远不良影响者。

（2）第二类污染物，指长远影响小于第一类的污染物质，在排污单位排放口采样，其最高允许排放浓度对第二类污染物区分1997年12月31日前和1998年1月1日后建设的单位分别执行不同标准值；同时有29个行业的行业标准纳入本标准（最高允许排水量、最高允许排放浓度）。第一类污染物及第二类污染物最高允许排放浓度见二维码12-3。

4. 回用水标准

我国人均淡水资源仅为$2620m^3$，为世界人均的1/4，特别是北方和西北地区水资源非常短缺，因此水资源经使用、处理后再回用十分重要。回用水水质标准应根据生活杂用、行业及生产工艺要求来制定，在美国有近30种回用水水质标准，我国正在逐步制定，已经颁布的有《城市污水再生利用-景观环境用水水质》（GB/T 18921—2002）和《城市污水再生利用-城市杂用水水质》（GB/T 18920—2002）。

废水治理，就是采用各种方法将废水中所含的污染物质分离出来，或将其转化为无害和稳定的物质，从而使废水得以净化。根据其作用原理可划分为四大类别，即物理法、化学法、物理化学法和生物处理法。

二、物理处理法

通过物理作用，以分离、回收废水中不溶解的呈悬浮状态污染物质（包括油膜和油珠）的废水处理法。根据物理作用的不同，又可分为重力分离法、离心分离法和筛滤截流法等。

属于重力分离法的处理单元有沉淀、上浮（气浮、浮选）等，相应使用的处理设备是沉砂池、沉淀池、除油池、气浮池及其附属装置等。

在工业废水的处理中，物理法占有重要的地位。与其他方法相比，物理法具有设备简单、成本低、管理方便、效果稳定等优点。它主要用于去除废水中的漂浮物、悬浮固体、砂和油类等物质。物理法一般用作其他处理方法的预处理或补充处理。

1. 均衡与调节

多数废水（如工业企业排出的废水）的水质、水量常常是不稳定的，具有很强的随机性，尤其是当操作不正常或设备发生泄漏时，废水的水质就会急剧恶化，水量也大大增加，往往会超出废水处理设备的处理能力。这时，就要进行水量的调节与水质的均衡。调节和均衡主要通过设在废水处理系统之前的调节池来实现。

图12-1是长方形调节池的一种，它的特点是在池内设有若干折流隔墙，使废水在池内来回折流。配水槽设在调节池上，废水通过配水孔口溢流到池内前后各位置而得以均

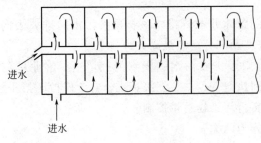

进水

进水

图12-1　折流式调节池

匀混合。起端入口流量一般为总流量的1/4左右，其余通过各投配孔口流入池内。折流式调节池的优点：调节池容积大小可视废水的浓度、流量变化、要求的调节程度及废水处理设备的处理能力来确定，做到既经济又满足废水处理系统的要求。

2. 沉淀

废水中含有的较多无机砂粒或固体颗粒，必须采用沉淀法除掉，以防止水泵或其他机械设备、管道受到磨损，防止淤塞。沉淀可分为四种类型，即自由沉淀、絮凝沉淀、拥挤沉淀和压缩沉淀。设备在生化处理之前的沉淀池，称为初级沉淀池，或称为一次沉淀池。而在生化处理后的沉淀池，称为二次沉淀池，其目的是进一步去除残留的固体物质，包括生化处理后多余的活性污泥。沉淀池中沉降下来的固体，可用机械进行清除。

沉淀池是一种分离悬浮颗粒的构筑物，根据构造不同可分为普通沉淀池和斜板斜管沉淀池。普通沉淀池应用较为广泛，按其水流方向的不同，可分为平流式、竖流式和辐流式三种。

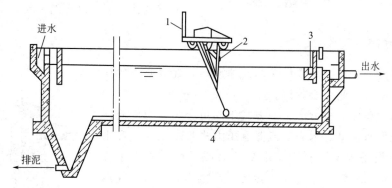

图 12-2　设行车刮泥机的平流式沉淀池
1—行车；2—浮渣刮板；3—浮渣槽；4—刮泥板

图 12-2 是一种带有刮泥机的平流式沉淀池。废水由进水槽通过进水孔流入池中，进口流速一般应低于 25mm/s，进水孔后设有挡板能稳流从而使废水均匀分布，沿水平方向缓缓流动，水中悬浮物沉至池底，由刮泥机刮入污泥斗，经排泥管借助静水压力排出。沉淀池出水处设置浮渣收集槽及挡板以收集浮渣，清水溢过沉淀池末端的溢流堰，经出水槽排出池外。为了防止已沉淀的污泥被水流冲起，在有效水深下面和污泥区之间还应设一缓冲区。平流式沉淀池的优点是构造简单、沉淀效果好、性能稳定，缺点是排泥困难、占地面积大。

3. 筛除与过滤

利用过滤介质截留废水中的悬浮物，也叫筛滤截留法。这种方法有时用于废水处理，有时作为最终处理，出水供循环使用或循序使用。筛滤截留法的实质是让废水通过一层带孔眼的过滤装置或介质，尺寸大于孔眼尺寸的悬浮颗粒则被截留。当使用一定时间后，过水阻力增大，就需将截留物从过滤介质中除去，一般常用反洗法来实现。过滤介质有钢条、筛网、滤布、石英砂、无烟煤、合成纤维、微孔管等，常用的过滤设备有格栅、筛网（二维码12-4）、微滤机、砂滤器、真空滤机、压滤机等（后两种滤机多用于污泥脱水）。

二维码12-4

格栅、筛网

4. 隔油

隔油主要用于对废水中可浮油的处理，它是利用水中油品与水密度的差异与水分离并加以清除的过程。隔油过程在隔油池中进行，目前常用的隔油池有两类——平流式隔油池与斜流式隔油池（图 12-3）。

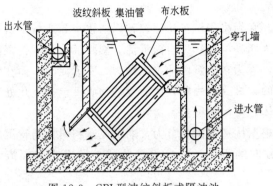

图 12-3 CPI 型波纹斜板式隔油池

（1）平流式隔油池 优点：构造简单，运行管理方便，除油效果稳定。

缺点：体积大、占地面积大、处理能力低、排泥难，出水中仍含有乳化油和吸附在悬浮物上的油分，一般很难达到排放要求。

（2）斜流式隔油池 特点：该装置结构简单，占地面积小，易管理，能除去水中粒径在 $15\mu m$ 以上的油粒。

5. 离心分离

废水中的悬浮物借助离心设备的高速旋转，在离心力的作用下与水分离的过程叫离心分离。

离心分离设备按离心力产生的方式不同可分为水力旋流器和高速离心机两种类型。水力旋流器有压力式（图 12-4）和重力式两种，其设备固定，液体靠水泵压力或重力（进出水头差）由切线方向进入设备，造成旋转运动产生离心力。高速离心机依靠转鼓高速旋转，使液体产生离心力。压力式水力旋流器，可以将废水中所含的粒径在 $5\mu m$ 以上的颗粒分离出去。进水的流速一般应为 $6\sim10m/s$，进水管稍向下倾 $3°\sim5°$，这样有利于水流向下旋转运动。

压力式水力旋流器的优点是体积小，单位容积的处理能力高，构造简单，使用方便，易于安装维护。缺点是水泵和设备易磨损，所以设备费用高，耗电较多。一般只用于小批量的、有特殊要求的废水处理。

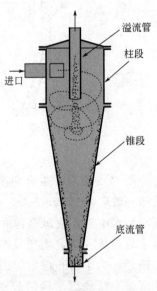

图 12-4 压力式水力旋流器

三、化学处理法

化学处理法是利用化学作用处理废水中的溶解物质或胶体物质，可用来去除废水中的金属离子、细小的胶体有机物、无机物、植物营养素（氮、磷）、乳化油、色度、臭味、酸、碱等，对于废水的深度处理也有着重要作用。

1. 中和法

中和就是酸碱相互作用生成盐和水，也即 pH 调整或称为酸碱度调整。酸、碱废水的中和方法有以下几种：

（1）酸、碱废水互相中和 这是一种以废治废、既简便又经济的方法。如果酸、碱废水互相中和后仍达不到处理要求时，还可以补加药剂进行中和。

酸、碱废水互相中和的结果，应该使混合后的废水达到中性。若酸性废水的物质的量浓度为 $c(B_1)$、水量为 Q_1，碱性废水的物质的量浓度为 $c(B_2)$、水量为 Q_2，则二者完全中和的条件，根据化学反应基本定律——等物质的量规则就为：

$$c(B_1)Q_1 = c(B_2)Q_2 \tag{12-1}$$

酸、碱废水如果不加以控制，一般情况下不一定能完全中和，则混合后的水仍具有一定的酸性或碱性，其酸度或碱度为 $c(P)$，则有

$$c(P) = \frac{|c(B_1)Q_1 - c(B_2)Q_2|}{Q_1 + Q_2} \tag{12-2}$$

若 $c(P)$ 值仍高，则需用其他方法再进行处理。

（2）投药中和　投药中和可以处理任何浓度、任何性质的酸、碱废水，可以进行废水的 pH 调整，是应用最广泛的一种中和方法。

① 酸性废水投药中和　投药中和的一般流程如图 12-5 所示。中和反应一般都设沉淀池，沉淀时间为 1～1.5h。

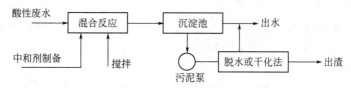

图 12-5　酸性废水投药中和流程

酸性废水的中和剂有石灰（CaO）、石灰石（CaCO_3）、碳酸钠（Na_2CO_3）、苛性钠（NaOH）等。石灰是最常用的中和剂。采用石灰可以中和任何浓度的酸性废水，且氢氧化钙对废水中的杂质具有凝聚作用，有利于废水处理。

酸碱中和的反应速率很快，因此，混合与反应一般在一个设有搅拌设备的池内完成。混合反应时间一般情况下应根据废水水质及中和剂种类来确定，然后再确定反应器容积，其计算公式如下。

$$V = Qt \tag{12-3}$$

式中　t——混合反应时间，min；

　　　V——混合反应池的容积，m^3；

　　　Q——废水实际流量，m^3/h。

中和药剂的理论计算用量可以根据化学反应式及等物质的量原理求得，然后考虑所用药剂产品或工业废料的纯度及反应效率，综合确定实际投加量。

在实际情况下，工业废水中所含酸的成分可能比较复杂，并不只是单纯一种，不能直接用化学反应式计算。这时需要测定废水的酸度，然后根据等物质的量原理进行计算。

② 碱性废水投药中和　碱性废水的中和剂有硫酸、盐酸、硝酸，常用的为工业硫酸。烟道中含有一定量的 CO_2、SO_2、H_2S 等酸性气体，也可以用作碱性废水的中和剂，但其缺点是杂质太多，易引起二次污染。

碱性废水中和药剂的计算方法与酸性废水相同。酸性中和剂的比耗量见表 12-2。

（3）过滤中和　选择碱性滤料填充成一定类型的滤床，酸性废水流过此滤床即被中和，该方法可以进行废水的 pH 调整。

表 12-2　酸性中和剂的比耗量 α_S

| 碱的名称 | 中和 1g 碱所需酸性物质的质量/g 中和剂 | | | | | |
| | H_2SO_4 | | HCl | | HNO_3 | |
	100%	98%	100%	36%	100%	65%
NaOH	1.22	1.24	0.91	2.53	1.37	2.42
KOH	0.88	0.90	0.65	1.80	1.13	1.74
$Ca(OH)_2$	1.32	1.34	0.99	2.74	1.70	2.62
NH_3	2.88	2.93	2.12	5.90	3.71	5.70

2. 混凝法

混凝法是废水处理中一种经常采用的方法，它处理的对象是废水中利用自然沉淀法难以沉淀除去的细小悬浮物及胶体微粒，可以用来降低废水的浊度和色度，去除多种高分子有机物、某些重金属和放射性物质；此外，混凝法还能改善污泥的脱水性能，因此，混凝法在废水处理中得到广泛应用。

混凝法的优点是设备简单，操作易于掌握，处理效果好，间歇或连续运行均可以。缺点：运行费用高，沉渣量大，且脱水较困难。

（1）混凝原理

① 双电层作用原理　这一原理主要考虑低分子电解质对胶体微粒产生中和作用，以引起胶体微粒凝聚。

② 化学架桥作用原理　当废水中加入少量的高分子聚合物时，聚合物即被迅速吸附结合在胶体微粒表面上。开始时，高聚物分子链节的一端吸附在一个微粒表面上，该分子未被吸附的一端就伸展到溶液中去，这些伸展的分子链节又会被其他的微粒所吸附，于是形成一个高分子链状物同时吸附在两个以上的胶体微粒表面的情况。各微粒依靠高分子的连接作用构成某种聚集体，结合为絮状物，这种作用称为吸附架桥作用。

在废水的混凝沉淀处理中，影响混凝效果的因素很多，主要有 pH、温度、药剂种类和投加量、搅拌强度及反应时间等。常用的混凝剂可分为无机和有机两大类。

（2）混凝过程及投药方法　混凝沉淀处理流程包括投药、混合、反应及沉淀分离几个部分。其流程如图 12-6 所示。

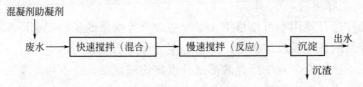

图 12-6　混凝沉淀处理流程

① 投药　干法是把经过破碎、易于溶解的药剂直接投入废水中。干法操作占地面积小，但对药剂的粒度要求高，投药量控制较严格，同时劳动条件也较差，目前国内使用较少。湿法是将混凝剂和助凝剂配成一定浓度的溶液，然后按处理水量大小定量投加。

② 混合　将药剂迅速、均匀地投加到废水中，以压缩废水中的胶体颗粒的双电层，降低或消除胶粒的稳定性，使废水中胶体能互相聚集成较大的微粒——绒粒。混合阶段需要快

速地进行搅拌，作用时间要短，以达到瞬时混合效果最好的状态。

③ 反应　促使失去稳定的胶体粒子碰撞结合，成为可见的矾花绒粒。反应阶段需要足够的时间，而且需保证必要的速度、梯度。在反应阶段，由聚集作用所生成的微粒与废水中原有的悬浮微粒之间或相互之间，由于碰撞、吸附、黏着、架桥作用生成较大的绒体。

④ 沉淀　最后送入沉淀池进行分离。

3. 氧化还原法

通过药剂与污染物的氧化还原反应，将废水中有害的污染物转化为无毒或低毒物质的方法。废水处理中最常采用的氧化剂是空气、臭氧、二氧化氯（ClO_2）、氯气（Cl_2）、高锰酸钾（$KMnO_4$）等。药剂还原法在废水处理中应用较少，只限于某些废水（如含铬废水）的处理，常用的还原剂有硫酸亚铁（$FeSO_4$）、亚硫酸盐、氯化亚铁（$FeCl_2$）、铁屑、锌粉、硼氢化钠等。

四、物化处理法

1. 吸附法

（1）吸附过程原理　吸附是利用多孔固体吸附剂的表面活性，吸附废水中的一种或多种污染物，达到废水净化的目的。根据固体表面吸附力的不同，吸附可分为物理吸附、化学吸附、离子交换吸附三种类型。

（2）活性炭吸附　活性炭是一种非极性吸附剂，是由含碳为主的物质作原料，经高温炭化和活化制得的疏水性吸附剂。其外观是暗黑色，具有良好的吸附性能和稳定的化学性质，可以耐强酸、强碱，能经受水浸、高温、高压作用，不易破碎。

与其他吸附剂相比，活性炭具有巨大的比表面积，通常可达 $500\sim1700m^2/g$，因而形成了强大的吸附能力。但是，比表面积相同的活性炭，其吸附容量并不一定相同。因为吸附容量不仅与比表面积有关，而且还与微孔结构和微孔分布以及表面化学性质有关。粒状活性炭的孔径（半径）大致分为大孔（$10^{-7}\sim10^{-5}m$）、过渡孔（$2\times10^{-9}\sim10^{-7}m$）、微孔（$<2\times10^{-9}m$）三种。

活性炭是目前废水处理中普遍采用的吸附剂，已广泛用于化工行业如印染、氯丁橡胶、腈纶、三硝基甲苯等的废水处理和水厂的污染水源净化处理。

2. 萃取法

利用与水不相溶解或极少溶解的特定溶剂同废水充分混合接触，使溶于废水中的某些污染物质重新进行分配而转入溶剂中，然后将溶剂与除去污染物质后的废水分离，从而达到废水净化和回收有用物质的目的。采用的溶剂称为萃取剂，被萃取的物质称为溶质，萃取后的萃取剂称萃取液（萃取相），残液称为萃余液（萃余相）。

萃取法具有处理水量大，设备简单，便于自动控制，操作安全、快速，成本低等优点，因而该法具有广阔的应用前景。

（1）液-液萃取过程和原理　液-液萃取属于传质过程，它的主要作用原理是基于传质定律和分配定律。

（2）萃取工艺设备 萃取工艺包括混合、分离和回收三个主要工序。根据萃取剂与废水的接触方式不同，萃取操作有间歇式和连续式两种。连续逆流萃取设备常用的有填料塔、筛板塔、脉冲塔、转盘塔和离心萃取机。

① 往复叶片式脉冲筛板塔 往复叶片式脉冲筛板塔分为三段，废水与萃取剂在塔中逆流接触。在萃取段内有一纵轴，轴上装有若干块钻有圆孔的圆盘形筛板，纵轴由塔顶的偏心轮装置带动，作上下往复运动，既强化了传质，又防止了返混。如图12-7所示。

② 离心萃取机 图12-8是离心萃取机转鼓示意图，其外形为圆形卧式转鼓，转鼓内有许多层同心圆筒，每层都有许多孔口相通。轻液由外层的同心圆筒进入，重液由内层的同心圆筒进入。转鼓高速旋转（1500～5000r/min）产生离心力，使重液由里向外、轻液由外向里流动，进行连续的逆流接触，最后由外层排出萃余相，由内层排出萃取相。萃取剂的再生（反萃取）也同样可用萃取机完成。如图12-8所示。

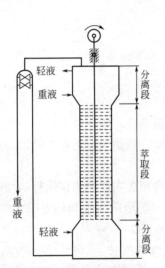

图12-7 往复叶片式脉冲筛板塔示意图

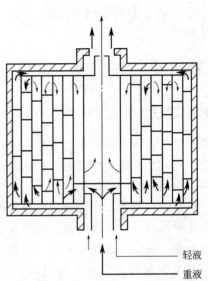

图12-8 离心萃取机转鼓示意图

离心萃取机的结构紧凑，分离效率高，停留时间短，特别适用于密度较小、易产生乳化及变质的物系分离，但缺点是构造复杂，制造困难，电耗大。

3. 浮选法

利用高度分散的微小气泡作为载体去黏附废水中的污染物，使其密度小于水而上浮到水面，实现固液或液液分离的过程。在废水处理中，浮选法已广泛应用于：

① 分离地面水中的细小悬浮物、藻类及微絮体；

② 回收工业废水中的有用物，如造纸厂废水中的纸浆纤维及填料等；

③ 代替二次沉淀池，分离和浓缩剩余活性污泥，特别适用于那些易于产生污泥膨胀的生化处理工艺中；

④ 分离回收含油废水中的可浮油和乳化油；

⑤ 分离回收以分子或离子状态存在的目的物，如表面活性剂和金属离子等。

浮选法的形式比较多，常用的浮选方法有加压溶气浮选、曝气浮选、真空浮选、电解浮选和生物浮选等。

加压浮选法在国内应用比较广泛。其操作原理是：在加压的情况下将空气通入废水中使空气在废水中溶解达饱和状态，然后由加压状态突然减至常压，这时水中空气迅速以微小的气泡析出，并不断向水面上升。气泡在上升过程中，将废水中的悬浮颗粒黏附带出水面，然后在水面上将其加以去除。

加压溶气浮选法有全部进水加压溶气、部分进水加压溶气和部分处理水加压溶气三种基本流程。全部进水加压溶气气浮流程的系统配置如图 12-9 所示。全部原水由泵加压至 $0.3 \sim 0.5 \mathrm{MPa}$，压入溶气罐，用空压机或射流器向溶气罐压入空气。溶气后的水气混合物再通过减压阀或释放器进入气浮池进口处，析出气泡进行气浮。在分离区形成的浮渣用刮渣机将浮渣排入浮渣槽，这种流程的缺点是能耗高，溶气罐较大。

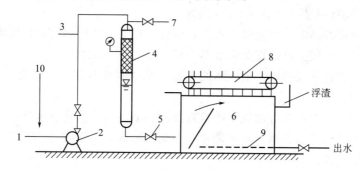

图 12-9　全部进水加压溶气气浮流程

1—废水进入；2—加压泵；3—空气进入；4—压力溶气罐（含填料层）；5—减压阀；
6—气浮池；7—放气阀；8—刮渣机；9—出水系统；10—化学药液

4. 其他方法

（1）电渗析　是在直流电场的作用下，利用阴、阳离子交换膜对溶液中阴、阳离子的选择透过性（即阳膜只允许阳离子通过，阴膜只允许阴离子通过），而使溶液中的溶质与水分离的一种物理化学过程。电渗析技术越来越引起人们的重视并得到逐步推广。此方法应用在环保方面进行废水处理已取得良好的效果。但是由于耗电量很高，多数还仅限于在以回收为目的的情况下使用。

（2）反渗透　是利用半渗透膜进行分子过滤来处理废水的一种新的方法，又称膜分离技术。因为在较高的压力作用下，这种膜可以使水分子通过，而不能使水中溶质通过，所以这种膜称为半渗透膜。利用它可以除去水中比水分子大的溶解固体、溶解性有机物和胶状物质。近年来应用范围在不断扩大，多用于海水淡化、高纯水制造及苦咸水淡化等方面。

（3）超过滤法　是利用半透膜对溶质分子大小的选择透过性而进行的膜分离过程。超过滤法所需的压力较低，一般为 $0.1 \sim 0.5 \mathrm{MPa}$，而反渗透的操作压力则为 $2 \sim 10 \mathrm{MPa}$。因工业废水中含有各种各样的溶质物质，所以只采用单一的超滤方法，不可能去除不同分子量的各类溶质，一般多是与反渗透法联合使用，或者与其他处理法联合使用，多用于物料浓缩。

五、生化处理法

1. 生化处理法对水质的要求

废水生化处理是以废水中所含的污染物作为营养源，利用微生物的代谢作用使污染物被降解，废水得以净化。显然，如果废水中的污染物不能被微生物所降解，则生化处理是无效的。如果废水中的污染物可以被微生物降解，则在设计状态下废水可以获得良好的处理效果。

但是当废水中突然进入有毒物质，或环境条件突然发生变化，超过微生物的承受限度时，将会对微生物产生抑制或有毒作用，使系统的运行遭到严重破坏。因此，进行生化处理时，废水水质需要给微生物的生长繁殖提供适宜的环境条件是非常重要的。

对废水水质的要求主要有以下几个方面。

（1）pH 值　在废水处理过程中，pH 值不能有突然变动，否则将使微生物的活力受到抑制，以至于造成微生物的死亡。一般，对好氧生物处理，pH 值可保持在 6～9 范围内；对厌氧生物处理，pH 值应保持在 6.5～8 之间。

（2）温度　温度过高时，微生物会死亡，而温度过低，微生物的新陈代谢作用将变得缓慢，活力受到抑制。一般生物处理要求水温控制在 20～40℃ 之间。

（3）水中的营养物及其毒物　微生物的生长、繁殖需要多种营养物质，其中包括碳源、氮源、无机盐类等。

在工业废水中，有时存在着对微生物具有抑制和杀害作用的化学物质，即有毒物质。有毒物质对微生物生长的毒害作用，主要表现在使细菌细胞的正常结构遭到破坏以及使菌体内的酶变质，并失去活性。

（4）氧气　根据微生物对氧的要求，可分为好氧微生物、厌氧微生物及兼性微生物。

（5）有机物的浓度　进水有机物的浓度高，将增加生物反应所需的氧量，往往由于水中含氧量不足造成缺氧，影响生化处理效果。但进水有机物的浓度太低，容易造成养料不够，缺乏营养也使处理效果受到影响。一般进水 BOD_5 值以不超过 500～1000mg/L 及不低于 100mg/L 为宜。

2. 好氧生化处理

根据生化处理过程中起主要作用的微生物种类的不同，废水生化处理可分为：好氧生物处理和厌氧生物处理两大类。

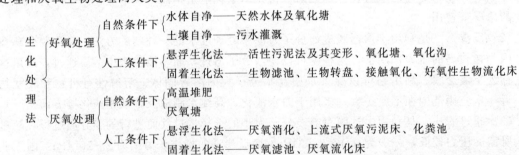

好氧生物处理是好氧微生物和兼性微生物参与，在有溶解氧的条件下，将有机物分解为 CO_2 和 H_2O，并释放出能量的代谢过程。好氧生物处理过程中，有机物的分解比较彻底，最终产物是含能量最低的 CO_2 和 H_2O，故释放能量多，代谢速率快，代谢产物稳定。从废水处理的角度来说，主要是希望保持这样一种代谢形式，在较短时间内，将废水有机污染物稳定化。

但好氧生物处理也有其致命的缺点，对含有有机物浓度很高的废水，由于要供给好氧生物所需的足够氧气（空气）比较困难，需先对废水进行稀释，要耗用大量的稀释水，而且在好氧处理中，不断地补充水中的溶解氧，从而使处理成本比较高。

（1）活性污泥法　活性污泥法是处理工业废水最常用的生物处理方法，是利用悬浮生长的微生物絮体处理有机废水的一类好氧生物的处理方法。这种生物絮体称为活性污泥，它由好氧性微生物（包括细菌、真菌、原生动物及后生动物）及其代谢的和吸附的有机物、无机物组成，具有降解废水中有机污染物（也有些可部分分解无机物）的能力，显示生物化学活性。

活性污泥是活性污泥法中曝气池的净化主体，生物相较为齐全，具有很强的吸附和氧化分解有机物的能力。根据运行方式的不同，活性污泥法主要可以分为普通活性污泥法、逐步曝气活性污泥法、生物吸附活性污泥法和完全混合活性污泥法等。其中普通活性污泥法是处理废水的基本方法，其他各法均在此基础上发展而来。

采用活性污泥法处理工业废水的大致流程如图12-10所示。流程中的主体构筑物是曝气池，废水必须先进行沉淀预处理（如初沉）后，除去某些大的悬浮物及胶状颗粒等，然后进入曝气池与池内活性污泥混合成混合液，并在池内充分曝气，一方面使活性污泥处于悬浮状态，废水与活性

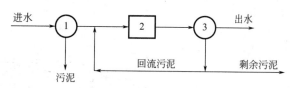

图12-10　活性污泥法流程
1—初次沉淀池；2—曝气池；3—二次沉淀池

污泥充分接触，另一方面，通过曝气，向活性污泥提供氧气，保持好氧条件，保证微生物的正常生长和繁殖。而水中的有机物被活性污泥吸附、氧化分解。

处理后的废水和活性污泥一同流入二次沉淀池进行分离，上层净化后的废水排出。沉淀的活性污泥部分回流入曝气池进口，与进入曝气池的废水混合。

由于微生物的新陈代谢作用，不断有新的原生质合成，所在系统中活性污泥量会不断增加，多余的活性污泥应从系统中排出，这部分污泥称为剩余污泥量；回流使用的污泥称为回流活性污泥。

通常参与分解废水中有机物的微生物的增殖速度，都慢于微生物在曝气池内的平均停留时间。因此，如果不将浓缩的活性污泥回流到曝气池，则具有净化功能的微生物将会逐渐减少。除污泥回流外，增殖的细胞物质将作为剩余污泥排入污泥处理系统。

活性污泥处理废水中的有机质过程，分为两个阶段进行：

① 生物吸附阶段　废水与活性污泥（微生物）充分接触，形成悬浊混合液，废水中的污染物被比表面积巨大且表面上含有多糖类黏性物质的微生物吸附和粘连。呈胶体状的大分子有机物被吸附后，首先被水解酶作用，分解为小分子物质，然后这些小分子与溶解性有机物被活性有机物一道在酶的作用下或在浓度差推动下选择渗入细胞体内，从而使废水中的有机物含量下降而得到净化。这一阶段进行得非常迅速，对于含悬浮状态有机物较多的废水，有机物的去除率是相当高的，往往在 $10\sim40\text{min}$ 内，BOD可下降$80\%\sim90\%$。此后，下降速度迅速减缓。

② 生物氧化阶段　被吸附和吸收的有机物质继续被氧化，这个阶段需要很长时间，进行非常缓慢。在生物吸附阶段，随着有机物吸附量的增加，污泥的活性逐渐减弱。当吸附饱和后，污泥失去吸附能力。经过生物氧化阶段吸附的有机物被氧化分解后，活性污泥又呈现活性，恢复吸附能力。

普通活性污泥法对溶解性有机污染物的去除效率为$85\%\sim90\%$，运行效果稳定可靠，

使用较为广泛。其缺点是抗冲击负荷性能较差，所供应的空气不能充分利用，在曝气池前段生化反应强烈，需氧量大，后段反应平缓而需氧量相对减少，但空气的供给是平均分布的，结果造成前段供氧不足，后段氧量过剩的情况。

（2）生物膜法　生物膜法是另一种好氧生物处理法。前述活性污泥法是依靠曝气池中悬浮流动着的活性污泥来分解有机物的，而生物膜法是通过废水同生物膜接触，生物膜吸附和氧化废水中的有机物并同废水进行物质交换，从而使废水得到净化的过程。

生物膜法设备类型很多，按生物膜与废水的接触方式不同，可分为填充式和浸渍式两类。在填充式生物膜法中，废水和空气沿固定的填料或转动的盘片表面流过，与其上生长的生物膜接触，典型设备有生物滤池和生物转盘。在浸渍式生物膜法中，生物膜载体完全浸没在水中，通过鼓风曝气供氧。如载体固定称为接触氧化法；如载体流化则称为生物流化床。

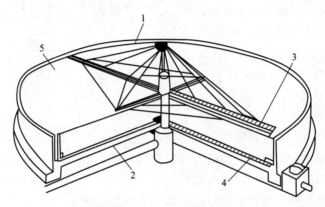

图 12-11　生物滤池的构造示意图
1—池壁；2—池底；3—布水器；4—排水沟；5—滤料

普通生物滤池（图 12-11）的工作原理是：废水通过布水器均匀地分布在滤池表面，滤池中装满滤料，废水沿滤料向下流动，到池底进入集水沟、排水渠而流出池外。在滤料表面覆盖着一层黏膜，在黏膜上生长着各种各样的微生物，这层膜被称为生物膜。生物滤池的工作实质，主要靠滤料表面的生物膜对废水中有机物的吸附氧化作用。

3. 厌氧生化处理

废水厌氧生物处理是环境工程与能源工程中的一项重要技术，是有机废水强有力的处理方法之一，特别在高浓度有机废水处理方面逐渐显示出它的优越性。

（1）厌氧生物处理的基本原理　废水的厌氧生物处理是指在无分子氧的条件下通过厌氧微生物（或兼氧微生物）的作用，将废水中的有机物分解转化为甲烷和二氧化碳的过程，所以又称厌氧消化。厌氧过程主要依靠三大主要类群的细菌，即水解产酸细菌、产氢产乙酸细菌和产甲烷细菌的联合作用完成。因而划分为三个连续的阶段，如图 12-12 所示。

第一阶段为水解酸化阶段。复杂的大分子有机物、不溶性的有机物先在细胞外被酶水解为小分子、溶解性有机物，然后渗透到细胞内，分解产生挥发性有机酸、醇类、醛类物质等。

第二阶段为产氢产乙酸阶段。在产氢产乙酸细菌的作用下，将第一个阶段所产生的各种有机酸分解转化为乙酸和 H_2，在降解奇数碳素有机酸时还形成 CO_2。

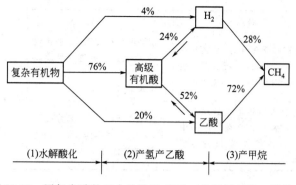

图 12-12　厌氧发酵的三个阶段和 COD（化学需氧量）转化率

第三阶段为产甲烷阶段。产甲烷细菌利用乙酸、乙酸盐、CO_2 和 H_2 或其他一碳化合物转化为甲烷。

上述三个阶段的反应速率因废水性质的不同而异，而且厌氧生物处理对环境的要求比好氧法要严格。一般认为，控制厌氧生物处理效率的基本因素有两类：一类是基础因素，包括微生物量（污泥浓度）、营养比、混合接触状况、有机负荷等；另一类是周围的环境因素，如温度、pH、氧化还原电位、有毒物质的含量等。

（2）厌氧生物处理的工艺和设备　由于各种厌氧生物处理工艺和设备各有优缺点，究竟采用什么样的反应器以及如何组合，要根据具体的废水水质及处理需要达到的要求而定。几种常见厌氧处理工艺的比较见表 12-3。

表 12-3　几种常见厌氧处理工艺的比较

工艺类型	特点	优点	缺点
普通厌氧消化池	厌氧消化反应与固液分离在同一个池内进行，甲烷气和固液分离（搅拌或不搅拌）	可以直接处理悬浮固体含量较高或颗粒较大的料液，结构较简单	缺乏保留或补充厌氧活性污泥的特殊装置，消化器中难以保持大量的微生物；反应时间长，池容积大
厌氧接触消化法	通过污泥回流，保持消化池内较高污泥浓度，能适应高浓度和高悬浮物含量的废水	容积负荷高，有一定的抗冲击负荷能力，运行较稳定，不受进水悬浮物的影响，出水悬浮固体含量低，可以直接处理悬浮固体含量高或颗粒较大的料液	负荷高时污泥仍会流失；设备较多，需增加沉淀池、污泥回流和脱气等设备，操作要求高；混合液难于在沉淀池中进行固液分离
上流式厌氧污泥床（UASB）	反应器内设三相分离器，反应器内污泥浓度高	有机容积负荷高，水力停留时间短，能耗低，无需混合搅拌装置，污泥床内不填载体，节省造价，无堵塞问题	对水质和负荷突然变化比较敏感，反应器内有短流现象，影响处理能力；如设计不善，污泥会大量流失；构造比较复杂
厌氧滤池	微生物固着生长在滤料表面，滤池中微生物含量较高，处理效果较好，适于悬浮物含量低的废水	有机容积负荷高，且耐冲击；有机物去除速度快；不需污泥回流和搅拌设备；启动时间短	处理含悬浮物浓度高的有机废水，易发生堵塞，尤其进水部位更严重，滤池的清洗比较复杂
厌氧流化床（AFB）	载体颗粒细，比表面积大，载体处于流化状态	具有较高的微生物浓度，容积负荷大，耐冲击，有机物净化速度高，占地少，基建投资省	载体流化能耗大，系统的管理技术要求比较高

工艺类型	特点	优点	缺点
两步厌氧法和复合厌氧法	水解酸化和甲烷化在两个反应器中进行,两个反应器内也可以采用不同的反应温度	耐冲击负荷能力强,消化效率高,尤其适于处理含悬浮固体多、难消化降解的高浓度有机废水,运行稳定	两步法设备较多,流程和操作复杂
厌氧转盘和挡板反应器	对废水的净化靠盘片表面的生物膜和悬浮在反应槽中的厌氧菌完成,有机物容积负荷高	无堵塞问题,适于高浓度废水;水力停留时间短;动力消耗低;耐冲击能力强,运行稳定	盘片造价高

4. 生化处理法的技术进展

随着生化法在处理各种工业废水中的广泛应用,对生化处理技术改进方面的研究特别活跃。尤其是活性污泥法的技术改进,取得了一系列新的进展。

(1)活性污泥法的新进展 在污泥负荷率方面,按照污泥负荷率的高低,分成了低负荷率法、常负荷率法和高负荷率法;在进水点位置方面,出现了多点进水和中间进水的阶段曝气法和生物负荷法、污泥再曝气法;在曝气池混合特征方面,改革了传统法的推流式,采用了完全混合法;为了提高溶解氧的浓度、氧的利用率和节省空气量,研究了渐减曝气法、纯氧曝气法和深井曝气法。

为了提高进水有机物浓度的承受能力,提高污水处理的能力,提高污水处理的效能,强化和扩大活性污泥法的净化功能,人们又研究开发了两段活性污泥法、粉末炭-活性污泥法、加压曝气法等处理工艺;开展了脱氮、除磷等方面的研究与实践;对采用化学法与活性污泥法相结合的处理方法,净化含难降解有机物污水等方面也进行了探索。目前,活性污泥法正在朝着快速、高效、低耗等多方面发展。

(2)生物膜法的新进展 研究开发了高负荷生物滤池、生物转盘、生物流化床、生物活性炭法。

总之,随着研究与应用的不断深入,废水生物处理的方法、设备和流程不断发展与革新,与传统法相比,在适用的污染物种类、浓度、负荷、规模以及处理效果、费用和稳定性等方面都大大改善了。酶制剂及纯种微生物的应用、酶和细胞的固定化技术等又会将现有的生化处理水平提高到一个新的高度。

六、废水控制及利用

水体污染综合防治是指从整体出发综合运用各种措施,对水环境污染进行防治。就水污染综合防治的实际效果而言,应当从"控制措施"和"废水利用"两个方面入手。

(一)控制措施

1. 改革或改进工艺,减少污染

改革和改进生产工艺是实施清洁生产的重要途径。从水污染防治角度讲,主要包括对污染严重的生产工艺进行改革、加速产品的更新换代、改造设备和改进操作、减少系统泄漏、

控制排水等几方面（二维码12-5）。

2. 加强对水体及污染源的监测与管理

要保护水源，保证水质，控制污染源，必须大力加强水质监测和水质监督，通过定期监测、自动监测和巡回监测三种方式在公共水域建立完整的监测体系，以对污染源进行严密的监督和控制。

（1）对水体及污染源的监测

① 要注意对水样的采集和保存　对湖泊、水库，除入口、出口布点外，可以在每 $2km^2$ 内设一采样点。流经城市的河流，应在城市的上游、中游和下游各阶段设一断面，城市供水点上游 1km 处至少设一采样点，河流交叉口上游和下游也应设一采样点。河宽在 50m 以上的河流，应在监测断面的左、中、右设置采样点。一般可同时取表层（水面下 $20\sim50cm$）和底层（距河底 2m）两个水样。采样的时间、次数应根据水的流量变化、水质变化来确定。

水样保存的目的是使水样在存放期间内尽量减少因样品组分变化而造成的损失。水样的保存方法一般为控制溶液的 pH、加入化学试剂及冷藏冷冻等。

② 及时对水样进行预处理　在实际监测分析中，如废水样品，往往由于存在悬浮物和有机物，使水样浑浊、呈色，且样品的本身组成复杂，这些因素对分析测定会产生干扰，因此必须对样品进行预处理。预处理包括有机物的消化、浓缩和分离。

③ 准确测定水中污染物　水体中污染物质繁多，测定方法、原理各异。水中主要污染物的测定方法中除了一些有害物质的测定方法外，还有许多特定的测定仪器。如溶解氧测定仪用于测定废水和生物处理后出水的溶解氧值；水质测定仪可同时测定废水的溶解氧值、pH 及浊度等污染指标。

（2）对水体及污染源的管理

① 健全法制，加强管理　我国先后颁布了《中华人民共和国水污染防治法》《中华人民共和国海洋环境保护法》《中华人民共和国水土保护工作条例》等法规，在水资源管理中要严格执行，协调关系，提高水资源开发利用的综合效益。

② 建立水源保护区　水质好坏直接影响供水的质量和数量，影响人们的健康和产品的使用价值。为了确保安全供水，首先要建立水源保护区，在水源地区内严禁建立有污染性的企业。对已有的污染源要限期拆迁或根治，违者追究法律责任和赔偿经济损失。

③ 合理开发利用水资源　地下水自然补给的速度是较慢的，超采地下水可造成地下水降落漏斗，其降落漏斗范围内会出现地面下沉、水质恶化，给工业生产、市政交通和人民生活带来重大危害。

调节水源流量与开发水资源是同等重要的。在流域内建造水库调节河水流量，在汛期洪水威胁很大，在上游各支流兴建水利工程如建造水库，把丰水期多余的水储存在库内，不仅可提高水源供水能力，还可以为防洪、发电、发展水产等多种用途服务。

④ 科学用水和节约用水　开展全国性的科学用水和节约用水宣传，提倡"增产不增水""在节水中求发展"，探索开发科学用水和节约用水的新技术。

3. 提高废水处理技术水平

工业废水的处理，正向设备化、自动化的方向发展。传统的处理方法，包括用来进行沉淀和曝气的大型混凝土池也在不断地更新。近年来广泛发展起来的气浮、高梯度电磁过滤、臭氧氧化、离子交换等技术，都为工业废水处理提供了新的方法。

目前，废水处理装置自动化控制技术正在得到广泛应用和发展，在提高废水处理装置的稳定性和改善出水水质方面将起到重要作用。另外，还应有效提高城市污水处理技术水平，目前，我国对城市污水所采用的处理方法，大多是二级处理就近排放。此法不仅基建投入大，而且占地多，运行费用高，很多城市难以负担。而国外发达国家，大都采用先进的污水排海工程技术来处置沿海城市污水。

4. 充分利用水体的自净能力

在水体环境容量可以承受的情况下，受到污染的水体，在一定的时间内，通过物理、化学和生物化学等作用，污染程度逐渐降低，直到恢复到受污染前的状态，这个过程称作水体的自净作用。在自净能力的限度内，水体本身就像一个良好的天然污水处理厂。但自净能力不是无限的，超过一定限度，水体就会被污染，造成近期或远期的不良影响。

(二) 废水利用

1. 循环使用废水，降低排放量

近 20 年来，许多国家都把发展生产工艺的闭路循环技术、将生产过程中所产生的废水最大限度地加以回收再生和循环使用、减少污水的排放量作为防止废水污染的主要措施。从中国的情况看，工业用水的循环率逐年在提高，这是节约用水所努力的成果。例如，中国重点钢铁企业工业用水循环率由 1973 年的 54.9% 提高到 1982 年的 65.2%，年循环水量达到 50 亿吨，而到 1996 年循环率又提高到 82.9%。用水量大，并以冷却用水为主的电力、钢铁、化工等工业部门提高工业用水循环利用率是开发水源的重要途径。另外在洗涤粉尘、洗涤煤气的循环系统中，采用适宜的处理技术，使本系统的循环率提高到 90% 以上，也为节水打开了新局面。

2. 回收废水中有价值的物质

回收有用物质从而变害为利是治理工业废水的重要特征之一。比如，用铁氧体法处理电镀含铬废水，处理 $1m^3$ 含 $100mL/L\ CrO_3$ 的废水，可生成 $0.6kg$ 左右的铬铁氧体，铬铁氧体可用于制造各类磁性元件，同时废水经处理后防止了二次污染发生，变害为利。对印染工业的漂洗工段排出的废碱液进行浓缩回收，已成为我国普遍采用的工艺，回收的碱返回到漂洗工序。在采用氰化法提取黄金的工艺中，产生的贫液含 CN^- 的浓度达 $500\sim1000mg/L$，且含铜 $200\sim250mg/L$，无疑有很高的回收价值，如果不回收就排放还要造成严重污染。一些金矿采用酸化法回收氰化钠和铜，获得了较高的经济效益，其尾水略加处理即可达到排放标准。

又比如，用重油造气生产合成氨，不可避免地要产生大量的含炭黑废水，采用萃取或过滤方法回收废水中的炭黑，供油墨、油漆、电池等行业作为原料，不仅污染问题得到有效解决，而且还有较好的经济效益。此外，还有影片洗印厂从含银废液中回收银；印刷厂从含锌废液中回收锌；废碱、废酸中可回收利用碱和酸等。合理回收利用废水中有价值的物质，不仅利于减少环境污染，而且利于经济发展，是值得大力研究开发的重要课题。

1. 炼油废水的来源、分类及性质

炼油厂的生产废水一般是根据废水水质进行分类分流的，主要是冷却水、含油废水、含硫废水、有时还会排出含酸废水。

（1）冷却废水　是冷却馏分的间接冷却水，温度较高，有时由于设备渗漏等原因，冷却废水经常含油，但污染程度较轻。

（2）含油废水　含油废水直接与石油及油品接触，废水量在炼油厂中是最大的。主要污染物是油品，其中大部分是浮油，还有少量的酚、硫等。含油废水大部分来源于油品与油气冷凝油、油气洗涤水、机泵冷却水、油罐洗涤水以及车间地面冲洗水。

（3）含硫废水　主要来源于催化及焦化装置、精馏塔塔顶分离器、油气洗涤水及加氢精制等。主要污染物是硫化物、油、酚等。

（4）含碱废水　主要来自汽油、柴油等馏分的碱精制过程。主要含过量的碱、硫、酚、油、有机酸等。

（5）含酸废水　来自水处理装置、加酸泵房等。主要含硫酸、硫酸钙等。

（6）含盐废水　主要来自原油脱盐脱水装置，除含大量盐分外，还有一定量的原油。

2. 炼油废水的处理方法

某炼油厂废水量 $1200m^3/h$，含油 $300\sim200000mg/L$，含酚 $8\sim30mg/L$。采用隔油池、两级气浮、生物氧化、砂滤、活性炭吸附等组合处理工艺流程。废水首先经沉砂池除去固体颗粒，然后进入平流式隔油池去除浮油；隔油池出水再经两级全部废水加压气浮，以除去其中的乳化油；二级气浮池出水流入推流式曝气池进行生化处理。曝气池出水经沉淀后基本上达到国家规定的工业废水排放标准。为达到地面水标准和实现废水回用，沉淀池出水经砂滤池过滤后一部分排放，一部分经活性炭吸附处理后回用于生产。废水净化效果见表12-4。

表 12-4　炼油废水净化效果

取样点	主要污染物浓度/(mg/L)				
	油	酚	硫	COD_{Cr}	BOD_5
废水总入口	30~200000	8~30	5~9	280~912	100~200
隔油池出口	50~100				
一级气浮池出口	20~30				
二级气浮池出口	15~20				
沉淀池出口	4~10	0.1~1.8	0.01~1.01	60~100	30~70
活性炭塔出口	0.3~4.0	未检出~0.05	未检出~0.01	<30	<5

隔油池的底泥、气浮池的浮渣和曝气池的剩余污泥经自然浓缩、投加铝盐和消石灰絮凝、真空过滤脱水后送焚烧炉焚烧。隔油池撇出的浮油经脱水后作为燃料使用。

该废水处理系统的主要参数如下。

① 隔油池，停留时间 2～3h，水平流速 2mm/s。

② 气浮系统，采用全溶气两级气浮流程，废水在气浮池停留时间 65min，一级气浮铝盐投量为 40～50mg/L，二级气浮铝盐投量为 20～30mg/L。进水释放器为帽罩式。溶气罐溶气压力 294～441kPa，废水停留时间 2.5min。

③ 曝气池，推流式曝气池废水停留时间 4.5h，污泥负荷（每日每千克混合液悬浮固体能承受的 BOD_5）0.4kg BOD_5/(kg·d)，污泥浓度为 2.4g/L，回流比 40%，标准状态下空气量，相对于 BOD_5 的为 99m^3/kg，相对于废水的为 17.3m^3/m^3。

④ 二次沉淀池，表面负荷 2.5m^3/(m^2·h)，停留时间 1.08h。

⑤ 活性炭吸附塔，处理能力为 500m^3/h，失效的活性炭用移动床外热式再生炉进行再生。

能力拓展

见二维码 12-6。

二维码12-6

能力拓展（二）

课后习题

一、单项选择题

1. 以下属于水的物理性指标的有（　　）。

　　A. pH　　　　　　　B. 重金属　　　　　C. 各种阴阳离子　　　D. 温度

2. 以下不属于污水处理技术物理法的是（　　）。

　　A. 重力分离　　　　B. 过滤法　　　　　C. 离心分离法　　　　D. 混凝

3. 按照国家的有关标准，流经城市的河流至少应满足（　　）类水体的要求。

　　A. Ⅱ　　　　　　　B. Ⅲ　　　　　　　C. Ⅳ　　　　　　　　D. Ⅴ

4. 入河排污口现状评价因子一般选取 $CODC_r$、氨氮、BOD_5、石油类、挥发酚、氰化物、总砷、总汞、六价铬、总铜、锌、总铅、总镉等。评价标准采用《污水综合排放标准》即（　　）。

　　A. GB 3838—2002　　B. GB 3095—1996　　C. GB 16297—1996　　D. GB 15618—1995

5. 新鲜污泥投到消化池后应充分搅拌，并应保持消化温度（　　）。

　　A. 随机变化　　　　B. 不断变化　　　　C. 间断变化　　　　　D. 恒定

6. 具有吸附能力的（　　）物质称为吸附剂。

　　A. 多孔性材料　　　B. 多孔性胶体　　　C. 多孔性固体　　　　D. 多孔性粉末

7. 关于传统的活性污泥工艺，下列说法中错误的是（　　）。

　　A. 传统活性污泥工艺中采用推流式曝气池

B. 传统活性污泥工艺将曝气池分为吸附池和再生池两部分

C. 传统活性污泥工艺采用空气曝气且沿池长均匀曝气

D. 传统活性污泥工艺适用于处理进水水质比较稳定而处理程度要求高的大型城市污水处理厂

8. 在曝气池内，活性污泥对有机污染物的氧化分解和其本身在内源代谢期的自身氧化是（　　）。

A. 活性污泥对有机污染物的氧化分解是厌氧过程

B. 活性污泥本身在内源代谢期的自身氧化是厌氧过程

C. 活性污泥对有机污染物的氧化分解是厌氧过程，其本身在内源代谢期的自身氧化是好氧过程

D. 活性污泥对有机污染的氧化分解和其本身在内源代谢期的自身氧化都是好氧过程

二、多项选择题

1. 影响活性污泥法净化污水的因素主要有（　　）。

　A. 营养物质的平衡　　B. 溶解氧的含量　　　　C. 有毒物质　　　　　　D. pH 值

2. 活性污泥由（　　）组成。

A. 具有代谢功能活性的微生物群体

B. 原污水含有的无机物质

C. 由微生物内源代谢、自身代谢的残留体

D. 由原水含有的难为微生物降解的惰性有机物质

3. 化学处理法是利用化学反应的作用分离回收污水中牌各种形态的污染物质，包括（　　）等。

　A. 悬浮的　　　　　　B. 沉淀的　　　　　　　C. 胶体的　　　　　　D. 溶解的

4. 常用的酸性中和剂有（　　）。

　A. 电石渣　　　　　　B. 烟道气　　　　　　　C. 废酸　　　　　　　D. 粗制酸

三、简答题

1. 简述活性污泥法处理废水的生物化学原理？

2. 常用的曝气池有几种？各有什么特点？

3. 如何合理利用水体的自净作用？

第十三章　典型固废治理技术

自然资源短缺和固体废物污染环境的双重压力，威胁着人类的生存和发展，对固体废物的综合利用，是节约资源、防止污染的有效途径和最佳办法。目前，许多国家正致力于固体废物资源化的实践与研究。我国在自然资源的利用方面存在着"三低"：人均占有量低、资源的利用率低、固体废物资源化程度低。因此，综合利用固体废物，实现资源化和无害化，越来越引起人们的重视。

化学工业产生的固体废物种类繁多，成分复杂，治理方法和综合利用的工艺技术较为苛刻，是主要的工业污染源之一；多数化工固体对人体健康和环境会构成较大威胁，另一方面，化工固废中有相当一部分，通过加工可以将有价值的物质回收利用，其资源化潜力很大。

第一节　辨识固体废物

知识目标

（1）了解固体废物的来源和分类；
（2）理解固体废物的定义和特点；
（3）掌握固体废物对生态环境的影响。

任务简述

石化行业裂解石脑油、轻柴油等生产乙烯的过程中，会伴随产生 C_5 馏分和异戊二烯。C_5 馏分和异戊二烯混合物有两种用途：

① 直接用作 C_5 或者异戊二烯的生产原料（生产 C_5 或异戊二烯的原料本身就为混合物，并没有严格的组分比例标准，内含的杂质也有相应处理的方法）；

② 经处理后用作燃料（杂质在直接燃烧过程中会造成环境污染）。

阿宝很疑惑，C_5 馏分和异戊二烯属于固体废物吗？固体废物有什么特征呢？

知识准备

一、固废的来源、分类、特点和治理原则

1. 固体废物的来源

《固体废物污染环境防治法》中明确提出：固体废物，是指在生产、生活和其他活动中

产生的丧失原有利用价值而被抛弃或者放弃的固态、半固态和至于容器中的气态的物品、物质以及法律、行政法规规定纳入固体废物管理的物品、物质。

这里所指的生产包括基本建设、工农业以及矿山、交通运输邮政电信等各种工矿企业的生产建设活动；所指的日常生活包括居民的日常生活活动，以及为保障居民生活所提供的各种社会服务及设施，如商业、医疗、园林等；其他活动则指国家各级事业及管理机关、各级学校、各种研究机构等非生产性单位的日常活动。因此，固体废物的来源主要有：居民生活；商业机关；市政维护管理部门；矿业；冶金、建材；农业等。

2. 固体废物的分类

固体废物有多种分类方法，根据其来源分为工业固体废物、生活垃圾、其他固体废物等；按其化学组成可分为有机废物和无机废物；按其形态可分为固态废物（例如玻璃瓶、报纸、塑料袋、木屑等）、半固态废物（如污泥、油泥、粪便等）和液体（气态）废物（如废酸、废油与有机溶剂等）；按其污染特性可分为污染废物和一般废物；按其燃烧特性可分为可燃废物（如废报纸、废塑料、废机油等）和不可燃废物（例如金属、玻璃、砖石等）。

依据《固体废物污染环境防治法》对固体废物的分类，将其分为生活垃圾、工业固体废物和危险废物等三类进行管理。

此外，按照污染特性可将固体废物分为一般固体废物、危险废物以及放射性固体废物。一般固体废物是不具有危险特性的固体废物；危险废物是指列入《国家危险废物名录》或者国家规定的危险废物鉴别标准和鉴别方法认定的具有危险特性的废物。危险废物的主要特征并不在于它们的相态，而在于它们的危险特性，即具有毒性、腐蚀性、传染性、反应性、浸出毒性、易燃性、易爆性等独特性质，对环境和人体会带来危害，须加以特殊管理。我国2016 年 8 月 1 日实施的《国家危险废物名录》中规定了 46 类危险废物，这些危险废物包括有固体、液体及具有外包装的气体等。此外，由于放射性废物在管理方法和处置技术等方面与其他废物有着明显的差异，许多国家都不将其包含在危险废物范围内。《固体废物污染环境防治法》中也没有涉及放射性废物的污染控制问题。凡放射性核素含量超过国家规定限值的固体、液体和气体废物，统称为放射性废物。放射性固体废物包括核燃料生产和加工、同位素应用、核电站、核研究机构、医疗机构、放射性废物处理设施产生的废物，如尾矿、污染的废旧设备、仪器、防护用品、废树脂、水处理污泥以及蒸发残渣等。

根据固体废物的来源可将其分为三类，工业固体废物、生活垃圾和其他固体废物。

3. 固体废物的特点

(1) "资源" 和 "废物" 的相对性   从固体废物的定义可知，它是在一定时间和地点被丢弃的物质，是放错地方的资源。从时间方面看，随着时间的推移，任何产品经过使用和消耗后，最终都变成废物。如食品罐头盒、饮料瓶等，平均几个星期就变成了废物，家用电器和小汽车平均 7~10 年变成废物，建筑垃圾使用期限最长，但经过数十年至数百年后也将变成废物。另一方面，所谓 "废物" 仅仅是相对于目前的科技水平还不够高、经济条件还不允许的情况下暂时无法加以利用的物质。但随着时间的推移，科技水平的提高，经济的发展，资源滞后于人类需求的矛盾也日益突出，今天的废物势必会成为明日的资源。例如石油炼制过程中产生的残留物，开始时是污染环境的废弃物，今天已变成了大量使用的沥青筑路材料；动物粪便长期以来一直被当成污染环境的废弃物，今天已有技术可把动物粪便转化成液体燃料。

从空间角度看，废物仅仅是相对于某一过程或某一方面没有使用价值，而并非在一切过程或一切方面都没有使用价值。某一过程的废物，往往可用作另一过程的原料。例如，粉煤灰是发电厂产生的废弃物，但是粉煤灰可用来制砖，对建筑来说，它又是一种有用的原材料；煤矸石是煤矿的废弃物，但煤矸石又可用于发电；冶金业产生的高炉渣可用来生产建筑用的水泥；电镀过程中产生的污泥可以回收贵重金属等，它们对建筑业和金属制造业来说又成了有用的资源。

事实上，进入经济体系中的物质，仅有 10%～15% 以建筑物、工厂、装置器具等形式积累起来，其余都变成了所谓的废物。因此固体废物成为一类量大而面广的新的资源将是必然趋势。"资源"和"废物"的相对性是固体废物最主要的特征。

（2）成分的多样性和复杂性　固体废物成分复杂、种类繁多、大小各异，既有无机物又有有机物，既有非金属又有金属，既有有味的又有无味的，既有无毒物又有有毒物，既有单质又有合金，既有第一物质又有聚合物，既有边角料又有设备配件。其构成可谓五花八门、琳琅满目。有人说"垃圾为人类提供的信息几乎多于其他任何东西"。

（3）危害的潜在性、长期性和灾难性　固体废物是呈固态、半固态的物质，不具有流动性；固体废物对于环境的污染不同于废水、废气和噪声。此外，固体废物进入环境后，并没有被与其形态相同的环境体接纳。因此，它不可能像废水、废气那样可以迁移到大容量的水体（如江河、湖泊和海洋）或溶入大气中，它呆滞性大、扩散性小，它对环境的影响主要通过水、气和土壤进行的。通过自然界中物理、化学、生物等多种途径进行稀释、降解和净化。固体废物只能通过释放渗出液和气体进行"自我消化"处理。而这种"自我消化"过程是长期的、复杂的和难以控制的。其中污染成分的迁移和转化，如浸出液在土壤中的迁移，是一个比较缓慢的过程，其危害比废水和废气更持久，从某种意义上讲，污染危害更大。例如，堆放场中的城市生活垃圾一般需要经过 10～30 年的时间才可趋于稳定，而其中的废旧塑料、薄膜等即使经历更长时间也不能完全消化掉。在此期间，垃圾会不停地释放渗滤液和散发有害气体，污染周边的地下水、地表水和空气，受污染的地域还可扩大到存放地之外的其他地方。而且，即使其中的有机物稳定化了，大量的无机物仍会停留在堆放处，占用大量土地，并且继续导致持久的环境问题。

（4）污染"源头"和富集"终态"的双重性　废水和废气既是水体、大气和土壤环境的污染源，又是接受其所含污染物的环境。固体废物则不同，它们往往是许多污染成分的终极状态。例如，一些有害气体或飘尘，通过治理，最终富集成废渣；一些有害溶质和悬浮物，通过治理最终被分离出来成为污泥或残渣；一些含重金属的可燃固体废物，通过焚烧处理，有害金属浓集于灰烬中。但是，这些"终态"物质中的有害成分，在长期的自然因素作用下，又会转入大气、水体和土壤，成为大气、水体和土壤环境污染的"源头"。

4. 化工固废治理技术原则

随着我国化工生产的发展，化工固废的产生量日益增加，除一部分进行处置外，相当一部分直接排到环境中，造成污染，其危害包括侵占工厂内外大片土地，污染土壤、地下水和大气环境，直接或间接危害人体健康。

以铬盐行业为例，我国化工铬盐行业年产铬渣 10 万～12 万吨，Cr^{6+} 含量 0.3%～2.9%，加上历年积存，铬渣含量已达 200 多万吨。这些渣大部分露天堆放，经风吹雨淋，到处流失，污染地表水和地下水，使当地水中 Cr^{6+} 含量超过饮用水标准几十倍至几百倍，危害人畜。

又如，全国化工企业汞法烧碱、聚氯乙烯和乙醛年耗汞量达到 200t 以上，比国外高几十倍到几百倍。由于含汞盐泥和废水的排放，当地水体受到严重污染，水质、底泥、水生生物中含汞量超标，严重影响农业、渔业生产和居民身体健康，如我国的松花江、辽宁锦州湾、云南螳螂川等水体曾受过严重污染。

我国各级化工部门和企业为适应环保的要求，采取了一系列的措施来加强管理和监督，努力改造旧设备和工艺，积极开展固废治理和综合回收利用工作，在治理和解决固废污染方面取得了较大的进展，开发出一批技术成熟、经济效益较高的处理与综合利用技术。在解决化工固废污染时，应遵循以下原则。

① 化工固废治理应从改革工艺路线入手，尽可能采用无毒、无害或低毒、低害的原料和能源，采用不产生或少产生固体废物的新技术、新工艺、新设备，最大限度地提高资源和能源的利用率，将废物消除在生产过程中。

② 对于生产过程中不得不排出的废物，应根据其性质采取回收或综合利用措施就地处理。但要注意的是，在利用化工固废回收产品、加工建筑材料或其他制品的过程中，须防止二次污染。

③ 无法或暂时无法加以综合利用的化工固废，必须采取无害化或焚烧、填埋等手段进行妥善的处理处置。

二、固废对生态环境的影响

固体废物是各种污染的最终形态，它的性质多种多样，成分也十分复杂。特别是在废水废气治理过程中所排出的固体废物，浓集了许多有害成分，因此，固体废物对环境的危害极大，污染也是多方面的，主要表现在以下几个方面。

1. 侵占土地，破坏地貌和植被

固体废物如果不加以利用和处置，只能占地堆放。据《2017 年中国工业固体废物行业发展概况分析》，近十年我国工业固体废物呈增长趋势。仅 2016 年，214 个大、中城市一般工业固体废物产生量达 14.8 亿吨，综合利用量 8.6 亿吨，处置量 3.8 亿吨，贮存量 5.5 亿吨，倾倒丢弃量 11.7 万吨。据《2016 年全国大、中城市固体废物污染环境防治年报》指出，截至 2016 年，我国的工业固体堆放总量已经达到 600 亿吨，估计占地面积约 66 万公顷。不仅侵占了大量土地，还严重地破坏了地貌、植被和自然景观。

2. 污染土壤和地下水

固体废物长期露天堆放，或没有防渗措施的垃圾填埋场，其中有害组分在地表水和雨雪水的淋溶、渗透作用下产生有害的渗滤液渗入土壤并向四周扩散，使土壤和地下水受到污染。由于土壤具有很强的吸附能力，这些有害组分还会在土壤中呈现不同程度的积累进一步导致在植物体内的富集，人吃了这样的植物，就会对人体的健康产生危害。工业固体废物还会破坏土壤的生态平衡，使微生物和动植物不能正常地繁殖和生长。

3. 污染水体

许多沿江河湖海的城市和工矿企业，直接把固体废物向邻近水域长期大量排放，固体废物也可随天然降水和地表径流进入河流湖泊，致使地表水受到严重污染，不仅破坏了天然水体的生态平衡，妨碍了水生生物的生存和水资源的利用，而且使水域面积减少，严重时还会阻塞航道。据统计，全国水域面积和建国初期相比，已减少了 $1.33 \times 10^7 \, m^2$。

全国各水系沿岸的发电厂，每年向长江、黄河等水域排放数以千万吨的灰渣。其中，仅重庆电厂年排放量即达 30 万吨，电厂排污口外的煤灰滩已延伸到嘉陵江的航道中心。

大量固体废物向海洋倾倒和堆弃，也严重污染了沿海滩涂和邻近水域，恶化了生态环境，破坏了滩涂地貌。例如，我国著名的旅游胜地——青岛市的主要工业区和生活区位于胶州湾东岸，由于长期大量的固体废物不加处理地任意排放，使得整个滩涂几乎全被工业废渣、建筑垃圾和生活垃圾所掩埋，仅有的一点沙滩也成了不毛之地；海水受到严重污染，原有的 100 多种水生生物，残存下来的不过 10 余种。

4. 污染大气

固体废物中所含的粉尘及其他颗粒物在堆放时会随风飞扬；在运输和装卸过程中也会产生有害气体和粉尘；这些粉尘或颗粒物不少都含有对人体有害的成分，有的还是病原微生物的载体，对人体健康造成危害。有些固体废物在堆放或处理过程中还会向大气散发出有毒气体和臭味，危害则更大。例如，煤矸石的自燃在我国时有发生，散发出煤烟和大量的 SO_2、CO_2、NH_3 等气体，造成严重的大气污染。采用焚烧法处理固体废物，也成为大气污染的主要污染源之一。例如美国固体废物焚烧炉约有 2/3 因缺乏空气净化装置而污染大气。

5. 造成巨大的直接经济损失和资源能源的浪费

我国的资源能源利用率很低，大量的资源、能源会随固体废物的排放而流失。矿物资源一般只能利用 50% 左右，能源利用只有 30%。同时，废物的排放和处置也要增加许多额外的经济负担。目前我国每输送和堆存 1t 废弃物，平均耗资都在 10 元左右，这就造成了巨大的经济损失。

除此之外，某些有害固体废物的排放除了上述危害之外，还可能造成燃烧、爆炸、中毒、严重腐蚀等意外的事故和特殊损害。

6. 危害人体健康

未经处理的固体废物可产生粉尘和有害气体进入大气，产生渗滤液污染水体和土壤，最后都可能以各种方式和途径直接由呼吸道、消化道和皮肤摄入人体，危害人体健康，使人患各种各样的疾病。特别是危险性废物对人类的危害更加严重。例如贵阳市某垃圾处理厂渗滤液污染地下水，使该饮用水源的大肠杆菌超标 770 倍，含菌量超标 2600 倍，造成该地区很多居民患有痢疾，严重影响人们的身体健康。

◆◇◆ **任务分析与处理** ────────────────────────────

任务中的 C_5 馏分和异戊二烯混合物一半用作生产原料出售，一半用作燃料出售。判断该混合物是不是固体废物主要是能正确辨析固体废物的概念。

固体废物定义的核心要素在于物品或物质的属性判断，主要基于物质客观的价值和产生者（所有者）主观的取舍两个方面，客观价值为主，主观取舍为辅。物质的相对价值，是指在"当下条件"下，物质在特定用途下的价值，也可称为狭义价值。物质的绝对价值，是指在"当下条件"下，物质在所有不同用途下的总体价值，是物质本身固有的价值，也可称为广义价值。固体废物的定义中，"原有利用价值"是广义价值，是基于包括产生者在内的不同使用者所有用途下的总体价值。

企业将该混合物一半用作生产原料出售，一半用作燃料出售，用作原料的可申报为产品，用作燃料的须纳入危险废物管理。同一个物质产生双重属性的现象，原因在于：该混合物仅仅符合原料的标准，但不作原料偏要用作燃料（说明原料的市场需求不足，或者用作燃料的价值更大），属于主动放弃原料的产品属性，变成废物。尽管申报的结果是"一半产品＋一半废物"（直接用作原料的属产品；间接用作燃料的属于废物），但是这个结果是基于广义价值观判断，结合了物质客观的价值和产生者主观的取舍两个方面。

能力拓展

某企业产生某种含铜污泥，含铜污泥如果品味好于铜矿料，就可以直接替代铜矿料作原材料使用。但是该企业现有的铜冶炼水平还未达到直接使用含铜污泥冶炼的水平，或者同使用铜矿料相比是环境有害的（生产过程环境风险增加，产品品质降低等），那么该含铜污泥是固体废物吗？如果该企业的技术进步了，可以用含铜污泥来冶炼铜，这时含铜污泥是固体废物吗？

课后习题

一、填空题

1. 按照污染特性可将固体废物分为_____、_____和_____。

2. 固体废物，是指在_____、_____和_____产生的丧失原有利用价值而被抛弃或者放弃的_____、_____和至于容器中的_____的物品、物质以及法律、行政法规规定纳入固体废物管理的物品、物质。

3. 固体废物根据其来源分为_____、_____和_____。

4. 固体废物管理的"三化"原则是指_____、_____和_____。

二、简答题

1. 固体废物的来源主要有哪些？

2. 简述固体废物的特性。

3. 固体废物对生态环境的影响有哪些？

第二节　处置固体废物

知识目标

（1）了解固体废物的压实、粉碎和分选三种预处理技术；

（2）理解固体废物的处理处置方法；

（3）了解几大类固体废物的综合利用。

阿宝的家乡有一大型水泥厂，大部分村民在该厂上班挣钱，是村民们的主要经济来源之一。某天环保工作人员检查时发现该厂周边堆满了水泥块、碎石、渣土等，严重影响了环境。环保局下令整改，水泥厂被迫停工，村民们失去了经济来源。阿宝作为一名专业学生，很想帮乡亲们一把，提出有效整改措施，让水泥厂尽快恢复生产。请问，阿宝可以提出哪些有效措施？

　知识准备

一、固体废物的预处理

1. 压实

压实是利用外界的压力作用于固体废物，使其聚集程度增大，达到增大容重和减小表观体积的目的，以便于运输、储存和填埋。压实主要用于处理压缩性大而恢复性小的固体废物，例如生活垃圾、机械加工行业排出的金属丝、金属碎片、家用电器、小汽车及各类纸制品和纤维等。而对于某些原来较密实的固体，如木头、玻璃、金属、硬质塑料块等则不宜采用。对于有些弹性废物采用压实处理效果也不理想，因为它们在解除压力后几分钟内，体积就会发生膨胀。

压实的原理主要是减小空隙率。对大多数固体废物来讲，它们都是由不同颗粒和颗粒间的空隙所组成的集合体。当受到外界压力时，颗粒间则互相挤压、变形和破碎，空隙率减小，容重增加。例如城市垃圾经压实后密度可增大到 $320kg/m^3$，表观面积可减少 70% 左右。

应当指出的是，如果采用高压压实的方法，除减小空隙率外，还可能产生分子晶格的破坏，从而使物质变性。例如日本采用高压压实的方法处理城市垃圾，压力为 25.8MPa，制成的压实块密度为 $1125.4 \sim 1380kg/m^3$。由高压所产生的挤压及升温使垃圾中的 BOD 从 6000mg/L 降到 200mg/L，COD 从 8000mg/L 降到 150mg/L，垃圾已成为一种均匀的类塑料结构的惰性材料，自然暴露在空气中三年，也无任何明显降解，这与一般压实作用不同。

二维码13-1

压实机械也称压实器，具体见二维码 13-1。

压实和破碎机械

2. 破碎

破碎是利用外力使大块固体废物分裂为小块的过程。固体废物的破碎主要达到以下几个目的。

① 使固体废物减容和增大密度，便于运输和储存；

② 为分选和进一步加工提供合适的粒度，以有利于综合利用；

③ 增大固体废物的比表面积，提高焚烧、热分解的处理效率；

④ 防止粗大、锋利的固体废物损坏处理设备；

⑤ 减少臭味，防止鼠类、蚊蝇繁殖，减少火灾发生机会。

破碎机械具体见二维码 13-1。

3. 分选

分选的目的是将固体废物中可回收利用的或不利于后续处理、处置工艺要求的物料用人工或机械方法分门别类地分离出来，然后加以综合利用。人工检选是最早采用的方法，作为机械分选的一个补充，至今还在许多国家使用。

机械分选的方法很多，如筛分、风力分选、磁力分选（磁选）、电力分选、浮选等，下面做一简单介绍。

（1）筛分　筛分是根据固体废物粒度大小而进行分选的方法。将不同粒度的物料通过具有均匀筛孔的筛面时，小于筛孔的细粒物料则可透过筛面，从而实现粗细物料的分离。

筛分设备具体见二维码 13-2。

（2）风力分选　风力分选是在气流作用下使固体废物颗粒按密度和粒度进行分选的一种方法。由于不同物质的密度不同，因而在一定气速的气流中有着不同的沉降速度，从而达到轻重颗粒分离的目的。按照气流吹入分选设备内的方向不同，风选设备可分为卧式风力分选机和立式风力分选机两种类型。

分选设备具体见二维码 13-2。

（3）磁选　磁选是利用固体废物中各种物质的磁性差异在不均匀磁场中进行分选的一种处理方法。将固体送入磁选设备之后，磁性颗粒则在不均匀磁场的作用下被磁化，从而受到磁场吸引力的作用，使磁性颗粒吸在磁选机的转动部件上，被送排料端排出，实现了磁性物质和非磁性物质的分离。在磁选的过程中，固体颗粒在非均匀磁场中同时受到两种力的作用——磁力和机械力（包括重力、摩擦力、介质阻力、惯性力等）的作用。当磁性物质所受到的磁力大于与它相反的机械力的合力时，则可以被分离出来。而非磁性物质所受磁力很小，机械力的作用占优势，所以仍留在物料层中。

二维码13-2

筛分、风选、磁选设备

磁选只适用于分离出铁磁性物质，可以作为一种辅助手段用于回收黑色金属。

磁选设备具体见二维码 13-2。

二、固体废物的稳定化和无害化处理

1. 化学法

化学处理是通过化学反应使固体废物变成安全和稳定的物质，使废物的危害性降低到尽可能低的水平。此法往往用于有毒、有害的废渣处理，属于一种无害化处理技术。化学处理法不是固体废物的最终处置，往往与浓缩、脱水、干燥等后续操作联用，从而达到最终处置的目的。处理方法一般有中和法、氧化还原法、化学浸出法。

2. 焚烧法

焚烧法是将可燃固体废物置于高温炉内，使其中可燃成分充分氧化的一种处理方法。焚烧法的优点是可以回收利用固体废物内潜在的能量，减少废物的体积（一般可以减少 30%～90%），破坏有毒废物的组成结构，使其最终转化为化学性质稳定的无害化灰渣，同时还可以彻底杀灭病原菌，消除腐化源。所以，用焚烧法处理可燃固体废物能同时实现减量化、无害化和资源化，是一种重要的处理处置方法。焚烧法的缺点是只能处理含可燃物成分高的固体废物（一般要求其热值大于3347.2kJ/kg），否则必须添加助燃剂，增加运行费用。另外，该法投资比较大，处理过程中不可避免地会产生可造成二次污染的有害物质，从而产生新的环境问题。

影响焚烧的因素主要有四个方面，即温度、时间、湍流程度和供氧量。为了尽可能焚毁废物，并减少二次污染的产生，焚烧的最佳操作条件是：

① 足够高的温度；

② 足够的停留时间；

③ 良好的湍流程度；

④ 充足的氧气。

适合焚烧的废物主要是那些不可再循环利用或不宜安全填埋的有害废物，如难以生物降解的、易挥发和扩散的、含有重金属及其他有害成分的有机物、生物医学废物（医院和医学试验室所产生的需特别处理的废物）等。

中国1992年在深圳建成第一座垃圾发电厂，日处理垃圾300多吨，总装机容量为4000KW。随后全国又有10余座发电厂投入运营。兴办垃圾处理厂可以成为一大产业，不仅可以回收能源和减轻环境污染，同时可以产生上百亿元的产值，解决上百万的就业问题。

3. 热解法

多数有机化合物都具有热不稳定性的特征，如果将它们置于高温缺氧的条件下，这些化合物将会发生裂解，转化为分子量较小的组分，把这一过程称为热解。热解应用于工业生产已有很长的历史，如木材和煤的干馏、重油的裂解等。近几十年来，将热解的原理用于处理固体废物已日益为人们所注重，成为一种很有前途的处理方法，特别适用于废塑料、废橡胶、城市垃圾、农用固体废物等含有机物较多的固体废物处理。

固体废物的热解是一个极其完全的化学反应过程，它包含大分子的键断裂、异构化和小分子的聚合等反应过程。这一过程可以用下式来表示：

有机固体废物 $\longrightarrow$ 气体（H_2、CH_4、CO、CO_2、NH_3、H_2S、HCN、H_2O）+有机液体（焦油、芳烃、煤油、有机酸、醇、醛类）+炭黑、炉渣。

由上式可见，热解将会产生三种相态的物质。气相产物主要是 H_2、CH_4、CO 和 CO_2；液相产物主要是焦油和燃料油，还有乙酸、丙酮、甲醇等；固相产物主要是炭黑和废物中原有的惰性物质。例如，纤维素热解的化学反应式可以写为：

$$3C_6H_{10}O_5 \xrightarrow{\text{（热解）}} 8H_2O+C_6H_8O+2CO+2CO_2+CH_4+H_2+7C$$

式中，C_6H_8O 为焦油。

热解法的应用具体见二维码13-3。

二维码13-3

热解法的应用

4. 固化法

根据固化处理中所用固化剂的不同，固化技术可分为水泥固化、石灰固化、热塑性材料固化、热固性材料固化，自胶结固化、玻璃固化和大型包封法等。下面介绍几种常用的固化方法。

（1）水泥固化　水泥固化是以水泥为固化剂，将有害固体废物进行固化的处理方法。水泥是一种胶凝材料，它与水反应后会形成一种硅酸盐水合凝胶，将有害的固体废物微粒包含在其中并逐步形成坚硬的固化体，使有害物质被封闭在固化体内，达到稳定化、无害化的目的。

水泥固化法具有工艺简单、材料来源广泛、处理费用低、固化体机械强度高等优点。特别适用于处理含重金属的污泥、原子能工业中的废料及其他有毒有害废物。例如，电镀污泥的固化处理和含汞废渣的水泥固化处理。

水泥固化法的主要缺点是固化体的浸出率较高，体积也比原废物增大0.5～1.0倍，有些废物还需进行预处理和投加添加剂，这些都会造成处理费用增大。

电镀污泥的固化处理和含汞废渣的水泥固化处理具体见二维码13-4。

二维码13-4

固化法

（2）石灰固化

① 石灰固化的原理　石灰固化是以石灰为固化剂，以活性硅酸盐类（粉煤灰、水泥窑灰）为添加剂的一种固化方法。石灰与上述添加剂在有水存在时会形成一种具有包裹废物性能的稳定不溶性化合物的物料，并逐渐凝硬使废物得以固化。

② 石灰固化的应用　石灰固化法用于固化钢铁机械行业中酸洗工序所排放的废渣、电镀污泥、烟道气脱硫废渣、石油冶炼污泥等。其固化工艺过程与水泥固化法类似。

石灰固化法的优点是填料来源丰富，操作简单，处理费用低；被固化的废渣不要求脱水干燥；可在常温下操作。其缺点是固化体易受酸性介质侵蚀，抗浸出性能较差等。

（3）热塑性材料固化　热塑性材料是指那些在加热和冷却时能反复转化和硬化的有机材料，如沥青、聚乙烯、聚氯乙烯、聚丙烯、石蜡等。这些材料在常温下为坚硬的固体，而在较高温度下有可塑性和流动性，从而可以利用这种特性对固体废物进行固化处理。

沥青是高分子碳氢化合物的混合物，具有较好的化学稳定性、黏结性，对多数酸、碱、盐类都有一定的耐腐蚀性，并具有一定的抗辐射稳定性，价格也较为低廉，因此沥青固化应用较为普遍。

沥青固化一般可用于处理中、低放射水平的蒸发残液，废水化学处理所产生的沉渣，焚烧炉产生的残渣、废塑料、电镀污泥、砷渣等。

除此之外，还有其余三种固化法，见二维码13-4。

三、固体废物的综合利用

固体废物的处理处置技术自20世纪80年代以来已有很大发展，处理处置的固体废物的量也在不断增加。但是，由于固体废物排放量的急剧增长，人们虽已投入了巨大的人力、物力和财力，仍没有从根本上解决问题。实际上，人们所说的"废物"中含有许多可利用的资源，如能将它们分离出来并加以充分利用，实现固体废物的资源化，才是解决固体废物污染环境的根本途径。

在固体废物的资源化过程中，可处理和利用的固体废物的种类很多，下面将根据我国的实际情况，将排放量较大、综合利用程度较高、技术上较为成熟的几类固体废物的综合利用情况做一简单介绍。

1. 矿业固体废物的综合利用

(1) 直接利用

① 用作矿井充填料 过去惯用的矿井充填料为碎矿石，为此需单独建立一套采石、破碎和运输系统，花费大量的资金和劳力。利用废石和尾矿作充填料，来源丰富并可就地取材，运输方便，大大降低了充填成本。

用废石和尾矿作充填料时，对其性能一般有如下要求：

a. 废石和尾矿中有用矿物含量低；

b. 废石和尾矿中矿物的性质稳定，不易风化或分解，不易氧化自燃，不会放出有毒有害或恶臭的气体。

② 用作建筑材料 矿业固体废物作为建筑材料用途十分广泛，例如以尾矿为主要原料制尾矿砖；以水泥、水淬渣、尾矿粉为原料制加气混凝土；代替碎石作路基垫层等。

安徽马鞍山钢铁公司姑山铁矿利用尾矿作混凝土集料，用于工业和民用建筑及修筑公路，取得很好的效益，每年可少占地 $1.8 \times 10^4 \, m^2$，并可增加 150 多万元的经济收入，尾矿对周围环境的危害也大大降低。

细粒尾矿还是一种可塑性好的陶瓷原料，黄梅山铁矿在同济大学的协助下，研制成功用尾矿作原料烧制墙面砖和地面砖，年处理尾矿 4000t，生产 10 万平方米的墙面砖，经济效益十分可观。

③ 生产微量元素肥料 植物生长过程中需要 B、Mn、Cu、Zn、Mo 等微量元素，施用微量元素肥料具有明显的增产效果。锰矿采选过程中所排出的废石和尾矿，除含锰外，还含有磷酐、氯离子、硫酸盐离子及氧化镁、氧化钙等，可用来生产微量元素肥料。又如某些钼矿的尾矿作微量元素肥料施用于缺钼土壤，不仅有助农业增产，而且可以降低食道癌发病率。

(2) 提取有用成分 随着矿物的不断开采，矿物资源日益减少，处理原矿的品位也越来越贫，不断提高矿石的综合利用率，对矿石中所含的各种有价值的成分进行综合性回收已成了当务之急。不少国家都开发了新的技术，综合利用矿产资源。

美国肯尼柯特选矿厂为了充分回收尾矿中的铜，建立了尾矿再处理厂，将尾矿磨细筛分后进行浮选，进一步回收尾矿中所含的少量的铜。

我国攀枝花铁矿的矿石中除含铁以外，还含有钒、钛、镍、铜等金属，如能加以回收，其价值将高于主要产品铁的价值。按目前的生产规模，从尾矿中每年可回收钛精矿 2.75 万吨、硫钴精矿 3 万吨、氧化钪 7.2 万吨，总价值达 2 亿元以上。

2. 冶金工业废渣的综合利用

目前我国对有色金属冶炼渣的利用率很低，仅少量的赤泥、铜渣等用于生产水泥等建筑材料。以下内容以赤泥为例。

赤泥是炼铝过程中生产氧化铝时所形成的残渣，其成分以钙、硅、铝、铁的氧化物为主。每生产 1t 氧化铝约排出 1～2t 赤泥。我国每年排放约 200 万吨，但由于其含水量大、碱性强，综合利用率不高。

赤泥的矿物组成主要包括硅酸二钙和硅酸三钙，在激发剂的激发下，有水硬胶凝性能，因此可以用它为原料生产水泥。赤泥在水泥工业上的应用主要有两个方面：一是代替黏土烧制普通硅酸盐水泥，其生产工艺与普通硅酸盐水泥相同；二是生产赤泥硫酸盐水泥，这种水泥的生产工艺简单，只需将赤泥烘干，然后按一定配比与其他原料混合磨细即可。

赤泥中含有一定量的氧化铁（10%～45%），可将其在 700～800℃ 下还原使赤泥中的 Fe_2O_3 转变为 Fe_3O_4，然后经磁选选出铁精矿（含氧化铁 63%～81%），供炼铁使用。

赤泥还可用来制赤泥硅钙肥，作填充剂生产塑料制品，以及用作筑路材料、填充土方等。不少国家还在研究从赤泥中回收铝、钛、钒等金属以及作净水剂、气体吸收剂等。

炼铜渣的综合利用主要有生产水泥、生产小型砌块、生产矿渣棉。

3. 有机废物的综合利用

本部分以废塑料处理和综合利用为例来简要地加以说明。

废塑料再生加工利用主要分为前处理、熔融混炼和成型三个步骤。

（1）前处理　将回收的废塑料除去异物，并按其种类加以分选，可根据它们的外观特征采用人工分选或采用比重分选、风力分选、静电分选等方法进行分选。分选后的废塑料要进行清洗，一般先用碱水清洗，然后再用清水冲净。洗涤后需干燥，并粉碎成小片或小块。

（2）熔融混炼　熔融混炼过程及所使用的机械和原塑料熔融混炼完全一样，即将预处理后的废塑料加入适量的改性剂在一定的温度下熔融混炼即可。

（3）成型　主要的成型方法有四种：压注成型、注射成型、压延成型、挤出成型。通过成型可以直接得到棒、板、片材或各种成型品，也可制成粒状作为生产各种类型的塑料制品的原料使用。

塑料的再生方法又可分为单纯再生和复合再生两类。前者的原料是塑料生产厂和加工厂的废料，是单一树脂，可以和树脂加工方法一样进行加工造粒再利用。复合再生是用不同种类树脂的混合物为原料来制造再生制品。

再生加工所得的塑料制品保留不少原有塑料的特性，它的优点是具有一定的耐久性、耐腐蚀性和强韧性，但膨胀系数大，负载大时可能发生弯曲。

废塑料的再生利用目前仍是废塑料综合利用的主要方式，并开发出许多较为成熟的技术。例如，日本塑料处理促进协会与朋东铁工所共同成功地开发了比较经济的废农用 PE 膜的干法处理技术。该工艺的基本过程为：先将废农膜粗碎为 50mm 左右的碎片，然后分两次将其干燥，在干燥装置中设置磁铁以除去铁屑或铁片，并经振动筛、筛选机分离除去土、砂等杂质。再将已处理干净的片状薄膜进一步粉碎成 8mm 左右即可熔融造粒，然后可作为原料加工成各种制品。

4. 农业固体废物的综合利用

本部分以农作物秸秆的综合利用为例来简要地加以说明。

（1）制氨化饲料　以前农作物秸秆的利用主要在于用厌氧发酵法制取沼气。但是这种方法所能消纳的秸秆的数量有限，绝大多数作物秸秆仍得不到合理利用，只能作为燃料烧掉。近几年来，有关人员研究开发出利用作物秸秆制作氨化饲料，作为养牛饲料，给秸秆的合理利用开辟了一条新的途径。

氨化饲料的制作简单易行，技术上也较为成熟可靠。把秸秆切成 2～3cm 的小段，每氨化 100kg 秸秆加 3kg 尿素、60～80kg 水，拌匀、压实，用塑料布密封数日即可。经氨化处理后的秸秆粗蛋白含量提高 1～2 倍，据分析测算，每千克氨化饲料相当于 0.4～0.5 个燕麦饲料单位的营养价值，4kg 氨化饲料就可节省 1kg 精料。由于氨化饲料营养价值高，易于消化，采食量大，使牛的日增重量要比用普通饲料喂养高出 30% 以上，喂养周期也大大缩短。

（2）加工压块燃料　秸秆主要是由纤维素、半纤维素和木质素组成，在适当的温度（200~300℃）下会软化，此时施加一定压力就可以使其紧密粘接，冷却固体成型后即可得到具有一定机械强度的棒状或颗粒状新型燃料。

秸秆压块燃料的热值为 $1.4 \times 10^4 \sim 1.8 \times 10^4 kJ/kg$，其燃烧性能与中质烟煤相近，燃烧时没有有害气体产生，生产工艺简单，使用方便。

秸秆压块燃料可直接民用和用作锅炉燃料，也可用于热解产生煤气。

5. 城市垃圾的综合利用

（1）城市垃圾的资源化　"垃圾是放错位置的宝贵资源"，它蕴藏着供人类开发和利用的能量和物质，如每回收 1t 废纸可再造纸 850kg，节省木材 300kg，相当于少砍伐 17 棵大树；1t 废塑料可回收 600kg 无铅汽油或柴油；每回收 1t 废钢铁可炼好钢 0.9t。我国每年城市垃圾中被丢弃的"可再生资源"价值高达 250 亿元，每年固体废物造成的经济损失以及可利用而又未充分利用的废物资源价值高达 300 亿元。固体废物本身就是一种人造资源，因此美国将其称为"第二矿产"。资源再生利用已成为当今世界广泛关注的话题，目前在日本、西欧各国废物资源化利用率已达 60% 左右，发达国家已开始把资源化作为城市垃圾处理发展的重点，资源化在城市垃圾处理中所占比例也在不断增加。

（2）城市垃圾转化为能源　建立大规模的城市垃圾焚烧厂，利用垃圾焚烧时放出的热量供热或发电是使垃圾能源化的主要途径。欧洲各国及日本的现代化垃圾焚烧厂一般都附有发电厂或供热动力站以回收能源。影响热能回收的主要因素是垃圾中所含热值，一般认为当城市垃圾低位发热值大于 3349kJ/kg 时，即可不加辅助燃料而直接燃烧。从中国大中城市的垃圾组成情况来看，这些地区已基本具备了垃圾焚烧回收能源的条件，因此将城市垃圾焚烧即可大大减少处理处置费用和环境污染，又能回收能源，具有很好的发展前景。

垃圾填埋中的有机物在厌氧微生物作用下可被分解为 CH_4 和 CO_2 等其他气体，统称为填埋气（LFG），其中 CH_4 等可燃气体含量达 60% 左右。据估测，我国 2000 年城市垃圾产生量达 1.6 亿吨，若全部按填埋处理，以每千克垃圾产生 $0.064 \sim 0.44 m^3$ 填埋气计算，将产生 104 亿~716.5 亿立方米的垃圾填埋气，其燃烧时产生的热值相当于 20.77 亿~143 亿立方米的天然气，是一种新的补充能源。

6. 能源工业固体废物的综合利用

能源工业固体废物的综合利用详见第三节中粉煤灰的综合利用部分。

7. 化工废渣的综合利用

化工废渣的综合利用详见第三节中铬渣的综合利用部分。

◆◇ **任务分析与处理** ━━━━━━━━━━━━━━━━━━━━━━━━━━━

水泥行业产生的固体废物如废水泥块等需要先进行破碎等预处理后进行再利用，破碎处理可采用挤压式破碎机、冲击式破碎机等。水泥行业固废预处理后进行再利用的方式主要有以下几种：

① 用作水泥混合材，如矿渣、某些金属尾矿等。沸石、石灰石、火山灰作为天然原料也常用于混合材。

② 代替黏土组分配料，如粉煤灰、赤泥等。

③ 替代燃料和有毒有害物无害化处理，如废轮胎、废塑料、化纤等。

④ 用作水泥调凝剂（一般要通过改性处理），如磷石膏、盐田石膏、环保石膏、柠檬酸渣等。此外发电厂排烟脱硫的人造石膏也可以使用。

能力拓展

查阅相关资料及调研相关企业，撰写有关煤矸石、沸腾炉渣、高炉渣、电石渣、化学石膏的综合利用情况的调查报告。

课后习题

一、填空题

1. 固体废物预处理技术包括_____、_____和_____。

2. 固化技术按固化剂分为_____、_____、_____、_____、_____和_____。

3. 影响焚烧的因素主要有四个方面，即_____、_____、_____和_____。

4. 厌氧发酵的产物主要是_____。

二、分析说明题

1. 某钢渣粒度为 5～100mm，含 25％的铁，大量的 CaO、MgO，具有很高的活性，请设计一条钢渣资源化利用的工艺系统。

2. 某城市垃圾，含西瓜皮 15％，烂菜叶 40％，废纸 10％，灰渣 20％，黑色金属 2％，废塑料瓶 13％，试用所学知识，设计合理的工艺流程将其资源化，并说明流程中各过程的作用与原理。

第三节　处理典型工业废渣的技术

知识目标

（1）理解粉煤灰的综合利用方法；

（2）理解铬渣的综合利用方法。

任务简述

阿宝是某高职院校环境专业的学生，大三的两个学期他将分别在某发电厂、冶金公司的环保岗位上顶岗实习，且要完成有关两家企业最主要废渣——粉煤灰和铬渣的综合利用技术的调研报告。阿宝该如何着手完成呢？

一、粉煤灰的处理与利用

1. 粉煤灰作水泥混合材

粉煤灰是一种人工火山灰质材料，它本身加水虽不硬化，但能与石灰、水泥熟料等碱性激发剂发生化学反应，生成具有水硬胶凝性能的化合物，因此可用作水泥的活性混合材。很多国家都制定了用作水泥混合材的粉煤灰品质标准。在配置粉煤灰水泥时，对于粉煤灰掺量的选择，应根据粉煤灰细度质量情况，以控制在 20%～40% 为宜。一般当粉煤灰掺量超过 40% 时，水泥的标准稠度需水量显著增大，凝结时间较长，早期强度过低，不利于保证粉煤灰及水的质量与使用效果。用粉煤灰作混合材时，其与水泥熟料的混合方法有两种，即可将粗粉煤灰预先磨细，再与波特兰水泥混合，也可将粗粉煤灰与熟料、石膏一起粉磨。

矿渣粉煤灰硅酸盐水泥是将符合质量要求的粉煤灰和粒化高炉矿渣两种活性混合材料按一定比例复合加入水泥熟料中，并加入适量石膏共同磨制而成。矿渣粉煤灰硅酸盐水泥的配制比例，视具体情况通过实验确定，通常水泥熟料应在 50% 以上，矿渣在 40% 以下，粉煤灰在 20% 以下，这种水泥的后期强度、干燥收缩、抗硫酸盐等性能均比矿渣水泥和粉煤灰水泥优越。

2. 粉煤灰生产低温合成水泥

我国已研究成功用粉煤灰和生石灰生产低温合成水泥的生产工艺。其生产原理是将配合料经蒸汽养护（常压水热合成）生成水化物，然后经脱水和低温固相反应形成水泥矿物。低温合成水泥在煅烧过程中未产生液相，物相未被烧结。

3. 粉煤灰制作无熟料水泥

用粉煤灰制作无熟料水泥，包括石灰粉煤灰水泥和纯粉煤灰水泥。

（1）石灰粉煤灰水泥　石灰粉煤灰水泥是将干燥的粉煤灰掺入 1%～30% 的生石灰或消石灰和少量石膏混合粉磨，或分别磨细后再混合均匀制成的水硬性胶凝材料。石灰粉煤灰水泥的强度等级一般为 30 级，生产时必须正确选定各原材料的配合比，特别是生石灰的掺量，以保证水泥的体积安定性。为了提高水泥的质量，也可适当掺配一些硅酸盐水泥熟料，一般不超过 25%。石灰粉煤灰水泥主要适用于制造大型墙板、砌块和水泥瓦等；适用于农田水利基本建设工程和底层的民用建筑工程，如基础垫层、砌筑砂浆等。

（2）纯粉煤灰水泥　纯粉煤灰水泥是指在燃烧发电的火力发电厂中，采用炉内增钙的方法获得的一种具有水硬性能的胶凝材料。其制造方法是将燃煤在粉磨之前加入一定数量的石灰石或石灰，混合磨细后进入锅炉内燃烧，在高温条件下，部分石灰与煤粉中的硅、铝、铁等氧化物发生化学作用，生成硅酸盐、铝酸盐等矿物；收集下来的粉煤灰具有较好的水硬性，加入少量的激发剂如石膏、氯化钙、氯化钠等，共同磨细后即可制成具有较高水硬活性的胶凝材料。纯粉煤灰水泥可用于配制砂浆和混凝土，适用于地上、地下的一般民用、工业建筑和农村基本建设工程。由于该水泥耐蚀性、抗渗性较好，因而也可以用于一些小型水利工程。

4. 粉煤灰作砂浆或混凝土的掺合料

粉煤灰是一种很理想的砂浆和混凝土的掺合料。在混凝土中掺加粉煤灰代替部分水泥或细集料，不仅能降低成本，而且能提高混凝土的和易性，提高不透水性、不透气性、抗硫酸盐性能、耐化学侵蚀性能，降低水化热，改善混凝土的耐高温性能，减轻颗粒分离和析水现象，减少混凝土的收缩和开裂以及抑制杂散电流对混凝土中钢筋的腐蚀。粉煤灰用作混凝土掺合料，早在 20 世纪 50 年代在国外的水坝建筑中就得到推广。随着对粉煤灰性质的深入了解和电吸尘工艺的出现，粉煤灰在泵送混凝土、商品混凝土以及压浆、灌缝混凝土中也广泛使用起来。国外在修造隧洞、地下铁道等工程中，广泛采用掺粉煤灰的混凝土。在地下铁道工程中，采用掺粉煤灰的混凝土，不仅节约水泥，使混凝土具有良好的和易性与密实性，并能抑制杂散电流对混凝土中钢筋的腐蚀作用。我国在混凝土和砂浆中掺加粉煤灰的技术也已大量推广。我国三门峡、刘家峡、亭下水库等水利工程，秦山核电站、北京亚运会等工程，国内一些大型地下、水上及铁路的隧道工程均大量掺用粉煤灰，不仅节约大量水泥，而且提高了工程质量。

5. 粉煤灰在建筑制品中的应用

粉煤灰在建筑制品中的应用有蒸制粉煤灰砖、烧结粉煤灰砖等。

（1）蒸制粉煤灰砖　蒸制粉煤灰砖是以电厂粉煤灰和生石灰或其他碱性激发剂为主要原料，也可掺入适量的石膏，并加入一定量的煤渣或水淬矿渣等集料，经加工、搅拌、消化、轮碾、压制成型、常压或高压蒸汽养护后而制成的一种墙体材料。生产蒸制粉煤灰砖是用粉煤灰与石膏，在蒸发养护条件下相互作用，生成胶凝性物质，来提高砖的强度。粉煤灰用量可为 $60\% \sim 80\%$，石灰的掺量一般为 $12\% \sim 20\%$，石膏的掺量为 $2\% \sim 3\%$。

以湿法排除的粉煤灰，从渣场捞取后，需要经过人工脱水或自然脱水，将水含量降低至 $8\% \sim 20\%$ 才能使用。配制好的混合料，必须经过搅拌、消化和轮碾才能成型。搅拌一般在搅拌机中进行，使用生石灰时混合料必须经过消化过程，否则被包裹的砖坯中的石灰颗粒继续消化会出现起泡、炸裂现象，严重影响砖的成品率和质量。轮碾的目的在于使物料均匀、增加细度、活化表面、提高密实度，从而提高粉煤灰砖的强度。成型设备可用夹板锤或各种压砖机。成型后的砖坯即可进行蒸汽养护。蒸汽养护的目的在于加速粉煤灰中的活性成分（活性 SiO_2 和活性 Al_2O_3）和氢氧化钙之间的水化和水热合成反应，生成具有强度的水化产物，缩短硬化时间，使砖坯在较短的时间内达到预期的产品机械强度和其他物理力学性能指标。

目前生产中采用的蒸汽压力和温度各不相同。常压养护用的饱和蒸气压（绝对）一般为 $0.1MPa$，温度为 $95 \sim 100℃$；高压养护用的蒸气压（绝对）为 $0.9 \sim 1.6MPa$，温度为 $174.5℃$。常压养护通常为砖石或钢筋混凝土构筑的蒸汽养护室，高压养护则为密闭的圆筒形金属高压容器——高压釜。常压蒸汽养护和高压蒸汽养护的养护制度都包括静停、升温、恒温和降温几个阶段。高压养护因需配置高压釜，耗费钢材较多，基建投资大，目前国内多数粉煤灰建材厂多采用常压蒸汽养护。多年来的实践表明，在我国南方这种砖可以应用于一般工业厂房和民用建筑中。

（2）烧结粉煤灰砖　烧结粉煤灰砖是以粉煤灰、黏土及其他工业废料为原料，经原料加工、搅拌、成型、干燥、焙烧制成的砖。其生产工艺和黏土烧结砖的生产工艺基本相同，只需在生产黏土砖的工艺上增加配料和搅拌设备即可。其工艺流程包括原料的加工、配料、对辊碾压、搅拌、加汽、成型、切坯、干燥、焙烧和成品出窑等工序。粉煤灰烧结砖的原料一般配比是：粉煤灰 $30\%\sim80\%$、煤矸石 $10\%\sim30\%$、黏土 $20\%\sim50\%$、硼砂 $1\%\sim5\%$。烧结粉煤灰砖利用了工业废渣，节省了部分土地；粉煤灰中含有少量的碳，可节省燃料；粉煤灰可作黏土瘦化剂，这样在干燥过程中裂纹少，损失率低，烧结粉煤灰砖比普通黏土砖轻 20%，可减轻建筑物自重和造价。目前我国已有 50 多条粉煤灰烧结砖生产线，年产砖近 50 亿块，占建筑用砖量的 40% 左右。

二、铬渣的综合利用

1. 铬渣制玻璃着色剂

铬渣制造绿色玻璃常用铬矿粉作着色剂，主要是利用 Cr^{3+} 在玻璃中的吸收和透光的性质。Cr^{3+} 能吸收 $446\sim461nm$、$656\sim658nm$ 及 $684\sim688nm$ 波长的光，在 $650\sim680nm$ 附近有红外吸收带，在 $450nm$ 处有蓝色吸收带，二者结合后呈现了绿色。由于铬渣中含有部分未反应掉的铁矿粉和 Cr^{6+}，高温有利于 Cr^{6+} 转变为 Cr^{3+} 离子，因此，铬渣可以替代铬矿粉作绿色玻璃的着色剂。其生产工艺流程见图 13-1。

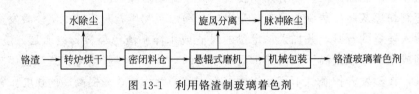

图 13-1　利用铬渣制玻璃着色剂

目前，北京、天津、沈阳等地都改用铬渣代替铬矿粉作玻璃着色剂。此法的优点是：Cr^{6+} 可还原为 Cr^{3+}，达到解毒目的；铬渣中含有的 CaO、MgO 可代替玻璃配料中的白石和石灰石，降低了成本；玻璃色泽鲜艳，质量有所提高。一般，每 30t 玻璃制品消耗 1t 铬渣。铬渣加入量 2%，玻璃呈淡绿色；铬渣加入量 $3\%\sim5\%$，玻璃呈翠绿色；铬渣加入量 6%，玻璃呈深绿色。铬渣的加入量不能太高，否则玻璃便不透明。掺入铬渣的适宜粒度为小于 $0.4mm$，含水率在 10% 以下。

2. 铬渣制钙镁磷肥

在钙镁磷肥的生产中，使用助熔剂可降低磷矿石的熔点，降低成本。常用的助熔剂为蛇纹石，铬渣与蛇纹石相比，在主要成分上十分接近。因此，通过适当的配料调整，就可以铬渣代替蛇纹石作助熔剂。其生产工艺流程见图 13-2。

图 13-2　高炉法生产铬渣钙镁磷肥的工艺流程图

将铬渣、磷矿石、白云石、蛇纹石和焦炭按一定比例配料投入高炉，在 1350～1450℃进行熔融反应。炉内的高温和还原性气氛，使配料中的 Cr^{6+} 还原为 Cr^{3+}。

生成物中的 Cr_2O_3 和渣中原有的 Cr_2O_3，部分被进一步还原，生成金属 Cr 和碳化铬 Cr_7C_3 进入铁水，剩下未还原的 Cr_2O_3 在熔体水淬后，保留在产品的玻璃体中，成为不溶于水的低毒性物质。水产物沥水分离，转筒内干燥后球磨粉碎即得成品钙镁磷肥。铬渣配入量 10%～15%，磷肥半成品 P_2O_5 含量 13.5%～14.5%，转化率为 94%。

3. 铬渣生产铸石

以铬渣为主，加入适当的配料，可生产出合格的铸石。因为铬渣中不但有铸石需要的硅、钙、镁、铝、铁等，铬渣还可替代铬铁矿作为铸石生产中的晶核剂，而铬渣中的 Cr^{6+} 在高温下分解，被熔浆中的铁还原为 Cr_2O_3，并与熔浆中的铁结合形成铬铁矿。其生产工艺流程见图 13-3。

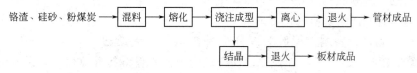

图 13-3　利用铬渣制铸石工艺流程

4. 铬渣生产水泥并联产含铬铸铁和钾肥

铬渣中含有较高量的 CaO、MgO、SiO_2、Fe_2O_3，为充分利用这些成分，可采用工艺流程生产水泥并联产含铬铸铁和钾肥。其生产工艺流程见图 13-4。

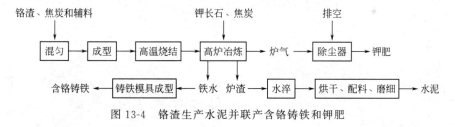

图 13-4　铬渣生产水泥并联产含铬铸铁和钾肥

5. 铬渣的其他熔融固化利用方法

铬渣还可借类似的高温熔融法，通过喷丝制造矿渣棉。铬渣可代替石灰石、白云石作炼铁熔剂。铬渣用量大，每吨铁可消耗铬渣 600kg，且这种铁中由于含有铬，所以生铁的硬度、耐磨性与抗腐蚀性比普通熔剂的都有提高。

⬧ **任务分析与处理** ————————————————————————

粉煤灰主要用于制造建筑材料或建筑制品——生产水泥及其制品、生产烧结砖和蒸养砖、制各种大型砌块和板材等，也可用于筑路和回填，还可用于生产石棉、吸附剂、分子筛、过滤介质、某些复合材料等。铬渣可用作玻璃着色剂、助熔剂制钙镁磷肥、炼铁烧结熔剂、水泥添加剂生产水泥等。当然，不少技术的推广应用还有相当难度，且受许多局限。因此，对两者的处理和利用有待进一步的研究和实践。

1.查阅相关资料及调研相关企业，撰写有关煤矸石、沸腾炉渣、高炉渣、电石渣、化学石膏的综合利用情况的调查报告。

2.到相关的 2~3 家生产企业参观学习，要求：

① 了解该企业整体生产工艺流程；

② 指出产生废渣的各个环节；

③ 了解企业对废渣的综合利用情况。并结合实际情况写出每家企业 2~3 个应用实例。

课后习题

综合分析题

1.粉煤灰的综合利用主要有哪些方面？

2.铬渣的综合利用主要有哪些方面？

3.某城市废物，含塑料、橡胶等高分子材料 40%，废纸 20%，灰渣 20%，黑色金属 2%，废玻璃瓶 12%，试用所学知识，设计合理的工艺流程将其资源化，并说明流程中各过程的作用与原理。

第五篇 清洁生产

第十四章　HSE 与清洁生产

20 世纪 80 年代以后，随着经济建设快速发展，全球性环境污染和生态破坏日益加剧，资源和能源的短缺制约着经济发展，人们也逐渐认识到仅依靠末端治理技术实现环境效益非常有限；而关心产品和生产过程、依靠改进生产工艺和加强管理等措施来消除污染更为有效。因此清洁生产的概念和实践也随之出现，并以其旺盛的生命力在世界范围内迅速推广。清洁生产是一种新的创造性理念，是被动反应向主动行动的一种转变，将整体预防的环境战略持续应用于生产过程、产品和服务中，以增加生态效率和减少人类及环境的风险。

首先，清洁生产体现的是预防为主的环境战略。清洁生产要求从产品设计开始，到选择原料、工艺路线和设备以及废物利用、运行管理的各个环节，通过不断地加强管理和技术进步，提高资源利用率，减少乃至消除污染物的产生，体现了预防为主的思想。其次，清洁生产体现的是集约型的增长方式。要实现这一目标，企业必须大力调整产品结构，革新生产工艺，优化生产过程，提高技术装备水平，加强科学管理，提高人员素质，实现节能、降耗、减污、增效，合理、高效配置资源，最大限度地提高资源利用率。最后，清洁生产体现了环境效益与经济效益的统一。清洁生产的最终结果是企业管理水平、生产工艺技术水平得到提高，资源得到充分利用，环境从根本上得到改善。清洁生产与传统的末端治理的最大不同是找到了环境效益与经济效益相统一的结合点，能够调动企业防治工业污染的积极性。

第一节　认识清洁生产

知识目标

（1）熟悉清洁生产在国内外的发展状况；
（2）掌握清洁生产的几个概念及其原理；
（3）了解清洁生产的目的、意义、目标及法律法规；
（4）了解清洁生产的三大技术及各自的含义。

任务简述

2012 年 3 月，某化工公司收到环境保护主管部门的通知，要求开展和落实清洁生产工作，该公司领导及相关职能部门的员工从没听说过清洁生产是一项什么样的工作，不清楚其概念、目的、意义及目标。

一、清洁生产的由来

1. 国外清洁生产发展状况

清洁生产的起源来自于 1960 年的美国化学行业的污染预防审核。而"清洁生产"概念的出现，最早可追溯到 1976 年。当年欧共体在巴黎举行了"无废工艺和无废生产国际研讨会"，会上提出"消除造成污染的根源"的思想；1979 年 4 月欧共体理事会宣布推行清洁生产政策；1984 年、1985 年、1987 年欧共体环境事务委员会三次拨款支持建立清洁生产示范工程。

自 1989 年，联合国开始在全球范围内推行清洁生产，全球先后有 8 个国家建立了清洁生产中心，推动各国清洁生产不断向深度和广度拓展。1989 年 5 月联合国环境署工业与环境规划活动中心（UNEP IE/PAC）根据 UNEP 理事会会议的决议，制定了《清洁生产计划》，在全球范围内推进清洁生产。1992 年 6 月在巴西里约热内卢召开的"联合国环境与发展大会"上，通过了《21 世纪议程》，号召工业提高能效，开发更清洁的技术，更新替代对环境有害的产品和原料，推动实现工业可持续发展。

1990 年以来，联合国环境署已先后在坎特伯雷、巴黎、华沙、牛津、首尔、蒙特利尔等地举办了六次国际清洁生产高级研讨会。在 1998 年 10 月韩国首尔第五次国际清洁生产高级研讨会上，出台了《国际清洁生产宣言》，包括 13 个国家的部长及其他高级代表和 9 位公司领导人在内的 64 位签署者共同签署了该《宣言》。

20 世纪 90 年代初，经济合作和开发组织（OECD）在许多国家采取不同措施鼓励采用清洁生产技术。德国、美国、澳大利亚、荷兰、丹麦等发达国家在清洁生产立法、组织机构建设、科学研究、信息交换、示范项目和推广等领域已取得明显成就。特别是进入 21 世纪后，发达国家清洁生产政策有两个重要的倾向：其一是着眼点从清洁生产技术逐渐转向清洁产品的整个生命周期；其二是从大型企业在获得财政支持和其他种类对工业的支持方面拥有优先权转变为更重视扶持中小企业进行清洁生产，包括提供财政补贴、项目支持、技术服务和信息等措施。

2. 国内清洁生产发展状况

目前，我国以清洁生产方式提供工业产品和服务已成为国际产业竞争的主流，推行工业等领域的清洁生产成为了当前产业发展的主题。

2002 年 6 月 29 日，第九届全国人民代表大会常务委员会第二十八次会议通过了《中华人民共和国清洁生产促进法》；2012 年 2 月 29 日，第十一届全国人民代表大会常务委员会第二十五次会议通过了《关于修改〈清洁生产促进法〉的决定》，自 2012 年 7 月 1 日起施行。

《中华人民共和国清洁生产促进法》颁布和修改实施以来，国家对清洁生产的推行工作高度重视。国家发改委、环保部、科技部、财政部、工信部等部委相继出台了《关于加快推行清洁生产的意见》《清洁生产审核暂行办法》等有关文件。各省、自治区、直辖市人民政府也相继出台了清洁生产相关法规、系列标准文件，推动了工业等领域"节能、降耗、减污、增效"工作，加快了产业结构调整和工业经济发展方式转型，把推行清洁生产作为实现新型工业化的重要途径。

随着清洁生产工作的进一步深入，专家队伍、咨询服务机构不断壮大。2001～2011 年底，国家环保部先后举办了 420 期"国家清洁生产审核师培训班"，钢铁、电力等重点行业建立了 6 个行业清洁生产技术中心，全国各地已建立 13 个地方清洁生产中心、近 600 家咨询服务机构，初步形成了技术咨询、评估验收和监督指导的三位一体的技术支撑体系。

二、清洁生产概述

清洁生产（cleaner production）在不同的发展阶段或者不同的国家有不同的叫法，例如，"废物减量化""无废工艺""污染预防"等。但其基本内涵是一致的，即对产品和产品的生产过程、产品及服务采取预防污染的策略来减少污染物的产生。

1. 联合国环境规划署工业与环境规划中心（UNEPIE/PAC）定义

综合各种说法，采用了"清洁生产"这一术语，来表征从原料、生产工艺到产品使用全过程的广义的污染防治途径，给出了以下定义：

清洁生产是一种新的创造性的思想，该思想将整体预防的环境战略持续应用于生产过程、产品和服务中，以增加生态效率和减少人类及环境的风险。

对生产过程，要求节约原材料与能源，淘汰有毒原材料，减降所有废弃物的数量与毒性；对产品，要求减少从原材料提炼到产品最终处置的全生命周期的不利影响；对服务，要求将环境因素纳入设计与所提供的服务中。

2.《中国 21 世纪议程》的定义

清洁生产是指既可满足人们的需要又可合理使用自然资源和能源并保护环境的实用生产方法和措施，其实质是一种物料和能耗最少的人类生产活动的规划和管理，将废物减量化、资源化和无害化，消灭于生产过程之中。同时对人体和环境无害的绿色产品的生产亦将随着可持续发展进程的深入而日益成为今后产品生产的主导方向。

3.《中华人民共和国清洁生产促进法》（2012 年 2 月 29 日修改）

本法所称清洁生产，是指不断采取改进设计、使用清洁的能源和原料、采用先进的工艺技术与设备、改善管理、综合利用等措施，从源头削减污染，提高资源利用效率，减少或者避免生产、服务和产品使用过程中污染物的产生和排放，以减轻或者消除对人类健康和环境的危害。

我们一般采用《中华人民共和国清洁生产促进法》的清洁生产定义。

三、清洁生产的意义、目的、目标、法律法规

1. 清洁生产的意义和目的

清洁生产是一种全新的发展战略，它借助于各种相关理论和技术，在产品的整个生命周

期的各个环节采取"预防"措施，通过将生产技术、生产过程、经营管理及产品等方面与物流、能量、信息等要素有机结合起来，并优化运行方式，从而实现最小的环境影响，最少的资源、能源使用，最佳的管理模式以及最优化的经济增长水平。更重要的是，环境作为经济的载体，良好的环境可更好地支撑经济的发展，并为社会经济活动提供所必须的资源和能源，从而实现经济的可持续发展。

（1）开展清洁生产是实现可持续发展战略的需要　1992年6月在巴西里约热内卢召开的联合国环境与发展大会上通过了《21世纪议程》。该议程制订了可持续发展的重大行动计划，并将清洁生产看作是实现可持续发展的关键因素，号召工业提高能效，开发更清洁的技术，更新、替代对环境有害的产品和原材料，实现环境、资源的保护和有效管理。清洁生产是可持续发展的最有意义的行动，是工业生产实现可持续发展的唯一途径。

（2）开展清洁生产是控制环境污染的有效手段　清洁生产彻底改变了过去被动的、滞后的污染控制手段，强调在污染产生之前就予以削减，即在产品及其生产过程并在服务中减少污染物的产生和对环境的不利影响。这一主动行动，经近几年国内外的许多实践证明，具有效率高、可带来经济效益、容易为企业接受等特点，因而实行清洁生产将是控制环境污染的一项有效手段。

（3）开展清洁生产可大大减轻末端治理的负担　末端治理作为目前国内外控制污染最重要的手段，为保护环境起到了极为重要的作用。然而，随着工业化发展速度的加快，末端治理这一污染控制模式的种种弊端逐渐显露出来。清洁生产从根本上扬弃了末端治理的弊端，它通过生产全过程控制，减少甚至消除污染物的产生和排放。这样，不仅可以减少末端治理设施的建设投资，也减少了其日常运转费用，大大减轻了工业企业的负担。

（4）开展清洁生产是提高企业市场竞争力的最佳途径　实现经济、社会和环境效益的统一，提高企业的市场竞争力，是企业的根本要求和最终归宿。开展清洁生产的本质在于实行污染预防和全过程控制，它将给企业带来不可估量的经济、社会和环境效益。

2. 清洁生产的目标

（1）清洁的设计　产品设计应考虑节约原材料和能源，少用昂贵、短缺及有毒有害的原材料，利用再生资源，改变产品品种结构，使之达到高质、低消耗、少（或无）污染。

（2）清洁的投入　尽量少用或不用有毒有害的原材料，在能源方面使用核能、风能和水力电能等，集中供热、供电和以液化气、天然气为燃料。

（3）清洁的生产过程　选用少废、无废的新工艺和新技术，改善、强化生产操作和控制技术，完善生产管理，提高物料的回收利用和循环利用率。

（4）清洁的产品　产品在消费者使用过程中和使用后，不会对人体健康和生态环境产生不良影响；产品的包装安全、合理，在使用后易于回收、重复使用和再生，产品的使用功能和寿命合理；有效处理和综合利用生产和消费过程中不可避免排出的副产品或废弃物，使之减少或消除对人类和环境的危害。

3. 清洁生产的法律法规

2002年6月29日，第九届全国人民代表大会常务委员会第二十八次会议通过了《清洁生产促进法》；2012年2月29日，第十一届全国人民代表大会常务委员会第二十五次会议通过了《关于修改〈清洁生产促进法〉的决定》，自 2012 年 7 月 1 日起施行。

同时，为推进清洁生产工作，评价各行业企业清洁生产水平，国家环境保护部门出台了40 多个行业清洁生产标准，发改委和工信委共同出台了 30 多个相关行业清洁生产评价指标体系。2013 年 6 月 5 日，发改委、工信委和环境保护部三部委共同组织编制了《清洁生产评价指标体系编制通则》(试行稿)，并且在此基础上，陆续出台了水泥、钢铁等行业清洁生产评价指标体系。大大促进了清洁生产工作的开展。

四、清洁生产技术

根据清洁生产在企业的实现过程，清洁生产技术分为以下三种：源头预防（消减）技术、过程控制技术、末端治理技术。在清洁生产实施过程中，企业应重点强调源头预防（消减）技术和过程控制技术，兼顾末端治理技术。

2002 年起，至 2016 年，国家环境保护主管部门等公布了三批《国家重点行业清洁生产技术导向目录》；2010 年，工信委公布了《聚氯乙烯等 17 个重点行业清洁生产技术推行方案》。以上公布的清洁生产技术涉及冶金、石化、化工、轻工和纺织等多个行业，以过程控制技术和源头预防（消减）技术为主，末端治理技术为辅。通过国家推行的清洁生产技术，帮助企业有效推进清洁生产工作。

◈ 任务分析与处理

通过学习，我们掌握了清洁生产的概念、目的、意义和目标，了解了清洁生产三大技术。

◎ 能力拓展

某公司需开展清洁生产工作，其领导和员工没有接触过该方面的工作，因此，公司领导要求其环保部门与清洁生产咨询机构清洁生产审核师联系沟通，了解清洁生产相关情况。

问：（1）如果你是该企业环保部门的主管，你认为需了解清洁生产的哪些内容？

（2）如果你是某清洁生产咨询机构的清洁生产审核师，当企业人员咨询你有关清洁生产的问题时，你认为需回答哪些关键内容？

第二节　HSE 与清洁生产关系

知识目标 ◌

（1）了解 HSE 体系核心理念；

（2）掌握 HSE 体系中清洁生产的相关内容；

（3）掌握 HSE 体系与清洁生产的区别和共性；

（4）掌握 HSE 体系与清洁生产的互补性。

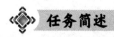 **任务简述**

2004 年 1 月，某省 A 化工企业就建立的 HSE 体系，每年都开展 HSE 体系的相关内审和外审工作，HSE 体系在该公司运转良好，成为了该省龙头企业。2010 年 3 月，该省环境保护主管部门要求公司开展清洁生产工作，公司领导在咨询了相关环境主管部门和清洁生产咨询机构的基础上，认为公司的 HSE 体系运行良好，涵盖了清洁生产的相关内容，没必要开展清洁生产。请问：你如果为该公司员工，领导的看法是否正确？你会如何做？

 知识准备

一、HSE 体系中的清洁生产

领导和承诺是 HSE 管理体系的核心。HSE 体系的核心思想是管理，通过管理，控制健康、安全与环境风险，实现健康、安全与环境目标，并持续改进其绩效。纵观 HSE 体系规范内容，多处体现了清洁生产的思想。

1. 术语与定义中的清洁生产

HSE 体系术语与定义中给出了清洁生产的定义。清洁生产（cleaner production），即将整体预防的环境战略持续应用于生产过程、产品和服务中，以期提高资源利用效率并减少或消除环境污染和生态破坏。

此定义体现了清洁生产可作为 HSE 体系的管理思想的一部分，企业通过清洁生产管理，引入整体预防的环境战略，达到提高资源利用效率并减少或消除环境污染和生态破坏的目的，实现 HSE 体系运行中的环境目标。

2. HSE 体系要求中的清洁生产

在 HSE 体系文件的健康、安全与环境管理体系要求中，将清洁生产作为"实施和运行"的一个要素。并对其作了如下表述：

组织应建立、实施和保持程序，推行清洁生产。针对活动、产品和服务应采用资源利用率高以及污染物产生量少的清洁生产技术、工艺和设备。对使用有毒有害原料进行生产或者在生产中排放有毒有害物质以及污染物超标排放时，应进行清洁生产审核，实施清洁生产方案，采取清洁生产措施。

由上可知，企业（组织）在已建立的 HSE 体系中建立、实施和保持有清洁生产程序，开展如下清洁生产工作。

第一，建立健全清洁生产程序制度；将清洁生产纳入 HSE 体系的日常管理中。

第二，采用源利用率高以及污染物产生量少的清洁生产技术、工艺和设备，应用于企业的原辅材料的采购、生产过程、产品开发和售后服务等。

第三，开展清洁生产审核工作。企业在生产过程中，如出现"双超双有"（双超：污染物排放浓度超标，污染物排放总量超标；双有：使用有毒有害原料进行生产，在生产中排放有毒有害物质），应主动开展清洁生产审核工作。清洁生产审核工作主要包括：清洁生产方案的实施，采取相应的清洁生产措施，确保企业实现 HSE 体系中的环保绩效考核目标。

3. HSE 体系模式中的清洁生产

HSE 体系模式中分七个要素，其七个要素都体现了清洁生产的全过程控制及可持续性的环保思想，其思想在本书的各章节中做了描述，在此不再单独介绍。

二、清洁生产与 HSE 的区别与共性

1. 清洁生产和 HSE 体系的共性

（1）都离不开领导的承诺和支持　清洁生产和 HSE 体系都需从增强认识入手，都需得到最高领导层的承诺和全力支持。清洁生产和 HSE 体系都是一种全新的理念和方法论，需要不断开展清洁生产和 HSE 体系的理论知识的宣讲和培训，以提高企业员工的清洁生产和 HSE 体系的理念意识；同时企业不论开展清洁生产，还是推行 HSE 体系管理，领导的承诺和全力支持至关重要，它能对组织机构建设、资金安排、各种方案实施提供保障等。

（2）二者的主要目标都是环境责任　全体员工对环境责任的正确理解和认识是实施清洁生产和 HSE 管理体系的基础。HSE 体系即为健康、安全、环境体系，环境是 HSE 的一个重要组成部分，控制环境风险、实现环境目标是 HSE 体系运行的宗旨。

清洁生产的目标是"节能、降耗、减污、增效"，其中减污是清洁生产的主要目标之一，环境责任成为了清洁生产不可推卸的责任。大量的清洁生产经验表明，实施清洁生产，可以节约资源，削减污染，降低污染治理设施的建设和运行费用，提高企业经济效益和竞争能力；实施清洁生产，将污染物消除在源头和生产过程中，可以有效地解决污染转移问题；实施清洁生产，可以挽救一大批因污染严惩而濒临关闭的企业，缓解就业压力和社会矛盾；实施清洁生产，可以从根本上减轻因经济快速发展给环境造成的巨大压力，降低生产和服务活动对环境的破坏，实现经济发展与环境保护的"双赢"，并为探索和发展"循环经济"奠定良好的基础。

因此，企业员工应提高环境责任意识，正确理解保护环境是企业永恒的主题，这样才能在企业有序开展清洁生产或运行 HSE 管理体系。

（3）都需成立一个专门的工作机构　清洁生产和 HSE 管理体系都需要一个专门的工作机构来协调和监督实施。清洁生产和 HSE 体系都是系统工程，专业性强，涉及企业管理和生产的各个方面。因此，二者都强调首先需设立相应的领导工作机构，在设置好的机构指导下统一开展相关工作，否则，无法完成二者规定的相关工作内容，更谈不上完成相应的目标任务。同时，清洁生产实施和 HSE 管理体系运行都需由专门工作机构指导和协调完成。

（4）二者都体现了过程控制和可持续性理念　清洁生产强调生产过程控制，它是一种物料和能耗最少的人类生产活动的规划和管理，将废物减量化、资源化和无害化，消灭于生产过程之中；同时，清洁生产强调可持续发展，它是指既可满足人们的需要又需合理使用自然资源和能源并保护环境的生产方法和措施，同时对人体和环境无害的绿色产品的生产亦将随着可持续发展进程的深入而日益成为今后产品生产的主导方向。

策划—实施—检查—改进（PDCA）是 HSE 体系运行模式。HSE 体系要求中，强调和重视设施完整性及承包方和（或）供应方、顾客和产品、运行控制中的过程控制；同时，HSE 体系强调管理评审是推进 HSE 体系可持续性运行的动力，可持续发展是 HSE 体系在企业中运行的最终目标。

2. 清洁生产和 HSE 体系的区别

（1）侧重点不同　清洁生产着眼于生产本身，以改进生产、减少污染产出为直接目标。而 HSE 体系侧重于管理，强调标准化的集国内外环境管理经验于一体的先进的环境管理体系模式。

（2）实施目标不同　清洁生产是直接采用技术改造，辅以加强管理。而 HSE 是以国家法律法规为依据，采用优良的管理，促进清洁生产等技术改造。

（3）审核方法不同　清洁生产审核以工艺流程分析、物料和能量平衡等方法为主，确定最大污染源和最佳改进方法。HSE 管理体系则侧重于检查企业自我管理状况，审核对象有企业文件、现场状况及记录等具体内容。

（4）产生的作用不同　清洁生产向技术人员和管理人员提供了一种新的环保思想，使企业环保工作重点转移到生产过程中来。HSE 为管理层提供了一种先进的管理模式，将环境管理纳入其他的管理和生产中，让所有的职工意识到自己的环境职责。

三、清洁生产与 HSE 的互补性

如果企业在清洁生产和 HSE 管理体系上二者衔接较好，则可实现较大程度的互补。

有效的清洁生产审核可以帮助企业 HSE 管理体系有效运行，而 HSE 管理体系的建立可以帮助企业有效地实施清洁生产方案并使其不断得到监督和改进。

在实施阶段，二者联系最紧密的技术内涵部分是清洁生产的审核和 HSE 管理体系的初始评审。清洁生产审核（预审核、审核）和 HSE 体系初始评审均需要收集企业的基础数据，若在企业进行清洁生产审核时较好地将数据存档和优化，则在进行初始 HSE 评审时就可以大大减少初始评审的工作量。

如果一个企业既实施清洁生产又建立了 HSE 管理体系，最佳顺序是先进行清洁生产审核，这样可以提高员工的环境意识，收集组织活动、产品或服务过程的基础数据；识别并评价组织的重要环境因素，通过物料平衡或能量平衡分析物料、能量流失和废物产生原因，从而提出清洁生产方案，为进行初始评审和制定组织环境政策打下良好基础；然后逐步建立并完善 HSE 管理体系，通过 HSE 体系有效运行让清洁生产方案得到有效运行。同时，在 HSE 管理体系的持续运行和清洁生产审核的不断进行中，清洁生产战略能指导和持续改进企业的环境绩效。这样可以最大限度地使二者互为补充和支持，同时避免重复工作。

 任务分析与处理

通过以上学习，了解了清洁生产和 HSE 体系的关系。明确了 HSE 体系侧重于管理，二者在企业所起的作用、效果和目标是不同的。因此，如果一个企业运行了 HSE 体系，这只是企业环境管理要求的一方面。因企业属于化工行业，生产中肯定存在"双超双有"情况，根据国家法律法规要求，必须开展清洁生产工作，开展过程中，企业可结合正在运行的 HSE 体系模式，让清洁生产和 HSE 体系两项工作同时有序推进。

能力拓展

1. 某企业已经建立了 HSE 体系，且运行良好，现需开展清洁生产工作，作为该公司的环保管理人员的你，如何将二者有机地联系起来？说说你的想法。

2.某企业已经建立了 HSE 体系，怎样才能将清洁生产有机地融入到 HSE 体系中？

课后习题

1.什么是清洁生产？

2.清洁生产的目标、目的是什么？

3.HSE 与清洁生产的区别和联系是什么？

4.如何正确处理 HSE 体系建立与开展清洁生产在企业中的关系？

5.查找最新的清洁生产相关法律法规、标准规范及清洁生产技术。

第十五章 清洁生产审核

第一节 清洁生产审核概述

任务简述

某石油化工公司（建立了 HSE 体系）收到该公司所在省下达的清洁生产审核通知后，公司安排小李负责清洁生产审核的准备工作。作为该公司的环保管理人员的小李，首先聘请了相应的清洁生产咨询机构，准备开展本公司清洁生产审核工作。小李在咨询机构到达公司前，了解了清洁生产审核的概念、思路，初步学习了清洁生产审核的原理和理论，了解了清洁生产审核的基本程序；并结合公司现有的 HSE 管理体系，准备将清洁生产审核纳入 HSE 体系管理评审中。你认为小李的工作做得对吗？还有哪些需要改进的地方？

知识准备

一、清洁生产审核的概念

1. 清洁生产审核的定义

指按照一定程序，对生产和服务过程进行调查和诊断，找出能耗高、物耗高、污染重的原因，提出减少有毒有害物料的使用、产生，降低能耗、物耗以及废物产生的方案，进而选定技术、经济及环境可行的清洁生产方案的过程。

2. 清洁生产审核的类型

审核的类型包括以下四类：

（1）自愿性审核　企业根据需要进行的自我审核。

（2）强制性审核　企业在一定条件下应实施的必要审核。

（3）企业自我审核　指在没有或有很少外部帮助的前提下，主要依靠企业内部技术力量完成整个清洁生产审核过程。

（4）外部专家指导审核　指在聘任的外部清洁生产专家和行业专家的指导下，并依靠企业内部技术力量完成整个清洁生产审核过程（重点企业审核时不推荐）。

清洁生产审核咨询机构审核：指企业委托清洁生产审核咨询机构，完成整个清洁生产审核过程。

3. 清洁生产审核的目的和意义

① 核对有关单元操作、原材料、产品、能源和废弃物的资料；

② 确定废弃物的来源、数量形成和组成，确定废弃物削减的目标，制定经济有效地削减废弃物产生量的对策；

③ 提高企业对由削减废弃物获得效益的认识；

④ 确定企业效率低的"瓶颈"部位和管理不善的地方；

⑤ 提高企业经济效益和产品质量。

清洁生产总体上是围绕着"双赢"和"全过程控制"两个目标，按照废物最小化的两个基本思路（"源削减"和"再循环"）进行。清洁生产审核的结果应使企业通过推进生产管理和工艺技术进步，获得明显的环境效益、经济效益及社会效益。

概括起来即是：判定出企业中不符合清洁生产的地方和做法，提出方案解决这些问题，从而实现清洁生产。

4. 清洁生产审核的内容

① 审核产品在使用过程中或废物的处置中是否有毒、有污染，对有毒、有污染的产品尽可能选择替代品，尽可能使产品及其生产过程无毒、无污染；

② 审查使用的原辅材料是否有毒、有害，是否难于转化为产品，产生的"三废"是否难于回收利用等，能否选用无毒、无害、无污染或少污染的原辅材料；

③ 审查产品生产过程、工艺设备是否陈旧落后、工艺技术水平高低、过程控制自动化程度、生产效率与国内外先进水平差距等，找出主要原因进行工业技术改造，优化工艺操作；

④ 审查企业管理情况，对企业的工艺、设备、材料消耗、生产调度、环境管理等方面进行审查，找出因管理不善而使原材料消耗高、能耗高、排污多的原因与责任，从而拟定加强管理的措施和制度，提出解决办法；

⑤ 对需投资改造从而实现清洁生产的方案进行技术、环境、解决的可行性分析，以选择技术可行、环境与经济效益最佳的方案，予以实施。

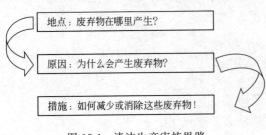

图 15-1　清洁生产审核思路

二、清洁生产审核的思路

清洁生产审核思路如图 15-1 所示。

（1）废弃物在哪里产生？通过现场调查和物料平衡找出废弃物的产生部位并确定产生量，这里的"废弃物"包括各种废弃物和排放物。

（2）为什么会产生废弃物？针对生产过程的八要素查找并分析废弃物产生的真正原因。

（3）如何消除这些废弃物？针对每一个废弃物产生的原因，设计相应的清洁生产方案，包括无/低费方案和中/高费方案，方案可以是一个、几个甚至几十个，通过实施这些清洁生产方案来消除这些废弃物产生的原因，从而达到减少废弃物产生的目的。

三、清洁生产审核的相关理论

清洁生产审核是一种技术方法、是一种方法论。其涉及的理论很多，主要包括逐步深入原理、分层嵌入原理、反复迭代原理、物质守恒原理、穷尽枚举原理五种。

1. 逐步深入原理

清洁生产审核要逐步深入，即要由粗而细、从大至小。审核开始时，即在筹划和组织阶段，组织机构的成立、宣传教育的对象等都是在组织整个范围的基础上进行的。预审核阶段同样是在整个组织的大范围进行，相对于后几个阶段而言，这一阶段收集的资料一般地讲是比较粗略的，定性的比较多，有时不一定十分准确，而且主要是现成的资料。从审核阶段开始到方案实施阶段，审核工作都在审核重点范围内进行。这四个阶段工作的范围比前两个阶段要小得多，但二者工作的深度和细致程度不同。这四个阶段要求的资料要全面、翔实，并以定量为主，许多数据和方案要靠通过调查研究和创造性的工作之后才能开发出来。最后一个阶段"持续清洁生产"则既有相当一部分工作又返回整个组织的大范围进行，还有一部分工作仍集中在审核重点部位，对这一部位前四个阶段的工作进行进一步的深化、细化和规范化。

2. 分层嵌入原理

分层嵌入原理是指审核中在废弃物在哪里产生、为什么会产生废弃物、如何消除这些废弃物这三个层次的每一个层次，都要嵌入原辅材料和能源、技术工艺、设备、过程控制、管理、员工、产品、废弃物这八个方面。

3. 反复迭代原理

清洁生产审核的过程，是一个反复迭代的过程，即在审核七个阶段相当多的步骤中要反复使用上述的分层嵌入原理。

这一方法不仅要应用于现状调研步骤，还要应用于现场考察步骤，还要应用于审核阶段、方案产生和筛选阶段、可行性分析阶段、方案实施阶段的相当多的步骤中。当然，有的步骤应进行三个层次的完整迭代，有的步骤只进行一个或两个层次的迭代。

4. 物质守恒原理

物质守恒这一大自然普遍遵循的原理，也是清洁生产中的一条重要原理。

预审核阶段在对现有资料进行分析评估时，对组织现场进行考察研究时，评价产品排污状况时都要应用物质守恒原理。虽然此时获得的资料不一定很全面、很准确，但大致估算一下企业的各种原辅材料和能源的投入、产品的产量、污染物的种类和数量、未知去向的物质等，在其间建立一种粗略的平衡，则将大大有助于弄清楚企业的经营管理水平及其物质和能源的流动去向。在上述工作基础之上，再利用各班记录等数据粗略计算审核重点的物料平衡状况，此时物质守恒原理显然是一种有用的工具。

审核阶段的一项重要工作是建立审核重点的物料平衡，这一工作当然必须遵循物质守恒原理，而且，这一阶段使用或产生的数据已经相当准确，因而此时的物质守恒原理的应用将是相当准确、相当严格的。

除以上理论外，清洁生产审核涉及穷尽枚举原理、可持续发展理论、生态设计理论、系统工程理论等。

四、清洁生产审核的原理

清洁生产审核是指在企业（组织）产品生产或提供服务全过程的重点或优先环节，通过对工序产生的污染进行定量监测，找出高物耗、高能耗、高污染的原因，然后有的放矢地提出对策、制定方案，减少和防止污染物的产生。

企业（组织）的清洁生产审核是一种对污染来源、废弃物产生原因及其整体解决方案的系统化的分析和实施过程，其目的是通过实行污染预防分析和评估，寻找尽可能高效率利用资源（如原辅材料、能源、水等）、减少或消除废弃物产生和排放的方法。清洁生产审核是组织清洁生产的重要前提，也是其关键和核心。持续的清洁生产审核活动会不断产生各种清洁生产方案，有利于组织在生产和服务过程中逐步地实施，从而实现环境绩效的持续改进。

针对每一个生产过程可以用如下的简图（图15-2）表示，清洁生产审核应按照如下八个方面开展。

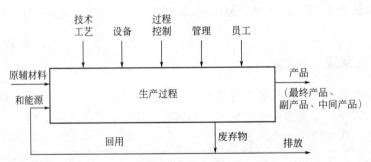

图15-2　清洁生产审核八要素框图

（1）原辅材料和能源　原材料和辅助材料本身所具有的特征，例如毒性、难降解性等，在一定程度上决定了产品及其生产过程对环境的危害程度，因而选择对环境无害的原辅材料是清洁生产所要考虑的重要方面。同样，作为动力基础的能源，也是每个企业所必需的，有些能源（如煤、油等的燃料本身）在使用过程中直接产生废弃物，而有些则间接产生废弃物（如一般电使用本身不产生废弃物，但火电、水电和核电的生产过程均会产生一定的废弃物），因而节约能源、使用二次能源和清洁能源也将有利于减少污染物的产生。

（2）技术工艺　生产过程的技术工艺水平基本上决定了废弃物的产生量和状态，先进而有效的技术可以提高原材料的利用效率；从而减少废弃物的产生。结合技术改造预防污染是实现清洁生产的一条重要途径。

（3）设备　设备作为技术工艺的具体体现在生产过程中也具有重要作用，设备的适用性及其维护、保养情况等均会影响到废弃物的产生。

（4）过程控制　过程控制对许多生产过程是极为重要的，例如化工、炼油及其他类似的生产过程，反应参数是否处于受控状态并达到优化水平（或工艺要求），对产品的得率和优质品的得率具有直接影响，因而也就影响到废弃物的产生量。

（5）产品　产品的要求决定了生产过程，产品性能、种类和结构等的变化往往要求生产过程作出相应的改变和调整，因而也会影响到废弃物的产生，另外产品的包装、体积等也会对生产过程及其废弃物的产生造成影响。

（6）废弃物　废弃物本身所具有的特征和所处的状态直接关系到它是否可现场再用和循环使用。"废弃物"只有当其离开生产过程时才称其为废弃物，否则仍为生产过程中的有用材料和物质。

（7）管理　加强管理是企业发展的永恒主题，任何管理上的松懈均会严重影响到废弃物的产生。

（8）员工　任何生产过程，无论自动化程度多高，从广义上讲均需要人的参与，因而员工素质的提高及积极性的激励也是有效控制生产过程和废弃物产生的重要因素。

当然，以上八个要素的划分并不是绝对的，虽然各有侧重，但在许多情况下存在相互交叉和渗透的情况。对于每一个废弃物产生源都要从以上八个要素进行原因分析，这并不是说每个废弃物产生源都存在八个要素的原因，它可能是其中的一个或几个。

五、清洁生产审核的程序

企业进行清洁生产可分以下 7 个阶段 35 个步骤。其中 7 个阶段为：审核准备、预审核、审核、方案的产生和筛选、可行性分析、方案实施、持续清洁生产。具体的清洁生产审核程序如图 15-3 所示。

1. 审核准备阶段

筹划和组织是企业进行清洁生产审核工作的第一个阶段。目的是通过宣传教育使企业的领导和职工对清洁生产有一个初步的比较正确的认识，消除思想上和观念上的障碍；了解企业清洁生产审核的工作内容、要求及其工作程序。本阶段工作的重点是取得企业高层领导的支持和参与，组建清洁生产审核小组，制订审核工作计划和宣传清洁生产思想。包括取得领导支持、组建审核小组、制订工作计划、开展宣传教育四个步骤。

2. 预审核阶段

预审核是清洁生产审核的第二个阶段，目的是对企业全貌进行调查分析，分析和发现清洁生产的潜力和机会，从而确定本轮审核的重点。本阶段工作重点是评价企业的产污排污状况，确定审核重点，并针对审核重点设置清洁生产目标。包括进行现状调研、进行现场考察、评价产排污现状、确定审核重点、设置清洁生产目标、提出和实施无/低费方案六个步骤。

3. 审核阶段

审核是企业清洁生产现场审核工作的第三个阶段。目的是通过审核重点的物料平衡，发现物料流失的环节，找出废弃物产生的原因，查找物料储运、生产运行、管理以及废弃物排放等方面存在的问题，寻找与国内外先进水平的差距，为清洁生产方案的产生提供依据。本阶段工作重点是实测输入输出物流，建立物料平衡，分析废弃物产生原因。包括准备审核重点资料、实测输入输出物流、建立物料平衡、分析废物产生原因、提出和实施无/低费方案

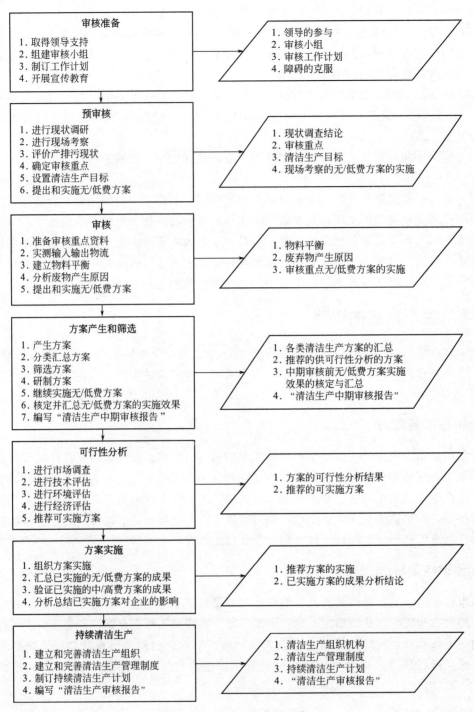

图 15-3　清洁生产审核程序

五个步骤。

4. 方案的产生与筛选阶段

清洁生产方案的产生和筛选是企业进行清洁生产审核现场工作的第四个阶段。本阶段的目的是通过方案的产生、筛选、研制，为下一阶段的可行性分析提供足够的中/高费清洁生产方案。本阶段的工作重点是根据审核阶段的结果，制定审核重点的清洁生产方案；在分类汇总基础上（包括已产生的非审核重点的清洁生产方案，主要是无/低费方案），经过筛选确定出两个以上中/高费方案供下一阶段进行可行性分析；同时对已实施的无/低费方案实施效果核定与汇总；为编写清洁生产审核报告做准备。包括产生方案、分类汇总方案、筛选方案、研制方案、继续实施无/低费方案、核定并汇总无/低费方案的实施效果、编写"清洁生产中期审核报告"七个步骤。

5. 可行性分析阶段

可行性分析是企业进行清洁生产审核工作的第五个阶段。本阶段的目的是对筛选出来的中/高费清洁生产方案进行分析和评估，以选择最佳的可实施的清洁生产方案。本阶段工作重点是，在结合市场调查和收集一定资料的基础上，进行方案的技术、环境、经济的可行性分析和比较，从中选择和推荐最佳的可行方案。最佳的可行方案是指该项投资方案在技术上先进适用、在经济上合理有利、又能保护环境的最优方案。

本阶段包括进行市场调查、进行技术评估、进行环境评估、进行经济评估、推荐可实施方案五个步骤。

6. 方案实施阶段

方案实施是企业清洁生产审核的第六个阶段。目的是通过推荐方案（经分析可行的中/高费最佳可行方案）的实施，使企业实现技术进步，获得显著的经济和环境效益；通过评估已实施的清洁生产方案成果，激励企业推行清洁生产。本阶段工作重点是总结前几个审核阶段已实施的清洁生产方案的成果，统筹规划推荐方案的实施。包括组织方案实施、汇总已实施的无/低费方案的成果、验证已实施的中/高费方案的成果、分析总结已实施方案对企业的影响四个步骤。

7. 持续清洁生产阶段

持续清洁生产是企业清洁生产审核的最后一个阶段。目的是使清洁生产工作在企业内长期、持续地推行下去。本阶段工作重点是建立推行和管理清洁生产工作的组织机构、建立促进实施清洁生产的管理制度、制订持续清洁生产计划以及编写清洁生产审核报告。包括建立和完善清洁生产组织、建立和完善清洁生产管理制度、制订持续清洁生产计划、编写"清洁生产审核报告"四个阶段。

六、HSE 管理评审

1. 管理评审概述

组织的最高管理者应按计划的时间间隔对健康、安全与环境管理体系进行评审，以确保其持续适宜性、充分性和有效性。评审应包括评价改进的机会和对健康、安全与环境管理体系进行修改的需求。管理评审过程应确保收集到必要的信息提供给管理者进行评价。应保存管理评审的记录。

管理评审的输入应包括但不限于：内部审核和合规性评价的结果；内部审核与外部方协商的结果；内部审核和外部相关方的沟通信息，包括投诉；组织的健康、安全与环境绩效；

目标和指标的实现程度；事故、事件的调查和处理；纠正措施和预防措施的状况；以前管理评审确定的后续改进措施及落实情况；客观环境的变化，包括与组织有关的法律法规和其他要求的发展变化；改进建议。

管理评审的输出应符合组织持续改进的承诺，并应包括如下方面：可能与更改有关的任何决策和措施；健康、安全与环境绩效；健康、安全与环境方针和目标、指标；资源；其他健康、安全与环境管理体系要素。

管理评审的相关输出应可用于沟通和协商。

当组织机构和职能分配有重大调整，外部环境发生重大变化，以及发生较大健康、安全与环境事故等情况时，组织应增加管理评审的频次。

2. 管理评审中的清洁生产审核

HSE 体系运行的核心是组织的管理，清洁生产审核结果的好坏直接影响管理评审的输出。组织在 HSE 体系运行中，应根据国家政策和要求，在 HSE 体系中设置相应的输入和输出，确保组织清洁生产审核在组织得以有效执行。具体包含领导支持和组织机构建立要求；环境责任及相关目标绩效要求；组织问题的调查和改进方案要求；目标指标的实现要求。

因此，管理评审要求中，从领导和承诺到检查与纠正措施都应体现在清洁生产审核的 7 个步骤中。

七、清洁生产审核在 HSE 管理评审中的地位和作用

在 HSE 体系中，组织在以往的运行中因过分强调健康、安全和环境等大环境，特别是石油化工等环境污染企业，健康、安全成为重中之重，清洁生产审核没有得到足够重视。加之清洁生产审核是体系要求中的一个要素，很多组织领导及员工对清洁生产概念不清，导致在 HSE 体系运行中被忽略。随着社会进步，国家越来越重视节能、减排工作，清洁生产成为了企业不可或缺的一项工作，它是企业生产运行的一种新模式，涉及企业生产管理、原辅材料、生产过程控制、设备工艺等各方面，在 HSE 体系管理评审中的地位和作用明显。

（1）清洁生产审核成为了 HSE 体系运行的组成部分　随着清洁生产在全国的推行，清洁生产审核已经融入了企业的生产和管理中。已经运行 HSE 体系的组织，都已经将清洁生产审核纳入到 HSE 体系的实施和运行要素中。

（2）清洁生产审核为 HSE 体系日常管理提供了技术保障　清洁生产审核的 7 个步骤处处体现了 HSE 体系的理念。筹划与组织体现了组织领导承诺和支持；预审核、审核阶段体现了组织对生产工艺、设备设施、环境的日常检查和管理，及时发现存在的各种问题；方案的产生与筛选、方案的实施体现了 HSE 体系的检查和纠正要素；可行性分析阶段体现了 HSE 体系在组织运行中评价管理和技术改进的可行性；持续清洁生产审核阶段体现了 HSE 体系 PDCA 运行模式。

（3）清洁生产审核提高了 HSE 体系运行的实效性　HSE 体系重点是完善健康、安全、环境的管理，忽略了组织的生产实际。清洁生产审核要求组织不但要不断完善管理，而且在组织的生产实际中，也应通过清洁生产不断改善职工的职业健康卫生，确保职工和生产设备设施的安全，并将"节能、降耗、减污、增效"作为组织的终极目标。而组织离不开生产，单纯的管理模式远不如生产实际中管理及持续改进有效。

（4）开展清洁生产审核确保了组织 HSE 管理评审目标绩效的有效实现　清洁生产审核在不断开展的过程中，设置了组织更具体的目标，如：劳动生产率、产出率、资源能源利用率等，体现了组织的经济效益、环境效益和社会效益，这些都让 HSE 体系目标绩效更具体，通过清洁生产审核目标的实现，确保了 HSE 体系管理评审目标绩效的有效实现。

◈ 任务分析与处理

通过以上学习，我们知道了清洁生产审核的原理及思路，它有 7 个阶段、35 个步骤。清洁生产审核在 HSE 体系中的作用和地位显著，我们应加大企业的清洁生产审核工作力度。

从上可以看出，小李所做的前期工作是正确的，他的工作为本企业下一步正式清洁生产审核打下了扎实的基础。但小李还有需要改进的地方，如成立相应清洁生产审核机构，制订相应清洁生产审核计划，深入思考企业开展清洁生产可能遇到的困难和问题，并向领导宣传清洁生产的先进理念，取得领导的全力支持。

◉ 能力拓展

1. 假如你是一个公司的办公室主任，领导要求你组织开展清洁生产审核工作，在工作开展前，你会做哪些准备工作？谈谈你的想法。

2. 你理解的清洁生产审核主要有哪些内容？

3. HSE 体系与清洁生产审核同时开展时，是否冲突？二者的异同是什么？

4. 清洁生产审核与 HSE 体系在企业中哪个应占主导地位？说说你的理由。

第二节　准备审核

知识目标 ∧

（1）了解清洁生产审核前如何取得领导的重视和支持；

（2）掌握清洁生产审核前怎样得到员工的理解和认可；

（3）学会如何成立清洁生产审核机构；

（4）学会如何开展审核前的清洁生产知识培训和教育。

◈ 任务简述

某 A 生产企业引入了清洁生产咨询机构，准备在咨询机构的引导下开展公司的清洁生产审核工作。公司基本情况如下。

① 公司组织机构主要有：总经理、副总经理、办公室、财务部长、生产部长、技术部长、3 个生产车间（一车间为低钾车间，二、三车间为高钾车间）及相应的配套车间；员工有 120 人，其中管理层 7 人，技术人员有 18 人，其余为生产人员。

② 公司主要产品为年产 20000t 的高氯酸钾，副产品为年产 5000t 的氯酸钾，产品大部

分出口欧洲；主要原料为氯化钾。

③ 公司建立了 HSE 体系，并有效运行。

④ 所有员工没有接触过清洁生产概念。

为有效推进清洁生产审核工作，你认为：该公司存在哪些清洁生产审核障碍？该公司在清洁生产审核前需开展哪些主要工作？因本企业有 HSE 体系组织机构，公司是否还需成立一个相应的清洁生产审核工作机构？针对本企业情况，如何制订一个切实可行的清洁生产审核计划？

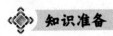 **知识准备**

准备审核即是为确保清洁生产审核工作有效开展，在组织开展清洁生产审核前需准备的相关工作，包括取得领导的重视和支持，得到员工的理解和认识，成立强有力的审核机构，制订清洁生产审核计划，开展清洁生产审核前的知识培训和教育。

一、领导重视与支持

清洁生产审核是一个综合性很强的工作，涉及企业的各个部门，而且随着审核工作阶段的变化，参与审核工作的部门和人员可能也会变化。因此，在审核前，只有取得企业高层领导的支持和参与，由高层领导动员并协调企业各个部门和全体职工积极参与，审核工作才能顺利进行。高层领导的支持和参与还是审核过程中提出的清洁生产方案符合实际、容易实施的关键。

取得领导重视和支持，主要是让领导了解清洁生产审核可能给企业带来的巨大效益，这是企业高层领导支持和参与清洁生产审核的动力和重要前提。清洁生产审核给企业带来的效益包括经济效益、环境效益、无形资产的提高和推动技术进步等诸方面，这些都能增强企业的市场竞争能力。

（1）宣讲效益 效益从以下四个方面体现：经济效益、环境效益、无形资产提高和技术进步。

（2）阐明投入 清洁生产审核需要企业的一定投入，包括时间成本、监测设备和监测费用、编制审核报告的费用、聘请外部专家的费用，但与清洁生产审核可能带来的效益相比，这些投入只是很小的一部分。

（3）强调清洁生产审核是 HSE 管理体系的一大要素 清洁生产是一种新的理念和方法论，它涉及企业生产过程的各个方面，其中的管理理念与 HSE 体系的管理理念一脉相承，其目的和意义与 HSE 体系一致。

二、员工理解与认识

清洁生产是一种新思维、新理念，因此必须使每个员工都清楚地认识和理解清洁生产并积极参与进行，以保证清洁生产审核工作的顺利开展。如何让员工理解和认识清洁生产，可进行如下两方面工作。

1.开展清洁生产知识培训

组织聘请清洁生产专家开展企业的清洁生产知识培训，通过培训，使全体员工对清洁生产的概念和内容有较为清晰的认识，对清洁生产的意义和作用有一定程度的理解；且审核工作人员在宣传培训会后多次深入车间，与员工面对面进行清洁生产及其审核的内容、目的和要求等的宣传，使清洁生产工作深入人心，达到企业领导和全体员工人人皆知、共同参与的目的和效果。

2. 让员工积极参与清洁生产相关活动

在审核咨询专家组的指导下，要求企业一线员工参与到清洁生产审核工作中来，针对企业清洁生产审核过程中发现的问题以及可能遇到的障碍与员工一起进行评估和分析，提出具体的解决办法，这样，不但确保了审核工作的顺利开展，同时加强了员工对清洁生产的理解和认识。

运行HSE体系的企业或组织，在HSE体系和清洁生产审核的培训教育中应相互纳入相关培训内容，做到HSE体系中发挥清洁生产的作用，清洁生产审核中加强HSE体系的管理理念。

三、组织机构建立

计划开展清洁生产审核的企业，首先要在本企业内组建一个权威的审核小组，即组织机构，这是企业顺利实施清洁生产审核的组织保证。

审核小组根据企业大小情况确定组织形式和人员。如果企业规模大，则审核小组可分领导小组、工作小组和咨询小组；企业规模小，可将领导小组和工作小组合并为审核小组。其中，领导小组由组织的高层领导层组成，负责本企业的清洁生产审核的决策工作；工作小组由企业中层相关职能部门领导组成，负责清洁生产审核的具体实施工作；咨询小组由相关行业专家、环保专家、节能专家和清洁生产审核师组成，负责清洁生产审核的培训、技术把关、主要问题查找和清洁生产方案研制和指导工作，并与审核工作小组一起开展工作。其建立过程为：推选组长、选择成员、明确任务和组建咨询小组。项目仅对明确任务和构建咨询小组进行描述。

1. 明确任务

① 制订工作计划。制订一个比较详细的清洁生产审核工作计划，有助于审核工作按一定的程序和步骤进行，组织好人力与物力，各司其职，协调配合，审核工作才会获得满意的效果，本公司的清洁生产目标才能逐步实现。审核工作计划应包括审核过程的所有主要工作，包括这些工作的序号、内容、进度、负责人姓名、参与部门名称、参与人姓名以及各项工作的产出等。二维码15-1是一个企业清洁生产审核工作计划样表。

二维码15-1

清洁生产审核工作
计划样表

② 开展宣传教育培训工作。结合企业实际情况，定期或不定期地开展清洁生产知识培训，开展清洁生产知识考试考核。

③ 确定审核重点和目标。确定本轮清洁生产审核重点环节，根据企业现有实际情况，制定符合国家要求和企业实际的清洁生产目标。

④ 组织和实施审核工作。

⑤ 编写审核报告。与咨询小组人员一起，编制和完善本轮"清洁生产审核报告"。

⑥ 总结经验，并提出持续清洁生产的建议。

来自企业财务部门的审核成员，应该介入审核过程中一切与财务计算有关的活动，准确

二维码15-2

清洁生产审核领导
小组成员表及工作
小组成员表

计算企业清洁生产审核的投入和收益，并将其详细地单独列账。中小型企业和不具备清洁生产审核技能的大型企业，其审核工作要取得外部专家的支持。如果审核工作有外部专家的帮助和指导，本企业的审核小组还应负责与外部专家的联络、研究外部专家的建议并尽量吸收其有用的意见。

审核小组成员的职责与投入时间等应列表说明，表中要列出审核小组成员的姓名、在小组中的职务、专业、职称、应投入的时间以及具体职责等。具体样表见二维码 15-2。

2. 组建咨询小组

咨询小组人员包括清洁生产审核师、行业专家、环保专家和节能专家等。他们在企业清洁生产审核时发挥各自的作用。

（1）清洁生产审核专家（师） 传授清洁生产及清洁生产审核基本概念和原理、培训清洁生产审核程序和方法、破除陈旧思想、发现企业明显清洁生产机会和潜力。

（2）行业专家 及时发现企业公益设备和实际操作问题、提出解决问题的技术办法和建议、提供国内外同行业技术设备的参照数据和新技术。

（3）环保专家 及时发现生产过程的产排污严重的环节、提出解决问题的技术方法和建议、提供国内外同行业污染物排放参照数据和新技术。

（4）节能专家 及时发现生产过程中能耗严重的环节、提出解决问题的技术方法和建议、提供国内外同行业能耗参照数据和新技术。

3. 清洁生产审核机构与 HSE 体系组织机构融合

清洁生产审核机构人员应作为 HSE 体系的机构成员，相应咨询小组（专家）纳入 HSE 体系的组织机构中，让 HSE 体系组织机构和清洁生产审核机构人员融合，增加二者运行效率，并保证二者能同步有效运行。

四、宣贯与培训

广泛开展宣传教育活动，争取企业内各部门和广大职工的支持，尤其是现场操作工人的积极参与，是清洁生产审核工作顺利进行和取得更大成效的必要条件。

1. 宣传方式和内容

高层领导的支持和参与固然十分重要，没有中层干部和操作工人的实施，清洁生产审核仍很难取得重大成果。仅当全厂上下都将清洁生产思想自觉地转化为指导本岗位生产操作实践的行动时，清洁生产审核才能顺利持久地开展下去。也只有这样，清洁生产审核才能给企业带来更大的经济和环境效益、推动企业技术进步、更大程度地支持企业高层领导的管理工作。因此，必要的宣传培训是有效推行清洁生产审核的主要手段。

宣传可采用下列方式：例会，下达开展清洁生产审核的正式文件，内部广播，电视、录像，黑板报，组织报告会、研讨班、培训班，开展各种咨询等。

2. 培训方式和内容

培训教育一般应编制宣传培训手册，培训手册及培训内容一般为：清洁生产及清洁生产审核的概念，清洁生产和末端治理的内容及其利与弊，国内外企业清洁生产审核的成功实例，清洁生产审核中的障碍及其克服的可能性，清洁生产审核工作的内容与要求，本企业鼓励清洁生产审核的各种措施，本企业各部门已取得的审核效果和具体做法等。

培训教育的内容要随审核工作阶段的变化而作相应调整。

在宣传和培训中，建议将 HSE 体系和清洁生产审核内容共同体现，使清洁生产审核在企业生产中发挥实效，并让清洁生产在 HSE 体系运行中发挥最大作用。

3. 克服障碍

企业开展清洁生产审核往往会遇到不少障碍，不克服这些障碍则很难达到企业清洁生产审核的预期目标。各个企业可能有不同的障碍，首先需要调查摸清这些障碍，方便进行工作，但一般有四种类型的障碍，即思想观念障碍、技术障碍、资金和物资障碍以及政策法规障碍。四者中思想观念障碍是最常遇到的，也是最主要的障碍。审核小组在审核过程中要自始至终地把及时发现不利于清洁生产审核的思想观念障碍并尽早解决这些障碍当作一件大事抓好。企业清洁生产审核中常见的一些障碍及解决办法见二维码 15-3。

二维码15-3

清洁生产障碍及解决办法

◈ 任务分析与处理 ────────────

通过以上学习，清洁生产审核前，需做如下准备工作：取得领导的重视和支持，成立清洁生产审核工作机构，制订详细的清洁生产审核计划，开展清洁生产宣传和培训。且明白，清洁生产审核与 HSE 管理体系运行不冲突，二者工作内容是融合的，HSE 体系是全公司的运行管理，清洁生产审核主要强调生产过程的"节能、降耗、减污、增效"内容，因此，HSE 管理体系在公司生产管理及运行中占主导地位，清洁生产审核在 HSE 管理体系的运行中作用明显。

公司开展清洁生产审核存在的障碍主要有：思想和认识、技术、资金、政策法规等几个方面。为此，公司需成立相应的工作机构，制订详细的清洁生产审核计划，确保下一步清洁生产审核工作有效开展。

◉ 能力拓展 ────────────

1. 假如你是一个咨询机构的清洁生产审核师，如何在一个生产企业开展清洁生产审核准备工作？

2. 根据任务中的某 A 生产企业描述，如何建立该公司的清洁生产审核工作小组的领导机构？

3. 根据任务中的某 A 生产企业描述，制订该公司的清洁生产审核工作计划。

4. 开展清洁生产审核，你认为如何取得领导支持？

第三节 实施审核

知识目标

(1) 了解清洁生产审核现场调研程序；
(2) 掌握清洁生产审核现场审核内容；
(3) 学会对产生的清洁生产方案进行分类和筛选；
(4) 掌握清洁生产中高费方案的技术、经济和环境的可行性分析；
(5) 学会如何开展持续清洁生产审核工作。

任务简述

假如你为咨询机构清洁生产审核师或企业清洁生产审核机构中的一员，你认为如何开展某企业的清洁生产现场审核？现场审核的主要工作程序有哪些？同时，企业如果正在运行HSE管理体系，如何将清洁生产现场审核和运行的HSE体系共同推进？

知识准备

实施审核即为企业清洁生产审核过程。是指从生产过程的八个方面（原辅材料、工艺技术、设备、员工、过程控制、管理、产品和废弃物）入手，进行考察和调研活动，调查本企业生产过程中高能耗、高物耗、污染重的工艺环节。以发现清洁生产的潜力与机会，经比较和分析确定本轮审核的重点，并设置清洁生产目标，提出和实施节能、降耗及污染物削减的无/低费方案，提出并研制清洁生产中高费方案并组织实施。

一、清洁生产审核现场调研

现场调研是企业清洁生产审核的基础和前提，含资料收集和现场勘查两大工作内容。

1. 资料收集

本阶段收集的资料是全厂的，也是宏观的，主要内容如下。

(1) 企业概况 企业发展简史、规模、产值、利税、组织结构、人员状况和发展规划等；企业所在地的地理、地质、水文、气象、地形和生态环境等基本情况；企业的生产状况。企业近三年来主要原辅料、主要产品、能源及用水情况，要求以表格形式，列出总耗及单耗，并列出主要车间或分厂的情况。

(2) 企业的主要工艺流程 以框图表示主要工艺流程，要求标出主要原辅料、水、能源及废弃物的流入、流出和去向。

(3) 企业设备水平及维护状况 如完好率、泄漏率等。

(4) 企业的环境保护状况 主要污染源及其排放情况，包括状态、数量、毒性等；主要污染源的治理现状，包括处理方法、效果、问题及单位废弃物的年处理费等；"三废"的循环/综合利用情况，包括方法、效果、效益以及存在问题；企业涉及的有关环保法规与要求，如排污许可证、区域总量控制、行业排放标准等。

（5）企业的管理状况　包括从原料采购和库存、生产及操作到产品出厂的全面管理水平。

2. 现场勘查

（1）现场勘查方法　现场勘查是审核小组到生产系统现场，通过检查、测量和理化试验，直接采集信息样本，然后通过数据处理排除信息中的干扰因素，采用文字、声音、图像、数据、符号等载体记录下来的方法。一般采用"问、听、看、测、记"的方式，它们不是独立的而是连贯的、有序的，每项采集内容都可以使用一遍或多遍。

（2）现场勘查内容　随着企业生产发展，一些工艺流程、装置和管线可能已做过多次调整和更新，这些可能无法在图纸、说明书、设备清单及有关手册上反映出来。此外，实际生产操作和工艺参数控制等往往和原始设计及规程不同。因此，需要进行现场考察，以便对现状调研的结果加以核实和修正，并发现生产中的问题。同时，通过现场考察，在全厂范围内发现明显的无/低费清洁生产方案。现场勘查内容如下：

① 对整个生产过程进行实际考察，即从原料开始，逐一考察原料库、生产车间、成品库，直到"三废"处理设施；

② 重点考察各产污排污环节，水耗和（或）能耗大的环节，设备事故多发的环节或部位；

③ 实际生产管理状况，如安全生产责任制建立情况，岗位责任制执行情况，工人技术水平及实际操作状况，车间技术人员及工人的清洁生产意识等。

以上情况经勘查后，如实做好记录，并作为清洁生产审核的依据。

二、清洁生产现场审核

清洁生产现场审核是审核小组针对企业现场实际，每个环节都应从原辅材料和能源、技术工艺、设备、过程控制、管理、员工、废弃物、产品八个方面审核污染物产生的地方，找出能耗高、物耗高、污染重的原因，提出解决减少有毒有害物料的使用、产生，降低能耗、物耗以及废弃物产生方案的过程。

1. 原辅材料与能源审核

企业原辅材料和能源消耗在工艺、设备及参数相对稳定的情况下，其单耗波动较小，并随着生产稳定、员工熟悉程度的提高有逐步降低的趋势。如果原辅材料和能源单耗突然变大，或污染物突然增加，则有可能存在技术工艺、设备、过程控制、管理、员工素养、产品质量问题。应认真分析其原因，并提出解决的清洁生产办法。

2. 技术工艺、设备审核

生产技术、设备属于淘汰落后工艺和设备，工艺过程控制不严，设备陈旧，导致企业的能耗高、物耗高、污染重。因此，应一一对照国家相关法律法规、标准规范，进行技术工艺、生产设备审核和分析，找出是否存在淘汰的落后工艺技术、设备名单，升级为国家鼓励和允许的生产工艺和技术、设备，提高企业清洁生产水平。

国家工艺技术、设备的法律法规、标准规范主要有：

①《产业结构调整指导目录》(2011 年本国家发改委第 9 号令，2013 年修订)，规定了我国鼓励、限制和淘汰的生产工艺和设备名单；

②《部分工业行业淘汰落后生产工艺装备和产品指导目录〔2010〕》(工产业〔2010〕第 122 号)；

③《国家重点行业清洁生产技术导向目录（第三批）》(国家发改委环保总局 2006 年第 86 号公告)，含第一批、第二批；

④《高耗能落后机电设备（产品）淘汰目录（第一批）》(工节〔2009〕67 号)；《高耗能落后机电设备（产品）淘汰目录（第二批）》(工节〔2012〕14 号)；《高耗能落后机电设备（产品）淘汰目录（第三批）》；《高耗能落后机电设备（产品）淘汰目录（第四批）》；

⑤ 行业规范条件（含铅锌行业、电镀行业、铜冶炼行业、废塑料综合利用行业、铜铁行业等）；

⑥ 行业准入条件（32 个行业准入条件）。

3. 过程控制审核

清洁生产水平的高低，较大程度与生产过程控制水平有关。过程控制审核的内容包括：

(1) 物料配比　原辅材料中各物料配比应尽可能优化，物料添加时采用电子秤等设备进行控制。

(2) 温度　工艺过程的温度控制的好坏，影响产品质量和废弃物的排放，建议采用灵敏温度计或 DLC 或 CLM 控制技术，严格控制工艺温度。

(3) 压力　工艺过程的压力控制的好坏，影响产品质量和废弃物的排放，建议采用灵敏压力计进行控制，确保压力在工艺设计范围内。

(4) 其他参数　如反应时间、催化剂等，这些都会影响企业清洁生产水平，应在生产过程中进行控制。

4. 产排污情况——废弃物

清洁生产审核中企业所涉及的废弃物包括：废水、废气、废渣、噪声及高能耗；现场审核过程中，在对比分析国内外同类企业产污排污状况的基础上，对本企业的产污原因进行初步分析，并评价执行环保法规情况。

① 对比国内外同类企业产污排污状况。在资料调研、现场考察及专家咨询的基础上，汇总国内外同类工艺、同等装备、同类产品先进企业的生产、消耗、产污排污及管理水平，与本企业的各项指标相对照，并列表说明。

② 初步分析产污原因。对比国内外同类企业的先进水平，结合本企业的原料、工艺、产品、设备等实际状况，确定本企业的理论产污排污水平；调查汇总企业目前的实际产污排污状况；从影响生产过程的八个方面出发，对产污排污的理论值与实际状况之间的差距进行初步分析，并评价在现状条件下，企业的产污排污状况是否合理。

③ 评价企业环保执法状况。评价企业执行国家及当地环保法规及行业排放标准的情况、包括达标情况、缴纳排污费及处罚情况、新环保制度的执行情况等。

④ 针对以上产排污情况，评价企业产排污水平，找出企业存在的产排污问题，初步提出解决问题的方案。

5. 清洁生产水平评价

企业清洁生产水平评价是企业根据审核时的现状情况，对比企业涉及的当前国家相关标准规范以及同行业相关指标，判断企业在同行业中的清洁生产水平等级的过程。

（1）评价等级　目前，由国家发改委、经信委和环境保护部颁布的《清洁生产评价指标体系编制通则》(试行稿)规定，评价等级分为三级：

① Ⅰ级清洁生产水平（国际清洁生产领先水平）　当审核企业全部指标达到一级标准时，说明该项目在工艺、装备选择，资源能源利用，产品设计和使用，生产过程的废弃物产生量，废弃物回收利用和环境管理等方面做得非常好，达到国际先进水平，从清洁生产角度讲，该企业清洁生产水平高，企业的各项指标在国际上处于领先地位。

② Ⅱ级清洁生产水平（国内清洁生产先进水平）　当审核企业全部指标达到二级标准时，说明该项目在工艺、装备选择，资源能源利用，产品设计和使用，生产过程的废弃物产生量，废弃物回收利用和环境管理等方面做得好，达到国内先进水平，从清洁生产角度讲，该企业清洁生产水平较高，企业的大部分指标达到了国内先进水平。

③ Ⅲ级清洁生产水平（国内清洁生产一般水平）　当审核企业全部指标达到三级标准时，说明该项目在工艺、装备选择，资源能源利用，产品设计和使用，生产过程的废弃物产生量，废弃物回收利用和环境管理等方面做得一般，本企业需要在设计等方面做较大的调整和改进，使之能达到国内先进水平。

当一个审核企业全部指标未达到三级标准时，从清洁生产角度讲，该企业属于停产淘汰范围，建议关停。

（2）评价方法　清洁生产工作开展以来，国家环保部出台了多个清洁生产标准，发改委和经信委出台了多个清洁生产评价指标体系，2013年环保部、发改委和经信委三部委共同编制了《清洁生产评价指标体系编制通则》及相关行业的评价指标体系，但还有大部分行业没有相关标准及评价体系。根据以上情况及目前实际，评价方法分为如下四种。

① 第一种为清洁生产标准评价法，如某行业有清洁生产现行标准，可采用该行业的清洁生产标准评价企业的清洁生产水平，因清洁生产标准出台时间已经久远，许多指标因技术、工艺、设备和环保要求进步，需根据现有行业技术、工艺、设备和环保情况对相关指标进行校正。

② 第二种为2013年前出台的清洁生产评价指标体系法，即某行业有发改委和工信委共同出台的清洁生产评价指标体系，则企业可采用其清洁生产评价指标体系进行评价，因这些清洁生产评价指标体系出台时间已经久远，许多指标因技术、工艺、设备和环保要求进步，需根据现有行业技术、工艺、设备和环保情况对相关指标进行校正。

③ 第三种为2013年后三部委出台的清洁生产评价指标体系法。如某行业有2013年后三部委出台的清洁生产评价指标体系，则采用本体系进行评价。

④ 第四种为按《清洁生产评价指标体系编制通则》要求自行设置评价指标体系法。具体参见《清洁生产评价指标体系编制通则》(试行稿)内容要求进行。

因清洁生产标准和2013年前的清洁生产评价指标体系基本不适用于目前技术、工艺、设备和环保要求，建议采用第三种或第四种方法进行企业清洁生产水平评价。

（3）自行设置清洁生产评价指标体系的选取原则

①从产品生命周期全过程考虑。生命周期分析是对某种产品系统的生命周期中输入、输出及其潜在清洁生产水平评价。生命周期分析方法是清洁生产指标选取的一个最重要原则。生命周期分析是它要从产品的整个生命周期来评估企业清洁生产水平，这对于进行同类行业产品的清洁生产水平比较尤为有用。

②体现污染预防思想。清洁生产指标的范围不需要涵盖所有的环境、社会、经济等指标，主要反映出企业实施过程中所使用的资源量及产生的废物量，包括使用能源、水或其他资源的情况，通过对这些指标的评价能够反映出企业通过节约和更有效的资源利用来达到"节能、降耗、减污、增效"的目的。

③容易量化。清洁生产指标反映企业的清洁生产水平，指标涉及面比较广，有些指标难以量化。为了使所确定的清洁生产指标既能够反映企业的主要清洁生产情况，又简便易行，在设计指标时要充分考虑到指标体系的可操作性，因此，应尽量选择容易量化的指标项，这样，可以给清洁生产指标的评价提供有力的依据。

④满足政策法规要求，符合行业发展趋势。清洁生产的指标体系是为评价企业是否符合清洁生产战略而制定的，因此这些指标应符合国家产业政策和行业发展趋势要求，并应根据行业特点、根据各种产品和生产过程选取。

（4）指标设定方法及具体内容　行业清洁生产评价指标体系由一级指标和二级指标组成。其中，依据生命周期分析的原则，清洁生产评价指标应能覆盖原材料、生产过程和产品的各个主要环节，尤其对生产过程，既要考虑对资源的使用，又要考虑污染物的产生，因而一级指标应包括生产工艺及装备指标、资源能源消耗指标、资源综合利用指标、污染物产生指标、产品特征指标和清洁生产管理指标等六类指标，六类指标既有定性指标也有定量指标，资源能源利用指标和污染物产生指标属于定量指标，其余四类指标属于定性指标或者半定量指标。每类指标又由若干个二级指标组成。应标示出二级指标中的限定性指标。

①生产工艺与装备指标　应从有利于引导企业采用先进适用技术装备、促进技术改造和升级等方面提出生产工艺及装备指标和要求。具体指标可包括装备要求、生产规模、工艺方案、主要设备参数、自动化控制水平等，考虑的因素有毒性、控制系统、循环利用、密闭、节能、减污、降耗、回收、处理、利用，因行业性质不同根据具体情况可做适当调整。对于正在开展清洁生产审核的企业，选用先进、清洁的生产工艺和设备，淘汰落后的工艺和设备，是推行清洁生产的前提。

②资源能源利用指标　应从有利于减少资源能耗消耗、提高资源能源利用效率方面提出资源能源消耗指标及要求。具体指标可包括单位产品综合能耗、单位产品取水量、单位产品原/辅料消耗、一次能源消耗比例等指标，因行业性质不同根据具体情况可做适当调整。在正常情况下，生产单位产品对资源的消耗程度可以部分地反映一个企业的技术工艺和管理水平，即反映生产过程的状况。从清洁生产的角度看，资源指标的高低同时也反映企业的生产过程在宏观上对生态系统的影响程度，因为在同等条件下，资源能源消耗量越高，则对环境的影响越大。

a.单位产品取水量。企业生产单位产品需要从各种水源提取的水量。

企业生产的取水量，包括取自地表水（以净水厂供水计量）、地下水、城镇供水工程的水以及企业从市场购得的其他水或水的产品（如蒸汽、热水、地热水等），不包括企业自取的海水和苦咸水等以及为对外供给市场的水的产品（如蒸汽、热水、地热水等）而取用的水量。为较全面地反映用水情况，也可增加水循环利用率、水的重复利用率、污水回用率等指标。单位产品取水量按式（15-1）计算：

$$V_{ui} = \frac{V_i}{Q} \qquad (15-1)$$

式中　V_{ui}——单位产品取水量，m^3/t；

　　　V_i——在一定的计量时间内，生产过程中取水量总和，m^3；

　　　Q——在一定的计量时间内的产品产量，t。

　　单位产品用水量：企业生产单位产品需要的总用水量，其总用水量为取水量和重复利用水量之和。企业生产的用水量，包括主要生产用水、辅助生产（包括机修、运输、空压站等）用水和附属生产（包括绿化、浴室、食堂、厕所、保健站等）用水。单位产品用水量按下式计算：

$$V_{ut} = \frac{V_i + V_r}{Q} \qquad (15-2)$$

式中　V_{ut}——单位产品用水量，m^3/t；

　　　V_i——在一定的计量时间内，生产过程中取水量总和，m^3；

　　　V_r——在一定的计量时间内，生产过程中的重复利用水量之和，m^3；

　　　Q——在一定的计量时间内的产品产量，t。

　　水重复利用率：在一定的计量时间内，生产过程中的重复利用水量与总用水量之比。企业生产的重复利用水量是指工业企业内部，循环利用的水量和直接或经处理后回收再利用的水量。重复利用率按下式计算：

$$R = \frac{V_r}{V_i + V_r} \times 100\% \qquad (15-3)$$

式中　R——重复利用率，%；

　　　V_i——在一定的计量时间内，生产过程中取水量总和，m^3；

　　　V_r——在一定的计量时间内，生产过程中的重复利用水量之和，m^3。

　　单位产品的能耗：生产单位产品消耗的电、煤、蒸汽和油等能源情况。也可用综合能耗指标来反映企业的能耗情况。

　　单位产品的物耗：生产单位产品消耗的主要原料和辅料的量。也可用产品回收率和转化率间接比较。

　　b.原辅材料的选取。原辅材料的选取也是资源能源利用指标的重要内容之一，它反映了在资源选取的过程中和构成其产品的材料对环境和人类的影响，因而可从毒性、生态影响、可再生性、能源强度以及可回收利用性这五方面建立指标。

　　（a）毒性：原材料所含毒性成分对环境造成的影响程度。

　　（b）生态影响：原材料取用过程中的生态影响程度。

　　（c）可再生性：原材料可再生或可能再生的程度。

　　（d）能源强度：原材料在生产过程中消耗能源的程度。

　　（e）可回收利用性：原材料的可回收利用程度。

　　③ 资源综合利用指标　应从有利于废物或副产品再利用、资源化利用和高值化利用等方面提出资源综合利用指标及要求。具体指标可包括余热余压利用率、工业用水重复利用率、工业固体废物综合利用率等，因行业性质不同根据具体情况可做适当调整。

　　资源综合利用是清洁生产的重要组成部分，企业生产过程不可能完全避免产生废水、废料、废渣、废气（废汽）、废热，然而，这些"废物"只是相对的概念，在某一条件下是造成环境污染的废物，在另一条件下就可能转化为宝贵的资源。生产企业应尽可能地回收和利用废物，而且，应该首先考虑高等级的利用，逐步降级使用，然后再考虑末端治理。

④ 污染物产生指标　另一类能反映生产过程状况的指标便是污染物产生指标。污染物产生指标较高，说明工艺相对比较落后或（和）管理水平较低。指标设定时，应从有利于从源头上减少污染物产生、有毒有害物质替代等方面提出污染物产生指标及要求。具体指标包括单位产品废水产生量、单位产品化学需氧量产生量、单位产品二氧化硫产生量、单位产品氨氮产生量、单位产品氮氧化物产生量、单位产品粉尘产生量以及行业特征污染物等，因行业性质不同根据具体情况可做适当调整。

a. 废水产生指标。废水产生指标首先要考虑的是单位产品的废水产生量，因为该项指标最能反映废水产生的总体情况。但是，许多情况下单纯的废水量并不能完全代表产污状况，因为废水中所含的污染物种类的差异也是生产过程状况的一种直接反映。因而对废水产生指标又可细分为两类，即单位产品废水产生量指标和单位产品主要水污染物产生量指标。

$$单位产品废水产生量 = \frac{年废水产生量}{产品产量} \tag{15-4}$$

$$单位产品\,COD\,产生量 = \frac{全年\,COD\,产生量}{产品产量} \tag{15-5}$$

$$单位产品\,NH_3\text{-}N\,产生量 = \frac{全年\,NH_3\text{-}N\,产生量}{产品产量} \tag{15-6}$$

$$污水回用率 = \frac{C_污}{C_污 + C_{直污}} \tag{15-7}$$

式中　$C_污$——污水回用量；

$C_{直污}$——直接排入环境的污水量。

b. 废气产生指标。废气产生指标和废水产生指标类似，也可细分为单位产品废气产生量指标和单位产品主要大气污染物产生量指标。

$$单位产品废气产生量 = \frac{年废气产生量}{产品产量} \tag{15-8}$$

$$单位产品\,SO_2\,产生量 = \frac{全年\,SO_2\,产生量}{产品产量} \tag{15-9}$$

$$单位产品\,NO_x\,产生量 = \frac{全年\,NO_x\,产生量}{产品产量} \tag{15-10}$$

$$单位产品粉尘产生量 = \frac{全年粉尘产生量}{产品产量} \tag{15-11}$$

c. 固体废物产生指标。对于固体废物产生指标，情况则简单一些，因为目前国内还没有像废水、废气那样具体的排放标准，因而指标可简单地定为单位产品主要固体废物产生量和单位固体废物中主要污染物产生量。

d. 行业特征指标。如有色行业重金属废水产生量等。

⑤ 产品特征指标　对产品的要求是清洁生产的一项重要内容，即产品特征指标。因产品的质量、包装、销售、使用过程以及报废后的处理处置均会对清洁生产水平产生影响，有些影响是长期的，甚至是难以恢复的。因此，对产品的寿命优化问题也应加以考虑，因为这也影响到产品的利用率。设定指标时，应从有利于包装材料再利用或资源化利用及产品易拆

解、易回收、易降解、环境友好等方面提出产品指标及要求。具体指标可包括有毒有害物质限量、易于回收和拆解的产品设计、产品合格率等，因行业性质不同根据具体情况可做适当调整。

a.质量。产品质量影响到资源的利用效率，它主要表现在产品的合格率或者残次品率等方面。当一个产品合格率低时，那么残次品率就高，也就意味着资源的利用率低，对环境的破坏程度就大。

b.包装。产品的过分包装和包装材料的选择都将对环境产生影响。

c.销售。产品的销售主要考虑运输过程和销售环节对环境的影响。

d.使用。产品在使用期内使用的消耗品和其他产品可能对环境造成的影响程度。

e.寿命优化。在多数情况下产品的寿命越长越好，因为可以减少对生产该种产品的物料的需求。但有时并不尽然。例如，某一高耗能产品的寿命越长则总能耗越大，随着技术进步有可能产生同样功能的低耗能产品，而这种节能产生的环境效益有时会超过节省物料的环境效益，在这种情况下，产品的寿命越长对环境的危害越大。寿命优化就是要使产品的技术寿命（指产品的功能保持良好的时间）、美学寿命（指产品对用户具有吸引力的时间）和初设寿命处于优化状态。

f.报废。产品报废后对环境的影响程度。

⑥ 清洁生产管理指标　应从有利于提高资源能源利用效率、减少污染物产生与排放方面提出管理指标及要求。具体指标可包括清洁生产审核制度执行、清洁生产部门设置和人员配备、清洁生产管理制度执行情况、强制性清洁生产审核政策执行情况、环境管理体系认证、建设项目环保"三同时"执行情况、合同能源管理、能源管理体系实施等，因行业性质不同根据具体情况可做适当调整。重点考虑五个方面的要求，即环境法律法规标准、废物处理处置、生产过程环境管理、环境审核、相关方环境管理。

a.环境法律法规标准。要求生产企业符合国家和地方有关环境法律、法规，污染物排放达到国家和地方排放标准、总量控制和排污许可证管理要求。这一要求与环境影响评价工作内容相一致。

b.废物处理处置。要求对建设项目的一般废物进行妥善处理处置；对危险废物进行无害化处理。这一要求与环评工作内容相一致。

c.生产过程环境管理。对建设项目投产后可能在生产过程中产生废物的环节提出要求，例如要求企业有原材料质检制度和原材料消耗定额，对能耗、水耗有考核，对产品合格率有考核，各种人流、物料包括人的活动区域、物品堆存区域、危险品等有明显标识，对跑、冒、滴、漏现象能够控制等。

d.环境审核。对项目的业主提出两点要求，第一按照行业清洁生产审核指南的要求进行审核；第二按照 ISO 14001 建立并运行环境管理体系，环境管理手册、程序文件及作业文件齐备。

e.相关方环境管理。为了环境保护的目的，对建设项目施工期间和投产使用后，对于相关方（如原料供应方、生产协作方、相关服务方）的行为提出环境要求。

⑦ 限定性指标选取　限定性指标为对节能减排有重大影响的指标或者法律法规明确规定严格执行的指标。原则上，限定性指标主要包括但不限于单位产品能耗限额、单位产品取水定额、有毒有害物质限量、行业特征污染物指标、行业准入性指标以及二氧化硫、氮氧化物、化学需氧量、氨氮、放射性、噪声等污染物的产生量，因行业性质不同根据具体情况可

做适当调整。

⑧ 指标权重　根据行业特点，对一级指标和二级指标在评价方法中的权重作出具体规定，并说明权重的确定依据。权重确定方法分专家咨询法和层次分析法（AHP法）。

⑨ 指标基准值

a.指标基准值分级。根据当前各行业清洁生产技术、装备和管理水平，宜将二级指标的基准值分为三个等级：Ⅰ级为国际清洁生产领先水平；Ⅱ级为国内清洁生产先进水平；Ⅲ级为国内清洁生产一般水平。

b.指标基准值取值原则。应根据当前行业清洁生产情况，合理确定Ⅰ级、Ⅱ级和Ⅲ级基准值。确定Ⅰ级基准值时，应参考国际清洁生产指标领先水平，以当前国内5%的企业达到该基准值要求为取值原则；确定Ⅱ级基准值时，应以当前国内20%的企业达到该基准值要求为取值原则；确定Ⅲ级基准值时，以当前国内50%的企业达到该基准值要求为取值原则。

c.定性指标基准值取值原则。对于定性指标基准值无法划分级别时，应统一给出一个基准值。采用限定性指标评价和指标分级加权评价相结合的方法。在限定性指标全部达到Ⅲ级水平的基础上，采用指标分级加权评价方法，计算行业清洁生产综合评价指数。根据综合评价指数，确定清洁生产等级。清洁生产综合评价指数的计算方法参见《清洁生产评价指标体系编制通则》（试行稿）附录D内容。

（5）清洁生产水平评价程序

① 收集相关行业清洁生产资料，包括：清洁生产技术导向目录、淘汰的落后生产工艺技术和产品的名录、清洁生产技术推行方案、清洁生产标准或选取和确定的清洁生产指标和二级指标数值。

如果有相关行业清洁生产标准，只需收集相关标准。否则，根据建设项目的实际情况，按照本书中清洁生产指标选取方法来确定项目的清洁生产指标。基本包括工艺装备要求、资源能源利用指标、产品指标、污染物产生指标、废物回收利用指标和环境管理要求。每一类指标所包括的各项指标要根据项目的实际需要慎重选择。在收集大量基础数据的基础上，确定清洁生产二级指标数值。

② 预测项目的清洁生产指标数值。根据建设项目工程分析结果，并结合对资源消耗、生产工艺、产品和废物的深入分析，确定出建设项目相应各类清洁生产指标数值。

③ 进行清洁生产指标评价。通过与同行业清洁生产标准的对比，评价建设项目的清洁生产指标。

④ 给出建设项目清洁生产评价的结论。

⑤ 提出建设项目的清洁生产方案或建议。在对建设项目进行清洁生产分析的基础上，确定存在的主要问题，并提出相应的解决方案或提出合理化的建议。

6. 确定审核重点

通过前面相关审核工作，已基本探明了企业现存的问题及薄弱环节，可从中确定出本轮审核的重点。审核重点的确定，应结合企业的实际综合考虑。本节内容主要适用于工艺复杂的大中型企业，对工艺简单、产品单一的中小企业，可不必经过备选审核重点阶段，而依据定性分析，直接确定审核重点。

（1）确定备选审核重点　首先根据所获得的信息，列出企业主要问题，从中选出若干问题或环节作为备选审核重点。企业生产通常由若干单元操作构成。单元操作指具有物料的输入、加工和输出功能的完成某一特定工艺过程的一个或多个工序或工艺设备。原则上，所有单元操作均可作为潜在的审核重点。根据调研结果，通盘考虑企业的财力、物力和人力等实际条件，选出若干车间、工段或单元操作作为备选审核重点。确定原则为：污染严重的环节或部位；消耗大的环节或部位；环境及公众压力大的环节或问题。其中有明显的清洁生产机会的应优先考虑作为备选审核重点。

备选审核重点的确定方法：将所收集的数据，进行整理、汇总和换算，并列表说明，以便为后续步骤"确定审核重点"服务。填写数据时，应注意：消耗及废弃物量应以各备选重点的月或年的总发生量统计，能耗一栏根据企业实际情况调整，可以是标煤、电、油等能源形式。

（2）确定审核重点　采用一定方法，把备选审核重点排序，从中确定本轮审核的重点。同时，也为今后的清洁生产审核提供优选名单。本轮审核重点的数量取决于企业的实际情况，一般一次选择一个审核重点。

确定审核重点的方法有以下两种。

① 简单比较。根据各备选重点的废弃物排放量和毒性及消耗等情况，进行对比、分析和讨论，通常将污染最严重、消耗最大、清洁生产机会最显明的部位定为本轮审核重点。

② 权重总和计分排序法。工艺复杂、产品品种和原材料多样的企业，往往难以通过定性比较确定出重点。此外，简单比较一般只能提供本轮审核的重点，难以为今后的清洁生产提供足够的依据。为提高决策的科学性和客观性，采用半定量方法进行分析。常用方法为权重总和计分排序法，简述如下。

根据我国清洁生产的实践及专家讨论结果，在筛选审核重点时，通常考虑下述几个因素，对各因素的重要程度，即权重值（W），可参照以下数值：

废弃物量 $W=10$，主要能源资源消耗 $W=7\sim9$，环保费用 $W=7\sim9$，市场发展（清洁生产）潜力 $W=5\sim7$，区域环境质量改善 $W=3\sim5$，车间积极性 $W=1\sim3$。

权重总和计分排序法注意事项：

① 权重值仅为一个范围，实际审核时每个因素必须确定一个数值，一旦确定，在整个审核过程中不得改动。

② 可根据企业实际情况增加废弃物毒性因素等。

③ 统计废弃物量时，应选取企业最主要的污染形式，而不是把水、气、渣累计起来。

④ 审核小组或有关专家，根据收集的信息，结合有关环保要求及企业发展规划，对每个备选重点，就上述各因素，按备选审核重点情况汇总表提供的数据或信息打分，分值（R）为 $1\sim10$，以最高者为满分（10分）。将打分与权重值相乘（RW），并求所有乘积之和 $[\sum(RW)]$，即为该备选重点总得分，再按总分排序，最高者即为本次审核重点，余者类推。

如某磷肥厂有三个车间为备选重点。厂方认为废水为其最重要污染形式，其数量依次为硫酸车间 1000t/a，磷肥车间 500t/a，聚合氯化铝车间 300t/a。因此，废弃物量硫酸车间最大，定为满分（10分），乘权重后为100；磷肥车间废弃物量是硫酸车间的 5/10，得分即为50；聚合氯化铝车间则为30，其余各项得分依次类推。把得分相加即为该车间的总分。

打分时应注意：严格根据数据打分，以避免随意性和倾向性，没有定量数据的项目，集体讨论后打分。

7. 清洁生产目标

只有设置定量化的硬性指标，才能使清洁生产真正落实，并能据此检验与考核，达到通过清洁生产预防污染的目的。清洁生产目标是针对审核重点的定量化、可操作、并有激励作用的指标。要求不仅有减污、降耗或节能的绝对量指标，还要有相对量指标，并与现状对照。清洁生产目标设置具有时限性，要分近期和远期，近期一般指到本轮审核基本结束并完成审核报告时为止。清洁生产目标设置依据：根据外部的环境管理要求，如达标排放、限期治理等；根据本企业历史最好水平；参照国内外同行业及类似规模、工艺或技术装备的厂家的水平。

8. 清洁生产重点审核

重点审核是企业清洁生产现场审核工作的第三阶段，即审核阶段。目的是通过审核重点的物料平衡，发现物料流失的环节，找出废弃物产生的原因，查找物料储运、生产运行、管理以及废弃物排放等方面存在的问题，寻找与国内外先进水平的差距，为清洁生产方案的产生提供依据。本阶段工作重点是实测输入输出物流，建立物料平衡，分析废弃物产生原因。

(1) 准备审核重点资料　收集审核重点及其相关工序或工段的有关资料，绘制工艺流程图。收集资料包括：

① 工艺资料。工艺流程图；工艺设计的物料、热量平衡数据；工艺操作手册和说明；设备技术规范和运行维护记录；管道系统布局图；车间内平面布置图。

② 原材料和产品及生产管理资料。产品的组成及月、年度产量表；物料消耗统计表；产品和原材料库存记录；原料进厂检验记录；能源费用；车间成本费用报告；生产进度表。

③ 废弃物资料。年度废弃物排放报告；废弃物（水、气、渣、能源）分析报告；废弃物管理、处理和处置费用；排污费；废弃物处理设施运行和维护费。

④ 国内外同行业资料。国内外同行业单位产品原辅料消耗情况（审核重点）；国内外同行业单位产品排污情况（审核重点）。列表与本企业情况比较。

现场调查补充与验证已有数据：不同操作周期的取样、化验；现场提问；现场考察、记录；追踪所有物流；建立产品、原料、添加剂及废弃物等物流的记录。

(2) 编制审核重点的工艺流程图　为了更充分和较全面地对审核重点进行实测和分析，首先应掌握审核重点的工艺过程和输入、输出物流情况。工艺流程图以图解的方式整理、标示工艺过程及进入和排出系统的物料、能源以及废物流的情况。

当审核重点包含较多的单元操作，而一张审核重点流程图难以反映各单元操作的具体情况时，应在审核重点工艺流程图的基础上，分别编制各单元操作的工艺流程图（标明进出单元操作的输入、输出物流）和功能说明表。

(3) 实测输入输出物流　为在审核阶段对审核重点做更深入更细致的物料平衡和废弃物产生原因分析，必须实测审核重点的输入、输出物流。

准备工作包括制订现场实测计划，确定监测项目、监测点，确定实测时间和周期以及校验监测仪器和计量器具。实时监测是应对审核重点全部的输入、输出物流进行实测。

(4) 汇总数据

① 汇总各单元操作数据。将现场实测的数据经过整理、换算，汇总在一张或几张表上。

② 建立物料平衡。建立物料平衡旨在准确地判断审核重点的废弃物流，定量地确定废

弃物的数量、成分以及去向，从而发现过去无组织排放或未被注意的物料流失，并为产生和研制清洁生产方案提供科学依据。

从理论上讲，物料平衡应满足以下公式：输入＝输出

（5）进行平衡测算　根据物料平衡原理和实测结果，考察输入、输出物流的总量和主要组分达到的平衡情况。一般来说，如果输入总量与输出总量之间的偏差在5％以内，则可以用物料平衡的结果进行随后的有关评估与分析，但对于贵重原料、有毒成分等的平衡偏差应更小或应满足行业要求；反之，则须检查造成较大偏差的原因，可能是实测数据不准或存在无组织物料排放等情况，这种情况下应重新实测或补充监测。

（6）编制物料平衡图　物料平衡图是针对审核重点编制的，即用图解的方式将预平衡测算结果标示出来。但在此之前须编制审核重点的物料流程图，即把各单元操作的输入、输出标在审核重点的工艺流程图上。

（7）阐述物料平衡结果　在实测输入、输出物流及物料平衡的基础上，寻找废弃物及其产生部位，阐述物料平衡结果，对审核重点的生产过程作出评估。主要内容包含物料平衡的偏差；实际原料利用率；物料流失部位（无组织排放）及其他废弃物产生环节和产生部位；废弃物（包括流失的物料）的种类、数量和所占比例以及对生产和环境的影响部位。

（8）分析废弃物产生原因　针对每一个物料流失和废弃物产生部位的每一种物料和废弃物进行分析，找出它们产生的原因。分析可从影响生产过程的八个方面来进行。最后根据以上审核问题，针对审核重点，根据废弃物产生原因分析，提出并实施无/低费方案。

三、清洁生产方案产生与筛选

清洁生产方案的产生和筛选是企业进行清洁生产审核现场工作的第四个阶段。本阶段的目的是通过方案的产生、筛选、研制，为下一阶段的可行性分析提供足够的中/高费清洁生产方案。本阶段的工作重点是根据审核阶段的结果，制定审核重点的清洁生产方案；在分类汇总基础上（包括已产生的非审核重点的清洁生产方案，主要是无/低费方案），经过筛选确定出2个以上中/高费方案供下一阶段进行可行性分析；同时对已实施的无/低费方案实施效果核定与汇总；为编写清洁生产审核报告做准备。

1. 产生方案

清洁生产方案的数量、质量和可实施性直接关系到企业清洁生产审核的成效，是审核过程的一个关键环节，因而应广泛发动群众征集、产生各类方案。

（1）广泛采集，创新思路　在全厂范围内利用各种渠道和多种形式，进行宣传动员，鼓励全体员工提出清洁生产方案或合理化建议。通过实例教育，克服思想障碍，制定奖励措施以鼓励创造性思想和方案的产生。

（2）根据物料平衡和针对废弃物产生原因分析产生方案　建立物料平衡和针对废弃物产生原因分析的目的就是要为清洁生产方案的产生提供依据。因而方案的产生要紧密结合这些结果，只有这样才能使所产生的方案具有针对性。

（3）广泛收集国内外同行业先进技术　类比是产生方案的一种快捷、有效的方法。应组织工程技术人员广泛收集国内外同行业的先进技术，并以此为基础，结合本企业的实际情况，制定清洁生产方案。

（4）组织咨询小组进行技术咨询　当企业利用本身的力量难以完成某些方案的产生时，

可以借助于外部力量，组织咨询小组进行技术咨询，这对启发思路、畅通信息将会很有帮助。

（5）全面系统地产生方案　清洁生产涉及企业生产和管理的各个方面，虽然物料平衡和废弃物产生原因分析将大大有助于方案的产生，但是在其他方面可能也存在着一些清洁生产机会，因而可从影响生产过程的8个方面全面系统地产生方案。方案从以下几个方面产生：

① 在全厂范围内进行宣传动员，鼓励全体员工提出清洁生产方案或合理化建议；

② 针对物料收集国内外同行业的先进技术；

③ 组织行业专家进行技术咨询；

④ 从影响生产过程的8个方面全面系统地产生方案。

2. 分类汇总方案

对所有的清洁生产方案，不论已实施的还是未实施的，不论是属于审核重点的还是不属于审核重点的，均按原辅材料和能源替代、技术工艺改造、设备维护和更新、过程优化控制、产品更换或改进、废弃物回收利用和循环使用、加强管理、员工素质的提高以及积极性的机理等8个方面列表简述其原理和实施后的预期效果。

这些清洁生产方案投资不同，效益也不同。一般情况下，企业不可能同时实施所有这些方案。为此，审核小组成员还要对这些方案的投资大小和实施难易程度初步进行分类，可分为：

（1）无/低费方案　明显的、简单易行、经济合理的废物削减方案。这类方案主要是针对管理方面的问题，可以通过加强生产管理、资源节约、设备维修及注意储运过程中的物料损失等来实现。这些方案一般不需要很多投资，省时间，见效快。而且无/低费方案从预审核阶段开始可以持续发现并实施，可以很快获得明显的经济和环境效益。此类方案投资一般在5万元以下。

（2）中费方案　相对比较复杂，需要一定投资的废弃物削减方案，如设备革新、工艺过程某个环节的技术改造、工艺过程优化、增加某些辅助设备和资源综合利用等。这类方案通常是对生产工艺过程中的局部环节进行改造，需要一定的时间和投资才能完成。一般投资为5万～50万元。

（3）高费方案　需要较高的投资和较长时间才能完成的方案，如重点或关键设备的购置、整个生产工艺改造、原材料和催化剂替代或改变产品等。这类方案投资高，涉及范围较大，一般投资在50万元以上，投资返还期较长，所以必须要进行技术、环境、经济可行性分析后再做决定。

3. 筛选方案

在进行方案筛选时可采用两种方法，一种是简单筛选法，从而分析出可行的无/低费方案、初步可行的中/高费方案和不可行方案三大类。其中可行的无/低费方案可立即实施；初步可行的中/高费方案供下一步进行研制和进一步筛选；不可行的方案则搁置或否定。另一种是权重总和计分排序法。

（1）确定初步筛选因素　初步筛选因素可考虑技术可行性、环境可行性、经济可行性、可实施性以及对生产和产品的影响程度等几个方面。

① 技术可行性。主要是考该方案的成熟程度，例如是否已在企业内部其他部门采用过

或同行业其他企业采用过，以及采用的条件是否基本一致等。

② 环境可行性。主要考虑该方案是否可以减少废弃物的数量和毒性，是否能改善工人的操作环境等。

③ 经济可行性。主要考虑投资和运行费用能否承担得起，是否有经济效益，能否减少废弃物的处理处置费用等。

④ 可实施性。主要考虑是否在现有的场地、公用设施、技术人员等条件下即可实施或稍作改进即可实施，实施的时间长短等。

⑤ 对生产和产品的影响程度。主要考虑方案在实施过程中对企业正常生产的影响程度以及方案实施后对产量、质量的影响。

（2）进行初步筛选　　在进行方案的初步筛选时，可采用简易筛选方法，即组织企业领导和工程技术人员进行讨论来决策。方案的简易筛选方法基本步骤如下：

① 第一步，参照前述筛选因素的确定方法，结合本企业的实际情况确定筛选因素。

② 第二步，确定每个方案与这些筛选因素之间的关系，若是正面影响关系则打"√"，若是反面影响关系则打"×"；审核过程中一般仅对中/高费方案进行初步筛选。

③ 第三步，综合评价，得出结论，为下一阶段的可行性分析提供足够的中/高费清洁生产方案。

通过筛选，从技术、环境、经济和实施难易程度等方面将所有方案分为可行的无/低费方案、可行的中/高费方案和不可行方案三类；可行的无/低费方案立即实施，不可行方案暂时搁置或否定；当方案数较多时，运用权重总和记分排序法，对初步可行的中/高费方案进行进一步筛选和排序；需筛选出 3～5 个中/高费方案进行下一步的可行性分析。

其中，权重总和计分排序法与确定审核重点时的方法相同，其权重因素与权重值（W）可参照如下规定：

① 环境可行性。权重值 $W=8～10$。主要考虑是否减少对环境有害物质的排放量及其毒性；是否减少了对工人安全和健康的危害；是否能够达到环境标准等。

② 经济可行性。权重值 $W=7～10$。主要考虑费用效益比是否合理。

③ 技术可行性。权重值 $W=6～8$。主要考虑技术是否成熟、先进；能否找到有经验的技术人员；国内外同行业是否有成功的先例；是否易于操作、维护等。

④ 可实施性。权重值 $W=4～6$。主要考虑方案实施过程中对生产的影响大小；施工难度，施工周期；工人是否易于接受等。

4. 研制方案

经过筛选得出的初步可行的中/高费清洁生产方案，因为投资额较大，且一般对生产工艺过程有一定程度的影响，因而需要进一步研制，主要是进行一些工程化分析，从而提供 2 个以上方案供下一阶段做可行性分析。

（1）研制内容　　方案的研制内容包括以下四个方面：方案的工艺流程详图；方案的主要设备清单；方案的费用和效益估算；编写方案说明。

对每一个初步可行的中/高费清洁生产方案均应编写方案说明，主要包括技术原理、主要设备、主要的技术及经济指标、可能的环境影响等。

（2）原则　　一般来说，对筛选出来的每一个中/高费方案进行研制和细化时都应考虑以下几个原则。

① 系统性。考察每个单元操作在一个新的生产工艺流程中所处的层次、地位和作用，以及与其他单元操作的关系，从而确定新方案对其他生产过程的影响，并综合考虑经济效益和环境效益。

② 闭合性。尽量使工艺流程对生产过程中的载体例如水、溶剂等实现闭路循环。

③ 无害性。清洁生产工艺应该是无害（或至少是少害）的生态工艺，要求不污染（或轻污染）空气、水体和地表土壤；不危害操作工人和附近居民的健康；不损坏风景区、休憩地的美学价值；生产的产品要提高其环保性，使用可降解原材料和包装材料。

④ 合理性。合理性旨在合理利用原料，优化产品的设计和结构，降低能耗和物耗，减少劳动量和降低劳动强度等。

5. 可行性分析

可行性分析是企业进行清洁生产审核工作的第五个阶段。本阶段的目的是对筛选出来的中/高费清洁生产方案进行分析和评估，以选择最佳的、可实施的清洁生产方案。本阶段工作重点是，在结合市场调查和收集一定资料的基础上，进行方案的技术、环境、经济的可行性分析和比较，从中选择和推荐最佳的可行方案。

最佳的可行方案是指该项投资方案在技术上先进适用、在经济上合理有利且能保护环境的最优方案。

（1）进行市场调查　清洁生产方案涉及以下情况时，需首先进行市场调查，为方案的技术与经济可行性分析奠定基础：拟对产品结构进行调整；有新的产品（或副产品）产生；将得到用于其他生产过程的原材料。

① 调查市场需求。国内同类产品的价格、市场总需求量；当前同类产品的总供应量；产品进入国际市场的能力；产品的销售对象（地区或部门）；市场对产品的改进意见。

② 预测市场需求。国内市场发展趋势预测；国际市场发展趋势分析；产品开发、生产、销售周期与市场发展的关系。

③ 确定方案的技术途径。通过市场调查和市场需求预测，对原来方案中的技术途径和生产规模可能会做相应调整。在进行技术、环境、经济评估之前，要最后确定方案的技术途径。每一方案中应包括 2～3 种不同的技术途径，以供选择，其内容应包括以下几个方面：方案技术工艺流程详图；方案实施途径及要点；主要设备清单及配套设施要求；方案所达到的技术经济指标；可产生的环境、经济效益预测；方案的投资总费用。

（2）进行技术评估　技术评估的目的是研究项目在预定条件下，为达到投资目的而采用的工程是否可行。技术评估应着重评价以下几方面：

① 方案设计中采用的工艺路线、技术设备在经济合理的条件下的先进性、适用性；

② 与国家有关的技术政策和能源政策的相符性；

③ 技术引进或设备进口要符合我国国情，引进技术后要有消化吸收能力；

④ 资源的利用率和技术途径合理；

⑤ 技术设备操作上安全、可靠；

⑥ 技术成熟（例如，国内有实施的先例）。

（3）进行环境评估　任何一种清洁生产方案都应有显著的环境效益，环境评估是方案可行性分析的核心。环境评估应包括以下内容：资源的消耗与资源可永续利用要求的关系；生产中废弃物排放量的变化；污染物组分的毒性及其降解情况；污染物的二次污染；操作环境对人员健康的影响；废弃物的复用、循环利用和再生回收。

（4）进行经济评估　本阶段所指的经济评估是从企业的角度，按照国内现行市场价格，计算出方案实施后在财务上的获利能力和清偿能力。

经济评估的基本目的是要说明资源利用的优势。它是以项目投资所能产生的效益为评价内容，通过分析比较，选择效益最佳的方案，为投资决策提供依据。

清洁生产的经济效益既有直接的经济效益也有间接的经济效益，要完善清洁生产经济效益的统计方法，独立建账，明细分类。清洁生产的经济效益包括以下几方面的收益：

① 由于产量增加、质量提高、价格提高的收入增加额及专利财政收入；

② 原材料消耗、动力和燃料费用、工资和维修费用的总运行费用的减少（增加）额；

③ 其他费用减少（增加）额；

④ 废物处理处置费用的减少（增加）额；

⑤ 销售收入的增加（减少）额等。

经济评估主要采用现金流量分析和财务动态获利性分析方法。主要经济评估指标为：建设投资，含固定资产、无形资产、开办费和不可预计费；建设期利息；流动资金。

经济评估指标及其计算：

① 总投资费用（I）　总投资费用（I）＝总投资－补贴

② 年净现金流量（F）。从企业角度出发，企业的经营成本、工商税和其他税金以及利息支付都是现金流出。销售收入是现金流入，企业从建设总投资中提取的折旧费可由企业用于偿还贷款，故也是企业现金流入的一部分。净现金流量是现金流入和现金流出之差额，年净现金流量就是一年内现金流入和现金流出的代数和。

年净现金流量（F）＝销售收入－经营成本－各类税＋年折旧费＝年净利润＋年折旧费

③ 投资偿还期（N）。这个指标是指项目投产后，以项目获得的年净现金流量来回收项目建设总投资所需的年限。可用下列公式计算：$N = \dfrac{1}{F}$（年）。其判断准则为：$N <$ 基准年限（视具体项目而定）时，项目方案可接受。

投资偿还期（N）应小于定额投资偿还期（视项目不同而定）。定额投资偿还期一般是由各个工业部门结合企业生产特点，在总结过去建设经验统计资料的基础上，统一确定的回收期限，有的也是根据贷款条件而定。一般：中费项目 $N < 2 \sim 3$ 年，较高费项目 $N < 5$ 年，高费项目 $N < 10$ 年。投资偿还期小于定额偿还期，项目投资方案可接受。

④ 净现值（NPV）。净现值是指在项目经济寿命期内（或折旧年限内）将每年的净现金流量按规定的贴现率折现到计算期初的基年（一般为投资期初）现值之和。净现值是动态获利性分析指标之一。其计算公式为：

$$\text{NPV} = \sum_{j=1}^{n} \frac{F}{(1+i)^j} - I \tag{15-12}$$

式中　i——贴现率；

　　　n——项目寿命周期（或折旧年限）；

　　　j——年份。

判断准则：

单一方案：NPV>0，项目方案可接受；

　　　　　NPV$\leqslant 0$，项目方案被拒绝。

多方案：净现值最大准则。

⑤净现值率（NPVR）。如果两个项目投资方案的净现值相同，而投资额不同时，则应以单位投资能得到的净现值进行比较，即以净现值率进行选择确定。

净现值和净现值率均是按规定的贴现率进行计算确定的，它们还不能体现出项目本身内在的实际投资收益率。因此，还需采用内部收益率指标来判断项目的真实收益水平。

⑥内部收益率（IRR）。项目的内部收益率（IRR）是指在整个经济寿命期内（或折旧年限内）累计逐年现金流入的总额等于现金流出的总额，即投资项目在计算期内，使净现值为零的贴现率。可按下式计算：

计算内部收益率（IRR）的简易方法可用试差法：

$$IRR = i_1 + \frac{NPV_1(i_1 - i_2)}{NPV_1 + |NPV_2|} \tag{15-13}$$

式中 i_1——当净现值 NPV_1 为接近于零的正值时的贴现率；

             i_2——当净现值 NPV_1 为接近于零的负值时的贴现率；与 i_1 相差 $\leqslant 2\%$；

NPV_1，NPV_2——贴现率为 i_1 和 i_2 时的净现值。

判断准则：

单一方案：$IRR \geqslant i_c$，项目可接受；

               $IRR < i_c$，项目被拒绝；

多方案：选择 IRR 最大者（其中，i_c 为基准收益率、行业收益率或银行贷款利率）。

内部收益率（IRR）应大于基准收益率或银行贷款利率：$IRR \geqslant i_c$。内部收益率（IRR）是项目投资的最高盈利率，也是项目投资所能支付贷款的最高临界利率，如果贷款利率高于内部收益率，则项目投资就会造成亏损。因此，内部收益率反映了实际投资效益，可用以确定能接受投资方案的最低条件。

汇总列表比较各投资方案的技术、环境、经济评估结果，确定最佳可行的推荐方案。

四、HSE 过程管理与清洁生产

HSE 过程管理实际为 HSE 体系的实施与运行，除清洁生产要素外，还包括设施完整性、顾客和产品、作业许可、职业健康、运行控制等内容。从 HSE 体系实际运行和清洁生产现场审核情况看，二者实际上为统一内容。

1. 设施完整性

设施完整性是指组织应建立、实施和保持程序，以确保对设备设施的设计、建造、采购、安装、操作、维修维护和检查等达到规定的准则要求。其中主要内容有工艺安全，质量合格、设计符合要求的设备设施；设备设施的设计、选用、安装、投用投产、操作、检测、维修、变更等运行过程与设施完整性有关的信息进行审查、整理、传递和保存，对设计、建设、运行、维修过程中与准则之间的偏差，组织应当进行评审，找出偏差的原因。

以上内容，实质是强调设备、工艺的先进性，工艺、设备的完整性和安全性，如果存在问题，如落后的工艺设备，没及时维修保养，应进行整改完善。可以看出，与清洁生产审核中的设备工艺审核要求一致。

2. 顾客与产品

顾客与产品是指组织应识别、确定并满足顾客健康、安全与环境方面的需求。对产品的生产、运输、储存、销售、使用和废弃处理过程中的健康、安全与环境风险和影响应进行评估和管理。组织应对化学品进行分类，建立档案，提供与产品相关的健康、安全与环境信息资料（如化学品安全技术说明书和安全标签）。

以上内容，强调产品的合格率和废弃物产生、处理处置合理合法，不能对周边环境造成较大影响，与清洁生产审核的产品和废弃物理念一致。

3. 作业许可

作业许可是指组织应建立、实施和保持作业许可程序，规定作业许可类型以及作业许可的申请、批准、实施、变更与关闭，对动火作业、受限空间内作业、临时用电作业、高处作业等危险性较高的作业活动实施作业许可管理，通过执行作业许可程序控制关键活动和任务的风险和影响。作业许可内容应包括风险分析（如工作前安全分析）、风险控制措施（如能量隔离等）和应急措施，以及作业人员的资格和能力、监督监护、审批及授权等。

由上可知，作业许可强调生产过程中的员工素养和过程控制，确保生产过程中各项参数处于正常状态，不能对外环境带来不利影响。与清洁生产现场审核中的员工、过程控制内容一致。

4. 职业健康

职业健康是指组织应建立、实施和保持程序，为工作场所的人员提供符合职业健康要求的工作环境和条件，配备与职业健康保护相适应的设施、工具，定期对作业场所存在的职业危害进行检测，在检测点设置标识牌予以告知。对可能发生急性职业危害的有毒、有害工作场所，应采取应急准备和应急响应措施。组织应对工作场所的人员进行职业危害告知，并在存在严重职业危害的作业岗位现场设置职业危害警示和警示说明。组织应按法规要求进行职业危害因素申报。

根据以上内容，职业健康强调员工素养和管理、知识安全和职业卫生，与清洁生产中现场审核的员工、管理要求一致。

5. 运行控制

运行控制是指组织应确定那些与已辨识的、需实施必要控制措施的风险相关的运行和活动任务，并且不同职能和层次的管理者应当针对这些活动任务进行策划，确保其在相应程序和工作指南规定的条件下执行。其主要活动任务中的控制措施、风险防范、工作程序和工作指南（如操作规程、作业指导书等），以及规定的运行准则，都体现了清洁生产中的工程控制要求。

其他过程管理要素也在不同程度上体现了清洁生产审核的相关思想，因此，HSE体系过程管理理念与清洁生产现场审核方法论理念和目的基本一致。

五、HSE内部评审与清洁生产

HSE内部评审也称内部审核，即组织应确保按照计划的间隔对健康、安全与环境管理体系进行内部审核，以便确定健康、安全与环境管理体系是否符合健康、安全与环境管理工作的策划安排，包括满足本标准的要求；是否得到了正确的实施和保持；是否有效地满足组织的方针和目标；并应向管理者报告审核的结果。同时组织应基于组织活动、产品和任务的风险和影响以及以前的审核结果，策划、制定、实施和保持审核方案；组织应建立、实施和保持审核程序，以明确策划和实施审核、报告审核结果和保存相关记录的职责、能力和要求；审核的准则、范围、频次、方法和能力要求；审核流程，包括审核准备、现场审核实施、跟踪验证等审核后续管理；审核员的选择和审核的实施应确保审核过程的客观性和公正性。

本内容可理解为，企业 HSE 体系是相关程序和制度在一定时间内的运行过程，运行采取 PDCA 循环模式，其运行结果应与企业设定的方针、目标、绩效一致，且应通过内部评审确认，如有偏差，应制定方案予以校正改进，确保企业 HSE 体系及生产的有效运行。

清洁生产现场审核也是在一定时间内将清洁生产的方法论与企业生产一起运行的过程，其运行结果应与预审核极端设定的清洁生产目标一致，如有偏差，也应进行校正和改进。因此，在企业开展 HSE 体系内部评审与实施清洁生产现场审核，都是确保企业各方面的改进和提高，目的和意义一致。

◆ 任务分析与处理

清洁生产现场审核包括预审核、审核、方案的产生与筛选和可行性分析四个阶段。是清洁生产审核的核心，其中预审核阶段是清洁生产现场审核的关键。

预审核包括企业基本情况调研和清洁生产现场审核，现场审核从清洁生产八个方面对企业进行全面分析，找到企业污染产生的地点（环节）和原因，并提出清洁生产方案；同时，确定企业清洁生产审核重点，对比国家相关标准和清洁生产指标体系，判断企业清洁生产水平状况，确定本轮清洁生产目标。

审核阶段是通过进一步对审核重点的分析，继续查找企业存在的清洁生产问题，提出审核重点的清洁生产方案。

方案的产生与筛选是通过对产生的方案汇总，根据一定的原则，划定无/低费、中/高费方案，并对中/高费方案进行研制。

可行性分析是根据企业特点，分析产生的中/高费方案的技术、环境和经济的可行性，最终确定技术、环境和经济可行的清洁生产中/高费方案。

清洁生产现场审核过程中，应时刻与本企业运行的 HSE 管理体系衔接，将清洁生产审核工作纳入 HSE 管理体系的过程管理和内部评审之中。

因此，根据任务要求，A 企业清洁生产现场审核时，按顺序要开展如下审核工作：

（1）制定详细的清洁生产资料收集清单，确保充分了解企业的基本情况；

（2）制订详细的现场审核计划，详细审核原辅材料、生产工艺过程及产品情况，发现清洁生产问题、原因，提出解决办法（即清洁生产方案）；

（3）查找和分析企业审核重点，解决企业本轮清洁生产主要问题；

（4）开展企业清洁生产水平分析和产业政策分析，得出企业在同行业中的清洁生产水平状况；

（5）根据前面内容，提出企业本轮切实可行的清洁生产目标；

（6）通过对审核重点考察和深入分析，查找审核重点清洁生产问题的原因，提出对应的清洁生产方案；

（7）对方案进行汇总，划定无/低费、中/高费方案，并对中/高费方案进行研制；

（8）对中/高费方案进行技术、环境和经济的可行性分析；

（9）审核过程，将清洁生产理念友好地融入企业运行的 HSE 管理体系中；

（10）企业 HSE 内部评审过程中，将清洁生产完成的绩效（即清洁生产目标）作为内部评审指标，用以考核企业清洁生产审核和 HSE 体系运行效果。

能力拓展

某 A 生产企业完成了清洁生产审核准备工作，准备开始清洁生产审核正式工作。其公司生产情况见二维码 15-4。根据以上内容，完成如下现场审核工作：

（1）制定一个清洁生产资料收集清单。

（2）制定一个清洁生产现场审核方案。

（3）原辅材料和能源存在哪些清洁生产问题，你认为应如何解决？

（4）设备和工艺技术存在哪些问题，你认为应如何解决？

（5）企业生产工艺过程存在哪些问题，如何解决？

二维码15-4

某公司生产情况

（6）水资源消耗存在哪些问题？请按上述内容，建立本企业的水平衡图。

（7）按废气、废水、固废和噪声列举企业产排污节点；查找企业环保方面的清洁生产问题。

（8）你认为企业的备选重点为哪几个车间，并按此确定本企业的清洁生产审核重点。

（9）画出审核重点工艺图。

（10）假设审核重点为氯化钠车间，其物料输入和输出数据见二维码 15-4 的氯酸钠生产系统物料平衡表，请建立其的物料流程及平衡图；并进行物料平衡分析，通过分析，查找审核重点存在的清洁生产问题，提出对应的清洁生产方案。

（11）本企业为化工行业，国家至今没有清洁生产标准和清洁生产评价指标体系，请按照《清洁生产评价指标体系编制通则》自行制定一个适合本企业的《清洁生产评价指标体系》，并对企业进行清洁生产水平评价。

（12）按照《清洁生产评价指标体系编制通则》的六个方面，制定本企业清洁生产审核目标。

（13）汇总产生的清洁生产方案，并进行无/低费、中/高费的分类。

（14）自行设置产生的中/高费方案的成本和效益，进行中/高费方案的技术、环境和经济的可行性分析。

第四节　持续审核

知识目标

（1）掌握清洁生产方案实施的要求和内容；

（2）掌握如何归纳清洁生产实施效果；

（3）学会在 HSE 体系运行中如何考核清洁生产审核的成果；

（4）学会如何在企业中共同推进清洁生产和 HSE 体系。

任务简述

　　前面已完成了清洁生产审核准备和现场审核工作，产生了多项无/低费、中/高费方案，假如你是公司的管理人员，这些方案涉及资金、人力、物力等问题，你认为应如何确保产生的清洁生产方案得以实施？并如何估算和统计其经济、环境和社会效益？其效益如何纳入运行的 HSE 体系中？

知识准备

一、清洁生产方案实施与效果

1. 清洁生产方案实施

　　推荐方案经过可行性分析，在具体实施前还需要周密准备。

　　（1）统筹规划　需要筹划的内容有：筹措资金；设计；征地、现场开发；申请施工许可；兴建厂房；设备选型、调研、设计、加工或订货；落实配套公共设施；设备安装；组织操作、维修、管理班子；制定各项规程；人员培训；原辅料准备；应急计划（突发情况或障碍）；施工与企业正常生产的协调；运行与验收；正常运行与生产。统筹规划时建议采用甘特图形式制定实施进度表。

　　（2）筹措资金　资金的来源有两个渠道，即企业内部自筹资金和企业外部资金。企业内部自筹资金包括两个部分：一是现有资金；二是通过实施清洁生产无/低费方案，逐步积累资金，为实施中/高费方案做好准备。企业外部资金包括：国内借贷资金，如国内银行贷款等；国外借贷资金，如世界银行贷款等；其他资金来源，如国际合作项目赠款、环保资金返回款、政府财政专项拨款、发行股票和债券融资等。

　　（3）实施方案　推荐方案的立项、设计、施工、验收等，按照国家、地方或部门的有关规定执行。无/低费方案的实施过程也要符合企业的管理和项目的组织、实施程序。

2. 清洁生产方案实施效果

　　（1）汇总已实施的无/低费方案的成果　已实施的无/低费方案的成果有两个主要方面：环境效益和经济效益。

　　通过调研、实测和计算，分别对比各项环境指标，包括物耗、水耗、电耗等资源消耗指标以及废水量、废气量、固废量等废弃物产生指标在方案实施前后的变化，从而获得无/低费方案实施后的环境效益；分别对比产值、原材料费用、能源费用、公共设施费用、水费、污染控制费用、维修费、税金以及净利润等经济指标在方案实施前后的变化，从而获得无/低费方案实施后的经济效益，最后对本轮清洁生产审核中无/低费方案的实施情况做一阶段性总结。

　　（2）评价已实施的中/高费方案的成果　对已实施的中/高费方案成果，进行技术、环境、经济和综合评价。

　　① 技术评价。主要评价各项技术指标是否达到原设计要求，若没有达到要求，如何改进等。

② 环境评价。主要对中/高费方案实施前后各项环境指标进行追踪并与方案的设计值相比较，考察方案的环境效益以及企业环境的改善。通过方案实施前后的数字，可以获得方案的环境效益，又通过方案的设计值与方案实施后的实际值的对比，即方案理论值与实际值进行对比，可以分析两者差距，相应地可对方案进行完善。

③ 经济评价。是评价中/高费清洁生产方案实施效果的重要手段。分别对比产值、原材料费用、能源费用、公共设施费用、水费、污染控制费用、维修费、税金以及净利润等经济指标在方案实施前后的变化，以及实际值与设计值的差距，从而获得中/高费方案实施后所产生的经济效益情况。

④ 综合评价。主要是通过对每一中/高费清洁生产方案进行技术、环境、经济三方面的分别评价，可以对已实施的各个方案成功与否做出综合、全面的评价结论。

（3）分析总结已实施方案对企业的影响　无/低费和中/高费清洁生产方案经过征集、设计、实施等环节，使企业面貌有了改观，有必要进行阶段性总结，以巩固清洁生产成果。

将已实施的无/低费和中/高费清洁生产方案成果汇总成表，内容包括实施时间、投资运行费、经济效益和环境效果，并进行分析。

对比各项单位产品指标。虽然可以定性地从技术工艺水平、过程控制水平、企业管理水平、员工素质等众多方面考察清洁生产带给企业的变化，但最有说服力、最能体现清洁生产效益的是考察审核前后企业各项单位产品指标的变化情况。

通过定性、定量分析，企业可以从中体会清洁生产的优势，总结经验以利于在企业内推行清洁生产；另一方面也要利用以上方法，从定性、定量两方面与国内外同类型企业的先进水平进行对比，寻找差距，分析原因，以利改进，从而在深层次上寻求清洁生产机会。

（4）宣传清洁生产成果　在总结已实施的无/低费和中/高费方案清洁生产成果的基础上，组织宣传材料，在企业内广为宣传，为继续推行清洁生产打好基础。

二、持续清洁生产审核

持续清洁生产是企业清洁生产审核的最后一个阶段。目的是使清洁生产工作在企业内长期、持续地推行下去。本阶段工作重点是建立推行和管理清洁生产工作的组织机构、建立促进实施清洁生产的管理制度、制订持续清洁生产计划以及编写清洁生产审核报告。

1. 建立和完善清洁生产组织

清洁生产是一个动态的、相对的概念，是一个连续的过程，因而须有一个固定的机构、稳定的工作人员来组织和协调这方面的工作，以巩固已取得的清洁生产成果，并使清洁生产工作持续地开展下去。

（1）明确任务　企业清洁生产组织机构的任务有以下四个方面：组织协调并监督实施本次审核提出的清洁生产方案；经常性地组织对企业职工的清洁生产教育和培训；选择下一轮清洁生产审核重点，并启动新的清洁生产审核；负责清洁生产活动的日常管理。

（2）落实归属　清洁生产机构要想起到应有的作用，及时完成任务，必须落实其归属问题。企业的规模、类型和现有机构等千差万别，因而清洁生产机构的归属也有多种形式，各企业可根据自身的实际情况具体掌握。可考虑以下几种形式：单独设立清洁生产办公室，直接归属厂长领导；在环保部门中设立清洁生产机构；在管理部门或技术部门中设立清洁生产机构。

不论是以何种形式设立的清洁生产机构，企业的高层领导要有专人直接领导该机构的工作，因为清洁生产涉及生产、环保、技术、管理等各个部门，必须有高层领导的协调才能有效地开展工作。

（3）确定专人负责　为避免清洁生产机构流于形式，确定专人负责是很有必要的，该职员须具备以下能力：熟练掌握清洁生产审核知识，熟悉企业的环保情况，了解企业的生产和技术情况，有较强的工作协调能力，有较强的工作责任心和敬业精神。

2. 建立和完善清洁生产管理制度

清洁生产管理制度包括把审核成果纳入企业的日常管理轨道、建立和完善清洁生产激励机制和保证稳定的清洁生产资金来源。

（1）把审核成果纳入企业的日常管理轨道　把清洁生产的审核成果及时纳入企业的日常管理轨道，是巩固清洁生产成效、防止走过场的重要手段，特别是通过清洁生产审核产生的一些无/低费方案，如何使它们形成制度显得尤为重要。

① 把清洁生产审核提出的加强管理的措施文件化，形成制度；

② 把清洁生产审核提出的岗位操作改进措施写入岗位的操作规程中，并要求严格遵照执行；

③ 把清洁生产审核提出的工艺过程控制的改进措施写入企业的技术规范中。

（2）建立和完善清洁生产激励机制　在奖金和工资分配、提升、降级、上岗、下岗、表彰、批评等诸多方面，充分与清洁生产挂钩，建立清洁生产激励机制，以调动全体职工参与清洁生产的积极性。

（3）保证稳定的清洁生产资金来源　清洁生产的资金来源可以有多种渠道，例如贷款、集资等，但是清洁生产管理制度的一项重要作用是保证实施清洁生产所产生的经济效益全部或部分地用于清洁生产和清洁生产审核，以持续滚动地推进清洁生产。建议企业财务对清洁生产的投资和效益单独建账。

3. 制订持续清洁生产计划

清洁生产并非一朝一夕就可完成，因而应制订持续清洁生产计划，使清洁生产有组织、有计划地在企业中进行下去。持续清洁生产计划应包括：

（1）清洁生产审核工作计划：指下一轮的清洁生产审核。新一轮清洁生产审核的起动并非一定要等到本轮审核的所有方案都实施以后才进行，只要大部分可行的无/低费方案得到实施，取得初步的清洁生产成效，并在总结已取得的清洁生产经验的基础上，即可开始新的一轮审核。

（2）清洁生产方案的实施计划：指经本轮审核提出的可行的无/低费方案和通过可行性分析的中/高费方案。

（3）清洁生产新技术的研究与开发计划：根据本轮审核发现的问题，研究与开发新的清洁生产技术。

（4）企业职工的清洁生产培训计划。

三、HSE 体系绩效评估与清洁生产

1. 清洁生产审核成果

企业通过清洁生产审核，会取得一定的成效，具体成效有如下几个方面。

① 确定了领导的支持和承诺；

② 成立了专门的审核机构，如审核领导小组、工作小组和咨询小组；

③ 找到了企业存在的问题，即原辅材料和能源、管理、设备、技术工艺、员工素养、过程控制、产品、废弃物八个方面的问题；

④ 提出了解决问题的无/低费方案、中/高费方案，并加以实施；

⑤ 针对企业问题和现状，提出和实现了企业一段时间内的清洁生产目标；

⑥ 取得了一定的社会效益、环境效益和经济效益。

2. HSE 体系绩效评估

HSE 体系运行的绩效是在强调通过健康、安全与环境初始评审，明确现有健康、安全与环境状况以及确定改进的机会，并通过对其健康、安全与环境进行管理所取得的可测量的结果。

HSE 体系绩效评估是指在健康、安全与环境管理体系背景下，根据组织的健康、安全与环境方针，健康、安全与环境目标指标，以及其他绩效要求测量出来的绩效结果。

本质意义上，在同一企业，其 HSE 体系绩效包含清洁生产审核成果，还包括企业 HSE 管理体系方针、原则的有效性，管理目标、方案及组织活动实施过程中与国家法律法规的符合性。因此，清洁生产审核成果为 HSE 体系管理绩效评估的部分内容。

四、HSE 体系持续运行与清洁生产

HSE 体系运行采用 PDCA 模式，体现了持续改进的理念，通过内部评审实现持续运行的目的。如果 HSE 体系运行时间与清洁生产审核时间同步，将能使 HSE 体系和清洁生产审核效果发挥到最佳。

◆ 任务分析与处理

清洁生产方案的实施是通过推荐方案（经分析可行的中/高费最佳可行方案）的实施，使企业实现技术进步，获得显著的经济和环境效益；通过评估已实施的清洁生产方案成果，激励企业不断推行清洁生产。

因此，需通过企业自筹和政府支持的方式筹集资金，征用企业相关设备设施，确定每个方案实施负责人和实施计划，确保清洁生产方案的有效实施；评估每项清洁生产方案对企业带来的效果，统计所有方案产生的经济效益、环境效益和社会效益，并将所有方案的效果纳入运行的 HSE 体系的绩效考核中；与 HSE 体系 PDCA 运行模式一道，制订下一轮清洁生产审核计划，继续推进清洁生产审核工作。

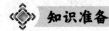

（1）根据第三节"能力拓展"中的案例产生的清洁生产方案，请制订1~2个中/高费方案的实施计划，自行编制和汇总每个方案的经济效益、环境效益、社会效益。

（2）制定一个持续清洁生产领导机构成员表。

（3）确定5~8个清洁生产考核目标，并纳入运行的 HSE 体系的绩效考核目标中。

第五节　建立企业清洁生产制度

知识目标

（1）掌握清洁生产审核管理制度的内容；

（2）掌握 HSE 体系管理程序的内容；

（3）学会如何建立企业清洁生产审核及 HSE 管理融合制度；

（4）学会如何在企业中共同推进清洁生产和 HSE 体系。

任务简述

你认为企业 HSE 体系制度和清洁生产审核制度有哪些？在企业制度层面上，如何将两种制度有效融合？

知识准备

一、企业清洁生产审核管理制度

根据《清洁生产促进法》，企业清洁生产审核是国家的一项法律制度。因此，企业应建立健全清洁生产审核制度。内容包括：

① 企业是清洁生产审核的主体，企业承担实施清洁生产的责任。

② 企业需按国家要求开展强制性和自愿性清洁生产审核工作。

③ 企业应建立清洁生产审核相关制度。包括清洁生产审核运行制度、清洁生产审核组织机构制度、清洁生产审核计划、清洁生产审核培训和宣传制度、清洁生产审核财务管理制度、清洁生产审核资料统计制度、清洁生产审核奖惩制度、清洁生产审核项目管理制度、持续清洁生产审核制度等。

二、企业 HSE 体系管理制度

企业 HSE 体系管理制度即为 HSE 体系中的管理程序，按体系要素，主要包括29个管理程序，详见第一篇内容。针对不同企业，以上制度或程序在建立和实施 HSE 体系过程中不断完善。

三、企业清洁生产审核及 HSE 管理融合制度的建立

在当今社会发展和企业生产过程中，清洁生产审核制度和 HSE 体系作业程序都是企业的长期性、持续性的工作和管理制度，二者缺一不可。为了更好地发挥二者的作用，减少二者在生产过程中的程序冲突和重复，有必要将二者的相关制度进行有机融合，制定出符合企业生产和管理的切实可行的统一制度。

1. 融合的原则

为保证二者有机融合，坚持如下原则。

（1）合规性原则　制度应体现以国家法律法规为前提，符合国家相关法律、法规、规章、标准和指南等规定要求。

（2）HSE 管理程序为主，清洁生产制度为辅原则　HSE 体系体现企业顶层设计，贯穿企业各个方面，而清洁生产审核主要设计企业的生产过程，是企业经营的一部分，因此，制度融合时，应以 HSE 体系管理程序文件为基础，将清洁生产审核相关制度有机融合成为企业完整的 HSE 体系管理程序，成为企业的一种更高的管理模式。

（3）避免重复原则　清洁生产审核制度和 HSE 体系程序都涉及企业组织机构、管理、员工、过程控制、设备工艺等内容的管理，融合时，注意相互纳入的整合，避免重复和交叉，确保融合制度精准而且得到有效执行。

（4）实用性原则　清洁生产审核制度和 HSE 体系程序融合时，应以企业生产特点、行业特点和企业实际情况为前提，注重制度与企业实际和生产现场情况的有机结合；制定的内容可分解落实，职责明确、程序清晰、规范准确、方法可行。具有适用性和实用性，便于操作。

（5）完整性原则　完整性体现为三个方面，第一是要求融合制度要素要完整，应涉及清洁生产审核和 HSE 所有相关内容；第二是融合制度内容要完整，应覆盖清洁生产审核和 HSE 体系所有管理和生产过程，第三是融合制度既主要体现 HSE 体系管理程序，又应包括清洁生产审核要求内容。

除以上原则外，融合制度还应坚持针对性、可读性、科学性等原则。

2. 融合的主要内容

清洁生产审核制度和 HSE 体系程序涉及的内容多，根据清洁生产审核步骤及原理，融合制度应主要考虑如下几个方面：组织机构融合，培训、教育制度融合，法律法规识别及获取制度融合，安全运行、生产运行管理制度融合，设备运行管理制度融合，不符合项、纠正与预防管理制度融合，内部审核管理、管理评审制度融合，危险识别与风险评价、环境因素识别与评价制度融合，目标考核和绩效考核融合。

◆◇ **任务分析与处理** ————————————————————————————

企业清洁生产审核制度是国家的一项法律制度，企业应建立清洁生产审核责任制，自愿开展企业的清洁生产审核，并建立健全清洁生产审核相关制度，如审核机构、审核计划、财务管理、宣传培训、奖惩制度等；HSE 体系管理制度即为 HSE 体系中的管理程序，根据

HSE体系要素，应分别建立健全相关制度。二者融合制度主要包括组织机构、宣传培训、目标考核、设备运行管理、危险识别与风险评价、环境因素识别与评价等制度融合。

能力拓展

（1）自行编制2～3个清洁生产审核制度。

（2）自行编制2～3个HSE管理程序。

（3）根据清洁生产制度和HSE制度，请制定组织机构、过程管理、绩效考核和宣传培训四个融合制度。

课后习题

1. 如何建立清洁生产审核小组和计划？

2. 清洁生产审核的原理是什么？与清洁生产有何区别？

3. 清洁生产审核程序有哪些阶段和步骤？如何从哪八个要素开展清洁生产审核？

4. 根据清洁生产制度和HSE制度，请制定组织机构、过程管理、绩效考核和宣传培训四个融合制度。

5. HSE的绩效评估与清洁生产审核成果有何区别和联系？

第六篇　应急救援

第十六章　编制应急救援预案

随着工业化的快速发展，各类安全隐患不断增加。面对各类威胁到社会安全或人民生命财产安全的突发事件，传统的个人经验策略已经不足以应对。不管是预防事故发生，还是事故发生后的处理，科学有效的应急救援预案都显得尤为重要。

本章主要从生产安全事故、突发环境事件和突发公共事件三个角度阐述应急救援预案的策划和编制。通过本章的学习，帮助学习者全面学习、了解、掌握相关基础知识、事故的分类和认定程序及应急救援的要素，使其在今后的工作中能准确把握可能存在的安全隐患，做好充足的应急准备，从而降低事故的发生概率。

第一节　认识应急救援及预案

知识目标

（1）了解应急救援的基本概念；

（2）掌握应急救援预案的分级、分类和基本要素；

（3）了解事故的分类和认定程序，学会编制应急救援预案。

任务简述

2016年12月3日11时30分左右，内蒙古赤峰市的赤峰宝马矿业有限公司发生特别重大瓦斯爆炸事故，事故发生时，共有181人在井下进行作业。事故发生后，公司内部以及相关单位救援人员立即开展救援，于4日上午完成救援工作，共有149人安全升井，32人不幸遇难，受伤人员经救护已全部脱离生命危险。

结合上述材料，谈谈应急救援的作用是什么？为什么要编制应急救援预案？

知识准备

一、什么是应急救援

1. 应急救援的基本概念

应急救援指在突发具有破坏力的紧急事件时，为及时控制事故现场、抢救事故中的受害者、指导现场人员撤离、消除或减轻事故后果而采取的救援行动，包括预防、响应和恢复三个阶段。根据紧急事件的不同类型，可分为卫生应急、交通应急、消防应急、厂矿应急等领域的应急救援。应急准备与响应流程见图16-1，应急救援的重要性及保障见二维码16-1。

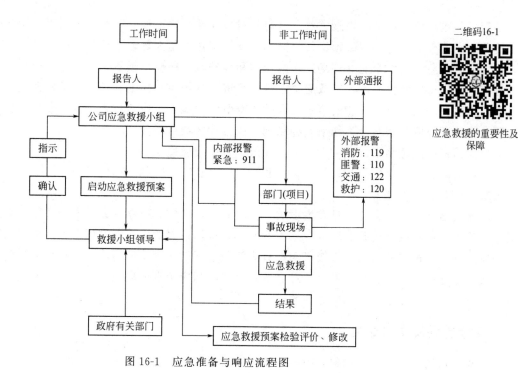

图 16-1　应急准备与响应流程图

2. 应急救援的相关专业术语

（1）应急救援　指在发生了紧急事故时，为及时控制事故现场、抢救事故中的受害者、指导现场人员撤离、消除或减轻事故后果而采取的救援行动。

（2）应急救援系统　指负责事故预测和报警接收、应急计划的制订、应急救援行动的开展、事故应急培训和演习等事务的由若干机构组成的工作系统。

（3）应急计划　是指用于指导应急救援行动的关于事故抢险、医疗急救和社会救援等的具体方案。

（4）应急资源　指在应急救援行动中可获得的人员、应急设备、工具及物质。

二、应急救援预案

1. 应急救援预案的基本概念

应急救援预案是指针对可能发生的事故，为迅速、有序地开展应急行动而预先制定的行动方案，包括事故预防、应急处理、抢险救灾三部分。

根据《生产安全事故应急预案管理办法》的第二章，应急预案的编制应当遵循以人为本、依法依规、符合实际、注重实效的原则，以应急处置为核心，明确应急职责、规范应急程序、细化保障措施。

2. 应急救援预案的分级

（1）分级编写预案　建立有效的应急救援体系，就要求事故应急处理预案分级编写。预案分级，指最高级预案的目标涵盖了各子级预案的分目标，上一级的预案目标包括下一级的预案目标。各级目标预案编写提纲一致，具有相对独立性和完整性，又与上下层目标相互衔接。按分级由上至下，每一层级预案数目增加，逐级细化，是大环套小环的结构。

重大事故应急预案由企业（现场）应急预案和场外政府的应急预案组成。现场应急预案由企业负责，场外应急预案由各级政府主管部门负责。现场应急预案和场外应急预案应分别制定，但应协调一致。根据可能的事故后果的影响范围、地点及应急方式，我国事故应急救援体系通常将事故应急预案分为如下5种级别（按行政区域可划分）。

Ⅴ级：国家级应急预案；　　　　　　　Ⅳ级：省级应急预案；

Ⅲ级：地区、市级应急预案；　　　　　Ⅱ级：区（县）/社区级应急预案；

Ⅰ级：企业级应急预案。

（2）逐级启动预案　企业一旦发生事故，就应立即启动应急程序，如需上级援助，要同时报告当地县（市）或社区政府事故应急主管部门，根据预测的事故影响程度和范围以及需投入的应急人力、物力和财力，逐级启动事故应急预案。政府主管部门应建立适合的报警系统，且有一个标准程序，将事故发生、发展信息传递给相应级别的应急指挥中心，根据对事故状况的评价，启动相应级别的应急预案。

3. 应急救援预案的分类

（1）根据事故应急预案的对象，应急预案可分为以下3种类型

① 安全生产事故应急救援预案；

② 突发环境事件应急救援预案；

③ 公共事件应急救援预案。

（2）根据事故应急预案的级别，应急预案可分为以下4种类型

① 应急行动指南或检查表；

② 应急响应预案；

③ 互助应急预案；

④ 应急管理预案（应急管理预案包括事故应急的4个逻辑步骤：预防、预备、响应、恢复）。

（3）生产经营企业事故应急救援预案是按预案的适用对象范围进行分类　多采用综合预案、专项预案、现场预案的形式进行编制。这是最适合生产经营企业预案文件体系的分类方法，以保证预案文件体系的层次清晰和开放性。

（4）按时间特征　可划分为常备预案和临时预案（如偶尔组织的大型集会等）。

应急预案分类

（5）按事故灾害或紧急情况的类型　可划分为自然灾害、事故灾难、突发公共卫生事件和突发社会安全事件等预案。

应急预案分类的相关内容见二维码16-2。

4. 应急救援预案的基本要素

（1）组织机构及其职责　包括应急反应组织机构、参加单位、人员及其作用；应急反应总负责人以及每一具体行动的负责人；本区域以外能提供援助的有关机构；政府和企业在事故应急中各自的职责。

（2）危害辨识与风险评价　包括可能发生的事故类型、地点；事故影响范围及可能影响

的人数；按所需应急反应的级别，划分事故严重度。

（3）通告程序和报警系统　包括报警系统及程序；现场 24h 的通告、报警方式（如电话、警报器等）；24h 与政府主管部门的通信、联络方式（便于应急指挥和疏散居民）；相互认可的通告、报警形式和内容；应急反应人员向外求援的方式；向公众报警的标准、方式、信号等。

（4）应急设备与设施　包括可用于应急救援的设施，如办公室、通信设备、应急物资等；有关部门如企业、武警、消防、卫生、防疫等部门可用的应急设备；与有关医疗机构（急救站、医院、救护队等）的关系；可用的危险监测设备、个体防护装备（如呼吸器、防护服等）。

（5）能力与资源　包括决定各项应急事件的危险程度的负责人；评价危险程度的程序；评估小组的能力；评价危险所使用的监测设备；外援的专业人员。

（6）保护措施程序　包括可授权发布疏散居民指令的负责人；决定是否采取保护措施的程序；负责执行和核实疏散居民（包括通告、运输、交通管制、警戒）的机构；对特殊设施和人群（学校、幼儿园、残疾人等）的安全保护措施；疏散居民的接收中心或避难场所；决定终止保护措施的方法。

（7）信息发布与公众教育　包括各应急小组在应急过程中对媒体和公众的发言人；向媒体和公众发布事故应急信息的决定方法；为确保公众了解如何面对应急情况所采取的周期性宣传以及提高安全意识的措施。

（8）事故后的恢复程序　包括决定终止应急、恢复正常秩序的负责人；确保不会发生未授权而进入事故现场的措施；宣布应急取消、恢复正常状态的程序；连续检测受影响区域的方法；调查、记录、评估应急反应的方法。

（9）培训与演练　包括对应急人员进行培训、确保合格者上岗；年度培训、演练计划；对应急预案的定期检查；通信系统检测的频度和程度；进行公众通告测试的频度和程度及效果评价；对现场应急人员进行培训和更新安全宣传材料的频度和程度。

（10）应急预案的维护　包括每项计划更新、维护的负责人；每年更新和修订应急预案的方法；根据演练、检测结果完善应急计划。

任务分析与处理

应急救援的作用是控制紧急事件发生与扩大；减少损失和迅速组织恢复正常状态；组织营救受害人员，组织撤离或者采取其他措施保护危险危害区域的其他人员。

应急预案又称应急计划，是针对可能的重大事故（件）或灾害，为保证迅速、有序、有效地开展应急与救援行动，降低事故损失而事先制定的有关计划或方案。

① 应急预案明确了应急救援的范围和体系，使应急准备和应急管理不再是无据可依、无章可循，尤其是培训和演习工作的开展。

② 制定应急预案有利于做出及时的应急响应，降低事故的危害程度。

③ 事故应急预案成为各类突发重大事故的应急基础。通过编制基本应急预案，可保证应急预案足够灵活，对那些事先无法预料到的突发事件或事故，也可以起到基本的应急指导作用，成为开展应急救援的"底线"。在此基础上，可以针对特定危害编制专项应急预案，有针对性地制定应急措施、进行专项应急准备和演习。

④ 当发生超过应急能力的重大事故时，便于与上级应急部门的协调。

⑤ 有利于提高风险防范意识。

能力拓展

某大桥在主体工程基本完成以后，开始进行南引桥下部板梁支架的拆除工作。1997 年 10 月 7 日下午 3 时，该项目部领导安排部分作业人员去进行拆除作业。杨某（木工）被安排上支架拆除万能杆件，施工现场无人进行检查和监护工作。杨某在用割枪割断连接弦杆的钢筋后，就用左手往下推被割断的一根弦杆（弦杆长 1.7m，重 80kg），弦杆在下落的过程中，其上端的焊刺将杨某的左手套挂住（帆布手套），杨某被下坠的弦杆拉扯着从 18m 的高处坠落，头部着地，当即死亡。

请问，针对这一突发事件，请你从应急救援的角度谈谈，事件相关人员存在哪些问题导致了悲剧的发生？

课后习题

一、单项选择题

1. 应急救援的基本原则不包括以下哪一点（　　　）。
   A. 统一指挥　　　　　　　　　　　　　　B. 分级负责
   C. 区域为主　　　　　　　　　　　　　　D. 坚持单位自救

2. 我国事故应急救援体系将事故应急救援预案分成哪些级别（　　　）。
   A. 甲级、乙级、丙级　　　　　　　　B. 企业级、区级、省级、国家级
   C. S 级、A 级、B 级、C 级　　　　　D. 企业级、县级、市级、省级、国家级

3. 应急救援有关（　　　）是开展应急救援工作的重要前提保障。
   A. 部门　　　　　　B. 组织　　　　　　C. 法律法规　　　　　　D. 预案

4. 下列关于建设项目重大事故应急救援预案的说法，错误的是（　　　）。
   A. 制订事故应急救援预案，能够减少人员伤亡
   B. 制订事故应急救援预案，能够减少财产损失
   C. 制订事故应急救援预案，能够彻底消除事故发生
   D. 应加强事故应急救援预案的管理，使之成为常态

5. 《中华人民共和国安全生产法》第六十八条规定，（　　　）级以上各级人民政府应当组织有关部门制定本行政区域内特大生产安全事故应急救援预案，建立应急救援体系。
   A. 县　　　　　　B. 市　　　　　　C. 省　　　　　　D. 地区

6. 在应急管理中，（　　　）阶段的目标是尽可能地抢救受害人员、保护受威胁的人群，并尽可能控制并消除事故。
   A. 预防　　　　　　B. 准备　　　　　　C. 响应　　　　　　D. 恢复

7. （　　　）是整个应急救援系统的重心，主要负责协调事故应急救援期间各个机构的运作，统筹安排整个应急救援行动，为现场应急救援提供各种信息支持等。
   A. 应急救援中心　　　　　　　　　　B. 应急救援专家组
   C. 应急救援抢险组　　　　　　　　　D. 信息发布中心

8. 事故应急救援中，（　　　）是应急活动的最基本原则。
   A. 统一指挥　　　　B. 分级响应　　　　C. 属地为主　　　　D. 公众动员

二、多项选择题

1. 应急救援专家组在应急准备和应急救援中起着重要的参谋作用，包括对（　　）等行动提出决策性的建议。

    A. 城市潜在重大危险的评估　　　　　　　　B. 应急资源的配备

    C. 事态及发展趋势的预测　　　　　　　　　D. 应急力量的重新调整和部署

    E. 事故后恢复

2. 应急预案是整个应急管理体系的反映，它的内容包括（　　）。

    A. 事故发生过程中的应急响应和救援措施

    B. 事故发生前的各种应急准备

    C. 事故发生后的紧急恢复以及预案的管理与更新

    D. 应急力量的重新调整和部署

    E. 事故后恢复

3. 常用的用于包扎伤口的材料物品有（　　）。

    A. 三角巾　　　　　　B. 绷带　　　　　　C. 毛线　　　　　　D. 纱布

三、简答题

1. 简述应急救援预案的编制过程。

2. 易发生地震的城市，市民家中应备防震包，包内应有什么？

第二节　安全生产事故应急救援预案

知识目标

（1）了解安全生产事故的定义和分级；

（2）掌握安全生产事故的认定程序；

（3）学会编制安全生产事故的应急预案。

任务简述

2015 年 8 月 12 日，位于天津市滨海新区天津港的瑞海国际物流有限公司危险品仓库发生特别重大火灾爆炸事故。事故造成 165 人遇难，8 人失踪，798 人受伤住院治疗（伤情重及较重的伤员 58 人、轻伤员 740 人）；304 幢建筑物、12428 辆商品汽车、7533 个集装箱受损。截至 2015 年 12 月 10 日，根据事故调查组统计，已核定直接经济损失 68.66 亿元人民币，其他损失尚需最终核定。经事故调查组调查后排除人为破坏因素、雷击因素和来自集装箱外部的引火源。请问天津港爆炸事故属于哪一级的安全生产事故，该事故中暴露了哪些应急管理的问题？

知识准备

生产安全事故是指生产经营单位在生产经营活动（包括与生产经营有关的活动）中发生

的造成人身伤亡或者经济损失的事故。

一、安全生产事故预案知识储备

二维码16-3

应急预案的任务、目标及应急救援四原则释义

应急预案的任务、目标及应急求援四原则释义见二维码16-3。

1. 编制依据

国家级安全生产事故应急预案的制定，依据《中华人民共和国安全生产法》《国家突发公共事件总体应急预案》和《国务院关于进一步加强安全生产工作的决定》等法律法规及有关规定。省级及以下安全生产事故应急预案的制定，依据国家、省、市相关法律法规、有关行业管理规定、技术规范和标准。

2. 适用范围

① 国家级预案适用于特别重大事故。

② 省级预案适用于重大事故。

③ 区级、市县级预案适用于一般事故和较大事故。

④ 企业级预案适用于企业经营单位的范围及企业管辖区内的安全生产事故。

3. 生产安全事故应急救援工作的原则

事故应急救援工作是为了降低事故危害性，减少人员伤亡和经济损失，根据预先制定的应急预案进行的事故抢险救援工作。生产安全事故的救援工作，应坚持"以人为主、预防为主、快速高效"的方针，贯彻"统一领导、属地为主、协同配合、资源共享"的原则。

二、预案的正式编制

1. 事故前——预警预防机制

（1）培训和演练　对于一些特殊工作，如接触化学物品的搬运工作等，企业必须对员工进行培训，确保员工具备相关知识和实际操作能力，方可安排员工上岗。

（2）事故灾难监控与信息报告　国务院有关部门和省（区、市）人民政府应当加强对重大危险源的监控，对可能引发特别重大事故的险情或者其他可能引发安全生产事故灾难的重要信息应及时上报。

特别重大安全生产事故灾难发生后，事故现场有关人员应当立即报告单位负责人，单位负责人接到报告后，应当立即报告当地人民政府和上级主管部门。中央企业在上报当地政府的同时还应当上报企业总部。当地人民政府接到报告后应当立即报告上级政府。国务院有关部门、单位、中央企业和事故灾难发生地的省（区、市）人民政府应当在接到报告后 2h 内，向国务院报告，同时抄送国务院安委会办公室。

自然灾害、公共卫生和社会安全方面的突发事件可能引发安全生产事故灾难的信息，有关各级、各类应急指挥机构均应及时通报同级安全生产事故灾难应急救援指挥机构，安全生产事故灾难应急救援指挥机构应当及时分析处理，并按照分级管理的程序逐级上报，紧急情

况下，可越级上报。

发生安全生产事故灾难的有关部门、单位要及时、主动向国务院安委会办公室、国务院有关部门提供与事故应急救援有关的资料。事故灾难发生地安全监管部门提供事故前监督检查的有关资料，为国务院安委会办公室、国务院有关部门研究制定救援方案提供参考。

（3）预警行动　各级、各部门安全生产事故灾难应急机构接到可能导致安全生产事故灾难的信息后，按照应急预案及时研究确定应对方案，并通知有关部门、单位采取相应的行动，预防事故发生。

2. 事故中——应急响应

（1）分级响应　Ⅰ级应急响应行动由国务院安委会办公室或国务院有关部门组织实施。当国务院安委会办公室或国务院有关部门进行Ⅰ级应急响应行动时，事发地各级人民政府应当按照相应的预案全力以赴组织救援，并及时向国务院及国务院安委会办公室、国务院有关部门报告救援工作进展情况。

Ⅱ级及以下应急响应行动的组织实施由省级人民政府决定。地方各级人民政府根据事故灾难或险情的严重程度启动相应的应急预案，超出其应急救援处置能力时，及时报请上一级应急救援指挥机构启动上一级应急预案实施救援。

（2）指挥和协调　一般事故发生后，应急救援指挥部及时响应，针对事故发生情况，下达指令，尽快组织控制事态发展。如果企业单位或社区应对不暇，应该及时上报，请求支援。指挥部要协调各方面工作，统筹规划。在各单位、部门及政府逐级响应的较大和重大或是特别重大事故中，要注意协调各级别的应急救援工作。

（3）紧急处置　现场处置主要依靠本行政区域内的应急处置力量。事故灾难发生后，发生事故的单位和当地人民政府按照应急预案迅速采取措施。

根据事态发展变化情况，出现急剧恶化的特殊险情时，现场应急救援指挥部在充分考虑专家和有关方面意见的基础上，依法及时采取紧急处置措施。

（4）医疗卫生救助　事发地卫生行政主管部门负责组织开展紧急医疗救护和现场卫生处置工作。

事故灾难发生地疾病控制中心根据事故类型，按照专业规程进行现场防疫工作。

如遇严重事故，地方人民政府可以向卫生部或国务院安委会办公室请求，及时协调有关专业医疗救护机构和专科医院派出有关专家、提供特种药品和特种救治装备进行支援。

（5）应急人员的安全防护　现场应急救援人员应根据需要携带相应的专业防护装备，采取安全防护措施，严格执行应急救援人员进入和离开事故现场的相关规定。

现场应急救援指挥部根据需要具体协调、调集相应的安全防护装备。

（6）群众的安全防护　现场应急救援指挥部负责组织群众的安全防护工作，主要工作内容如下：

① 企业应当与当地政府、社区建立应急互动机制，确定保护群众安全需要采取的防护措施。

② 在预案中预先制定好应急状态下群众疏散、转移和安置的方式、范围、路线、程序。事故发生后，根据预案内容，结合现场情况，下达疏散人群的详细指令。

③ 指定有关部门负责疏散、转移工作。

④ 启用应急避难场所。

⑤ 开展医疗防疫和疾病控制工作。

⑥ 负责治安管理。

（7）社会力量的动员与参与　事故发生后，如果事故发生的单位的应急救援力量不足，可以向政府请求支援。必要时，指挥部可以组织调动本行政区域的社会力量参与应急救援工作。

如果事故超出事发地省级人民政府的处置能力时，省级人民政府可向国务院申请本行政区域外的社会力量支援，国务院办公厅协调有关省级人民政府、国务院有关部门组织社会力量进行支援。

3. 事故后——恢复正常，应急结束

（1）应急结束　当遇险人员全部得救，事故现场得以控制，环境符合有关标准，导致次生、衍生事故的隐患消除后，经现场应急救援指挥部确认和批准，现场应急处置工作结束，应急救援队伍撤离现场。

（2）现场检测与评估　严重事故发生后，需要对现场进行检测，并在一段时间内监测受害区域各方面的情况，以了解事故后的恢复情况。同时，一些涉及化学物质爆炸的安全生产事故，需要对土壤、水源等进行监控，以避免引发环境事件或是公共卫生问题。

另一方面，需要检测评估现场情况，通过调查走访等，了解事故原因，并进行事后追责。对事故责任人或责任单位等，根据相关法律法规或公司规定，予以相应的惩罚。

二维码16-4

对有关人员或组织的
责任追究

（3）奖励和责任追究　在安全生产事故灾难应急救援工作中表现优异的人员或组织应该给予适当奖励，优异的表现包括以下几种：

① 出色完成应急处置任务，成绩显著；

② 防止或抢救事故灾难有功，使国家、集体和人民群众的财产免受损失或者减少损失；

③ 对应急救援工作提出重大建议，实施效果显著。

对有关人员或组织的责任追究见二维码16-4。

三、应急预案演练（桌面演练）

桌面演练的特点是对演习情景进行口头论述，主要是考核各级人员解决问题的能力，以及解决应急组织相应协作和职责划分的问题。

① 预案灾害及灾害度假设；

② 启动应急预案，应急责任人到岗到位；

③ 明确应急救援各组职责；

④ 主持人提问参与培训的人员有关该灾害的应急处理办法或是职责内容；

⑤ 完成桌面演练，参与者总结演练中存在的问题，并对应急预案加以完善修改。

四、应急预案评审

1. 评审方法

应急预案评审采取形式评审和要素评审两种方法。形式评审主要用于应急预案备案时的评

审，要素评审用于生产经营单位组织的应急预案评审工作。应急预案评审采用符合、基本符合、不符合三种意见进行判定。对于基本符合和不符合的项目，应给出具体修改意见或建议。

（1）形式评审　依据《导则》和有关行业规范，对应急预案的层次结构、内容格式、语言文字、附件项目以及编制程序等内容进行审查，重点审查应急预案的规范性和编制程序。应急预案形式评审的具体内容及要求，见《导则》附件1。

（2）要素评审　依据国家有关法律法规、《导则》和有关行业规范，从合法性、完整性、针对性、实用性、科学性、操作性和衔接性等方面对应急预案进行评审。为细化评审，采用列表方式分别对应急预案的要素进行评审。评审时，将应急预案的要素内容与评审表中所列要素的内容进行对照，判断是否符合有关要求，指出存在问题及不足。应急预案要素评审的具体内容及要求，见《导则》附件2、附件3、附件4、附件5。

2. 评审程序

应急预案编制完成后，生产经营单位应在广泛征求意见的基础上，对应急预案进行评审。

（1）评审准备　成立应急预案评审工作组，落实参加评审的单位或人员，将应急预案及有关资料在评审前送达参加评审的单位或人员。

（2）组织评审　评审工作应由生产经营单位主要负责人或主管安全生产工作的负责人主持，参加应急预案评审的人员应符合《生产安全事故应急预案管理办法》要求。生产经营规模小、人员少的单位，可以采取演练的方式对应急预案进行论证，必要时应邀请相关主管部门或安全管理人员参加。应急预案评审工作组讨论并提出会议评审意见。

（3）修订完善　生产经营单位应认真分析研究评审意见，按照评审意见对应急预案进行修订和完善。评审意见要求重新组织评审的，生产经营单位应组织有关部门对应急预案重新进行评审。

（4）批准印发　生产经营单位的应急预案经评审或论证，符合要求的，由生产经营单位主要负责人签发。

3. 评审要点

应急预案评审应坚持实事求是的工作原则，结合生产经营单位工作实际，按照《导则》和有关行业规范，从以下七个方面进行评审。

（1）合法性　符合有关法律、法规、规章、标准、规范性文件要求。

（2）完整性　具备《导则》所规定的各项要素。

（3）针对性　紧密结合本单位危险源辨识与风险分析。

（4）实用性　切合本单位工作实际，与生产安全事故应急处置能力相适应。

（5）科学性　组织体系、信息报送和处置方案等内容科学合理。

（6）操作性　应急响应程序和保障措施等内容切实可行。

（7）衔接性　综合、专项应急预案和现场处置方案形成体系，并与相关部门或单位的应急预案相互衔接。

五、应急预案管理

① 应急预案的管理实行属地为主、分级负责、分类指导、综合协调、动态管理的原则。

②　国家安全生产监督管理总局负责全国应急预案的综合协调管理工作。县级以上地方各级安全生产监督管理部门负责本行政区域内应急预案的综合协调管理工作。县级以上地方各级其他负有安全生产监督管理职责的部门按照各自的职责负责有关行业、领域内应急预案的管理工作。

③　生产经营单位主要负责人负责组织编制和实施本单位的应急预案，并对应急预案的真实性和实用性负责；各分管负责人应当按照职责分工落实应急预案规定的职责。

④　各级安全生产监督管理部门和煤矿安全监察机构应当将生产经营单位应急预案工作纳入年度监督检查计划，明确检查的重点内容和标准，并严格按照计划开展执法检查。

⑤　地方各级安全生产监督管理部门应当每年对应急预案的监督管理工作情况进行总结，并报上一级安全生产监督管理部门。

⑥　对于在应急预案管理工作中做出显著成绩的单位和人员，安全生产监督管理部门、生产经营单位可以给予表彰和奖励。

◈ 任务分析与处理

天津港事故暴露了以下问题❶，分析见二维码 16-5。

二维码16-5

天津港事故暴露问题
分析

⬤ 能力拓展

2016 年 4 月 29 日 16 时许，广东省深圳市光明新区某五金加工厂发生铝粉尘爆炸事故。截至 5 月 6 日，已造成 4 人死亡、6 人受伤，其中 5 人严重烧伤。事故单位主要从事自行车铝合金配件抛光业务，该单位无视《严防企业粉尘爆炸五条规定》（国家安全监管总局令第68 号）等要求，违法违规组织生产，未及时规范清理除尘风道和作业场所积尘，除尘风机、风道未采取防火防爆措施。

据初步调查分析，这起事故是在砖槽除尘风道内发生铝粉尘初始爆炸，引起厂房内铝粉尘二次爆炸，造成人员伤亡。

请问，这起事故属于什么事故（分级）？事故应急时哪些单位或部门需要提供救援力量？

⬤ 课后习题

一、单项选择题

1. 某采矿区发生爆炸，导致 10 人死亡，24 人受伤，属于（　　）事故。

    A. 一般事故 　　　　　　　　　　　　B. 较大事故

---

❶ 天津港爆炸事故发生了两个月，专家反思应急管理的漏洞与问题，2015.10.21，马成先。

C. 重大事故　　　　　　　　　　　　　D. 特别重大事故

2. （　　）不属于生产经营单位。

　　A. 企业法人　　　　　　　　　　　　B. 非法经营小作坊

　　C. 未经开采的煤矿区　　　　　　　　D. 个体工商户

3. 生产经营单位主要负责人的职责不包括（　　）。

　　A. 督促、检查本单位的安全生产工作，以及消除生产安全事故隐患

　　B. 组织制定并实施本单位的生产安全事故应急救援预案

　　C. 及时、如实报告生产安全事故

　　D. 做好有关安全生产工作

4. 生产经营单位从业人员的权利不包括（　　）。

　　A. 拒绝违章指挥和强令冒险作业

　　B. 发现直接危及人身安全的紧急情况时，停止作业

　　C. 接受安全生产教育和培训

　　D. 因生产安全事故受到损害后享受工伤社会保险

5. 为了适应安全生产形势和管理的需要，国务院设立了国家（　　），各省（自治区、直辖市）也相继建立了安全生产综合监督管理机构，逐步在全国形成了一个安全生产综合监管体系。

　　A. 安全生产局　　　　　　　　　　　B. 安全监管局

　　C. 安全生产监督管理总局　　　　　　D. 安全生产管理局

6. 要解决安全生产事故问题，必须切实贯彻（　　）的方针，保证生产经营活动的安全。

　　A. 群防群治、联合执法　　　　　　　B. 领导重视、制度健全

　　C. 制度健全、违法必究　　　　　　　D. 安全第一、预防为主

7. 在安全生产执法过程中，执法人员要以（　　）为依据，尊重科学，处罚要准确、合理，并按照国家标准或者行业标准给出正确的整改意见，协助企业做好整改工作。

　　A. 法律　　　　　　B. 事实　　　　　　C.《宪法》　　　　D.《安全生产法》

二、多项选择题

1. 安全生产事故的基本特征包括（　　）。

　　A. 主体的特定性　　　B. 破坏性　　　　C. 可预测性　　　　D. 过失性
　　E. 地域的延展性

2. 生产安全事故应急救援工作，应坚持（　　）的方针，贯彻"统一领导、属地为主、协同配合、资源共享"的原则。

　　A. 以人为主　　　　　B. 预防为主　　　C. 抢险救灾　　　　D. 快速高效
　　E. 越级上报

3. 安全生产立法的重要意义主要体现在（　　）的需要。

　　A. 预防和减少事故　　　　　　　　　B. 加强安全生产监督管理

　　C. 制裁安全生产违法犯罪　　　　　　D. 保护人民群众生命和财产安全

　　E. 联合执法

三、简答题

1. 员工如何避免生产安全事故的发生？在事故发生后，如何保障自身权益？

2. 企业应该如何预防生产安全事故？

第三节　突发环境事件应急预案

知识目标

(1) 了解突发环境事件的基本概念；

(2) 掌握突发环境事件的分级标准；

(3) 掌握编制突发环境事件应急预案的要点。

任务简述

2017 年 3 月 7 日，乐安县突发乌江河流域水质砷超标的水环境异常事件。随后，抚州市纪委与乐安县纪委组成联合调查组，及时展开调查，启动问责程序。经查，这起事件的直接原因是乐安县昌达有色金属加工有限公司违法排放工业废水，间接原因是乐安县政府及县环保局、县工业园区管委会、抚州市环保局等地方和单位主体责任落实不到位，不担责、不负责，重视不够、监管不力。目前，公安机关已依法查处涉事的昌达公司，并对涉嫌污染环境罪的该公司法人代表谢国昌刑事拘留，正按照司法程序追究其刑事责任。

请问，这起事件属于哪类事件？应该如何应对？

知识准备

一、什么是突发环境事件

1. 突发环境事件的定义

突发环境事件是指由于污染物排放或自然灾害、生产安全事故等因素，导致污染物或放射性物质等有毒有害物质进入大气、水体、土壤等环境介质中，突然造成或可能造成环境质量下降从而危及公众身体健康和财产安全，或造成生态环境破坏，或造成重大社会影响，需要采取紧急措施予以应对的事件，主要包括大气污染、水体污染、土壤污染等突发性环境污染事件和辐射污染事件。

二维码16-6

国家级突发环境事件
的分级标准

国家级突发环境事件的分级标准见二维码 16-6。

2. 突发环境事件的应对

(1) 突发环境事件应对工作的原则　坚持统一领导、分级负责，属地为主、协调联动，快速反应、科学处置，资源共享、保障有力的原则。突发环境事件发生后，在区环境应急指挥部的统一领导下，按照职责分工开展应急监测和处置工作。

(2) 环境应急　针对可能发生或已发生的突发环境事件需要立即采取某些超出正常工作程序的行动，以避免事件发生或减轻事件后果的状态，也称为紧急状态；同时也泛指立即采取超出正常工作程序的行动。

（3）泄漏处理　泄漏处理是指对危险化学品、危险废物、放射性物质、有毒气体等污染源因事件发生泄漏时所采取的应急处置措施。泄漏处理要及时、得当，避免重大事件的发生。泄漏处理一般分为泄漏源控制和泄漏物处置两部分。

（4）应急监测环境　应急情况下，为发现和查明环境污染情况和污染范围而进行的环境监测。包括定点监测和动态监测。

（5）应急演习　为检验应急计划的有效性、应急准备的完善性、应急响应能力的适应性和应急人员的协同性而进行的一种模拟应急响应的实践活动。根据所涉及的内容和范围的不同，可分为单项演习（演练）、综合演习和指挥中心与现场应急组织联合进行的联合演习。

二、突发环境事件应急预案的知识储备与编制

（一）关于突发环境事件预案的知识储备

1. 编制目的

健全突发环境事件应对工作机制，科学、有序、高效地应对突发环境事件，保障人民群众生命财产安全和环境安全，促进社会全面、协调、可持续发展。

2. 编制依据

国家级预案的制定，依据《中华人民共和国环境保护法》、《中华人民共和国突发事件应对法》《中华人民共和国放射性污染防治法》《国家突发公共事件总体应急预案》及相关法律法规等。

省级及市级突发环境事件应急预案的编制，参考国家级预案的内容，依据国家、省、市相关法律法规和行业管理规定等；县级及以上人民政府编制预案时，参照市级预案的内容，结合对管辖范围内地形地质的构造分析，预测可能会发生的自然灾害，早做准备，减少人员伤亡和经济损失。企业编制预案时，一方面需要考虑企业污染物排放要符合国家规定和行业标准，以避免引发突发环境事件；另一方面需考虑到企业经营范围内可能会发生的安全生产事故，尤其是从事化学工业工作的，从而预测可能造成的突发环境事件，能在事故发生后及时有效地避免事件危害范围扩大。

3. 适用范围

突发环境事件预案适用于我国境内突发环境事件应对工作。突发环境事件主要有由于污染物排放或自然灾害、生产安全事故等因素，导致污染物等有害物质进入大气、水体等环境介质中，突然造成的环境质量下降。比如大气污染、水体污染、土壤污染等突发环境污染事件和辐射污染事件。

不过，核设施及有关核活动发生的核事故所造成的辐射污染事件、海上溢油事件、船舶污染事件有针对性的其他相关应急预案，重污染天气应对工作按照国务院《大气污染防治行动计划》等有关规定执行。所以，突发环境事件预案主要针对的还是前面的几种情况。

（二）预案的正式编制

1. 事故前——预警预防

（1）监测预警和风险分析　各级环境保护主管部门及其他有关部门要加强日常环境监测，并对可能导致突发环境事件的风险信息加强收集、分析和研判。安全监管、交通运输、公安、住房城乡建设、水利、农业、卫生计生、气象等有关部门按照职责分工，应当及时将可能导致突发环境事件的信息通报同级环境保护主管部门。

企业事业单位和其他生产经营者应当落实环境安全主体责任，定期排查环境安全隐患，开展环境风险评估，健全风险防控措施。当出现可能导致突发环境事件的情况时，要立即报告当地环境保护主管部门。

（2）预警

① 预警分级。对可以预警的突发环境事件，按照事件发生的可能性大小、紧急程度和可能造成的危害程度，将预警分为四级，由低到高依次用蓝色、黄色、橙色和红色表示。

预警级别的具体划分标准，由环境保护部制定。

② 预警信息发布。地方环境保护主管部门经过研究分析，判断可能发生突发环境事件时，应当及时向本级人民政府提出预警信息发布建议，同时通报同级相关部门和单位。地方人民政府或其授权的相关部门，及时通过电视、广播、报纸、互联网、手机短信、当面告知等渠道或方式向本行政区域公众发布预警信息，并通报可能影响到的相关地区。

上级环境保护主管部门要将监测到的可能导致突发环境事件的有关信息，及时通报可能受影响地区的下一级环境保护主管部门。

（3）预警行动　预警信息发布后，当地人民政府及其有关部门视情况采取以下措施：

① 分析研判。组织有关部门和机构、专业技术人员及专家，及时对预警信息进行分析研判，预估可能的影响范围和危害程度。

② 防范处置。迅速采取有效处置措施，控制事件苗头。在涉险区域设置注意事项提示或事件危害警告标志，利用各种渠道增加宣传频次，告知公众避险和减轻危害的常识、需采取的必要的健康防护措施。

③ 应急准备。提前疏散、转移可能受到危害的人员，并进行妥善安置。责令应急救援队伍、负有特定职责的人员进入待命状态，动员后备人员做好参加应急救援和处置工作的准备，并调集应急所需物资和设备，做好应急保障工作。对可能导致突发环境事件发生的相关企业事业单位和其他生产经营者加强环境监管。

④ 舆论引导。及时准确发布事态最新情况，公布咨询电话，组织专家解读。加强相关舆情监测，做好舆论引导工作。

（4）预警级别调整和解除　发布突发环境事件预警信息的地方人民政府或有关部门，应当根据事态发展情况和采取措施的效果适时调整预警级别；当判断不可能发生突发环境事件或者危险已经消除时，宣布解除预警，适时终止相关措施。

2. 事故中——应急救援，抢险救灾

（1）信息报告与通报　我国的突发环境事件组织指挥体系分为国家层面组织指挥机构、地方层面组织指挥机构以及现场指挥机构。

突发环境事件发生后，涉事企业事业单位或其他生产经营者必须采取应对措施，并立即向当地环境保护主管部门和相关部门报告，同时通报可能受到污染危害的单位和居民。因生产安全事故导致突发环境事件的，安全监管等有关部门应当及时通报同级环境保护主管部门。环境保护主管部门通过互联网信息监测、环境污染举报热线等多种渠道，加强对突发环境事件的信息收集，及时掌握突发环境事件的发生情况。

事发地环境保护主管部门接到突发环境事件信息报告或监测到相关信息后，应当立即进行核实，对突发环境事件的性质和类别作出初步认定，按照国家规定的时限、程序和要求向上级环境保护主管部门和同级人民政府报告，并通报同级其他相关部门。突发环境事件已经或者可能涉及相邻行政区域的，事发地人民政府或环境保护主管部门应当及时通报相邻行政区域同级人民政府或环境保护主管部门。地方各级人民政府及其环境保护主管部门应当按照有关规定逐级上报，必要时可越级上报。

接到已经发生或者可能发生跨省级行政区域突发环境事件信息时，环境保护部要及时通报相关省级环境保护主管部门。

（2）应急响应　根据突发环境事件的严重程度和发展态势，将应急响应设定为Ⅰ级、Ⅱ级、Ⅲ级和Ⅳ级四个等级。初判发生特别重大、重大突发环境事件，分别启动Ⅰ级、Ⅱ级应急响应，由事发地省级人民政府负责应对工作；初判发生较大突发环境事件，启动Ⅲ级应急响应，由事发地设区的市级人民政府负责应对工作；初判发生一般突发环境事件，启动Ⅳ级应急响应，由事发地县级人民政府负责应对工作。

突发环境事件发生在易造成重大影响的地区或重要时段时，可适当提高响应级别。应急响应启动后，可视事件损失情况及其发展趋势调整响应级别，避免响应不足或响应过度。

（3）响应措施　突发环境事件发生后，各有关地方、部门和单位根据工作需要，组织采取以下措施：现场污染处置；转移安置人员；医学救援；应急监测；市场监管和调控；信息发布和舆论引导。

3. 事故后——响应终止，善后处理

（1）响应终止　当事件条件已经排除、污染物质已降至规定限值以内、所造成的危害基本消除时，由启动响应的人民政府终止应急响应。

（2）损害评估　突发环境事件应急响应终止后，要及时组织开展污染损害评估，并将评估结果向社会公布。评估结论作为事件调查处理、损害赔偿、环境修复和生态恢复重建的依据。

突发环境事件损害评估办法由环境保护部制定。

（3）事件调查　突发环境事件发生后，根据有关规定，由环境保护主管部门牵头，可会同监察机关及相关部门，组织开展事件调查，查明事件原因和性质，提出整改防范措施和处理建议。

（4）善后处置　事发地人民政府要及时组织制定补助、补偿、抚慰、抚恤、安置和环境恢复等善后工作方案并组织实施。保险机构要及时开展相关理赔工作。

◆ **任务分析与处理**

乐安县水环境异常是由于工厂违法排放废水引起，导致乌江河流域水质砷超标。结合突发环境事件的定义，这起事件是突发环境事件。

水体砷污染应对的方法主要有化学方法、物理方法和生物方法。

化学方法：是指用化学试剂使砷变为人体难以吸收的砷化合物，如在含砷废水中投加石灰、硫酸亚铁和液氯（或漂白粉），将砷沉淀，然后对废渣进行处理，也可以让含砷废水通过硫化铁滤床或用硫酸铁、氯化铁氢氧化铁凝结沉淀等。

物理法：主要是让含砷污水通过特殊的过滤器，使砷富集起来变废为宝，如活性炭过滤法等。

生物方法：主要是指在砷污染的土壤或水体中种植能吸收砷的植物，以达到吸收砷的目的，如美国科学家发现了一种蕨类植物可吸收污染土壤中的砷。

能力拓展

1. 2015 年 3 月 26 日，新河县城区西北部的供水管网末端受到污染，导致附近企业 81 名职工因饮用受污染的自来水出现身体不适赴医院诊治，其中 9 人住院治疗（28 日全部康复出院）。为确保群众饮水安全，新河县整个城区停止供水约 3 小时；城区西北部停水约 5 天，包括 22 家企业、83 户居民和 2 个村庄，约 2000 人接受临时供水保障。

请分析，这属于哪一等级的突发环境事件？

2. 犯罪分子张林德、陈继新租赁山东省章丘市普集镇上皋村已废弃的明皋 2 号煤矿井院落，专门收集、倾倒危险废物。2015 年 10 月 21 日凌晨 2 时左右，张林德、陈继新雇用车号为鲁 CB6590 的罐车运输化工废液向煤矿井内倾倒时，张林德、陈继新、罐车司机和押运员共 4 人中毒死亡。

请问，这一事件需要哪些部门负责应急救援？

课后习题

一、单项选择题

1. 突发事件应对法的立法宗旨是（　　）和减少突发事件的发生。

    A. 预防　　　　　　　　B. 遏制　　　　　　　　C. 消除　　　　　　　　D. 控制

2. 根据《中华人民共和国突发事件应对法》的规定，突发事件应对工作实行（　　）的原则。

    A. 处置为主、预防为辅　　　　　　　　B. 预防为主、预防与应急相结合

    C. 预防为主、处置为辅　　　　　　　　D. 处置与预防并重

3. 下列哪个不属于环境事件影响因素（　　）。

    A. 粉尘　　　　　　　　B. 瓦斯　　　　　　　　C. 污水　　　　　　　　D. 放射源

4. 当发生重大突发环境事件时，煤矿应急指挥中心总指挥负责向（　　）进行报告。

    A. 中煤能源集团有限公司南京分公司　　　　B. 南京市政府、南京市环保局

    C. 溧水县政府、溧水县环保局　　　　　　　D. 中煤能源集团有限公司

5. 突发环境事件预警信息最高级别为Ⅰ级，用（　　）表示。

    A. 橙色　　　　　　　　B. 红色　　　　　　　　C. 黄色　　　　　　　　D. 蓝色

6. 不同于生产安全事故，突发环境预案编制的目的是（　　）。

    A. 科学高效的应对突发事件　　　　　　　B. 保障人民群众生命财产安全

    C. 预防事件发生，降低事件的危害程度　　　D. 促进社会全面、协调、可持续发展

7.南京市环境保护主管部门研判可能发生突发环境事件后，应当及时向（　　）提出预警信息发布建议。

  A.南京市环保局   B.南京市人民政府

  C.南京市知名杂志报刊（如人民日报） D.南京电视台

二、多项选择题

1.预警信息发布后，当地人民政府及其有关部门视情况采取措施，措施包括（　　）。

  A.分析研判，预估受害范围   B.防范处置，设置警告标志

  C.应急准备，提前疏散人员   D.舆论引导，安抚民心

  E.铁面无私，追查事件起因

2.我国的突发环境事件组织指挥体系包括（　　）。

  A.国家层面组织指挥机构   B.省市层面组织指挥机构

  C.地方层面组织指挥机构   D.现场指挥机构

  E.企业组织指挥机构

3.突发环境事件发生后，各有关地方、部门和单位根据工作需要，组织采取（　　）。

  A.现场污染处置   B.转移安置人员

  C.封锁消息，避免引发恐慌   D.应急监测

  E.贪污救灾款，挪为私用

三、简答题

1.企业环境应急预案应当包括哪些内容？

2.发生环境事故后泄漏物的堵漏与清理包括哪些内容？

第四节　突发公共事件应急预案

知识目标

（1）了解突发公共事件的定义和基本特征；

（2）了解突发公共事件的分类和分级；

（3）掌握突发公共事件应急预案编制的要点。

任务简述

  2013年4月20日8时02分，四川省雅安市芦山县发生7.0级地震。据雅安市政府应急办通报，震中芦山县龙门乡99%以上的房屋垮塌，卫生院、住院部停止工作，停水停电。截至2013年4月24日10时，共发生余震4045次，3级以上余震103次，最大余震5.7级。受灾人口152万，受灾面积12500km^2。据中国地震局网站消息，截至24日14时30分，地震共计造成196人死亡，失踪21人，11470人受伤。地震发生后，四川省立刻启动一级应急程序，军区部队紧急出动2000人赶往芦山，两架直升机已经起飞。

  请问这一事件属于哪一等级的突发公共事件？面对地震，如何实施应急救援？

一、什么是突发公共事件

1. 突发公共事件的定义

当一个事件成为舆论的热点时，它就可以被称为公共事件。公共事件往往影响较大，舆论关注度高，需要妥善处理。突发事件指突然发生的会造成严重后果的事件。突发事件的构成要素包括：突然爆发、难以预料、必然原因、严重后果、需紧急处理。

突发公共事件指的是突然发生的，造成或者可能造成严重社会危害，引起广泛关注，需要采取应急处置措施予以应对的自然灾害、事故灾难、公共卫生事件和社会安全事件。

2. 突发公共事件的分类和分级

（1）国家突发公共事件的分类　《国家突发公共事件总体应急预案》规定：突发公共事件是指突然发生，造成或者可能造成重大人员伤亡、财产损失、生态环境破坏和严重社会危害，危及公共安全的紧急事件。根据突发公共事件的发生过程、性质和机理，突发公共事件主要分为以下四类。

① 自然灾害：主要包括水旱灾害、气象灾害、地震灾害、地质灾害、海洋灾害、生物灾害和森林草原火灾等。

② 事故灾难：主要包括工矿商贸等企业的各类安全事故、交通运输事故、公共设施和设备事故、环境污染和生态破坏事件等。

③ 公共卫生事件：主要包括传染病疫情、群体性不明原因疾病、食品安全和职业危害、动物疫情，以及其他严重影响公众健康和生命安全的事件。

④ 社会安全事件：主要包括群体性事件、经济安全事件、恐怖袭击事件和涉外突发事件等。

（2）按照突发公共事件的性质、严重程度、可控性和影响范围等因素分级　分为四个等级，分别是特别重大（Ⅰ级）、重大（Ⅱ级）、较大（Ⅲ级）和一般（Ⅳ级）。在分级标准中，其中一条共性的、最重要的标准是人员伤亡，死亡 30 人以上为特别重大，10～30 人为重大，3～10 人为较大，1～3 人为一般。具体确定时要结合不同类别的突发事件情况和其他标准具体分析。

二、突发公共事件总体应急预案

1. 突发公共事件预案的知识储备

（1）编制目的　目的是有效预防、及时控制和消除突发公共卫生事件及其危害，指导和规范各类突发公共卫生事件的应急处理工作，最大限度地减少突发公共卫生事件对公众健康造成的危害，保障公众身心健康与生命安全。

（2）编制依据　国家级预案的编制，依据《中华人民共和国传染病防治法》《中华人民共和国国境卫生检疫法》《突发公共卫生事件应急条例》《国内交通卫生检疫条例》和《国家突发公共事件总体应急预案》等。省级预案参考国家级预案的内容，依次下推，企业级预案参考市县级预案的内容。

（3）适用范围　本预案适用于突然发生，造成或者可能造成社会公众身心健康严重损害的重大传染病、群体性不明原因疾病、重大食物和职业中毒，以及因自然灾害、事故灾难或社会安全等事件引起的严重影响公众身心健康的公共卫生事件的应急处理工作。

（4）组织体系

① 领导机构　国务院是突发公共事件应急管理工作的最高行政领导机构。在国务院总理领导下，由国务院常务会议和国家相关突发公共事件应急指挥机构（以下简称相关应急指挥机构）负责突发公共事件的应急管理工作；必要时，派出国务院工作组指导有关工作。

② 办事机构　国务院办公厅设国务院应急管理办公室，履行值守应急、信息汇总和综合协调职责，发挥运转枢纽作用。

③ 工作机构　国务院有关部门依据有关法律、行政法规和各自的职责，负责相关类别突发公共事件的应急管理工作。具体负责相关类别的突发公共事件专项和部门应急预案的起草与实施，贯彻落实国务院有关决定事项。

④ 地方机构　地方各级人民政府是本行政区域突发公共事件应急管理工作的行政领导机构，负责本行政区域各类突发公共事件的应对工作。

⑤ 专家组　各应急管理机构可以根据实际需要聘请有关专家组成专家组，为应急管理提供决策建议，必要时参加突发公共事件的应急处置工作。

2. 预案的正式编制

（1）事故前——预警预防

① 预测与预警　各地区、各部门要针对各种可能发生的突发公共事件，完善预测预警机制，建立预测预警系统，开展风险分析，做到早发现、早报告、早处置。

② 预警级别和发布　根据预测分析结果，对可能发生和可以预警的突发公共事件进行预警。预警级别依据突发公共事件可能造成的危害程度、紧急程度和发展势态，一般划分为四级：Ⅰ级（特别严重）、Ⅱ级（严重）、Ⅲ级（较重）和Ⅳ级（一般），依次用红色、橙色、黄色和蓝色表示。

预警信息包括突发公共事件的类别、预警级别、起始时间、可能影响范围、警示事项、应采取的措施和发布机关等。

预警信息的发布、调整和解除可通过广播、电视、报刊、通信、信息网络、警报器、宣传车或组织人员逐户通知等方式进行，对老、幼、病、残、孕等特殊人群以及学校等特殊场所和警报盲区应当采取有针对性的公告方式。

（2）事故中——应急救援

① 信息报告　突发公共事件发生后，企业或地区要立即上报；在应急救援的过程中，对事件发展要持续监测，并将相关信息及时续报。

如遇特别重大或重大突发公共事件，各地区、各部门要立即报告，最迟不得超过4h，同时通报有关地区和部门。应急处置过程中，要及时续报有关情况。

② 应急响应　突发公共事件发生后，事发地的人民政府或者有关部门在报告突发公共事件信息的同时，要根据职责和规定的权限启动相关应急预案，及时、有效地进行处置，控

制事态。对突发事件进行分级，目的是落实应急管理的责任和提高应急处置的效能。根据分级，Ⅰ级（特别重大）突发事件由国务院负责组织处置，如汶川地震、南方 19 省雨雪冰冻灾害；Ⅱ级（重大）突发事件由省级政府负责组织处置；Ⅲ级（较大）突发事件由市级政府负责组织处置；Ⅳ级（一般）突发事件由县级政府负责组织处置。

③ 应急结束　特别重大突发公共事件应急处置工作结束，或者相关危险因素消除后，现场应急指挥机构予以撤销，宣布应急结束。

（3）事故后——恢复重建，善后处理

① 善后处置　根据受灾地区恢复重建计划，组织实施恢复重建工作。对突发公共事件中的伤亡人员、应急处置工作人员，以及紧急调集、征用有关单位及个人的物资，要按照规定给予抚恤、补助或补偿，并提供心理及司法援助。有关部门要做好疫病防治和环境污染消除工作。保险监管机构督促有关保险机构及时做好有关单位和个人损失的理赔工作。

② 调查与评估　要对突发公共事件的起因、性质、影响、责任、经验教训和恢复重建等问题进行调查评估。

③ 信息发布　突发公共事件的信息发布应当及时、准确、客观、全面。事件发生的第一时间要向社会发布简要信息，随后发布初步核实情况、政府应对措施和公众防范措施等，并根据事件处置情况做好后续发布工作。信息发布形式主要包括授权发布、散发新闻稿、组织报道、接受记者采访、举行新闻发布会等。

（4）应急保障　各有关部门要按照职责分工和相关预案做好突发公共事件的应对工作，同时根据总体预案切实做好应对突发公共事件的物资、基本生活、医疗卫生、交通运输、治安、人员防护及通信保障等工作，保证应急救援工作的需要和灾区群众的基本生活，以及恢复重建工作的顺利进行。

（5）监督管理

① 预案演练　各地区、各部门要结合实际，有计划、有重点地组织有关部门对相关预案进行演练。

② 宣传和培训　宣传、教育、文化、广电、新闻出版等有关部门要通过图书、报刊、音像制品和电子出版物、广播、电视、网络等，广泛宣传应急法律法规和预防、避险、自救、互救、减灾等常识，增强公众的忧患意识、社会责任意识和自救、互救能力。各有关方面要有计划地对应急救援和管理人员进行培训，提高其专业技能。

③ 责任与奖惩　突发公共事件应急处置工作实行责任追究制。对突发公共事件应急管理工作中做出突出贡献的先进集体和个人要给予表彰和奖励。对迟报、谎报、瞒报和漏报突发公共事件重要情况或者应急管理工作中有其他失职、渎职行为的，依法对有关责任人给予行政处分；构成犯罪的，依法追究刑事责任。

◈ **任务分析与处理** ────────────────────────

专业地震救援队伍到达灾区现场后，一般按以下五个步骤展开救援。

（1）评估救援区域　评估区域内存在幸存者的可能性、结构稳定性与水电气设施状况，关闭水电气设施以确保安全。

（2）封控现场　划定警戒区域，转移现场内居民，疏散围观群众，劝阻盲目救助，派出警戒人员，封锁现场。

（3）搜索　通过询问、调查等方法了解现场基本情况；用人工搜索、搜索犬搜索、仪器搜索等方法搜寻并探察所有空隙和坍塌建筑物中的空穴，以发现可能的幸存者，确定幸存者的准确位置。

（4）营救　使用专用顶升、扩张、剪切、钻孔、挖掘器械或工具，移除建筑物残骸，开辟通道，抵达幸存者所在位置，施行营救。

（5）医疗救护　对幸存者进行心理安慰，实施包扎、固定，迅速转移。专业的地震救援过程中，讲究"静"、"轻"、"慢"、"稳"，将安全和医疗贯穿科学救援的全过程，以最大限度地解救受困人员，同时保证救援队员的安全。

在地震现场救援过程中，为了便于工作，专业地震救援队伍一般还把场地划分出以下区域。

① 出入道路：必须保证人员、工具、装备及其他后勤需求顺利出入。另外，对出入口进行有效控制，以保证幸存者或受伤的搜救人员迅速撤离。

② 医疗援助区：医疗小组进行手术以及提供其他医疗服务的地方。

③ 装备集散区：安全储存、维修及发放工具及装备的地方。

④ 人员集散区：暂时没有任务的搜救人员可以在这里休息、进食，一旦前方发生险情，这里的预备人员可以马上替换。

⑤ 紧急集合区域：搜救人员紧急撤退时的集结地。

能力拓展

2017 年 5 月 22 日晚，英国曼彻斯顿体育馆正进行着 Ariana Grande 的演唱会，就在演唱会结束散场时，一名男子在演唱会入口处引爆身上爆炸物，造成 20 多人死亡，59 人受伤。爆炸后，当地政府迅速采取行动，组织警察等开展救援工作，当地居民也纷纷主动为爆炸受害者提供食宿等。

请问，这起事件按我国的突发公共事件分级，属于哪一级别？面对恐怖袭击时，政府应该如何应对？

课后习题

一、单项选择题

1. 突发事件的构成要素不包括（　　）。

    A. 突然暴发　　　　　B. 必然原因　　　　　C. 可以预料　　　　　D. 严重后果

2. 突发公共事件的分级标准中，最重要的一条、共性的标准是（　　）。

    A. 事故危害范围　　　　　　　　　　B. 人员伤亡

    C. 直接经济损失　　　　　　　　　　D. 事故发生地域

3.（　　）是突发公共事件应急管理工作的最高行政领导机构。

    A. 国务院　　　　　　B. 党中央　　　　　　C. 最高人民法院　　　D. 检察院

4. 国务院办公厅设国务院应急管理办公室，履行值守应急、信息汇总和综合协调职责，发挥（　　）作用。

    A. 抢险救灾　　　　　B. 运转枢纽　　　　　C. 临时安置点　　　　D. 物资保障

5. 突发公共事件应急工作中，要把保障公众健康和（　　）作为首要任务。

    A. 政府权威　　　　　B. 生命财产安全　　　C. 公众知情权　　　　D. 物资支援

6.《国家突发公共事件总体应急预案》规定：发生特别重大或重大突发公共事件时，各地区、各部门要立即上报，最迟不得超过（　　）小时。

A. 2　　　　　　　　B. 3　　　　　　　　C. 4　　　　　　　　D. 5

7.突发公共事件往往社会关注度高，应当及时进行信息发布，信息发布形式主要包括①散发新闻稿；②口耳相传；③举行新闻发布会；④张贴大字报；⑤接受记者采访，以上正确的序号是（　　）。

A.①②③　　　　　　B.①③⑤　　　　　　C.①③④　　　　　　D.①②⑤

二、多项选择题

1.突发公共事件具有（　　）特征。

A.突发性　　　　　　B.复杂性　　　　　　C.公开性　　　　　　D.破坏性

E.有效性

2.预警信息包括突发公共事件的（　　）。

A.类别　　　　　　　B.预警级别　　　　　C.发布电视台　　　　D.起因

E.警示事项

3.预警信息的发布方式有（　　）。

A.广播　　　　　　　B.电视　　　　　　　C.报刊　　　　　　　D.宣传车

E.组织人员逐户通知

三、简答题

1.某企业发生施工平台倒塌事件，造成2人死亡，5人重伤，当地县政府调查事故原因时发现，该企业存在高层腐败的现象，一定程度上导致了这起事件的发生。县政府为维护政府名誉，只是对相关人员按规定处罚，并未公开详细信息。

请问，这起事件的应急处理中，当地政府的做法是否妥当？应该如何做？

2.某市某化工企业发生普通仓库着火事件，火势小很快被扑灭，未有人员伤亡。随后，有谣言传出说，该化工厂着火后发生了小型爆炸，导致化学物质泄漏，已经影响到该市的水源，所有的水都不能喝，一时间人心惶惶，多家媒体转载报道。

请问，在这一事件中，政府应该如何应对？

第十七章　典型事故应急处置

本章主要从建筑行业、化工行业、交通行业、煤矿行业、机械行业、金属冶炼行业六大重点行业入手，针对性地分析各行业的事故特点，总结行业易发、高发事故，阐述事故预防和应急救援。通过本章的学习，帮助学习者全面学习、了解、掌握相关基础知识、各行业高发易发事故及重点事故的应急救援要点，使其在今后的工作中准确把握可能存在的安全隐患，做好充足的应急准备，从而降低重大事故的发生概率，减少事故损失和人员伤亡。

第一节　建筑行业安全事故与应急救援

知识目标

(1) 了解建筑行业的典型多发事故；

(2) 掌握建筑行业的安全应急救援技术；

(3) 掌握建筑行业应急预案编制的要点。

任务简述

2016 年 5 月 18 日 11 时左右，四川宜宾市翠屏区某酒业股份有限公司发生一起重机械伤人事故，致 2 人死亡，1 人受伤。

据了解，某酒业公司有员工千余人，坐落于宜宾市翠屏区境内，占地 500 余亩（1 亩≈666.7m^2），年产优质白酒 2 万多吨，是一个生产白酒的大型骨干企业。事故发生后，宜宾市翠屏区相关部门赶赴现场开展救援和调查工作。

请问，起重机械伤人可能对人造成哪些伤害？发生此类事件应如何实施应急救援？

知识准备

随着现代工业的进步，各类机械引入建筑行业，建筑行业的危险源也不断增加。在日常生产、生活中，建筑行业典型多发事故如下。

一、物体打击

物体打击伤害是建筑行业常见事故中"五大伤害"的其中一种，指由失控物体的惯性力造成的人身伤亡事故。物体打击在施工周期短，劳动力、施工机具、物料投入较多，交叉作业等情况下时常有出现。

1. 常见的物体打击事故

① 工具、零件等物从高处掉落伤人；

② 人为乱扔废物、杂物伤人；

③ 起重吊装物品掉落伤人；

④ 设备带病运转伤人；

⑤ 设备运转中违章操作；

⑥ 压力容器爆炸的飞出物伤人。

2. 物体打击事故案例

【案例一】 2015 年 6 月 1 日 21 时 40 分，甘肃永鑫工贸有限公司厂区内安徽鸿路钢结构集团股份有限公司兰州项目部在吊装钢结构的过程中发生一起物体打击事故，造成 2 名作业人员受伤。经送医院抢救，一人于 6 月 2 日上午 9 时死亡，另一人伤势平稳。

【案例二】 2017 年 6 月 1 日 21 时 34 分，武威市天祝煤业公司掘进一队职工李晓在 3200S-1 回风运输联络巷底弯道卸轨道时，轨道滑落打到头部，22 时 10 分送当地医院抢救，23 时 41 分经抢救无效死亡。

3. 物体打击的应急救援

当发生物体打击事故后，抢救的重点放在对颅脑损伤、胸部骨折和出血上进行处理。

① 发生物体打击事故，应马上组织抢救伤者脱离危险现场，以免再发生损伤。

② 在移动昏迷的颅脑损伤伤员时，应保持头、颈、胸在一直线上，不能任意旋曲。若伴有颈椎骨折，更应避免头颈的摆动，以防引起颈部血管神经及脊髓的附加损伤。

③ 观察伤者的受伤情况、部位、伤害性质，如伤员发生休克，应先处理休克。遇呼吸、心跳停止者，应立即进行人工呼吸、胸外心脏按压。处于休克状态的伤员要让其安静、保暖、平卧、少动，并将下肢抬高 20°左右，尽快送医院进行抢救治疗。

④ 出现颅脑损伤，必须维持呼吸道通畅。昏迷者应平卧，面部转向一侧，以防舌根下坠或分泌物、呕吐物吸入，发生喉阻塞。有骨折者，应初步固定后再搬运。遇有凹陷骨折、严重的颅底骨折及严重的脑损伤症状出现，创伤处用消毒的纱布或清洁布等覆盖伤口，用绷带或布条包扎后，及时送就近有条件的医院治疗。

⑤ 防止伤口污染：在现场，相对清洁的伤口，可用浸有双氧水的敷料包扎；污染较重的伤口，可简单清除伤口表面异物，剪除伤口周围的毛发，但切勿拔出创口内的毛发及异物、凝血块或碎骨片等，再用浸有双氧水或抗生素的敷料覆盖包扎创口。

⑥ 在送运伤员到医院就医时，昏迷伤员应侧卧位或仰卧偏头，以防止呕吐后误吸。对烦燥不安者可因地置宜地予以手足约束，以防伤及开放伤口。脊柱有骨折者应用硬板担架运送，勿使脊柱扭曲，以防途中颠簸使脊柱骨折或脱位加重，造成或加重脊髓损伤。

二、高处坠落

根据《高处作业分级》(GB/T 3608—2008) 的规定，凡在坠落高度基准面 2m 以上（含 2m）有可能坠落的高处进行的作业，均称为高处作业。

1. 常见的高处坠落事故

根据高处作业者工作时所处的部位不同，高处作业坠落事故可分为：临边作业高处坠落事故；洞口作业高处坠落事故；攀登作业高处坠落事故；悬空作业高处坠落事故；操作平台作业高处坠落事故；交叉作业高处坠落事故等。

2. 高处坠落事故案例——华电宁夏灵武发电有限公司"10·21"高处坠落较大事故

2015 年 10 月 21 日，华电宁夏灵武发电有限公司发生一起高空坠落事故，4 名坠落施工人员经抢救无效死亡。事故原因分析见二维码 17-1。

二维码17-1

高处坠落事故的原因分析

3. 高处坠落事故的原因和特点

高处坠落事故的原因可分为人的因素和物的因素两个主要方面。具体原因和特点详见二维码 17-1。

4. 高处坠落的应急救援

当发生高处坠落事故后，抢救的重点放在对休克、骨折和出血上进行处理。

① 发生高处坠落事故，应马上组织抢救伤者，首先观察伤者的受伤情况、部位、伤害性质，如伤员发生休克，应先处理休克。遇呼吸、心跳停止者，应立即进行人工呼吸、胸外心脏按压。处于休克状态的伤员要让其安静、保暖、平卧、少动，并将下肢抬高 20°左右，尽快送医院进行抢救治疗。

② 出现颅脑损伤，必须维持呼吸道通畅。昏迷者应平卧，面部转向一侧，以防舌根下坠或分泌物、呕吐物吸入，发生喉阻塞。有骨折者，应初步固定后再搬运。遇有凹陷骨折、严重的颅底骨折及严重的脑损伤症状出现，创伤处用消毒的纱布或清洁布等覆盖伤口，用绷带或布条包扎后，及时送就近有条件的医院治疗。

③ 发现脊椎受伤者，创伤处用消毒的纱布或清洁布等覆盖伤口，用绷带或布条包扎。搬运时，将伤者平卧放在帆布担架或硬板上，以免受伤的脊椎移位、断裂造成截瘫，导致死亡。抢救脊椎受伤者时，搬运过程中，严禁只抬伤者的两肩与两腿或单肩背运。

④ 发现伤者手足骨折时，不要盲目搬动伤者。应在骨折部位用夹板把受伤位置临时固定，使断端不再移位或刺伤肌肉、神经或血管。固定方法：以固定骨折处上下关节为原则，可就地取材，用木板、竹头等，在无材料的情况下，上肢可固定在身侧，下肢与腱侧下肢缚在一起。

⑤ 遇有创伤性出血的伤员，应迅速包扎止血，使伤员保持在头低脚高的卧位，并注意保暖。

⑥ 动用最快的交通工具或其他措施，及时把伤者送往邻近医院抢救，运送途中应尽量减少颠簸。同时，密切注意伤者的呼吸、脉搏、血压及伤口的情况。

三、触电

触电，也称电击伤，通常是指人体直接触及电源或高压电，经过空气或其他导电介质传递，电流通过人体时引起的组织损伤和功能障碍。严重者出现心跳和呼吸骤停，超过1000V的高压电还可引起灼伤。闪电损伤（雷击）属于高压电损伤范畴。

1. 触电事故案例

【案例一】 2015年6月1日16时20分左右，位于金川集团公司二厂区9号门岗院内的甘肃金川金顶汇新材料科技公司，在PE管道施工时，塑料阀门断裂，现场发生大量跑液现象，造成施工人员海梓圆触电，后经金昌市第二人民医院急救无效身亡。

【案例二】 2017年3月21日早上7时30分许，江苏国丰电力工程有限公司施工工地发生一起施工人员触电事故。

2. 触电事故的应急救援

（1）触电急救的要点 动作迅速，救护得法，切不可惊慌失措，束手无策。要贯彻"迅速、就地、正确、坚持"的触电急救八字方针。发现有人触电，首先要尽快使触电者脱离电源，然后根据触电者的具体症状进行对症施救。

（2）脱离电源的基本方法

① 将出事附近电源开关刀拉掉或将电源插头拔掉，以切断电源。

② 用干燥的绝缘木棒、竹竿、布带等物将电源线从触电者身上拨离或者将触电者拨离电源。

③ 必要时可用绝缘工具（如带有绝缘柄的电工钳、木柄斧头以及锄头）切断电源线。

④ 救护人可戴上手套或在手上包缠干燥的衣服、围巾、帽子等绝缘物品拖拽触电者，使之脱离电源。

⑤ 如果触电者由于痉挛手指紧握导线缠绕在身上，救护人可先用干燥的木板塞进触电者身下使其与地绝缘来隔断入地电流，然后再采取其他办法把电源切断。

⑥ 如果触电者触及断落在地上的带电高压导线，且尚未确证线路无电之前，救护人员不可进入断线落地点8～10m的范围内，以防止跨步电压触电。进入该范围的救护人员应穿上绝缘靴或临时双脚并拢跳跃地接近触电者。触电者脱离带电导线后应迅速将其带至8～10m以外，立即开始触电急救。只有在确证线路已经无电时，才可在触电者离开触电导线后就地急救。

（3）触电者未失去知觉的救护措施 应让触电者在比较干燥、通风暖和的地方静卧休息，并派人严密观察，同时请医生前来或送往医院诊治。

（4）触电者已失去知觉但尚有心跳和呼吸的抢救措施 应使其舒适地平卧着，解开衣服以利呼吸，四周不要围人，保持空气流通，冷天应注意保暖，同时立即请医生前来或送往医院诊治。若发现触电者呼吸困难或心跳失常，应立即进行人工呼吸及胸外心脏按压。

（5）对"假死"者的急救措施 当判定触电者呼吸和心跳停止时，应立即按心肺复苏法就地抢救。

四、机械伤害

主要是垂直运输机械设备、吊装设备、各类桩机等对人的伤害。在日常建筑作业中，脱钩砸人、钢丝绳断裂抽人、移动吊物撞人、滑车砸人以及倾翻事故、提升设备过卷扬事故等都属于机械伤害事故。

1. 机械伤害事故案例——9·13武汉施工电梯坠落事故

2012年9月13日13时26分，湖北省武汉市"东湖景园"在建住宅发生载人电梯从33层（约离地100m处）坠落事故，导致19人遇难。事发当日下午1时许，武汉长江二七大桥与欢乐大道交界处东湖景园小区工地上，一个载满粉刷工人的电梯，在上升过程中突然失控，直冲到34层顶层后，电梯钢绳突然断裂，厢体呈自由落体直接坠到地面，造成梯笼内的作业人员随笼坠落。

2. 机械伤害的应急救援

（1）塔吊、施工电梯使用期间的主要伤人事故　外伤出血、骨折、内伤等。按不同的方法进行护理后送往医院。

（2）现场止血　处理方法同高处坠落事故。

（3）骨折现场处理　把伤者仰卧于现场安全的地方，应将骨折部位放平，用夹板夹主骨折部位后用绳子捆绑，固定主骨折部位，然后送到医院治疗。因触电造成呼吸停止、心脏停止跳动的应将伤者平放于安全地方，进行人工呼吸和胸外挤压抢救，不能终止抢救，并配合医院医生送医院抢救。

（4）伤员搬运

① 经现场止血、包扎、固定后的伤员，应尽快正确地搬运转送医院抢救。搬运时应注意：在肢体受伤后的局部出现疼痛、肿胀、功能障碍或畸形变化，就表示有骨折存在，宜在止血带包扎固定后再搬运，防止骨折断端因搬运振动而移位，加重创伤。

② 在搬运严重创伤且伴有大出血可能已休克的伤员时，要平卧运输，头部可放置冰袋或戴冰帽，路途中要尽量避免振荡。

③ 在搬运高处坠落伤员时，因疑有脊椎受伤可能，一定要使伤员平卧在硬板上搬运，切忌只抬伤员的两肩与两腿或单肩背运伤员，使已受伤的脊椎移位。

五、坍塌

坍塌，指物体在外力或重力作用下，超过自身的强度极限或因结构稳定性破坏而造成伤害、伤亡的事故。施工中发生的坍塌事故主要是：现浇混凝土梁、板的模板支撑失稳倒塌、基坑边坡失稳引起土石方坍塌、拆除工程中的坍塌（脚手架坍塌）、施工现场的围墙及在建工程屋面板质量低劣坍落。

1. 坍塌事故举例

【案例一】　2016年11月24日7点左右，江西省宜春市丰城电厂三期在建项目冷却塔施工横吊梁倒塌，造成横板混凝土通道倒塌事故，导致74人死亡，2人受伤。这起事故是新中国成立以来电力建设行业发生的最为严重的事故。

【案例二】　2017年3月1日下午，在阜宁向阳路上，一家名为鹏缘国际大酒店顶部的塔吊突然发生倒塌。据阜宁县对外宣传办公室介绍，因大风导致塔吊倒塌，造成一人死亡，受伤人员已得到及时救治，盐城市和阜宁县领导第一时间赶赴现场组织救灾救援工作。

2. 坍塌事故的应急救援

① 事故发生后应立即报告应急救援小组有关人员，应急救援小组立即按规定程序向上级 有关部门汇报。

② 挖掘被掩埋伤员及时脱离危险区。

③ 清除伤员口、鼻内的泥块、凝血块、呕吐物等，将昏迷伤员舌头拉出，以防窒息。

④ 进行简易包扎、止血或简易骨折固定。

⑤ 对呼吸、心跳停止的伤员予以心脏复苏。

⑥ 尽快与120急救中心取得联系，详细说明事故地点、严重程度，并派人到路口接应。

⑦ 组织人员尽快解除重物压迫，减少伤员挤压综合征的发生，并将其转移至安全的地方。

⑧ 沟槽：加强排水，对边坡薄弱环节进行加固处理，迅速运走坡边材料、机械设备等重物。

任务分析与处理

起重机械伤人可能造成外伤出血、骨折、内伤等，按不同的方法进行护理后送往医院。详细救援措施见文中"机械伤害的应急救援"。

能力拓展

1. 2月13日上午，在某工程二期施工现场，钢筋班工人准备将堆放在基坑边上的钢筋原料移至钢筋加工场，钢筋工刘某等3名工人在钢筋堆旁作转运工作。由于堆放的钢筋不稳，刘某站在钢筋堆上不慎滑倒，被随后滚落的一捆钢筋压伤。7时25分刘某被送到医院，经抢救无效于12时20分死亡。

请问，面对物体打击事故，应该如何进行救援？

2. 某厂电焊工甲和乙进行铁壳点焊时，发现焊机一段引线圈已断，电工甲只找了一段软线交乙自己更换。乙换线时，发现一次线接线板螺栓松动，使用扳手拧紧（此时甲已不在场），然后乙试焊几下就离开现场，甲返回后不了解情况，便开始点焊，只焊了一下就倒在地上。工人丙立即拉闸，甲由于抢救不及时而死亡。

请问，遇到触电事故时，应该如何应对？

课后习题

一、单项选择题

1. 按事故的严重程度分，可分为三类，（　　）不属于。

  A. 轻伤事故　　　　　　B. 生产事故　　　　　　C. 重伤事故　　　　　　D. 死亡事故

2. 建筑行业的"五大伤害"不包括（　　）。

  A. 高空坠落　　　　　　B. 触电　　　　　　　　C. 物体打击　　　　　　D. 粉尘爆炸

3. 在移动昏迷的颅脑损伤伤员时，应该（　　）。

  A. 保持头、颈、胸在一直线上

  B. 头部抬高，帮助患者血液流通

  C. 小心转动头部，看其颈后是否伤重

D. 打横抱起，赶紧送医

4. 针对污染较重的伤口要进行处理以防止伤口进一步污染，下列做法中错误的是（　　）。

    A. 剪除伤口周围的毛发

    B. 简单清除伤口表面异物

    C. 拔出伤口内的毛发及异物

    D. 伤口清理后，用浸有双氧水的敷料覆盖包扎伤口

5. 根据《高处作业分级》(GB/T 3608—2008)的规定，凡在坠落高度基准面（　　）米以上，有可能坠落的高处进行的作业，均称为高处作业。

    A. 2 　　　　　　　B. 3 　　　　　　　C. 4 　　　　　　　D. 5

6. 从人的不安全行为分析高处坠落的事故原因，不包括（　　）。

    A. 高空作业时不按规定佩戴护具 　　　　　B. 违章指挥、违章作业

    C. 拆除脚手架时无专人监护 　　　　　　　D. 施工脚手架强度不够

7. 触电后，人体的伤害表现形式不包括（　　）。

    A. 心跳和呼吸骤停 　　　B. 电灼伤 　　　C. 痉挛 　　　D. 大量出血

二、多项选择题

1. 根据高处作业者工作时所处的部位不同，高处作业坠落事故可分为（　　）。

    A. 临边作业高处坠落事故 　　　　　　　B. 洞口作业高处坠落事故

    C. 攀登作业高处坠落事故 　　　　　　　D. 河岸作业落水事故

    E. 塔吊倒塌高处坠落伤人事故

2. 对触电"假死"者的急救措施，包括（　　）。

    A. 通畅气道 　　　B. 掐人中 　　　C. 胸外心脏按压 　　　D. 电击

    E. 人工呼吸

三、简答题

1. 当遇到伤员骨折时，应该如何进行现场处理？

2. 伤员搬运中，有哪些注意事项？

第二节　化工行业安全、环保事故与应急救援

知识目标

（1）了解化工行业的典型多发事故；

（2）掌握化工行业事故的安全应急救援技术；

（3）掌握化工行业应急预案编制的要点。

任务简述

2017年4月22日上午，位于江苏省靖江市新港园区的江苏德桥仓储有限公司发生火灾，现场火焰高达二三十米，浓烟如蘑菇云，并有刺鼻气味，而且事发地点周围有很多村

庄。据救援人员介绍，燃烧的是两个汽油罐，两个储油罐已烧塌。事故最先是一交换泵房发生火灾，起火部位为一处管道，引燃了相邻汽油储罐。德桥仓储公司主要从事液态散化及油品的仓储中转、分拨、灌装业务，厂区有燃油罐、柴油罐、汽油罐 12 座和化工储罐 30 座。

根据 2001 年 5 月 1 日实施的《危险化学品经营企业开业条件和技术要求》规定，大中型危险化学品仓库应与周围公共建筑物、交通干线、工矿企业等距离至少保持 1000m。所谓大中型仓库，是指存储面积 550～9000m^2 的仓库，德桥公司远远大于对大中型仓库要求的储存面积。

面对该事故，应该如何救援？在应急处置完此次火灾后，相关单位还需做出哪些整改？

 知识准备 ——————————————————————————————————

化工行业安全环保事故相关知识见二维码 17-2。

二维码17-2

化工行业安全环保
事故相关知识

一、化工行业安全事故和典型案例分析

根据上海市安全生产科学研究所叶永锋等人的统计分析结果（2012 年），化学工业事故在 20 世纪末至 21 世纪初之间，事故频发，呈激增趋势。进入 21 世纪后，国家出台了一系列法律法规，加大对化工行业的监察力度，有效地遏制了化工行业安全事故多发的局面，但面临的安全局势依旧严峻。因此，结合化工行业安全事故的分类，本节着重分析化工行业安全事故的火灾事故、爆炸事故、中毒窒息事故。

1. 火灾事故

火灾是指在时间或空间上失去控制的燃烧所造成的灾害。在各种灾害中，火灾是最经常、最普遍地威胁公众安全和社会发展的主要灾害之一。

（1）典型案例

【案例一】 2016 年 4 月 22 日 13 时 41 分余杭区塘栖工业园博创机械厂一车间起火。据工作人员介绍，事发时共有 4 名喷漆工人在车间内作业，火灾发生后，3 名喷漆工逃了出来（其中两人被火烧伤，一人则没有受伤），1 人没能及时逃脱。

【案例二】 2016 年 5 月 6 日下午，受强雷电活动影响，永新县遭受近半小时的强风雷电袭击，该县城北工业园区一化学厂水溶液罐被雷电击中突然自燃，罐区内储存原料三甲胺、氯甲烷等具有易燃、易爆性质的物质。

（2）火灾事故常发诱因

① 化工生产违章操作❶：投料差错；超温超压爆燃；冷却中断；混入杂质反应激烈；压

———————————————————————————

❶ 参见《新员工安全知识读本》，罗云著，2008 年 9 月第一版，第 69～71 页。

力容器缺乏防护措施；人为操作严重失误等，如在严禁吸烟处吸烟。

② 管理者违章指挥。

③ 易燃危险化学品，如果储存运输不当，极易引发火灾。

④ 自然灾害或其他不可控因素引发火灾：高温天气，物品受热自燃；雷击起火等。

（3）火灾事故的应急救援 发生火灾事故时，要根据燃烧物质、燃烧特点、火场的具体情况，正确使用消防器材，组织扑救初起火灾。组织人员疏散，转移贵重物品到安全地方，拨 119 号电话报警等。

① 起火时，普通电梯不能作安全疏散用，一是电梯井发烟火的作用很强，容易扩大火势；二是在火灾时，电梯井内烟雾浓，不能保证安全；三是在火灾时对非消防用电都要断电。

② 楼梯是建筑物唯一的疏散设施，楼梯间要有效地防止烟火侵入。

③ 火场上出现浓烟、高热、缺氧等致人伤亡的时间，早的在 5～6min，晚的在 10～20min，所以人员疏散到安全地方的时间必须控制在 3min 内。

④ 施工现场发生的火灾，多数是由于烧焊作业或遗留火种而引起的，如可燃什物，可用冷却灭火方法，将水或灭火剂直接喷射在燃烧的物体上，使其温度降低到燃点以下，达到灭火效果。

⑤ 如电器设备火灾，可用窒息灭火法，用不导电的灭火剂，加二氧化碳灭火器、干粉灭火器等，直接喷射在燃烧的电器设备上，阻止空气接触，并立刻关闭电源，达到灭火效果。

⑥ 油类火灾同样可用窒息灭火法，用泡沫灭火器、二氧化碳灭火器、干粉灭火器等（严禁用水扑救）直接喷射在燃烧载油的器具上，阻止和氧气接触，达到灭火效果。

⑦ 火灾事故扑灭后，要保护好事故现场，由主管部门或消防部门对事故现场进行调查、鉴定，确定起火原因。依照对发生火灾事故"四不放过"的原则，依法、依规对事故责任人进行处理。吸取火灾事故教训，落实整改措施，改进消防工作。通过火灾事例，教育全体员工，提高员工防火意识。

2. 爆炸事故

爆炸事故是化工行业常见的安全生产事故之一，具有突发性、时间短、破坏力强的特点，与火灾相比，爆炸事故根本没有初期灭火或疏散的机会，是需要各方面慎重对待和防范的事故。

（1）爆炸的种类❶ 爆炸可分为物理性爆炸和化学性爆炸两大类。

化工厂常见的是化学性爆炸，包括可燃性气体、蒸汽与空气混合物的爆炸，粉尘的爆炸，气体分解的爆炸，混合危险物品引起的爆炸以及爆炸性混合物的爆炸等。

（2）典型案例

①【案例一】2016 年 2 月 18 日上午 9 时 28 分，眉县金渠镇教坊村四组一化工厂内一辆拉运燃料油的油罐车装油过程中突然发生闪爆，并引发大火，导致一死两伤。闪爆时的冲击波使附近村民家电视被振倒，窗户剧烈抖动。

②【案例二】2016 年 4 月 3 日 20：20，联化科技（德州）有限公司一期厂区东北区域

❶ 参见《新员工安全知识读本》，罗云著，2008 年 9 月第一版，第 72 页。

的环保废水装置处理含盐废水时发生爆炸，事故造成 7 人受伤。事故发生后，县委、县政府立即启动安全生产应急预案，迅速组织抢救，并成立事故处置工作领导小组开展工作。据了解，该废水处理装置为独立装置，与主生产装置无关联，未造成环境影响。

（3）爆炸事故的应急救援❶　事故发生后，常用应急救援措施如下：

① 控制危险源，进行风险评估。及时控制危险源，避免事故继续扩展。请专家参与应急，分析是否有二次爆炸的可能，以避免不必要的人员伤亡。

② 及时联系有关医疗机构，高效率地采取应急医疗援助。

3. 中毒窒息事故

（1）典型案例

【案例一】　2016 年 2 月 28 日 13 时左右，青岛安装建设股份有限公司 2 名工人，在对青岛双桃精细化工（集团）有限公司平度分公司苯胺黑车间更换氮气缓冲罐内的密封垫时，发生窒息事故，致一名工人死亡，一名受伤。

【案例二】　2016 年 3 月 16 日，四川省金路树脂有限公司树脂分厂实验室人员在清釜过程中发生氯乙烯中毒事故。金路总公司表示，事发后，公司高度重视，立即启动了《生产安全事故应急预案》，主要负责人第一时间赶赴现场，组织各方力量对中毒人员进行全力抢救，经现场救及送往医院全力抢救无效，造成 3 人死亡，2 人受伤。

（2）部分化学物质的中毒事故应急处置　由于化学品种类繁多，不同化工品的救援方法也存在差异，为避免过于冗杂，因此在这里只详细介绍常见氨气中毒事故的救援措施。其他 11 种部分化学物质常见中毒事故应急处置见二维码 17-3。

二维码17-3

11种部分化学物质
常见中毒事故
应急处置

化工厂氨气中毒急救处理原则：迅速将患者移至空气新鲜处，合理吸氧，解除支气管痉挛，维持呼吸、循环功能，立即用 2％硼酸液或清水彻底冲洗污染的眼或皮肤；为防治肺水肿应卧床休息，保持安静，根据病情及早、足量、短期应用糖皮质激素，在病程中应严密观察以防病情反复，注意窒息或气胸发生，预防继发感染，有严重喉头水肿及窒息预兆者宜及早施行气管切开，对危重病员应进行血气监护。此外注意眼、皮肤灼伤的治疗。

化工厂氨气中毒急救预防措施：主要是生产过程中加强密闭化，防止跑、冒、滴、漏，液氨管道、阀门等应经常检修，移液胶管应定期做耐压试验，老化者及时更换，应有严格的安全操作规程，加强对作业人员上岗和定期的职业安全卫生知识培训，重点企业应编制防治氨中毒事故的应急救援预案并组织演练，作业环境定期测定氨浓度，对工作人员执行定期体检制度。明显的呼吸系统疾病、肝和（或）肾疾病、心血管疾病均列为职业禁忌证。

二、化工行业环保事故和典型案例分析

1. 化工厂对环境的污染

化工厂对环境的污染主要是有机/无机废物的污染。这些物质可以通过设备泄漏污染大

---

❶ 参见《职业安全健康教育培训教材》，武洪才等著，2011 年 1 月第一版，第 73 页。

气，通过风向四周传播；还可以通过污水排放污染河流和地下水。长时间不能得到净化，被植物吸收利用或者直接被人引用，会毒害人体，危及健康；还可以通过渗透作用长期浸润土壤，造成土壤吸附有毒物质，在降水及植物生长作用下扩散传播。

化工厂的毒物非常复杂，不同类型的化工厂特征污染物不同，有的排放含氨、含硫的废物，也有含苯、醛、醚类物质的，化学特性不同，危害程度不同。控制污染的关键是密闭和治理，防止泄漏、渗漏、溢散、扩散，并通过针对性的治理措施降低、消灭污染。控制化工厂的环境污染，监管非常重要，提高违法成本是目前需要切实加强的首要工作，群众监督是实现这一过程的重要一环。

2. 典型案例

2016年1月29日上午7时许，位于山东潍坊市滨海经济技术开发区的山东海化集团有限公司纯碱厂（下简称海化碱厂）渣场北渣池护坡发生溃泄，大量液体碱渣泄漏。

29日下午，潍坊滨海经济开发区管委会官网通报称，目前溃泄得到有效控制，无人员伤亡。碱渣主要成分为碳酸钙，无毒、无害、不具备危险特性。虽对人无害，但碱渣的主要成分是碳酸钙和微量氯化物及少量残留碱，会导致土壤碱化板结，对地表水质有影响，如果不及时清理、修复，也会污染到地下水。

3. 应急处理

（1）预防

① 建立污染源、放射源台账。加强对产生、储存、运输、销毁废弃化学品、放射源的管理，掌握环境污染源的产生、种类及地区分布情况。了解有关技术信息、进展情况和形势动态，提出相应的对策和意见。

② 开展突发环境事件的假设、分析和风险评估工作，完善各类突发环境事件应急预案。

（2）预警响应

① 收集到的有关信息证明突发环境事件即将发生或者发生的可能性增大、已发生的环境事件已经或可能影响其他区域时，进入预警状态。

② 转移、撤离或者疏散可能受到危害的人员，并进行妥善安置。

③ 指令各环境应急救援队伍进入应急状态，环境监测部门立即开展应急监测，随时掌握并报告事态进展情况。

④ 针对突发事件可能造成的危害，封闭、隔离或者限制使用有关场所，中止可能导致危害扩大的行为和活动。

⑤ 调集环境应急所需物资和设备，确保应急保障工作。

（3）及时整改，加强管理　化工行业要在确保废水、废气达到国家标准和行业标准后排放。相关政府部门要加强管理，及时监督不合格企业整改。

任务分析与处理

针对本节的事故任务，在相应的事故知识储备后，该事故发生后涉及相应部门的应急救援和整改措施。具体的事故应急救援和整改措施见二维码17-4。

事故应急救援和整改
措施

能力拓展

事故一：2016年5月9日上午9点，位于南京八卦洲与扬子石化8号码头段的长江江面上，一艘货船在发出二声巨响后起火，随即江面上浓烟滚滚，起火船只离岸边约800m。事发现场浓烟滚滚。爆炸产生时，附近的居民感受到了明显的冲击波。据了解，现场有一人失踪。

事故二：2016年4月25日凌晨1:25，樟树市盐化基地内的某化工厂突然发生爆炸燃烧。宜春市消防支队先后紧急调集消防大队赶赴现场增援。据了解，爆炸物质为双氧水，是一种爆炸性强氧化剂。消防官兵在处置过程中，现场发生过多次爆炸。上午十点左右，现场火势基本控制。事故中一人失联。

遇到爆炸事故时，应该如何进行救援？在化工厂的日常运作中，如何避免爆炸事故？

课后习题

一、单项选择题

1. 通常人们把化工行业分为三大类，下面（　　）不属于化工行业。

　　A. 石油化工　　　　　　　B. 基础化工　　　　　　　C. 精细化工　　　　　　　D. 化学化纤

2. 根据上海市安全生产科学研究所叶永锋等人的统计分析结果（2012年），化工行业安全事故中，（　　）事故的发生次数最多。

　　A. 中毒窒息事故　　　　　　　　　　　　　B. 火灾爆炸事故

　　C. 灼烫事故　　　　　　　　　　　　　　　D. 化学品腐蚀事故

3. 火灾根据可燃物的类型和燃烧特性，分为A、B、C、D、E、F六类，下面（　　）属于C类火灾。

　　A. 木材、棉麻燃烧火灾　　　　　　　　　　B. 煤油、汽油、柴油燃烧火灾

　　C. 煤气、天然气、甲烷燃烧火灾　　　　　　D. 动植物油脂燃烧火灾

4. 爆炸可分为物理性爆炸和化学性爆炸两类，（　　）不属于化学性爆炸。

　　A. 可燃性气体爆炸　　　　　　　　　　　　B. 粉尘爆炸

　　C. 锅炉的爆炸　　　　　　　　　　　　　　D. 蒸气和空气混合物的爆炸

5. 在化工行业中，可能会引起窒息的气体不包括（　　）。

　　A. 一氧化碳　　　　　　　B. 硫化氢　　　　　　　C. 二氧化碳　　　　　　　D. 氰化氢

二、多项选择题

1. 化学生产过程中的事故特点，包括（　　）。

　　A. 事故扩展迅速，不易控制　　　　　　　　B. 危险因素多

　　C. 救援难度大，后果严重　　　　　　　　　D. 事故单一，易于处置

E. 事故发生前有明显预警

2. 化学品储存运输期间，以下哪些因素可能会引起着火燃烧（　　　）。

　　A. 暴力运输装卸

　　B. 高温天气

　　C. 在装有易燃化学品的运输车旁点火吸烟

　　D. 由于运输车辆有限，将几样化学品混存

　　E. 严格按照安全规定做事

3. 遇到油类火灾，可以采用（　　　）等灭火或控制火势。

　　A. 井水　　　　　　B. 泡沫灭火器　　　　　C. 布料

　　D. 二氧化碳灭火器　　E. 干粉灭火器

三、简答题

1. 发生火灾后，应该如何实施救援？

2. 你认为，面对频发的化学品爆炸事故，最重要的是从哪方面进行整改？

第三节　交通行业安全事故与应急救援

（1）了解交通行业的典型多发事故；

（2）掌握交通行业事故的应急处置和预案编制；

（3）掌握交通行业事故的现场救援技术。

任务简述

　　2017年7月23日07时30分，绵阳市江油市绵江快速通道（九岭镇场镇路段）两车发生交通事故并引发火灾。经查验，事故初步认定为拉钙粉罐车（川B1868挂）停靠在路边（驾驶员在路边餐馆吃米粉），挂车（川L5335挂）因避让不当追尾拉钙粉罐车（川B1868挂），引发燃烧并导致路人死亡和受伤。事故造成3人死亡，4人受伤。其中火灾当场烧死1人为挂车驾驶员，另外6名人员均为路人，2名在医院抢救无效死亡，4人受伤。请问，这一事故发生的原因可能有哪些？

知识准备

一、交通行业安全事故和典型案例分析

1. 典型案例

2017年7月21日8时30分，河北张家口市蔚县发生重大交通事故，共造成11人死亡、

9 人受伤。事故具体情况为：蔚县村民班某驾驶冀 GC4701 长安牌中型客车核载 19 人，实载 19 人，由北向南行驶至 109 国道 219km＋300m 处，与由南向北行驶的李某（山西省大同县杜庄乡村民）驾驶的晋 B93047/晋 BFL18 挂重型半挂牵引车相撞，造成 8 人当场死亡，12 人受伤（3 人送医院抢救无效死亡，1 人重伤），双方车辆不同程度损坏。

2. 交通事故发生的常见原因

（1）客观因素　道路、气象等原因，也可引起事故发生。

（2）车况不佳　车辆技术状况不良，尤其是制动系统、转向系统、前桥、后桥有故障，没有及时检查、维修。

（3）疏忽大意　当事人由于心理或者生理方面的原因，没有正确观察和判断外界事物而造成精力分散、反应迟钝，表现为观望不周、措施不及或者不当。还有当事人依靠自己的主观想象判断事物或者过高估计自己的技术，过分自信，对前方、左右的车辆、行人形态、道路情况等，未判断清楚就盲目通行。

（4）操作失误　驾驶车辆的人员技术不熟练，经验不足，缺乏安全行车常识，未掌握复杂道路行车的特点，遇到突然情况惊慌失措，发生操作错误。

（5）违反规定　当事人由于不按交通法规和其他交通安全规定行车或者走路，致使交通事故发生。如酒后开车、非驾驶人员开车、超速行驶、争道抢行、违章装载、超员、疲劳驾驶、行人不走人行横道等原因造成交通违法的交通事故。

3. 事故发生后的应急处理措施

（1）事故应急处置　交通事故一旦发生后应立即采取应急处理措施减少相应的人员、货物、财产损失，常见的处置为：现场应急处置；马上停车；发出警示；情况估计；护理伤者；防止危险；马上求救；记录现场；互换资料；及时报案；人员转移。

（2）伤患应急救援

① 救治他人❶　常见的交通事故伤害包括减速伤、撞击伤、碾挫伤等。减速伤是由于车辆突然而强大的减速导致的伤害，如脑损伤、颈椎损伤、主动脉破裂、心脏及心包损伤以及"方向盘胸"等；撞击伤多由机动车直接撞击所致；碾挫伤及压榨伤多由车辆碾压挫伤，或被变形车厢、车身和驾驶室挤压伤害同时发生于一体。因此，伤势重、变化快、死亡率高。正确的急救措施可以将伤亡减少到最低程度。

二维码17-5

事故自救

② 事故自救❷

a. 意外失火——破窗脱身打滚灭火。见二维码 17-5。

b. 汽车翻车——脚勾踏板随车翻转。见二维码 17-5。

c. 车辆落水——先深呼吸再开车门。见二维码 17-5。

d. 迎面碰撞——两脚踏直身体后倾。见二维码 17-5。

---

❶《交通事故现场急救方法解析分享》。

❷ 找法网——交通事故现场急救常识。

二、交通与环保

交通对环境的污染主要表现在以下两方面。一是交通事故导致环境污染，如危险品运输车倾翻造成化学物泄漏污染环境；车辆燃烧爆炸造成土地破坏等。这类事故发生后，如应急及时，可以有效避免或减少环境污染。二是日常交通影响环境，污染环境。这一方面再细分，又可分为噪声污染和大气污染两类。国内外很多学者都就大气污染和交通运输的关系做过细致研究，经过反复的实践、分析论证，发现大气污染的主要污染源之一就是交通运输。2012 年北京环保局新闻发言人曾在"绿色消费"的论坛上，提到机动车尾气排放已经成为北京大气污染的主要原因之一。相比大气污染，噪声污染的大众关注度就没那么高了。但事实上，噪声污染的危害不低于尾气污染引起的大气污染。有报道称，城市噪声中有 85% 是车辆产生的交通噪声，而鸣笛又占其中的 60%。许多城市已经采取了相应措施，在市区一定范围内禁止或限制鸣笛。

1. 交通事故与环境污染

（1）典型案例

【案例一】 2013 年 12 月，吴江区法院受理了一起地方政府作为原告向上海一家运输公司提起诉讼的案件，索赔因处理这起环境污染事故及后续处置的各项损失 500 余万元。

【案例二】 2013 年 1 月 11 日下午 2 时许，上海某运输公司一辆由上海开往安徽的危险化学品运输槽罐车，在行驶至沪苏浙高速 105km+500m 处时与一辆小轿车发生碰擦。驾驶员急打方向盘导致车辆失控，槽罐车随即侧翻，车上装载的 19.8t 甲酚发生泄漏，部分危险化学品流入吴江区震泽镇花木桥村一河道内。事故发生后，苏州市、吴江区等各级政府及时出动，快速集结安监、环保、公安、消防等各方力量，采取一系列紧急措施加以应对，终使污染源得到控制。

（2）应急处理

① 预防

a.建立健全危险品运输管理机制，企业单位和相关部门协同工作，相关部门发挥监管作用，企业加强管理。"到 2020 年，全国危险货物道路运输安全监管系统基本建成，运用信息化手段实施'联网监管、精准监管、专业监管、协同监管'的格局基本形成，安全监管能力明显提升。"❶

b.开展突发环境事件的假设、分析和风险评估工作，完善各类突发环境事件应急预案。

② 预警响应

a.收集到的有关信息证明突发环境事件即将发生、已发生的环境事件已经或可能影响其他区域时，进入预警状态。

b.转移、撤离或者疏散可能受到危害的人员，并进行妥善安置。

c.指令各环境应急救援队伍进入应急状态，环境监测部门立即开展应急监测，随时掌握并报告事态进展情况。

d.针对突发事件可能造成的危害，调集资源和设备进行紧急处理，遏制污染范围继续扩大。比如，危险品泄漏后，要及时调用一些化学物，中和消除危险品的影响。

---

❶《交通运输部办公厅关于加强危险货物道路运输安全监管系统建设工作的通知》，2017 年 3 月 20 日。

2. 日常交通与环境污染

日常交通对环境的污染主要是通过尾气排放引起大气污染和鸣笛扰民噪声污染两种方式。目前，由于国内多地出现空气质量差进而引发各种疾病的现象，加之新闻媒体的推动，大众对于大气污染的关注度越来越高，政府为促进可持续发展，也不断改善大气污染防治工作。针对重污染天气，国务院制定了《大气污染防治行动计划》，规范了大气污染的防治行动。而噪声污染近年来也愈发受到重视，不少城市都采取了措施整治汽车噪声问题。

◆ 任务分析与处理

针对本节任务的事故分析与处理如下。

1. 客观因素

道路、气象等原因，可引起事故发生。

2. 车况不佳

车辆技术状况不良，尤其是制动系统、转向系统、前桥、后桥有故障，没有及时检查、维修。

3. 疏忽大意

当事人由于心理或者生理方面的原因，没有正确观察和判断外界事物而造成精力分散、反应迟钝，表现为观望不周、措施不及或者不当。还有当事人依靠自己的主观想象判断事务或者过高估计自己的技术，过分自信，对前方、左右车辆、行人形态、道路情况等，未判断清楚就盲目通行。

4. 操作失误

驾驶车辆的人员技术不熟练，经验不足，缺乏安全行车常识，未掌握复杂道路行车的特点，遇有突然情况惊慌失措，发生操作错误。

5. 违反规定

当事人由于不按交通法规和其他交通安全规定行车或者走路，致使交通事故发生。如酒后开车、非驾驶人员开车、超速行驶、争道抢行、违章装载、超员、疲劳驾驶、行人不走人行横道等原因造成交通违法的交通事故。

◎ 能力拓展

河北省丰宁满族自治县公安局 2016 年 5 月 30 日晚间通报称，30 日下午，在国道 112 线 695km 处发生一起交通事故，致 3 人死亡。经民警初步调查，一辆装载钢筋的半挂牵引车由东向西行驶到国道 112 线 695km 处下坡路段时，与在路上停车等待的一辆面包车、一辆轿车发生交通事故后，又与在公路上调头的一辆半挂牵引车相撞，随后又与另一辆轿车发生轻微刮蹭。通报称，3 人经现场抢救无效死亡（2 人系轿车上驾乘人员，1 人为半挂牵引车司机），1人受伤（拉载钢筋半挂牵引车司机），5辆车不同程度损坏。

按照事故后果的严重程度，这属于哪一类别事故？

课后习题

一、单项选择题

1. 某高速公路出口处，一辆红色小轿车司机发现自己走错了车道，发现后方无人后，试图倒车换另一车道，结果在倒车20m后遭遇后方来车，双方躲避不及，发生连环追尾，造成4死3伤。根据事故四级分类标准，这一事故属于（　　）。

    A. 轻微事故　　　　　　B. 一般事故　　　　　　C. 重大事故　　　　　　D. 特大事故

2. 司机张某酒后驾车回家，路上起大雾难以看清方向，在一转弯处直行以致撞上护栏，人受轻伤，车辆损坏严重。请问，这场事故中发生的客观原因是（　　）。

    A. 张某违反交通法规酒驾　　　　　　B. 张某转弯处疏忽大意

    C. 路上起大雾影响司机视线　　　　　　D. 转弯处设置了护栏

3. 如果某一机动车与非机动车发生事故，机动车和非机动车负同等责任，应视为（　　）事故处理。

    A. 机动车事故　　　　　　B. 非机动车事故　　　　　　C. 行人事故　　　　　　D. 交通事故

4. 当发生了交通事故后，车主最先应该（　　）。

    A. 打开车辆的危险警告灯，设置危险警告标识牌

    B. 对事故现场进行拍照取证

    C. 移动车辆

    D. 移动受伤者

5. 张某在行车途中汽车突然起火，身上尚未着火，他应该先（　　）。

    A. 快速寻找水源　　　　　　B. 组织车内人员离开车体

    C. 熄火、切断油和电源　　　　　　D. 高声呼救，寻求帮助

6. 给交通肇事者判罪，需要肇事者年满（　　）周岁。

    A. 14　　　　　　B. 15　　　　　　C. 16　　　　　　D. 17

二、多项选择题

1. 根据交通事故的定义和必备要素，以下哪几项属于交通事故（　　）。

    A. 某城乡间公路上，一辆货车和一辆停在路边的小轿车发生追尾，两车均有不同程度损伤，但幸无人员伤亡。

    B. 张某酒后驾车赶夜路，昏昏欲睡，等发现路边有一行人时，已经躲闪不及，行人当场被撞成重伤

    C. 周某驾驶私家车前往某山区送货，路遇泥石流，连人带车均被掩埋

    D. 一辆摩托车，满载着1m高的货物，在路口转弯处，车轮打滑，摩托车失控倒地，摩托车司机被甩出1～2m远，货物破损，散落在地

    E. 张大爷像往常一样吃完饭后出去遛狗，在经过公园北门时，突然闯出一个7岁男孩，张大爷来不及避让，被撞倒在地

2. 我国山区的多发事故包括（　　）。

    A. 窄道事故　　　　　　B. 超车事故　　　　　　C. 坡道事故　　　　　　D. 弯道事故

    E. 会车事故

3. 常见的交通事故伤害包括（　　）。

A. 方向盘胸　　　　　B. 碾挫伤　　　　　C. 撞击伤　　　　　D. 艾滋病

E. 中毒

三、简答题

1. 当发生交通事故后，如果你恰是现场应急救援队的队员之一，现在需要你去搬运伤员，你需要注意些什么？

2. 李某行至某个单向直行路段，忽遇对向来车，急打方向盘躲避，结果不慎翻车，请问他该如何自救？

第四节　煤矿行业安全事故与应急救援

知识目标

(1) 了解煤矿行业的典型多发事故；

(2) 掌握煤矿行业事故的应急处置和预案编制；

(3) 掌握煤矿行业事故的现场救援技术。

任务简述

2017 年 4 月 29 日，记者从甘肃省安监局、煤监局了解到，28 日晚，甘肃靖远煤电股份有限公司红会第一煤矿一工作面发生黄泥涌出事故，导致 3 名工人死亡。据介绍，28 日 19 时 15 分，甘肃靖远煤电股份有限公司红会第一煤矿一工作面机道掘进过程中，窝头顶部小煤窑空棚内黄泥突然涌出，将正在作业的实验员安某、跟班副队长茹某、验收员周某 3 人掩埋。事故发生后，当班立即组织人员进行救援，于 20 点 50 分将周某救出升井，21 点 15 分将其余两人救出升井，并立即送靖煤总医院进行抢救。21 点 45 分，3 人经抢救无效死亡。这起事故属于什么事故？遇到此类事故应该如何处置？

知识准备

二维码17-6

煤矿行业安全事故的相关知识

煤矿行业是指煤炭资源开采作业有关活动，属于高危行业之一。2011 年，国家安全监管总局关于征求《高危行业企业安全生产费用提取和使用管理办法（征求意见稿）》中就将煤矿行业放在第一位。2013 年底，有研究报道称，中国原煤产量是世界产量的 35%，却占了世界煤矿工人死亡人数的 80%。煤矿行业安全事故和典型案例分析如下。

煤矿行业安全事故的相关知识见二维码 17-6。

一、顶板事故

1. 事故案例

2017 年 1 月 17 日，山西中煤担水沟煤业有限公司发生一起顶板事故，造成 10 人死亡。该矿为资源整合生产矿井，公告生产能力 90 万吨/年。同年 3 月 9 日，山西长治联盛长虹煤业有限公司发生一起顶板事故，造成 5 人被困，其中 2 人获救、3 人死亡。

2. 应急救援

（1）应急事故处理❶　在局部小冒顶出现后，应先检查冒顶地点附近顶板支架情况，处理好折伤、歪扭、变形的柱子；沿煤的顶板掏梁窝，将探板伸入梁窝，另一头立上柱子。

发生局部范围较大的冒顶时，如伪顶冒落，且冒落已停止，可采用从冒顶两端向中间进行探板处理。如直接顶沿煤帮冒落，而且矸石继续下流，块度较小，采用探板处理有困难时，可采取打撞楔的办法处理。如上述两方法不能制止冒顶，就要另开切眼，躲过冒顶区。

（2）应急自救措施

① 发现采掘工作面有冒顶的预兆，自己又无法逃脱现场时，应立刻把身体靠向硬帮或有强硬支柱的地方。

② 冒顶事故发生后，伤员要尽一切努力争取自行脱离事故现场。无法逃脱时，要尽可能把身体藏在支柱牢固或块岩石架起的空隙中，防止再受到伤害。

③ 撤离险区后，在可能的情况下，迅速向井下及井上有关部门报告。

二、瓦斯事故

1. 事故案例

2016 年 10 月 31 日中午 11 时 30 分左右，重庆市永川区来苏镇金山沟煤矿发生一起瓦斯爆炸事故。据初步了解，该煤矿当日下井人数 35 人，升井 2 人，井下被困 33 人。

2016 年 11 月 2 日凌晨 2 时 03 分，经过救援队持续紧张搜救，除已经找到并升井的 18 具遇难矿工遗体外，其他 15 名被困矿工也被找到，均已无生命体征。

2. 应急处置工作原则

（1）事故报告原则　事故发生后，应立即向矿调度室汇报。

（2）统一指挥原则　矿成立救灾指挥部统一指挥，充分调动各方面的救援力量，落实责任，科学组织，保证抢险工作快速、有序地进行。

（3）救人优先原则　坚持"以人为本"原则，切实把职工生命安全作为事故处置的首要任务，有效防止和控制事故危害蔓延扩大，千方百计把事故造成的危害和损失减少到最低限度。

（4）及时抢险原则　事故发生后，现场人员应当迅速采取有效的措施开展自救、互救工作。事故发生后，矿主要负责人要按照相关规定，迅速组织抢险。实施快速应急响应和快速抢险，组织有关单位、救援机构必须第一时间到达事故发生地，响应的救援抢险设备也必须迅速到达。

（5）分级处置原则　根据事故发生的级别，实行分级处置。

（6）妥善处理善后原则　按照相关规定，在事故抢险救援的同时，应尽快开展善后处理工作，要根据有关政策和法规，结合实际情况，采取"一对一"的包户安抚等措施，积极妥善处理善后事宜，有效维护社会稳定。

---

❶ 田质甫.试论煤矿掘进工作面常见冒顶事故的原因及防治措施.中小企业管理与科技旬刊，2009（24）：284-284。

3. 应急措施

现场发生事故或发现事故发生预兆后，盯班管理人员、施工班组长必须立即安排停止工作、切断电源，根据工艺规程、操作规程的技术要求进行先前处理。与此同时由盯班管理人员（或班组长）向矿调度室、工区值班人汇报，听从指挥，安排处理；调度室调度值班主任在接到汇报后，做好记录，并立即通知相关人员。

调度室接到事故通知后立即通知值班矿领导、总工程师、生产矿长、矿长，由矿长决定向上级进行汇报，请求增援。

总指挥及事故救援小组成员（以事故专业分管领导为主）要利用一切手段了解事故现场及全矿井各系统情况，询问相关信息，为抢救事故作出决策。

在接到事故汇报后，由调度室通知事故救援小组中各分组的组长，由组长再通知所有小组成员（特殊情况时由调度室直接通知到小组成员本人），所有小组成员在最短时间内各就各位，调度室主任、技术科科长、运转工区区长、运搬工区区长、通风工区区长等人员根据所掌握事故情况准备事故救灾所需人员、材料、技术资料等，党政办公室、经管办主任等做好各类救灾物品、救灾车辆等救灾所需人、财、物的准备。

三、机电事故

1. 事故案例

2016年6月22日13时40分，延安市禾草沟二矿1110综采工作面发生一起机电事故，致1名推溜工死亡。事故的主要原因是：该工作面采高1.3m，推溜工在60架处推溜时，发现60架顶梁因伪顶脱落不能升到位。于是在未停止工作面溜子运转的情况下，放下顶梁清理矸石，被溜子拖动大块煤矸顶起顶梁，夹在顶板和顶梁之间受伤身亡。

2. 应急处置措施

（1）矿生产指挥中心迅速了解机电事故的发生位置、波及范围及人员伤亡情况。

（2）矿生产指挥中心立即通知医院；并按事故汇报流程汇报矿相关领导。

（3）矿生产指挥中心立即安排车辆接受伤人员升井、组织地面急救人员井口待命。

（4）抢救伤员时，必须判断伤势轻重，按照"三先三后"的原则处理。

（5）为救灾供应所需应急物资和设备。

（6）机电运输事故扩大引发火灾等事故时，按照处理火灾等相应应急处置措施处理。

四、运输事故

1. 事故案例

2016年8月5日11时40分，湖南黑金时代股份有限公司周源山煤矿发生一起较大运输事故，造成3人死亡，1人轻伤，直接经济损失238.7万元。

2. 应急与救援预案

（1）报警通信　发现险情的职工应立即向矿调度室报警，报警时应详细说明以下几点：

事故发生的时间、地点和相关设施；关于事故有关的补充，如联系人姓名和电话等。指挥部值班室接到报警后立即汇报总指挥。同时通知各专业队（组）立即就位，各司其责，火速赶往现场进行救援。指挥部根据事故类别、伤亡情况迅速向有关部门报告。

（2）现场抢险

① 医疗队进行紧急救护，并快速转送受伤人员到相应医院。

② 安全、技术部门进行现场调查分析，确定事故原因。

（3）应急方案

① 发生提升运输事故后必须以最短时间，修复车辆、修复线路，保证线路畅通。

② 积极解救伤员。

五、爆破事故

1. 事故案例

2016年1月6日上午9时左右，榆林神木县孙家岔镇刘家峁煤矿发生一起井下事故，11人被困井下。随后当地启动应急救援预案，迅速开展救援工作。1月7日13时30分，被困11名矿工全部找到，均无生命体征。事故发生后，相关煤矿负责人被警方控制。陕西省政府已成立事故调查组，调查事故原因。

2. 应急措施

（1）爆破事故致灾状态的预估分析　爆破事故大体分为两类：一是爆破效果未达到设计要求造成的险象，如爆后岩体动而未塌，药包拒爆，建筑物炸而不倒，残楼断壁；二是爆破负面效应失控成灾，如露天爆破飞石毁物伤人，爆堆阻塞交通，地下爆破有害气体伤人，爆破造成供电、供气、给排水系统故障等。要根据不同爆破类型和爆区实际，分析预估产生事故最大灾害状态，作为准备应急人力、物力方案的依据。

（2）应急组织机构　由爆破领导人负责，下设专业组。技术组由设计、施工人员组成，负责查明事故真相，提出事故处理方案并参加处理；工程组由施工人员组成，配备必要机械设备、消防灭火器具，负责排险灭火，抢险救灾，消除事故影响，恢复正常生活；医疗组由医护人员组成，配备救护车、医疗器械设备，负责抢救伤员；警戒组由警卫人员组成，配备通信器材，负责现场警戒；通信组由通信人员组成，配备通信器材，负责沟通信息联系。

（3）应急方法和原则　发生爆破事故后，爆破领导人应立即向上级报告，启动应急组织机构，各小组同步开展工作；封闭事故现场；以人为本，先抢救人员，再灭火抢险，减少人员伤亡和物资损失；抢险人员要有自我保护意识和护身装备；根据事故情况，沉着应对，果断处理；切忌惊慌失措，草率处理，以免发生新的事故；密切观察现场动态，严防事故处理中灾情扩大。

六、火灾事故

1. 事故案例

2017年7月4日凌晨3时许，本溪市溪湖区彩北地区一个非法盗采的小煤窑发生火灾，造成 13 人被困井下。7 月 4 日中午，本溪市有关部门接到报警后，由国家安监总局和辽宁省派出的多名专家紧急赶赴当地，商讨救援方案。多支专业矿山救护队的队员们每隔 2h 就轮换下井，连续 5 昼夜救援。

2. 现场应急处置

① 现场班队长、跟班干部要根据火灾性质立即组织现场人员正确佩戴好自救器，带领现场人员开启防尘设施进行现场自救，力争将火灾消灭在初始阶段。

② 立刻向矿调度室和所在单位报告。

③ 当现场人员不能在第一时间扑灭火灾时，跟班队长（班长）要立即组织所有现场人员按最近避灾路线到达新鲜风流中。在确保安全的前提下，设法向矿调度室和所在单位值班室报告事故地点现场灾难情况及撤退的路线和目的地，到达目的地后再报告。

④ 如因灾难破坏了巷道中的避灾路线指示牌，迷失了行进的方向时，撤退人员应朝着有风流通过的巷道方向撤退。

⑤ 在撤退沿途和所经过的巷道交叉口，应留设指示行进方向的明显标志，以提示救援人员的注意。

⑥ 在唯一的出口被封堵无法撤退时，应在现场管理人员或有经验的老师傅的带领下进行灾区避灾，以等待救援人员的营救。

⑦ 进入避难室前，应在硐室外留设文字、衣物、矿灯等明显标志，以便于救援人员及时发现，前往营救。

⑧ 如硐室内或硐室附近有压风装置，应设法开启压风系统自救。要采取有规律地敲击金属物、顶帮岩石等方法，发出呼救联络信号，以引起救援人员的注意，提示避难人员所在的位置。

⑨ 积极开展互救，及时处理受伤和窒息人员。

⑩ 矿调度室接到报告后，要立即向矿值班室报告，并按矿应急预案程序向矿长、总工程师、安全部门负责人报告。

⑪ 接到事故报告后，事故单位的干部、班组长及有关人员应立即查清灾难事故地点作业人员，并立即在调度室集结待命。

七、水害事故

1. 事故案例

2016 年 4 月 25 日 8 时 05 分，陕西省铜川市耀州区照金矿业有限公司 202 综采放顶煤工作面发生一起透水事故，淹没工作面及部分运输和回风巷道，造成 2 人遇难，9 人被困。

2. 预防与预警

（1）危险源监控　井下水害防治比较复杂，根据矿井的实际水患情况，制定具体的防治措施。

① 做好矿井地质和水文地质观测工作，查明水源，调查老窑，掌握涌水通道。

② 超前探水。"有掘必探，先探后掘"是防止矿井水灾的重要原则。

（2）预警行动　煤层或岩层透水前，一般都有预兆，井下工作人员都应该熟悉发生透水事故前的各种预兆，以便及时采取防范措施。

① 煤层发潮发暗。由于水的渗入，使煤层变得潮湿，光泽变暗淡，如果挖去一层仍是这样，说明附近有积水。

② 巷道壁或顶板"挂汗"，它是积水通过岩石微小裂隙时，凝聚于岩石表面的水球，顶板"挂汗"多呈尖形水珠。而煤炭自燃预兆中的"挂汗"则常常是平行水珠，为蒸汽凝结于顶板所形成。

③ 从煤层或岩层裂隙中挤出"嘶嘶"的水叫声，表示有涌出危险；出现压力水流，这是离水源很近的征兆；若出水浑浊，说明离水源较近；若出水清净，说明距离水源还稍远。

④ 工作面有害气体增加，积水区向外散出的主要有害气体有硫化氢、二氧化碳、甲烷等。

⑤ 煤壁或巷道"挂红"，水的酸度大、味发涩、有臭鸡蛋味，通常属于死水，这是老空积水的预兆。

因此，当发现工作面有涌水预兆或发生大量涌水时，说明已接近水区，应停止作业，迅速向矿调度室汇报，及时采取措施。

3. 信息报告程序

矿井调度室接到透水事故汇报后，立即将事故概况向值班矿长汇报，并根据矿长的指示向矿山救护队、矿长、矿技术负责人汇报。汇报内容主要包括：事故发生的初步原因；已经采取的措施；现场人员状况，如人员伤亡及撤离情况（人数、程度、所属单位）等。

4. 应急处置

（1）响应分级　调度室接到水灾事故报告后，立即通知值班领导，值班领导根据具体情况，通知企业应急救援指挥部成员立即到调度室集合，总指挥决定是否启动应急预案以及启动相应级别的应急预案。

（2）响应程序　矿井接到水灾事故汇报后，立即撤出灾区人员和停止灾区供电。矿井灾害应急预案规定顺序通知矿长、矿技术负责人，通知矿山救护大队，有关人员立即组成现场应急救援指挥部，派救护队员进入灾区侦察灾情、救人，现场应急救援指挥部制定救灾方案，救护队进行救灾工作直至灾情消除、恢复正常。

（3）处置措施　煤矿井下发生水灾事故后，企业应采取有效措施，防止事故进一步扩大，可以采取如下措施：

① 采取一切有效措施，及时救助遇难人员，尽量减少人员伤亡。

② 救护人员在抢救遇难人员时，应判定遇险人员的位置、涌水量、受水淹程度、巷道破坏和通风情况。

③ 对被困人员所在地高于透水后水位时，可利用打钻等方法供给新鲜空气；若所在地点低于透水后水位时，则停止打钻，防止泄压扩大灾情。

④ 矿井透水量超过排水能力时，应组织人力、物力，强行排水，在下部水平人员救出后，可向下部水平或采空区放水。若下部水平人员尚未撤出，主要排水设备受到被淹威胁时，可用砂（黏土）袋构筑临时防水墙，堵住泵房口或通往下水平的巷道。

⑤ 排水过程中要切断电源，保持通风。加强对有毒有害气体的检测，并注意观察巷道情况，防止冒顶发生。

根据煤炭工业部 1995 年发布的《煤炭工业企业职工伤亡事故报告和统计规定》(试行),地表水、老空水、地质水、工业用水造成的事故及透黄泥、流沙导致的事故归为水害事故。煤矿井下发生水灾事故后,企业应采取有效措施,防止事故进一步扩大,可以采取的应急措施如下。

① 采取一切有效措施,及时救助遇难人员,尽量减少人员伤亡。

② 保证正常通风,控制灾害扩大。

③ 救护人员在抢救遇难人员时,应判定遇险人员的位置、涌水量、受水淹程度、巷道破坏和通风情况。

④ 对被困人员所在地高于透水后水位时,可利用打钻等方法供给新鲜空气;若所在地点低于透水后水位时,则停止打钻,防止泄压扩大灾情。

⑤ 矿井透水量超过排水能力时,应组织人力、物力、强行排水,在下部水平人员救出后,可向下部水平或采空区放水。若下部水平人员尚未撤出,主要排水设备受到被淹威胁时,可用砂(黏土)袋构筑临时防水墙,堵住泵房口或通往下水平的巷道。

⑥ 排水过程中要切断电源,保持通风。加强对有毒有害气体的检测,并注意观察巷道情况,防止冒顶发生。

◉ **能力拓展** ────────────────────────

1. 2016 年 9 月 27 日上午,宁夏石嘴山市某煤炭有限公司煤矿三号井发生事故,初步判断为瓦斯爆炸。事故最终导致 18 人遇难,2 人失踪。2016 年 10 月 11 日,经过 14 天搜救,2 名失踪矿工已无生还可能,"9·27 宁夏煤矿瓦斯爆炸事故"救援指挥部决定暂停现场搜救。根据国家煤监局领导和有关专家的分析认证,认为这是一起由违规作业、非法越界开采引起的责任事故。宁夏方面已从紧急救援转入事故责任调查和善后处置工作阶段,并已成立 20 个善后处理小组,采取一对一方式,做好遇难家属的心里安慰、善后赔偿等事宜。

请问,这起事故属于哪一级别的安全生产事故?这起事故的应急救援是否妥当?

2. 2016 年 7 月 3 日凌晨 4 时许,贵州省六盘水市水城县勺米镇某煤矿发生涌水,造成 6 人被困。事故发生后,当地政府立即组织人员进行救援,于 7 月 4 日 17 时 30 分成功救出 3 名生还者,10 分钟后,救援人员又找到另外 3 名被困者,但已遇难。

请问,涌水事故的危险源有哪些?水害事故发生后应该如何应对?

◉ **课后习题** ────────────────────────

一、单项选择题

1. 煤矿是人类在开掘富含有煤炭的地质层时所挖掘的合理空间,一般分为井工煤矿和露天煤矿,我国绝大部分煤矿属于( )。

    A. 井工煤矿   B. 深海煤矿   C. 露天煤矿   D. 深山煤矿

2. 中国煤矿行业作为高危行业之一,最重要的原因是( )。

    A. 煤矿工人死亡率高   B. 煤矿的财产损失大

C.煤矿的遍布范围广　　　　　　　　　　D.煤矿的违法行为多

3.顶板支护垮倒、顶板掉矸属于（　　　）。

　　A.瓦斯事故　　　　　　B.顶板事故　　　　　C.机电事故　　　　　D.运输事故

4.六大高危行业中，不包括以下哪项（　　　）。

　　A.煤矿行业　　　　　　　　　　　　　B.建筑施工行业

　　C.市场营销行业　　　　　　　　　　　D.危险化学品行业

5.瓦斯事故发生后，应立即向矿调度室汇报，这遵循的是瓦斯应急处置的（　　　）工作原则。

　　A.事故报告　　　　　　B.统一指挥　　　　　C.救人优先　　　　　D.及时抢险

6.发生局部范围较大的冒顶时，如伪顶冒落，且冒落已停止，可采用（　　　）处理措施。

　　A.打撞楔的办法　　　　　　　　　　　B.从冒顶两端向中间进行探板处理

　　C.检查冒顶地点附近顶板支架情况　　　D.沿煤的顶板掏梁窝

7.煤矿机电事故发生后，抢救伤员时，必须判断伤势轻重，按照（　　　）的原则处理。

　　A.分级处置　　　　　B.以人为本　　　　　C.救人优先　　　　　D.三先三后

二、多项选择题

1.煤矿范围包括（　　　）。

　　A.地上区域　　　　　　　　　　　　　B.地下区域

　　C.煤矿相关设施的区域　　　　　　　　D.非煤矿山

　　E.未经开发的可能含有煤炭资源的矿山

2.煤矿事故的特征有（　　　）。

　　A.继发性　　　　　　B.破坏性　　　　　C.危害小　　　　　D.突发性

　　E.易救援

3.根据煤矿常见灾害事故类型的内容，下列哪些事故属于瓦斯事故（　　　）。

　　A.瓦斯爆炸　　　　　B.冲击地压　　　　　C.煤尘爆炸　　　　　D.瓦斯突出

　　E.爆破崩人

三、简答题

1.当发生煤尘爆炸事故后，如果你是现场施工班组长，你需要做什么？

2.透水事故发生前有哪些预兆？水害事故发生后，事故企业应该采取哪些措施阻止事态扩大？

第五节　　机械行业安全事故与应急救援

（1）了解机械行业的定义、范围和相关概念；

（2）掌握机械行业的常见事故、事故原因及防护措施；

（3）掌握典型机械行业安全事故的应急救援方法。

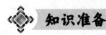

2016 年 10 月 10 日 16 时，杨军在操作 2 号丝印机进行印刷时，发现丝印机的网版有四个漏墨点，于是杨军把 2 号丝印机调至"手动"模式，设备处于停转状态。杨军就开始补网版的漏点，当时车间物料员唐生林正好送完物料没事做，由于唐生林也会补漏墨点，他也从设备左侧把头伸到网版下面协助修补漏点，此时设备的网框突然下降，唐生林的头部没法及时退出来，头被夹在网版与工作台之间。杨军及时避让把头部伸了出来，左手没有及时伸出而被网版压到，导致左手手臂受轻伤。

这起事故伤害可以归类到哪种常见伤害中？这起事故发生后，东莞东裕装饰样品制造有限公司作为事故发生单位应该如何整改？

◆ 知识准备

一、机械行业安全事故典型案例分析

1. 嘉兴市港区万里软木制品厂"6·30"机械伤害事故

（1）事故经过　2016 年 6 月 30 日 15 时 30 分许，位于嘉兴市乍浦镇的嘉兴市港区万里软木制品厂发生一起机械伤害事故，造成一人死亡，直接经济损失 103.5 万元。

（2）类似事故的防范应急措施

① 工厂或企业要建立健全安全生产责任制，严格落实各项规章制度和安全操作规程，加强安全隐患排查，及时发现并消除安全隐患。

② 要对员工开展经常性安全教育培训，保证员工具备必要的安全生产知识，熟悉有关安全生产规章制度和安全操作规程，掌握岗位安全操作技能，杜绝违章作业，确保安全生产。

③ 地区政府要加强对工贸企业的安全生产监管，督促企业落实安全生产主体责任，加大隐患排查治理力度，防止类似事故再次发生。

2. 东莞市塘厦镇"12·2"吊车吊臂脱落机械伤害事故

（1）事故经过　2016 年 12 月 2 日 14 时 30 分，位于塘厦镇大坪村水坑龙路 2 号的东莞市赛欧光电科技有限公司（以下简称赛欧公司）发生一起重大伤害事故，致一人死亡，死者张连忠为货车司机兼起重吊臂操作员。

（2）类似事故的防范应急措施

① 强化企业安全生产管理。进一步落实安全生产主体责任，完善企业内部安全培训制度，严格执行"三级"安全培训教育，未经安全培训考核合格的从业人员不得上岗作业。

② 落实安全生产责任制。要加强安全生产责任制的落实，完善各作业岗位安全操作规程，定期组织员工开展安全生产培训教育，确保特种作业人员必须取得相应资格证书后方能上岗作业，对生产经营活动过程中存在的各种违章操作行为，要及时制止并督促改正。

③ 完善劳动防护用品的日常管理。要根据作业现场的安全生产实际，为从业人员配备符合国家标准或者行业要求的劳动防护用品，并监督、教育从业人员按照使用规则佩戴和

使用。

④ 强化安全生产专项整治力度。政府有关部门要认真履行属地监管职责，加强对基层的安全监管，发挥基层作用，加强对辖区内生产经营单位巡查、检查的力度，进一步消除生产安全事故隐患，防止类似事故发生。

二、机械事故应急救援

1. 救援小组职责

① 机械伤害事故发生时，由组长负责指挥对伤员进行施救。

② 救援小组及部门安全员得到机械伤害事故的消息或接到机械伤害事故救援通知后应立即赶赴事故现场，对伤员进行施救。

③ 救援小组成员应保持通信畅通。

2. 应急处置程序

（1）轻微、一般机械伤害的应急处置 首先停止机械运转。轻微的伤害可自行对伤口进行清洗、处理包扎；当受到一般机械伤害时，伤口经简单处理后送医院治疗。

（2）严重机械伤害应急处置

① 当班人员发现有人受伤后，必须立即停止运转的机械，向周围人员呼救，进行简单包扎、止血等措施，以防止受伤人员流血过多造成死亡事故发生。同时通知组长并拨打120急救电话。

② 救援组长在安排救援小组施救的同时迅速上报部门领导，当事态扩大时，上报公司质安部以便采取更有效的救护措施。

③ 在做好事故紧急救助的同时，应注意保护事故现场。

3. 救援方法

① 发生断手、断指等严重情况时，对伤者伤口要进行包扎止血、止痛，进行半握拳状的功能固定。对断手、断指应用消毒或清洁敷料包好，忌将断指浸入酒精等消毒液中，以防细胞变质。将包好的断手、断指放在无泄漏的塑料袋内，扎紧袋口，在袋周围放冰块，速随伤者送医院抢救。

② 肢体卷入设备内，必须立即切断电源，如果肢体仍被卡在设备内，不可用倒转设备的方法取出肢体，妥善的方法是拆除设备部件，无法拆除时拨打当地119请求救援。

③ 发生头皮撕裂伤可采取以下急救措施：及时对伤者进行抢救，采取止痛及其他对症措施；用生理盐水冲洗有伤部位，用消毒大纱布块、消毒棉花紧紧包扎，压迫止血；使用抗生素，注射抗破伤风血清，预防伤口感染；送医院进一步治疗。

④ 受伤人员出现肢体骨折时，应尽量保持受伤的体位，由医务人员对伤肢进行固定，并在其指导下采用正确的方式进行抬运，防止因救助方法不当导致伤情进一步加重。

⑤ 受伤人员出现呼吸、心跳停止症状后，必须立即进行胸外按压或人工呼吸。

任务分析与处理

具体该任务事故伤害整改措施如下：

1. 严格落实企业安全生产主体责任

该公司必须严格落实企业安全生产主体责任，要经常开展安全生产检查，认真排查事故隐患，堵住安全管理漏洞；要完善安全生产管理机构，明确各岗位安全生产工作职责；制定生产安全事故应急救援预案并组织演练，做好应急准备；要加强岗位和设备、设施及其运行的安全检查，发现隐患应当停止操作并采取有效措施解决，坚决防范违章指挥、违规作业。

2. 加强从业人员安全意识教育培训

该公司要经常性开展从业人员及管理人员、特种作业人员的上岗前安全教育和培训，认真检查安全管理人员、特种作业人员的资质、资格，防止无证上岗，坚决制止从业人员擅自窜岗从事非本职岗位工作，加强生产现场事故隐患排查，增强企业职工的安全意识。

3. 加强企业设施设备的安装和维护保养

该公司要严格落实设施设备的安装符合国家标准或行业标准，对设施设备进行经常性维护、保养，并定期检测，保证正常运转。维护、保养、检测应当做好记录，并由有关人员签字。

4. 保障安全生产投入

要建立企业安全生产长效投入机制，保障设施设备改造和维护、安全生产宣传和教育培训、事故应急救援、改善员工劳动保护、隐患排查治理等工作得到有效的实施。

⚙ 能力拓展

某机械加工厂有铸造车间、机加车间、铆焊车间、热处理车间、总装车间、动力车间、汽油库等。其中动力车间有蒸汽锅炉4台、空压机2台；汽油库有油罐2个，油罐直径6m，高8m，汽油的充装系数是80%，汽油的密度是750kg/m³。该厂有叉车5台，用于周转工件的机动平板车10台，有5t汽车起重机1台，各车间均有起重量5t或10t行车。厂内汽车通道为宽8m的水泥路面，沿路边有蒸汽管道、煤气管道、压缩空气管道、水管等。

2017年某日，该厂维修电工在维修行车电气时触电，从5.5m高的支架上坠落到地面造成死亡，随即该厂开展安全大检查，并制定了事故应急救援预案。

问题：该厂可能发生的事故类型有哪些（蒸汽炉爆炸、空压机爆炸、油罐爆炸、起重机坠物、行车坠物、触电）？

⚙ 课后习题

一、单项选择题

1. 机械行业的定义是（   ）。

　A.只要是与机械有关的行业都可以说是机械行业

　B.凡能用机械手段制造产品的过程

　C.用车床、铣床、钻床、磨床、冲压机、压铸机等专用机械设备制作零件的过程。

　D.各种动力机械、特种设备、大中型船舶、石油炼化装备的制造活动

2. 根据所学知识，（   ）不属于机械行业范畴。

    A. 农业机械　　　　　　　　　　　　　B. 石化通用行业

    C. 机床工具行业　　　　　　　　　　　D. 金属冶炼行业

3.（   ）工业是国民经济的装备和为人民生活提供消费类机电产品的供应工业，素有"工业的心脏"之称。

    A. 机械制造　　　　　B. 机械工业　　　　　C. 汽车行业　　　　　D. 电工电器行业

4. 机械设备零、部件作旋转运动时叠成的伤害，不包括（   ）。

    A. 车床上的车刀、铣床上的铣刀等刀具在加工零件时造成的伤害

    B. 机械、设备中的齿轮作旋转运动造成人员伤害

    C. 被加工零件固定不牢被甩出打伤人

    D. 被加工的零件在吊运和装卸过程中

5. 人进入设备中进行检修作业时未挂不准合闸警示牌，导致事故发生，可以归因为（   ）。

    A. 检修、检查机械忽视安全措施　　　　B. 缺乏安全装置

    C. 电源开关布局不合理　　　　　　　　D. 机械设备带病运行

6. 机械设备各传动部位必须有可靠的安全保护装置，原因是（   ）。

    A. 公司经费拨的多，不用白不用

    B. 其他厂也这么干，我也这么干

    C. 防止员工工作时误接触这些部位引发事故

    D. 形式主义，做个样子

二、多项选择题

1. 机械制造行业主要包括（   ）。

    A. 农业机械制造　　　　B. 工程机械制造　　　　C. 仪器仪表行业

    D. 市场营销行业　　　　E. 投资理财行业

2. 当发生严重机械伤害事故后，应该（   ）。

    A. 立即停止运转的机械，向周围人员呼救

    B. 进行简单包扎、止血等措施，以防止受伤人员流血过多造成死亡事故发生

    C. 报警时只说明受伤者的受伤情况

    D. 救援组长在安排救援小组施救的同时迅速上报部门领导

    E. 允许工厂里所有员工围聚在事故现场

3. 如果伤者发生头皮撕裂伤，可采取以下急救措施（   ）。

    A. 及时对伤者进行抢救，采取止痛及其他对症措施

    B. 对伤者伤口要进行包扎止血、止痛、进行半握拳状的功能固定

    C. 用生理盐水冲洗有伤部位，用消毒大纱布块、消毒棉花紧紧包扎，压迫止血

    D. 应尽量保持受伤的体位，由医务人员对伤肢进行固定

    E. 使用抗菌素，注射抗破伤风血清，预防伤口感染；送医院进一步治疗

三、简答题

1. 当发生员工断手、断指等严重情况时，如果你是现场应急救援组组长，应该怎么做？

2. 如果你所在的机械制造公司需要你编写一份针对机械伤害事故的应急救援预案，你需要注意些什么？

第六节　金属冶炼行业安全事故与应急救援

任务简述

2014 年 11 月 30 日下午，襄汾县星原钢铁集团有限公司炼钢厂发生一起转炉钢水喷溅事故，事故造成 2 人死亡、1 人受伤。

请问，为什么会出现钢水喷溅现象？钢水喷溅事故有哪些危害？

知识准备

由于冶金工厂的危险源具有危险因素复杂、相互影响大、波及范围广、伤害严重等特点，冶金行业的员工对于常见的事故要有一定的认识。

一、喷溅事故

1. 事故案例

2015 年 8 月 12 日，位于渭南华县金堆镇的金堆城钼业集团有限公司（以下简称金钼集团）机修厂铸钢车间发生钢水喷溅事故，事故造成当班工人 1 死 6 伤。

2. 现场应急救援

(1) 凡发生高温液体溢流现象，应立即停止作业。危险区内严禁有人。

(2) 发生漏铁事故时，要将剩余铁水倒入备用罐内。

(3) 人员身上着火，严禁奔跑。周围人员要帮助灭火。

(4) 心跳、呼吸停止者，应立即进行心肺复苏。

(5) 面部、颈部深度烧伤及出现呼吸困难者，应迅速送往医院设法做气管切开手术。

(6) 非化学物质的烧伤创面，不可用水淋，创面水泡不要弄破，以免创面感染。用清洁纱布等盖住创面，以免感染。

(7) 如伤员口渴，可饮用盐开水，不可喝生水及大量白开水，以免引起脑水肿及肺水肿。严重的灼伤者，争取在休克出现之前，迅速送医院医治。

(8) 送伤员前，尽可能提前通知医院做好抢救准备事宜。

二、高炉垮塌事故

1. 事故案例

（1）事故经过　2015 年 8 月 11 日 13 时 30 分左右，唐山某钢铁有限公司第二炼铁厂 6 号高炉扒炉作业时发生一起坍塌事故，造成一人死亡，直接经济损失 105 万元。

（2）应急救援过程　2015 年 8 月 11 日 13 时 30 分左右，第二炼铁厂 6 号高炉 14 号风口清理炉外积料的 6 号高炉炉前班长王某和炉前工杨某发现有烟尘从高炉风口处冒出，王某前去查看原因，发现宋某趴在 17 号风口处的高炉内部，身上散落着炉料，王某立即将此事通知了炉前值班长吕某，吕某随即将此事汇报给 6 号高炉炉长刘某，并组织工人对宋某施救，吕某和王某将宋某身上的炉料清理掉，13 时 35 分左右，与赶来的刘某和王某合力将宋某救出。13 时 50 分左右，公司救护车赶到现场将宋某送往迁安市中医院骨科医院进行抢救。2015 年 8 月 11 日 17 时 20 分左右，宋某经抢救无效死亡。

2. 高炉垮塌事故的危害

发生高炉垮塌事故后容易引发的危害有：

（1）铁水、炽热焦炭、高温炉渣可能导致爆炸和火灾；

（2）高炉喷吹的煤粉可能导致煤粉爆炸；

（3）高炉煤气可能导致火灾、爆炸；高炉煤气、硫化氢等有毒气体可能导致中毒等事故。

3. 事故应急救援

（1）妥善处置和防范由炽热铁水、煤粉尘、高炉煤气、硫化氢等导致的火灾、爆炸、中毒事故；

（2）及时切断所有通向高炉的能源供应，包括煤粉、动力电源等；

（3）监测事故现场及周边区域（特别是下风向区域）空气中的有毒气体浓度；

（4）必要时，及时对事故现场和周边地区的有毒气体浓度进行分析，划定安全区域。

三、煤粉爆炸事故

1. 事故经过

2015 年 6 月 15 日 17 时许，位于阜康市的新疆五鑫铜业有限公司的一冶炼厂发生煤粉自燃导致的爆炸，事故造成 14 人受伤，主要是维修工人和管理人员，其中 7 人为一氧化碳中毒，7 人为不同程度的烧伤。受伤人员随后被送往兰州军区乌鲁木齐总医院和自治区人民医院治疗，目前暂无生命危险。

2. 煤粉爆炸事故的危害

（1）在密闭生产设备中发生的煤粉爆炸事故可能发展成为系统爆炸，摧毁整个烟煤喷吹系统，甚至危及高炉；

（2）抛射到密闭生产设备以外的煤粉可能导致二次粉尘爆炸和次生火灾，扩大事故危害。

3. 处置事故的注意事项

（1）及时切断动力电源等能源供应；
（2）严禁贸然打开盛装煤粉的设备灭火；
（3）严禁用高压水枪喷射燃烧的煤粉；
（4）防止燃烧的煤粉引发次生火灾。

4. 钢水、铁水爆炸事故应急处置的处置事项

（1）严禁用水喷射钢水、铁水降温；
（2）切断钢水、铁水与水进一步接触的任何途径；
（3）防止四处飞散的钢水、铁水引发火灾。

四、气体火灾爆炸事故

1. 事故经过

2013 年 1 月 10 日上午 9 点左右，宁波钢铁有限公司炼钢厂发生一起煤气爆炸事故，造成一死两伤。

2. 煤气火灾、爆炸事故处置要点

发生煤气火灾、爆炸事故，应急救援时要注意：及时切断所有通向事故现场的能源供应，包括煤气、电源等，防止事态的进一步恶化。

3. 煤气、硫化氢、氰化氢中毒事故处置要点

冶炼和煤化工过程中可能发生煤气、硫化氢和氰化氢泄漏事故。应急救援时员工要注意：
（1）迅速查找泄漏点，切断气源，防止有毒气体继续外泄；
（2）迅速向当地人民政府报告；
（3）设置警戒线，向周边居民群众发出警报；
（4）以煤气应急救援为例：

救援人员必须戴好空气呼吸器，立即关闭排水器操作阀门（如操作阀门关不严，关闭排水器主阀门），可靠切断煤气来源。如排水器主阀门无法关严造成煤气大量泄漏，立即疏散周边相邻人员，并划定警戒区，设立警戒标志，布置警戒人员，严格控制无关人员进入。参加应急救援的人员必须配备空气呼吸器及煤气检测仪器。煤气排水器附近的人员聚集场所，安装安全可靠的固定式煤气报警仪，设立安全警示标志。

4. 氧气火灾事故处置要点

发生氧气火灾事故，应急救援时要注意：
（1）在保证救援人员安全的前提下，迅速堵漏或切断氧气供应渠道，防止氧气继续

外泄；

（2）对氧气火灾导致的烧伤人员采取特殊的救护措施。

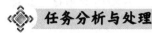 **任务分析与处理**

1. 钢水喷溅的原理

在钢铁冶炼过程中，钢水和铁水是高温融熔液体，本身并不致喷溅或爆炸。炼钢过程主要是氧化过程，它的反应主要是钢渣之间的反应，反应速率与温度和气相压力有密切关系。碳氧反应的同时，产生大量 CO 气体，产生的气体能否顺利排除，与熔渣的沸腾有直接关系。熔渣的碱度适当、流动性好，促使熔池有较活跃的沸腾，达到碳的氧化反应条件。

如果熔池内碳氧反应不均衡发展，瞬时将产生大量的 CO 气体，很可能发生爆发性喷溅。熔渣氧化性过高，熔池温度突然冷却后又升高的情况下，也有可能发生爆发性喷溅。

2. 钢水喷溅的危害

（1）喷溅造成金属损失在 $0.5\% \sim 5\%$，避免喷溅就等于增加钢产量。

（2）喷溅冒烟污染环境。

（3）喷溅的喷出物堆积，清除困难，严重喷溅还会引发事故，危及人身及设备安全。

（4）由于喷溅物大量喷出，不仅影响脱除 P、S，热量损失增大，还会引起钢水量变化，影响冶炼控制的稳定性，限制供氧强度的提高。

能力拓展

1. 2014 年 3 月 15 日 19 时 27 分左右，位于石嘴山市生态经济开发区的宁夏某实业集团冶金有限公司发生一起灼烫事故，造成 8 人不同程度受伤，其中 1 人重伤，7 人轻微伤，直接经济损失近 150 万元。遇到喷炉事故时，应该如何进行应急救援？

2. 2014 年 7 月 8 日凌晨 3 时 30 分左右，安阳县某特钢有限公司炼铁高炉在实施大修爆破过程中发生事故，造成多人伤亡。请问，冶金厂的高炉有哪些危险因素？

课后习题

一、单项选择题

1.（　　）是重要的原材料工业部门，为国民经济各部门提供金属材料，也是经济发展的物质基础。

　　A. 冶金工业　　　　　　B. 机械工业　　　　　　C. 化学工业　　　　　　D. 煤矿工业

2. 冶金行业的作业特点不包括（　　）。

　　A. 人、物、环境、能量、信息相互作用

　　B. 冶金生产是一个复杂的生产系统

　　C. 危险因素和危害因素在自控和被控的过程中相互转化

　　D. 单一型作业

3. 冶金事故是指发生在冶金过程中，导致生产系统（　　）中断运行。

　　A. 暂时　　　　　　B. 较长时间　　　　　　C. 永远　　　　　　D. 以上三项都有可能

4.根据事故要素的相互作用规律，危险危害因素的作用关系一般有三种，不包括（　　）。

    A. 单一因素作用，如人的不安全行为，或设备的不安全状态、环境因素不良，管理欠缺等

    B. 双因素作用，如人-机组合，人-环境组合等

    C. 三因素作用，如人-机-环境因素组合等

    D. 多因素组合作用

5.冶金生产过程既有冶金工艺所决定的（　　）的危害，又有化工生产具有的有毒有害、易燃易爆和高温高压危险。

    A. 高热能、高势能　　　　　　　　　　　B. 机具、车辆和高处坠落等

    C. 煤气网管压力突然骤降　　　　　　　　D. 机械设备带病运行

6.熔池内碳氧反应不均衡发展，瞬时产生大量的（　　）气体，很可能发生爆发性喷溅。

    A. 一氧化碳　　　　　B. 二氧化碳　　　　　C. 硫化氢　　　　　D. 氰化氢

7.钢水喷溅会导致金属损失在（　　）。

    A. 0.5%～5%　　　　B. 0.3%～0.5%　　　　C. 5%～10%　　　　D. 5%～15%

二、多项选择题

1.冶金工业分为黑色冶金工业和有色冶金工业两类，黑色冶金主要指包括（　　）的生产。

    A. 生铁　　　　　　　　B. 钢　　　　　　　　C. 铜

    D. 铁合金（如铬铁、锰铁等）　　　　　　E. 轧制成材

2.从事冶金生产的相关人员了解该行业的作业特点、事故发生机理和常见事故，可以（　　）。

    A. 丰富自身的安全知识　　　　　　　　　B. 促使事故发生

    C. 预防事故的发生　　　　　　　　　　　D. 逃避生产事故的责任认定

    E. 减少人员伤亡和财产损失

3.喷溅事故的危害包括（　　）。

    A. 喷溅冒烟污染环境

    B. 喷溅的喷出物堆积，清除困难

    C. 引起钢水量变化，影响冶炼控制的稳定性

    D. 铁水、炽热焦炭、高温炉渣可能导致爆炸和火灾

    E. 高炉喷吹的煤粉可能导致煤粉爆炸

三、简答题

1.当发生钢水、铁水爆炸事故时，如果你是现场应急救援组组长，需要注意些什么？

2.如果你所在的冶金工厂发生了氧气火灾事故，应急救援时需要注意些什么？

参 考 文 献

[1] 中国石油天然气集团公司安全环保与节能部.HSE管理体系基础知识.北京：化学工业出版社.2012.

[2] 《新编危险物品安全手册》编委会.新编危险物品安全册.北京：化学工业出版社.2001.

[3] 周国泰.危险化学品安全技术全书.北京：化学工业出版社.2002.

[4] 王显政.新编安全评价手册.北京：煤炭工业出版社.2005.

[5] 曹晓林.HSE管理体系标准理解与实务.北京：石油工业出版社.2009.

[6] 付梅莉，樊宏伟.《化工HSE与清洁生产》课程资源建设的研究.广东化工，2014（10）.

[7] 中华人民共和国国家质量监督检验检疫总局，中国国家标准化管理委员会.环境管理体系要求及使用指南（GB/T 28001—2011/OHSAS 18001：2007）.2016.

[8] 中华人民共和国国家质量监督检验检疫总局，中国国家标准化管理委员会.职业健康安全管理体系要求（GB/T 28001—2011/OHSAS 18001：2007）.2011.

[9] 中华人民共和国国家质量监督检验检疫总局，中国国家标准化管理委员会.质量管理体系要求（GB/T 19001—2016/OHSAS 9001：2015）.2016.

[10] 李广超.大气污染控制技术.第2版.北京：化学工业出版社，2011.

[11] 李连山.大气污染控制.武汉：武汉工业大学出版社，2003.

[12] 中国化工防治污染技术协.化工废水处理技术.北京：化学工业出版社，2000.

[13] 唐守印，戴友芝.水处理工程师手册.北京：化学工业出版社，2000.

[14] 中国环境监测总站编.环境监测方法标准实用手册.北京：中国环境科学出版社.2012.

[15] 潘涛，李安峰，杜兵.废水污染控制技术手册.北京：化学工业出版社，2013.

[16] 马承愚、彭英利.高浓度难降解有机废水的治理与控制.北京：化学工业出版社，2011.

[17] 杨国清.固体废物处理工程.北京：科学出版社，2000.

[18] 周立祥.固体废物处理处置与资源化.北京：中国农业出版社，2007.

[19] 李传统.现代固体废物综合处理技术.南京：东南大学出版社，2008.

[20] 汪群慧.固体废物处理及资源化.北京：化学工业出版社，2002.

[21] 高艳玲.固体废物处理处置与工程实例.北京：中国建材工业出版社，2004.

[22] 韩怀强，蒋挺大.粉煤灰利用技术.北京：化学工业出版社，2002.

[23] 柴晓利，楼紫阳.固体废物处理处置工程技术与实践.北京：化学工业出版社，2009.

[24] 朱亦仁.环境污染治理技术.北京：中国环境科学出版社，2008.

[25] 李定龙，常杰云.工业固废处理技术.北京：中国石化出版社，2013.

[26] 李培良，马耀丽，常青法等.我国矿山固体废弃物资源化状况分析.黄金，2004，25（10）：48-51.

[27] 尚凤美.浅谈煤矸石的综合利用.山东煤炭科技，2003，(1)：7，9.

[28] 周翠红，常欣.煤矸石综合利用技术综述.选煤技术，2007（2）：61-65.

[29] 石磊，赵由才，牛冬杰.铬渣的无害化处理和综合利用.中国资源综合利用，2004，30（10）：5-10.

[30] 刘景良.化工安全技术与环境保护.北京：化学工业出版社，2012.

[31] 谢武，王金菊.清洁生产审核案例教程.北京：化学工业出版社.2014.

[32] 张凯，崔兆杰.清洁生产理论与方法.北京：科学出版社.2005.

[33] 环境保护部清洁生产中心.清洁生产审核手册.北京：中国环境出版社.2015.

[34] 国家发展和改革委员会，环境保护部，工业和信息化部.清洁生产评价指标体系编制通则（试行稿）.2013.